"十四五"高等职业教育公共课程系列教材

新编应用数学

主　编◎邹小云
副主编◎张守平　张　俊　成晓敏　刘翠霞
主　审◎彭双阶　郭　沙

中国铁道出版社有限公司
CHINA RAILWAY PUBLISHING HOUSE CO., LTD.

内容简介

本书是根据教育部制定的高职高专教育基础课程教学的基本要求和专业培养的相关要求，以充分发挥高等数学知识在培养高素质复合型技术技能人才中的作用为宗旨编写而成的。

本书包括极限与连续、导数与微分、导数的应用、一元函数积分学、微分方程、无穷级数、行列式 矩阵 线性规划初步、概率论初步8章。通过对本书的学习，学生可掌握微积分、线性代数、线性规划和概率论等基础知识、运算方法及应用，为学习后续课程提供必不可少的数学基础知识及常用方法，亦可培养运用所学知识分析、解决问题的能力及创新意识。

本书适合作为高等职业院校及成人高校的通用教材，也适合作为数学建模培训、数学实验课程的参考书。

图书在版编目(CIP)数据

新编应用数学/邹小云主编．—北京：中国铁道出版社有限公司，2024.4(2025.2重印)
"十四五"高等职业教育公共课程系列教材
ISBN 978-7-113-30872-8

Ⅰ.①新… Ⅱ.①邹… Ⅲ.①应用数学-高等职业教育-教材 Ⅳ.①O29

中国国家版本馆CIP数据核字(2024)第035635号

书　　名：新编应用数学
作　　者：邹小云

策　　划：徐海英　　**编辑部电话：**(010)63560043
责任编辑：何红艳　许　璐
封面设计：刘　颖
责任校对：苗　丹
责任印制：赵星辰

出版发行：中国铁道出版社有限公司(100054，北京市西城区右安门西街8号)
网　　址：https://www.tdpress.com/51eds
印　　刷：天津嘉恒印务有限公司
版　　次：2024年4月第1版　2025年2月第2次印刷
开　　本：787 mm×1 092 mm　1/16　**印张：**18.5　**字数：**459千
书　　号：ISBN 978-7-113-30872-8
定　　价：49.80元

前　言

党的二十大报告强调“必须坚持科技是第一生产力、人才是第一资源、创新是第一动力,深入实施科教兴国战略、人才强国战略、创新驱动发展战略”。大国工匠和高技能人才作为人才强国战略的重要组成部分,在现代化国家建设中起着重要的作用,而高等职业教育更是肩负着培养大国工匠和高技能人才的重要使命,其根本任务是培育德、智、体、美、劳全面发展,能满足一线生产、建设、管理和服务需求的高素质复合型技术技能人才,这要求学生在掌握基础理论知识和专业知识的同时,重点掌握本专业领域实际工作的综合知识和职业技能,进而对高等数学等公共基础课程教材提出了更高要求。在此新形势下,编者依据高职高专人才培养目标和最新国家课程标准,结合多年教学经验,探索数学教学改革方向,分析国内同类型教材开发趋势,编写了本书。本书充分体现高职高专基础课教学“重实际应用,轻理论推导”原则,秉持“拓宽基础、注重应用、培养能力”宗旨,结合高职学生特点设计,是集学习、教学及应用需求为一体的新形态教材。此外,本书还是湖北省教育科学规划2022年重点课题“高质量发展背景下高职院校应用数学‘三教’改革研究与实践”(课题编号:2022GA114)的主要研究成果。

全书共8章,包括极限与连续、导数与微分、导数的应用、一元函数积分学、微分方程、无穷级数、行列式矩阵线性规划初步、概率论初步。每章实施“案例导入-数模构建-编程实现-改进拓展”四段教学法,均配有大量微课视频与习题,适合线上线下混合式学习。

本书主要具有以下特色:

1. 注重思政育人,筑牢育人根基

为落实立德树人根本任务,充分发挥课程思政的育人功能,本书通过实际案例与“拓展阅读”板块,介绍科技知识、古今著名数学家事迹及数学史,既激发学生的民族自豪感,又展现数学家的爱国情怀、学术成就与个人魅力,将数学文化与思政教育深度融合,实现文化育人目标。

2. 内容循序渐进,符合认知规律

本书充分考虑学生学情与教学实际,内容编排由易到难、循序渐进,旨在帮助学生梳理知识框架,熟悉运算流程,掌握解题技巧,强化基本数学能力。书中突出应用数学的基本思想与方法,助力学生理解各部分内容的内在联系,把握数学的思想精髓。在教学理念上,注重实际应用,淡化理论推导,引导学生体会数学思想的本质与应用价值。

3. 结合专业设计,创新教学内容

本书紧扣各专业人才培养目标,结合专业特点精心设计教学内容、案例及习题,以培养专业人才综合能力为导向,为学生学习专业知识筑牢根基,实现内容的创新与变革。

4. 渗透建模思想,培养建模能力

本书在每节设置应用实例,并在每章设计"应用与提高"板块,借此引入数学建模概念,渗透数学建模的思想与方法,培养学生运用数学知识解决实际问题的意识和数学建模能力。

5. 引入数学实验,强化软件应用

本书引入数学实验和数学软件,弱化复杂的计算内容,选用交互性好、功能强大且易上手的 MATLAB 和 LINGO 数学软件。通过这些,帮助学生养成借助计算机与数学软件求解数学模型的意识和习惯,培养学生运用数学软件处理简单计算与制图的能力,激发学习兴趣,提升创新与实践能力。

6. 教学资源丰富,提供优质服务

本书教学资源丰富,充分运用现代化教学手段,融合图文声像等多媒体技术,重点开发了微课视频资源。以短小精悍的微视频剖析书中重难点,方便学生随时随地学习。此外,还配备传统教学资源,如课件、习题库与习题参考答案等,全方位满足学生学习需求。

本书适用于高等职业教育各工科类专业的教学使用,也可作为同等学力职业教育和成人教育的通用教材。

本书由华中师范大学校长彭双阶、湖北职业技术学院校长郭沙审核,湖北职业技术学院邹小云、张守平、张俊、成晓敏、刘翠霞、张勤、金灿、田勤及企业人员湖北澴川国投集团杨光、深圳市华欣教育咨询有限公司张永奎、深圳市今天国际物流技术股份有限公司梁琬尉共同编写完成。全书由邹小云任主编,张守平、张俊、成晓敏、刘翠霞任副主编,张勤、金灿、田勤、杨光、张永奎、梁琬尉参与编写。具体编写分工如下:邹小云编写第1、2、5、6章,并负责全书统筹;张勤编写第3章;张俊与刘翠霞共同编写第4章;张守平编写第7、8章;成晓敏负责全书软件编程与数学实验;金灿参与微课视频制作与校对工作;田勤参与资料收集与校对;杨光、张永奎、梁琬尉负责收集资料和实验技术支持。在本书编写过程中参考了同类教材与相关文献,在此向其作者致谢。

由于编者水平有限,编写时间较为仓促,书中难免存在一些疏漏和不妥之处,恳请各位专家及广大读者批评指正,以利于进一步修改和完善。

编 者

2025年2月

微课资源列表

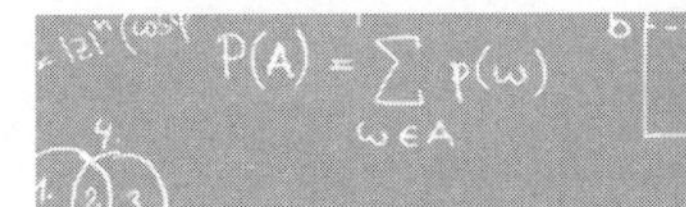

目　录

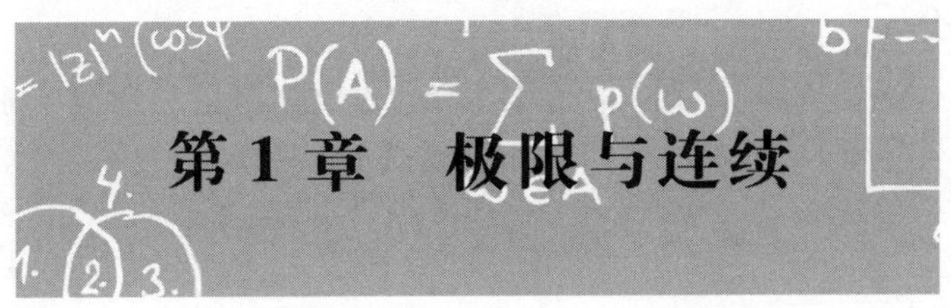

第1章 极限与连续

内容导入

自然界没有绝对静止或绝对孤立的事物.函数能准确地刻画各事物或各因素之间的相依关系,它提供了进行数量研究的方法.公元1837年,德国数学家狄利克雷(Dirichlet,1805—1859)提出了现今通用的函数定义,使函数关系更加明确,函数极限是一个重要的概念.19世纪以前,人们用朴素的极限思想计算了圆的面积、体积等.19世纪之后,柯西(Cauchy,1789—1851)以物体运动为背景,结合几何直观,引入了极限概念。后来,魏尔施特拉斯(Weierstrass,1815—1897)给出了形式化的数学语言描述.有了极限概念,可以计算许多具体的量,如圆周长、圆面积、速度、加速度、线密度等,极限概念奠定了微积分学的基础,之后的微分和积分都将借助于极限概念来描述.

初等数学的研究对象基本上是不变的量,高等数学的研究对象是变量,函数是刻画运动中变量相应关系的数学模型,极限是贯穿高等数学始终的一个重要概念,连续则是函数的一个重要性态,连续函数是高等数学研究的主要对象.本章在复习和加深函数有关知识的基础上,将讨论函数极限与连续的基本概念、基本性质和基本运算,并介绍它们的一些实际应用.

学习目标

知识目标 了解反函数的概念,理解无穷小、无穷大的概念;掌握闭区间上连续函数的性质;理解区间、邻域的概念;理解函数、基本初等函数、复合函数、初等函数、分段函数的概念;掌握函数极限的定义、无穷小的性质、函数在一点连续的概念及初等函数的连续性;掌握复合函数的复合与分解过程,掌握极限的四则运算法则;会用两个重要极限公式求极限;会求连续函数和分段函数的极限.

能力目标 会用函数关系描述经济、物理等生产生活实际问题;熟练运用数学软件MATLAB计算函数的极限.

素质目标 了解函数的发展史,了解极限概念产生的意义,理解用极限描述事物的发展变化,提高数学兴趣与数学素养.

§1.1 函 数

在同一自然现象或过程中,往往有许多个变量在变化着,且这些变量并不是孤立地在变化,而是相互联系并遵循着一定的变化规律的.比如随着时间的变化,太阳东升西落,气温在悄悄变化,我国的国民生产总值在不断增长等.那么如何刻画这些变化现象呢?怎样找到这些现象中变量之间的关系呢？以下先考虑两个变量之间的简单情形.

1.1.1 问题引入

引例[自由落体运动方程] 在自由落体运动中,物体下落的距离 s 随时间 t 的变化而变化,下落距离 s 与时间 t 之间的关系可以用下式表示：

$$s=\frac{1}{2}gt^2$$

式中,g 为重力加速度.

1.1.2 函数的概念

首先介绍与函数有关的概念——邻域.

1. 邻域的概念

定义 1.1.1 设 a 与 δ 是两个实数,且 $\delta>0$,数集 $\{x\,|\,|x-a|<\delta\}$ 称为点 a 的 δ 邻域,记作 $U(a,\delta)$,点 a 称为邻域的中心,δ 称为邻域的半径. 因为 $|x-a|<\delta \Leftrightarrow a-\delta<x<a+\delta$,所以

$$U(a,\delta)=\{x\,|\,a-\delta<x<a+\delta\}=(a-\delta,a+\delta)$$

它是开区间 $(a-\delta,a+\delta)$,a 是开区间的中心,δ 是开区间的半径,开区间的长度等于 2δ(见图 1-1).

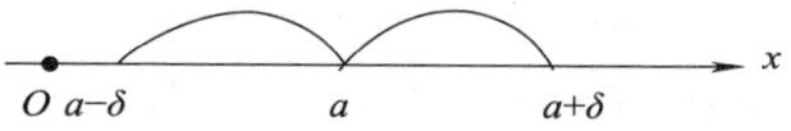

图 1-1

点 a 的 δ 邻域去掉中心 a 后,称为点 a 的去心 δ 邻域,记作 $\mathring{U}(a,\delta)$,即

$$\mathring{U}(a,\delta)=\{x\,|\,0<|x-a|<\delta\}$$

这里 $0<|x-a|$ 表示 $x\neq a$.

根据区间的概念,有

$$\mathring{U}(a,\delta)=(a-\delta,a)\cup(a,a+\delta)$$

在研究事物内部、事物与事物间各因素的关系时,常常通过对客观事物进行分析,建立各因素之间的关系式,这种关系式可以充分揭示各因素之间的数量关系,揭示事物发展规律,是对事物进行分析和研究的基础.

2. 函数的定义

定义 1.1.2 设 x 和 y 是两个变量,D 是一个给定的非空实数集,若存在确定的对应法则 f,使得对于每一个数 $x\in D$,变量 y 按照某一法则 f 总有唯一确定的数值与之对应,则称 y 是 x 的函数,记作 $y=f(x)$,其中 x 称为自变量,y 称为因变量,数集 D 称为函数的定义域,f 表示 y 与 x 之间的对应法则.

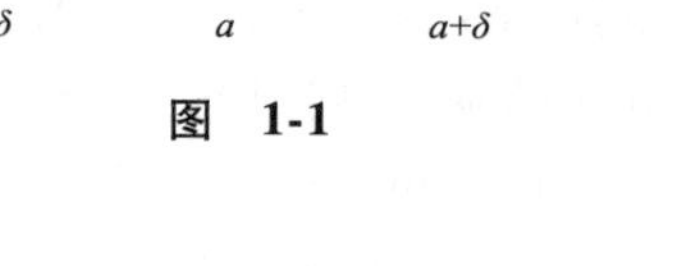

当 x 取遍 D 中一切数值时,对应的函数值的全体 W 称为函数 y 的值域,记作 W 或 $f(D)$,即 $W=\{y\,|\,y=f(x),x\in D\}$.

确定函数的两个要素:定义域 D 与对应法则 f.

对于两个函数来说,当且仅当它们的定义域和对应规则分别相同时,它们才表示同一函数,而与自变量及因变量用什么字母表示无关,例如函数 $y=f(x)$ 也可以用 $y=f(t)$ 表示.

例 1 设 $y=f(x)=x\arctan\dfrac{1}{x}-1$,求 $f\left(\dfrac{4}{\pi}\right)$,$f(1)$,$f\left(\dfrac{1}{x}\right)$.

解 $f\left(\frac{4}{\pi}\right)=\frac{4}{\pi}\arctan\frac{\pi}{4}-1$，$f(1)=1\cdot\arctan 1-1=\frac{\pi}{4}-1$，$f\left(\frac{1}{x}\right)=\frac{1}{x}\arctan x-1$.

在实际问题中,函数的定义域应根据问题的实际意义来确定. 用解析式表示的函数,其定义域是使解析式有意义的一切自变量取值所构成的实数集,这种定义域称为函数的自然定义域.

例2 求下列函数的定义域:

(1) $y=\frac{1}{16-x^2}+\sqrt{x+3}$；(2) $y=\sqrt{3+2x-x^2}+\ln(x-2)$.

解 (1)由 $\begin{cases}16-x^2\neq 0\\ x+3\geqslant 0\end{cases}$,解之得 $\begin{cases}x\neq\pm 4\\ x\geqslant -3\end{cases}$.

所以函数的定义域为$[-3,4)\cup(4,+\infty)$.

(2)由 $\begin{cases}3+2x-x^2\geqslant 0\\ x-2>0\end{cases}$,解之得 $\begin{cases}-1\leqslant x\leqslant 3\\ x>2\end{cases}$,得 $2<x\leqslant 3$.

所以函数的定义域为$(2,3]$.

3. 函数的表示法

函数的表示法通常有三种:解析法、表格法和图形法.

(1)以数学式子表示函数的方法称为解析法,如 $y=x^2$, $y=2\sin x$,解析法的优点是便于理论推导和计算. 本书主要讨论用解析法表示的函数.

(2)将一系列的自变量值与对应的函数值列成表,这种表示函数的方法称为表格法. 如平方表、三角函数表、对数表、某企业历年产值表等,表格法的优点是直观、精确,所求的函数值容易查得.

例如,要获得一天中气温与时间的关系,可以每间隔一段时间测量一些数据,表1-1列出了在上午10时到中午12时每间隔20 min测得的气温数据。由此可以观察出这段时间内气温的变化规律.

表 1-1

时刻 t	10:00	10:20	10:40	11:00	11:20	11:40	12:00
气温 T/℃	18	18	18.5	19	20	21	23

(3)以图形表示函数的方法称为图形法. 即坐标平面上的点集$\{P(x,y)\mid y=f(x), x\in D\}$称为函数的图形(见图1-2).

图形法的优点是直观、通俗、容易比较,它的缺点是不便于作精细的理论研究.

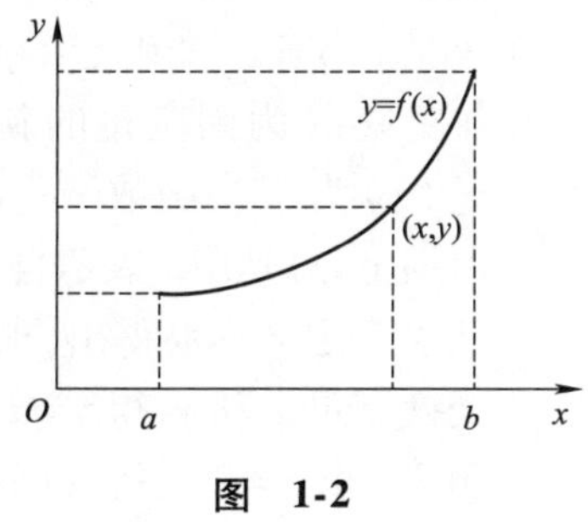

图 1-2

4. 分段函数

在实际应用中经常会遇到这样一类函数,在定义域的不同区间内用不同数学式子来表达,这类函数称为分段函数. 例如:

(1)符号函数 $f(x)=\operatorname{sgn} x=\begin{cases}1 & x>0\\ 0 & x=0\\ -1 & x<0\end{cases}$,它的定义域为$(-\infty,+\infty)$,其图形如图1-3所示.

(2)取整函数 $y=[x]=n(n\leqslant x<n+1, n\in\mathbf{Z})$,其图形如图 1-4 所示. 根据取整函数的定义可以看出,记号$[x]$表示不超过 x 的最大整数,例如,$[4.8]=4$,$[0.6]=0$,$[-7.3]=-8$.

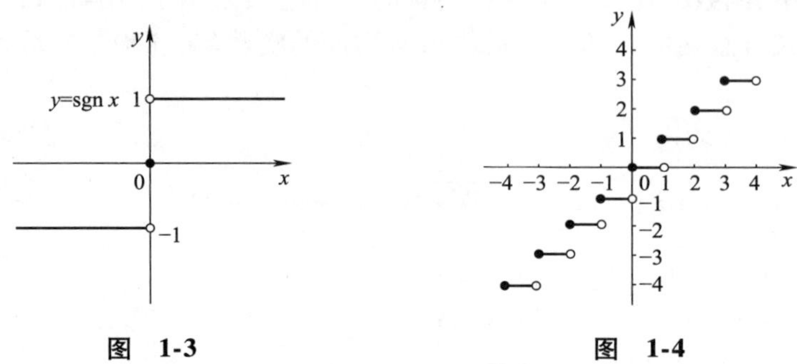

图 1-3　　　　图 1-4

案例 1[旅馆定价]　一旅馆有 200 间房,如果定价不超过 40 元/间,则可全部出租. 若每间定价高出 1 元,则会少出租 4 间. 设房间出租后的服务成本费为 8 元,试建立旅馆一天的利润与房价间的函数关系.

解　设旅馆的房价为 x 元/间,旅馆一天的利润为 y 元.

若 $x\leqslant 40$,则旅馆出租 200 间,利润为 $y=200(x-8)$

若 $x>40$,则旅馆少出租 $4(x-40)$间,出租了 $200-4(x-40)$间,利润为

$$y=[200-4(x-40)](x-8)$$

综上分析,旅馆利润与房价之间的函数为

$$y=\begin{cases}200(x-8) & x\leqslant 40\\ [200-4(x-40)](x-8) & x>40\end{cases}$$

如果旅馆房价为 45 元/间,则应用公式 $y=[200-4(x-40)](x-8)$求值,

$$y=(200-4\times 5)\times(45-8)=6\ 660$$

旅馆一天的利润为 6 600 元.

注意:求分段函数的函数值时,应先确定自变量的取值范围,再按相对应的式子进行计算.

5. 反函数

定义 1.1.3　设 $y=f(x)$是 x 的函数,其定义域为 D,值域为 W,如果对于 W 中的每一个 y 值,都有一个确定的且满足 $y=f(x)$的 x 值与之对应,则得到一个定义在 W 上以 y 为自变量,x 为因变量的新函数,称此新函数为 $y=f(x)$的反函数,记作 $x=f^{-1}(y)$,并称 $y=f(x)$为直接函数.

习惯上,总是用 x 表示自变量,用 y 表示因变量,所以通常把 $x=f^{-1}(y)$改写成 $y=f^{-1}(x)$.

从以上定义容易得出,求反函数的过程分为两步:第一步从 $y=f(x)$解出 $x=f^{-1}(y)$;第二步交换字母 x 和 y,得 $y=f^{-1}(x)$.

例 3　求 $y=2^{x-1}$的反函数.

解　由 $y=2^{x-1}$解得 $x=1+\log_2 y$,然后交换 x 和 y,得 $y=1+\log_2 x$,即 $y=1+\log_2 x$ 是 $y=2^{x-1}$的反函数.

可以证明,函数 $y=f(x)$与其反函数 $y=f^{-1}(x)$的图形关于直线 $y=x$ 对称.

1.1.3　初等函数

1. 基本初等函数

(1)常数函数　$y=C$　(C 为常数);

(2)幂函数　$y=x^{\mu}$　(μ 为常数);

(3)指数函数　$y=a^{x}$　($a>0,a\neq1,a$ 为常数);

(4)对数函数　$y=\log_{a}x$　($a>0,a\neq1,a$ 为常数);

(5)三角函数　$y=\sin x$, $y=\cos x$, $y=\tan x$, $y=\cot x$, $y=\sec x$, $y=\csc x$;

(6)反三角函数　$y=\arcsin x$, $y=\arccos x$, $y=\arctan x$, $y=\text{arccot}\, x$.

这六种函数统称为基本初等函数,这些函数的性质及图形(见附录 B)今后会经常用到.

2. 复合函数

实际问题中变量之间的函数关系往往很复杂,自变量与因变量之间不一定有直接的依赖关系,因此,常常需借助另一变量来建立函数关系.

定义 1.1.4　若 y 是 u 的函数 $y=f(u)$,而 u 又是 x 的函数 $u=\varphi(x)$,且 $\varphi(x)$的值全部或部分地落在 $y=f(u)$ 的定义域内,那么 y 通过 u 的联系也是 x 的函数. 称这个函数是由 $y=f(u)$ 与 $u=\varphi(x)$ 复合而成的复合函数,记作 $y=f(\varphi(x))$,称 u 为中间变量.

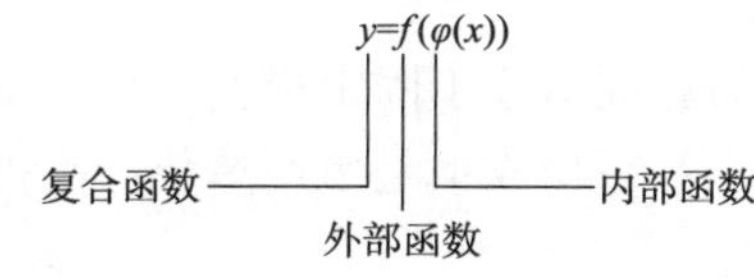

例 4　把下列函数复合成一个复合函数,并求这个复合函数的定义域.

(1) $y=\arcsin u, u=2\sqrt{1-x^{2}}$;　(2) $y=\ln u, u=x-1$.

解　(1)由 $y=\arcsin u$ 与 $u=2\sqrt{1-x^{2}}$ 复合构成的函数是 $y=\arcsin 2\sqrt{1-x^{2}}$,其定义域为$\left[-1,-\frac{\sqrt{3}}{2}\right]\cup\left[\frac{\sqrt{3}}{2},1\right]$.

(2)由 $y=\ln u$ 与 $u=x-1$ 复合构成的函数是 $y=\ln(x-1)$,其定义域为$(1,+\infty)$.

例 5　指出下列复合函数的复合过程:

(1) $y=\sin^{2}x$;　(2) $y=\sqrt{\cot\frac{x}{2}}$;　(3) $y=\arctan \mathrm{e}^{\sqrt{x}}$.

解　(1) $y=\sin^{2}x$ 是由 $y=u^{2}$ 与 $u=\sin x$ 两个函数复合而成的;

(2) $y=\sqrt{\cot\frac{x}{2}}$是由 $y=\sqrt{u}, u=\cot v, v=\frac{x}{2}$三个函数复合而成的;

(3) $y=\arctan \mathrm{e}^{\sqrt{x}}$是由 $y=\arctan u, u=\mathrm{e}^{v}, v=\sqrt{x}$三个函数复合而成的.

一般地,考察一个复合函数的复合过程,通常由外向内,层层分析,每一层是基本初等函数或基本初等函数的算术运算表达式.

3. 初等函数

由基本初等函数经过有限次的四则运算及有限次复合步骤所构成,并且可以用一个式子表示的函数,称为**初等函数**.

例如,$y=\sqrt{\ln(x+1)}-x^{2}, y=a^{x^{2}}, y=\frac{1}{x}\sin\frac{1}{x}$等都是初等函数. 分段函数不是初等函数.

案例 2[生产费用]　某工厂生产计算机的日生产能力为 0 ~ 100 台,工厂维持生产的日固定费用为 4 万元,生产一台计算机的直接费用(含材料费和劳务费等)是 4 250 元. 试建立

该工厂日生产 x(单位:台)计算机的总费用函数,并指出其定义域.

解 设该厂日生产 x(单位:台)计算机的总费用为 y(单位:元),则 y 为固定费用和生产 x 台计算机所需直接费用之和,即

$$y = 40\ 000 + 4\ 250x$$

由于该厂每天最多能生产 100 台计算机,所以定义域为 $\{x \mid 0 \leqslant x \leqslant 100, x \in \mathbf{N}\}$.

1.1.4. 经济学中常用的函数

1. 成本函数

总成本是指生产者生产一定数量的产品所需的总费用,它由固定成本与可变成本组成.固定成本一般是指与产品生产产量无直接关系的开支,如厂房、设备、管理人员的工资、广告费用等;而可变成本是每生产一个单位产品时所需的费用,如原料、能源、生产工人的工资及包装费用等.

设 C 为总成本,C_0 为固定成本,C_1 为可变成本,Q 为产量,则有

$$C = C(Q) = C_0 + C_1(Q)$$

即总成本等于固定成本与可变成本之和.

平均成本是生产单位产品的成本,若记平均成本为 $\overline{C}$,则

$$\overline{C} = \frac{C(Q)}{Q}$$

2. 收入函数

商品售出后的全部收入称为总收入,总收入 = 销售量 × 价格.

设商品的销售量为 Q,价格函数为 $P(Q)$,总收入为 R,则

$$R = R(Q) = Q \cdot P(Q)$$

平均收入就是销售单位产品的收入,若计平均收入为 $\overline{R}$,则

$$\overline{R} = \frac{R(Q)}{Q}$$

案例 3[收入问题] 已知某产品的价格与销售量的关系为 $P(Q) = 1\ 000 - Q$,求销售量为 20 时的总收入和平均收入.

解 总收入函数为 $R(Q) = P(Q) \cdot Q = (1\ 000 - Q) \cdot Q$,当 $Q = 20$ 时,总收入为

$$R = (1\ 000 - 20) \times 20 = 19\ 600$$

平均收入为

$$\overline{R} = \frac{R(Q)}{Q} = \frac{19\ 600}{20} = 980.$$

即当销量为 20 时的总收入为 19 600,平均收入为 980.

3. 利润函数、盈亏平衡点

总利润就是总收入与总成本之差. 若记总利润为 L,则

$$L = L(Q) = R(Q) - C(Q)$$

使 $L(Q) = 0$ 的 Q_0 称为盈亏平衡点(又称保本点).

案例 4[利润问题] 某工厂生产某种产品,固定成本为 200 元,每生产一单位产品,成本增加 10 元,总收入 $R(Q) = 40Q - Q^2$,求:

(1)该产品的利润函数及产量为 15 时的总利润;该产品的盈亏平衡点.

(2)该产品产量为 5 时是否盈利?

解 (1)依题意,生产 Q 件产品的总成本

$$C(Q)=200+10Q$$

总利润函数　$L=R-C=40Q-Q^2-(200+10Q)=-Q^2+30Q-200$

当 $Q=15$ 时，　$L(15)=-15^2+30\times15-200=25$

令 $L=-Q^2+30Q-200=0$，得两个盈亏平衡点：$Q_1=10, Q_2=20$.

（2）当 $Q=5$ 时，　$L=-5^2+30\times5-200=-75<0$

故不能盈利，此时亏本 75 元.

4. 需求函数与供给函数

需求函数　“需求”指在一定价格条件下，消费者愿意购买并且有支付能力购买的商品量. 消费者对某种商品的需求是多种因素决定的，商品的价格是影响需求的一个主要因素，为简便起见，一般只考虑价格对需求的影响. 设 P 为商品价格，Q_S 为商品需求量，则有需求函数$Q_S=f(P)$.

一般来说，商品价格越低，需求量越大；反之，商品价格越高，需求量越小. 需求函数 $Q_S=f(P)$ 一般是价格的单调减少函数，其反函数 $P=f^{-1}(Q_S)$ 也称为需求函数，它也是一个减少的函数.

供给函数　“供给”指在一定价格条件下，生产者愿意出售并且有可供给的商品量. 供给也是由多种因素决定的，现只考虑价格对供给的影响. 设 P 为商品价格，Q_D 为供给量，则有供给函数 $Q_D=\varphi(P)$.

一般说来，商品价格越低，生产者越不愿意生产，供给量会越少；反之，商品价格越高，生产者的生产积极性越高，供给会越多. 因此，供给函数一般为价格的单调增函数，其反函数 $P=\varphi^{-1}(Q_S)$ 也称为供给函数，图 1-5 中的曲线 d 为需求曲线，s 为供给曲线.

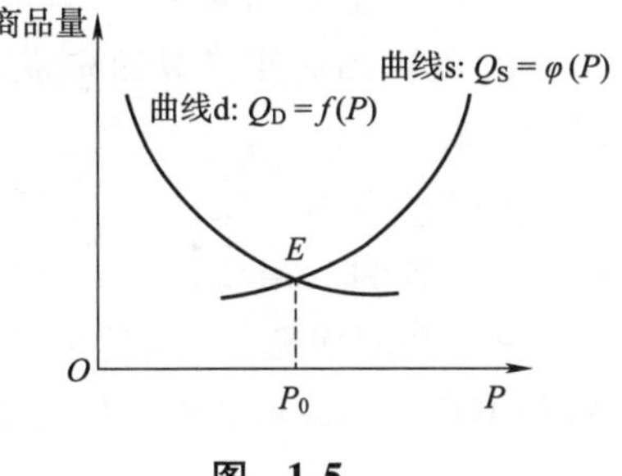

图　1-5

市场上需求量与供给量相等时的价格称为**均衡价格**. 如图 1-5 所示，需求曲线 d 与供给曲线 s 的交点 E 的横坐标 P_0，即为**均衡价格**.

当 $P<P_0$ 时，$Q_S<Q_D$，市场上该商品供不应求，将导致价格上涨；

当 $P>P_0$ 时，$Q_S>Q_D$，市场上该商品供过于求，商品积压将导致价格下跌.

总之，商品的价格将在均衡价格附近波动.

案例 5［价格问题］　某种商品的需求函数与供给函数分别为 $Q_D=18-4P, Q_S=26P-42$，求该商品的均衡价格.

解　由市场的均衡条件 $Q_D=Q_S$，得

$$18-4P=26P-42$$

解之，得

$$P=2$$

即市场的均衡价格 $P_0=2$.

习　题　1-1

1. 设 $f(x)=\begin{cases}2+x & x<0\\ 2^x & 0\leqslant x<1\\ \sqrt{x^2}+1 & x\geqslant1\end{cases}$，求 $f(-1), f(0), f(1), f(2)$.

2. 下列各题中，函数 $f(x)$ 与 $g(x)$ 是否相同？为什么？

(1) $f(x)=\ln x^2, g(x)=2\ln x$；　　(2) $f(x)=x, g(x)=\sqrt{x^2}$；

(3) $f(x)=\dfrac{x^2-4}{x-2}, g(x)=x+2$；　　(4) $f(x)=x, f(x)=x(\cos^2x+\sin^2x)$.

3. 求下列函数的定义域.

(1) $y=\dfrac{x^2+x}{x^2-3x+2}$；　　(2) $y=e^{\frac{1}{x+1}}+\sqrt{x+2}$.

4. 指出下列复合函数的复合过程.

(1) $y=\sqrt{2-3x}$；　(2) $y=e^{x^3}$；　(3) $y=\sin^3(x-1)$；　(4) $y=\ln[\ln(\ln x)]$.

5. [销售收入]　已知某商品的销售总收入 R 是销售量 Q 的二次函数，经统计可稳中有降，销售量 Q 分别为 0,1,3 时，总收入 R 分别为 0,4,6，试求总收入 R 与销售量 Q 的函数关系.

6. 某商店出售空调，零售价每台 4 800 元，若一次购买超过 10 台，减价 5%；若一次购买超过 15 台，可再减价 5%. 试写出收款金额与台数的函数关系式.

7. [利润问题]　某车间设计最大生产能力为月产 100 台机床，至少要完成 40 台方可保本. 当生产量为 x 时的总成本函数为 $C=x^2+10x$，按市场规律，价格为 $P=259-0.5x$，若生产的产品可全部销售完，无库存(即 x 也为需求量)，试写出月利润函数.

8. 某商品的生产日固定成本 570 元，每件产品的可变成本为 10 元，每件商品的售价为 20 元，求：

(1) 总成本函数；　(2) 平均成本函数；

(3) 日利润函数；　(4) 盈亏平衡点.

9. [利润问题]　工厂生产某种产品，年固定成本为 20 000 元，每生产一单位产品，成本增加 100 元，已知总收入 R 是年产量 Q 的函数

$$R=R(Q)=\begin{cases}400-\dfrac{1}{2}Q^2 & 0\leqslant Q\leqslant 400\\ 8\,000 & Q>400\end{cases}$$

试求总利润函数.

函数的极限

§1.2　函数的极限

在工程实践和社会生活中，常需要考虑如下问题：人口的变化趋势，传染病的传播趋势等. 在这些问题中都出现“无限接近”趋势，如何刻画“无限接近”这一过程呢？柯西以物体运动为背景，结合几何直观，引入了极限概念. 极限概念的创立，是微积分严格化的关键，它奠定了积分学的基础.

1.2.1　悠久的极限思想

1. 庄子的极限思想

《庄子·天下篇》中说“一尺之锤，日取其半，万世不竭”，看似容易理解，其实短短的 12 个字包含了丰富的内容，庄子已经认识到这是一个走向极限“0”的过程，虽然“一尺之锤”越截越短，但剩下的棰的长度永远不为 0，而又无限逼近 0，即称极限为 0.

2. 刘徽的割圆术

魏晋时代的数学家刘徽在《九章算术》中利用割圆术证明了圆面积的精确公式，并给出了计算圆周率的方法，刘徽以“割之弥细，所失弥少，割之又割以至于不可割，则与圆周合体而无所失矣”来总结这种方法，其中也在无形中利用了极限思想.

3. 芝诺悖论

公元前 450 年，古希腊数学家、哲学家芝诺曾经提出许多个悖论，不论在哲学史上还是在逻辑史、数学史上，都有重要的贡献.

其中比较著名的是阿喀琉斯悖论：

在希腊神话中，阿喀琉斯是跑得最快的人，但芝诺却断言，阿喀琉斯永远追不上乌龟，他假设的条件是，阿喀琉斯的速度是 10 m/s，乌龟的爬行速度是 1 m/s，而且让阿喀琉斯站在乌龟后面 100 m 处，然后同时开始跑.

显然，阿喀琉斯的速度是乌龟的 10 倍，应该很快追上乌龟，但芝诺认为不可能，其分析如下：

当阿喀琉斯走完 100 m 时，乌龟又向前爬了 10 m；

当阿喀琉斯再走完 10 m 时，乌龟又向前爬了 1 m；

当阿喀琉斯又走完 1 m 时，乌龟又向前爬了 0.1 m；

……

因此，乌龟总在阿喀琉斯前面，换句话说，阿喀琉斯永远追不上乌龟.

1.2.2　函数极限的概念

引例 1［水温的变化趋势］　将一盆 80 ℃的热水放在一间室温恒为 20 ℃的房间里，水温 T 将逐渐降低，随着时间 t 的推移，水温会越来越接近室温 20 ℃.

引例 2［动物数量的变化规律］　在某一自然保护区中生长的一群野生动物，其群体数量会逐渐增长，但随着时间的推移，由于自然保护区内各种资源的限制，这一动物群体不可能无限地增大，它应达到某一饱和状态，饱和状态即是时间 $t\to\infty$ 时野生动物群的数量.

这两个问题有一个共同特征：当自变量逐渐增大时，相应的函数值无限接近于某一常数.

1. 当 $x\to\infty$ 时，函数 $f(x)$ 的极限

例 1　考察当 $x\to\infty$ 时，函数 $f(x)=\dfrac{1}{x}$ 的变化趋势.

解　如图 1-6 所示，从图像可以看出，当自变量 $x>0$ 且取值无限增大时（即 $x\to+\infty$），函数 $f(x)=\dfrac{1}{x}$ 的值无限趋近于 0，即 $f(x)=\dfrac{1}{x}\to 0$；

当 $x<0$ 且其绝对值无限增大时（即 $x\to-\infty$），也有 $f(x)=\dfrac{1}{x}\to 0$.

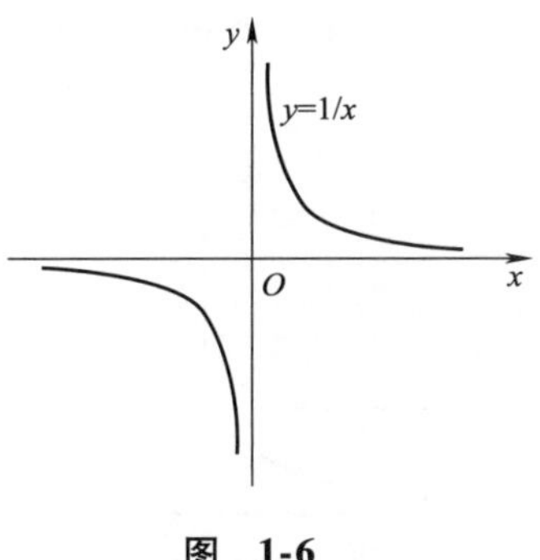

图　1-6

综合上述两种情况，当 x 的绝对值无限增大时，总有 $f(x)$

$=\frac{1}{x}\to 0.$

定义 1.2.1 设函数$f(x)$当$|x|>M$时有定义(M为某个正实数),如果当自变量x绝对值无限增大(记作$x\to\infty$)时,函数值$f(x)$无限趋近于某个确定的常数A,则称A为函数$f(x)$当$x\to\infty$时的极限,记作

$$\lim_{x\to\infty} f(x)=A \quad 或 \quad f(x)\to A \quad (x\to\infty).$$

由上面的分析和定义 1.2.1 知,$\lim\limits_{x\to\infty} f(x)=\lim\limits_{x\to\infty}\frac{1}{x}=0.$

注意: 自变量x的绝对值无限增大(记作$x\to\infty$),是指x既取正值且无限增大($x\to+\infty$),同时也取负值且绝对值无限增大($x\to-\infty$).在实际中,有时只需考虑这两种变化中的一种情形,即函数$f(x)$当$x\to+\infty$或$x\to-\infty$时的极限.

相应地,如果当$x\to+\infty$($x\to-\infty$)时,函数值$f(x)$无限趋近于某个确定的常数A,则称A为函数$f(x)$当$x\to+\infty$($x\to-\infty$)时的极限,记作

$$\lim_{x\to+\infty} f(x)=A \quad 或 \quad f(x)\to A \quad (x\to+\infty)$$

$$\left[\lim_{x\to-\infty} f(x)=A \quad 或 \quad f(x)\to A \quad (x\to-\infty)\right]$$

由以上定义可得以下重要结论:

定理 1.2.1 $\lim\limits_{x\to\infty} f(x)=A$存在的充分必要条件是$\lim\limits_{x\to-\infty} f(x)$与$\lim\limits_{x\to+\infty} f(x)$都存在且相等.

例如,$\lim\limits_{x\to-\infty}\frac{1}{x}=0$,$\lim\limits_{x\to+\infty}\frac{1}{x}=0$,则$\lim\limits_{x\to\infty}\frac{1}{x}=0.$

又如,$\lim\limits_{x\to-\infty}\arctan x=-\frac{\pi}{2}$,$\lim\limits_{x\to+\infty}\arctan x=\frac{\pi}{2}$.表明当$|x|$无限增大时,$\arctan x$不是无限趋近于一个确定的常数,由定理 1.2.1 知,$\lim\limits_{x\to\infty}\arctan x$不存在(见图 1-7).

再如,$\lim\limits_{x\to+\infty}2^x$不存在,$\lim\limits_{x\to-\infty}2^x=0$,所以$\lim\limits_{x\to+\infty}2^x$不存在.(见图 1-8).

案例 1[并联电路电阻] 一个 5 Ω 的电阻器与一个电阻为R的可变电阻并联,电路的总电阻为$R_T=\frac{5R}{5+R}$,当含有可变电阻的这条支路突然断路时,求电路的总电阻当$R\to+\infty$时的极限,即为$\lim\limits_{R\to+\infty}\frac{5R}{5+R}$.

通过图 1-9 可观察得出$\lim\limits_{R\to+\infty}\frac{5R}{5+R}=5.$

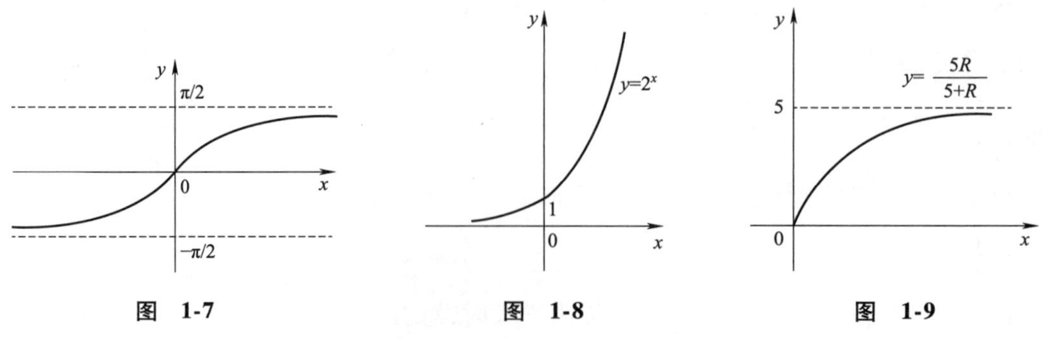

图 1-7　　图 1-8　　图 1-9

2. 当 $x \to x_0$ 时,函数 $f(x)$ 的极限

引例 3[人影长度]　若一个人沿直线走向目标——路灯正下方的那一点,如图 1-10 所示. 由基本常识知道,此人越靠近目标,其影子长度越短,当人越来越接近目标($x \to 0$)时,其影子长度趋于 0($y \to 0$).

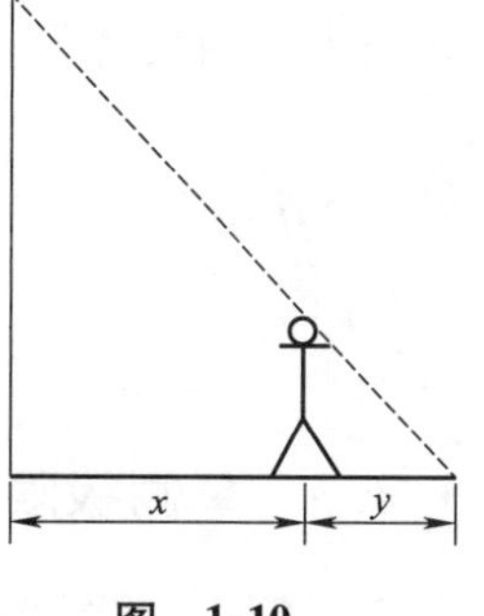

图　1-10

例 2　分别考察当 $x \to 1$ 时,函数 $f(x)=x+1$ 和 $g(x)=\dfrac{x^2-1}{x-1}$ 的变化趋势.

解　考察当 x 分别从 1 的左、右两侧趋于 1 时,对应的函数值 $f(x)$ 和 $g(x)$ 的变化趋势. 见表 1-2:

表　1-2

x	0.9	0.99	0.999	$\cdots\to$	1	$\leftarrow\cdots$	1.001	1.01	1.1
$f(x)=x+1$	1.9	1.99	1.999	$\cdots\to$	2	$\leftarrow\cdots$	2.001	2.01	2.1
$g(x)=\dfrac{x^2-1}{x-1}$	1.9	1.99	1.999	$\cdots\to$	2	$\leftarrow\cdots$	2.001	2.01	2.1

不难看出,当 $x \to 1$ 时,$f(x)=x+1 \to 2$[见图 1-11(a)],$g(x)=\dfrac{x^2-1}{x-1} \to 2$[见图 1-11(b)].

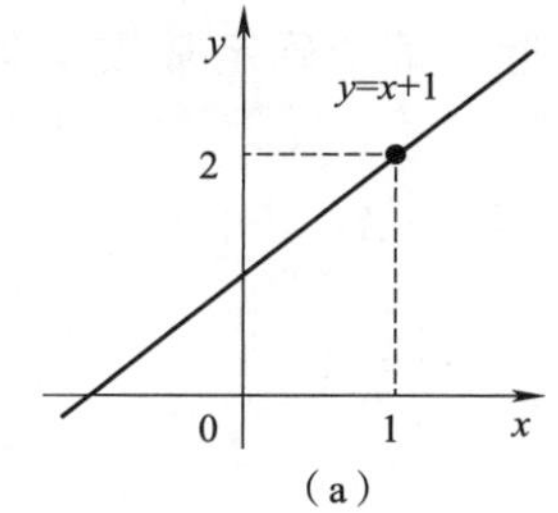

(a)

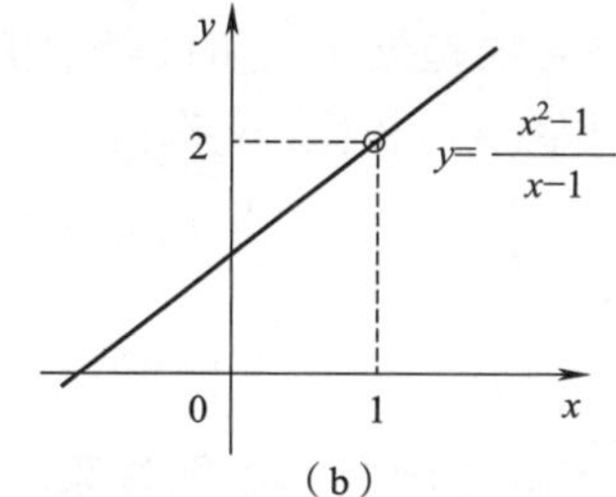

(b)

图　1-11

定义 1.2.2　设函数 $f(x)$ 在 x_0 的某一去心邻域 $\mathring{U}(x_0,\delta)$ 内有定义. 若当自变量 x 无限趋于 x_0 时,函数值 $f(x)$ 无限趋近于某个确定的常数 A,则称 A 为函数 $f(x)$ 当 $x \to x_0$ 时的极限,记作

$$\lim_{x \to x_0} f(x)=A \quad 或 \quad f(x) \to A \quad (x \to x_0)$$

根据定义 1.2.2,得

$$\lim_{x \to 1} f(x)=\lim_{x \to 1}(x+1)=2, \quad \lim_{x \to 1} g(x)=\lim_{x \to 1}\frac{x^2-1}{x-1}=2$$

为了正确理解函数极限的概念,下面就函数极限 $\lim\limits_{x \to x_0} f(x)=A$ 的概念说明两点:

(1)$x \to x_0$ 的方式是任意的,即 x 既可能从 x_0 的左侧也可能从 x_0 的右侧趋于 x_0,而相应的函数值 $f(x)$ 都无限趋近于某一个确定常数 A.

(2)$\lim\limits_{x \to x_0} f(x)=A$,此极限与函数 $f(x)$ 在 x_0 处是否有定义或定义值(函数值)无关.

在引例 3 中,设路灯的高度为 H,人的高度为 h,人离目标的距离为 x,人影长度为 y,由相似三角形对应边成比例得

$$\frac{h}{H}=\frac{y}{x+y}$$

解出人影的长度为 $y=\frac{h}{H-h}x$，其中 $\frac{h}{H-h}$ 是常数，当人越来越接近目标（$x\to0$）时，显然人影长度 $y=\frac{h}{H-h}x\to0$，即

$$\lim_{x\to0}\frac{h}{H-h}x=0$$

1.2.3 单侧极限

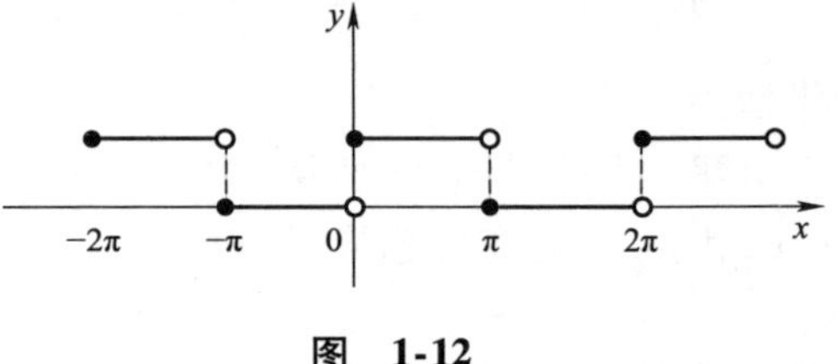

图 1-12

引例 4［矩形波分析］ 图 1-12 所示的矩形波在一个周期 $[-\pi,\pi)$ 内的函数为

$$f(x)=\begin{cases}0 & -\pi\leqslant x<0\\ A & 0\leqslant x<\pi\end{cases}\quad(A\neq0)$$

求 $\lim\limits_{x\to0}f(x)$.

在函数极限的定义中，x 趋近于 x_0 的方式是任意的，而此函数为分段函数，在 $x=0$ 的左右两侧，$f(x)$ 的表达式不同，因此，必须分别考虑从 0 的左、右两侧趋于 0 时函数的变化趋势.

另外，有时还会遇到只需考虑 x 从 x_0 的某一侧趋近于 x_0 的函数极限问题. 例如，函数 $f(x)=\sqrt{x}$ 只能考察 x 从 0 的右侧趋近于 0 时函数的变化趋势.

定义 1.2.3 设函数 $f(x)$ 在 x_0 的左（右）侧附近（x_0 点可除外）有定义，如果当自变量 x 从 x_0 的左（右）侧无限趋近于 x_0 时，函数值 $f(x)$ 无限趋近于某个确定常数 A，则称 A 为函数 $f(x)$ 当 $x\to x_0$ 时的左（右）极限. 记作

$$\lim_{x\to x_0^-}f(x)=A \quad 或 \quad f(x_0-0)=A$$

$$\left[\lim_{x\to x_0^+}f(x)=A \quad 或 \quad f(x_0+0)=A\right]$$

左极限与右极限统称为函数的**单侧极限**.

由 $x\to x_0$ 时函数的极限及单侧极限定义，不难得如下重要定理：

定理 1.2.2 函数 $f(x)$ 当 $x\to x_0$ 的极限 $\lim\limits_{x\to x_0}f(x)$ 存在的充分必要条件是函数 $f(x)$ 在 x_0 处的左、右极限都存在并且相等，即

$$\lim_{x\to x_0}f(x)=A\Leftrightarrow f(x-x_0)=f(x+x_0)=A$$

注意： 在讨论分段函数 $f(x)$ 当 $x\to x_0$ 时的极限时，常常需要先讨论函数的左、右极限，然后利用函数极限与左、右极限的关系判定函数在分段点 x_0 的极限是否存在.

例 3 工厂生产某种产品，次品率 p 与日产量 x（万件）间的关系为：

$$p=\begin{cases}\dfrac{1}{6-x} & 0<x\leqslant3\\[2mm] \dfrac{1}{3} & x>3\end{cases}$$

求当日产量为 3 万件时，次品率的极限值为多少？

解 由题意可知

$$f(3-0)=\lim_{x\to3^-}f(x)=\lim_{x\to3^-}\left(\frac{1}{6-x}\right)=\frac{1}{3},\ f(3+0)=\lim_{x\to3^+}f(x)=\lim_{x\to3^+}\left(\frac{1}{3}\right)=\frac{1}{3}$$

所以$\lim\limits_{x\to3}f(x)=\dfrac{1}{3}$.

例4　已知函数$f(x)=\begin{cases}x-1 & x<0\\0 & x=0\\x+1 & x>0\end{cases}$,求极限$\lim\limits_{x\to0}f(x)$.

解　因为$f(0-0)=\lim\limits_{x\to0^-}f(x)=\lim\limits_{x\to0^-}(x-1)=-1$,$f(0+0)=\lim\limits_{x\to0^+}f(x)=\lim\limits_{x\to0^+}(x+1)=1$,从而$f(0-0)\neq f(0+0)$,所以$\lim\limits_{x\to0}f(x)$不存在.

例5[矩形波分析]　图1-12所示的矩形波的函数表达式为

$$f(x)=\begin{cases}0 & -\pi\leqslant x<0\\A & 0\leqslant x<\pi\end{cases}\quad(A\neq0)$$

解　因为

$$f(0-0)=\lim_{x\to0^-}f(x)=\lim_{x\to0^-}0=0$$

$$f(0+0)=\lim_{x\to0^+}f(x)=\lim_{x\to0^+}A=A$$

而

$$\lim_{x\to0^-}f(x)\neq\lim_{x\to0^+}f(x)$$

所以,此函数在$x=0$处的极限$\lim\limits_{x\to0}f(x)$不存在.

习　题　1-2

1. 若$\lim\limits_{x\to x_0}f(x)=A$,则$\lim\limits_{x\to x_0^+}f(x)=$________;

2. 若$\lim\limits_{x\to0^+}f(x)=3$,$\lim\limits_{x\to0^-}f(x)=4$,则$\lim\limits_{x\to0}f(x)=$________.

3. 请分析下列基本初等函数的极限.

(1)$\lim\limits_{x\to\infty}\dfrac{1}{1+x^2}$;　(2)$\lim\limits_{x\to-\infty}10^{-x}$;　(3)$\lim\limits_{x\to+\infty}0.1^x$;

(4)$\lim\limits_{x\to\frac{\pi}{2}}\sin x$;　(5)$\lim\limits_{x\to\infty}\sin x$;　(6)$\lim\limits_{x\to\frac{\pi}{4}}\tan x$.

4. [电压变化]　电容器放电时,电压V_C随时间t的变化规律为

$$V_C=Ee^{-\frac{t}{RC}}$$

其中E、R、C为正常数,讨论当$t\to+\infty$时电压V_C的变化趋势.

5. 设函数

$$f(x)=\begin{cases}3x+2 & x\leqslant0\\x^2+1 & 0<x\leqslant1\\\dfrac{2}{x} & x>1\end{cases}$$

求$\lim\limits_{x\to0}f(x)$,$\lim\limits_{x\to1}f(x)$,$\lim\limits_{x\to2}f(x)$.

6. [出租车费用]　设某城市白天出租车的收费y(单位:元)与路程x(单位:km)之间的关系为

$$f(x)=\begin{cases}8 & 0<x\leqslant1\\8+1.8(x-1) & 1<x\leqslant7\\18.8+2.7(x-7) & x>7\end{cases}$$

求$\lim\limits_{x\to1}f(x)$,$\lim\limits_{x\to7}f(x)$.

§1.3 极限运算法则与极限运算

关于函数极限的运算,对于比较简单的函数,可以从自变量的值按某种规定无限变化时相应的函数值的变化趋势找出函数的极限. 例如,$\lim\limits_{x\to\infty}\frac{x+1}{x}=1$,$\lim\limits_{x\to2}(x+1)=3$. 如果函数比较复杂,则需要分析函数可以由哪些简单函数经过怎样运算而得到,再通过函数的极限运算求出复杂函数的极限.

引例 用列表法和图形来考察函数的极限不仅计算量大,而且还不一定准确. 如求

$$\lim_{x\to0}f(x)\lim_{x\to0}\left(x^2-\frac{\cos x}{10\ 000}\right)$$

函数$f(x)=x^2-\frac{\cos x}{10\ 000}$在 $x=0$ 附近取值时的函数值见表 1-3。

表 1-3

x	±0.5	±0.1	±0.01	→	0
$x^2-\frac{\cos x}{10\ 000}$	0.249 91	0.009 90	0.000 000 005	→	?

由此可能会估计$\lim\limits_{x\to0}\left(x^2-\frac{\cos x}{10\ 000}\right)=0$,但这个结果是错误的.

1.3.1 函数极限的四则运算法则

1. 定理

定理 1.3.1 设$\lim\limits_{x\to x_0}f(x)=A$,$\lim\limits_{x\to x_0}g(x)=B$,则:

(1)$\lim\limits_{x\to x_0}[f(x)\pm g(x)]=\lim\limits_{x\to x_0}f(x)\pm\lim\limits_{x\to x_0}g(x)=A\pm B$.

(2)$\lim\limits_{x\to x_0}[f(x)\cdot g(x)]=\lim\limits_{x\to x_0}f(x)\cdot\lim\limits_{x\to x_0}g(x)=A\cdot B$.

(3)$\lim\limits_{x\to x_0}\frac{f(x)}{g(x)}=\frac{\lim\limits_{x\to x_0}f(x)}{\lim\limits_{x\to x_0}g(x)}=\frac{A}{B}\quad(B\neq0)$.

极限的四则运算法则说明,函数的极限若存在,那么函数的和、差、积、商(分母极限不为0)的极限分别等于函数极限的和、差、积、商,定理 1.3.1 中的第(1)、(2)条可推广到有限个函数的情形.

由上述定理还可以得到如下推论:

2. 推论

推论:设$\lim\limits_{x\to x_0}f(x)=A$,

(1)若 C 为常数,则$\lim\limits_{x\to x_0}Cf(x)=C\lim\limits_{x\to x_0}f(x)=CA$;

(2)$\lim\limits_{x\to x_0}[f(x)]^2=[\lim\limits_{x\to x_0}f(x)]^2$.

一般地,有$\lim\limits_{x\to x_0}[f(x)]^n=[\lim\limits_{x\to x_0}f(x)]^n\quad(n$ 为自然数).

上述四则运算法则对于 $x\to\infty$ 时的情形也是成立的.

例 1　求 $\lim\limits_{x\to2}(x^2+3x+8)$.

解
$$\lim_{x\to2}(x^2+3x+8)=\lim_{x\to2}x^2+\lim_{x\to2}3x+\lim_{x\to2}8$$
$$=(\lim_{x\to2}x)^2+3\lim_{x\to2}x+8=2^2+3\times2+8=18.$$

一般地,对于 n 次多项式 $P_n(x)=a_0x^n+a_1x^{n-1}+\cdots+a_{n-1}x+a_n$,有
$$\lim_{x\to x_0}P_n(x)=\lim_{x\to x_0}(a_0x^n+a_1x^{n-1}+\cdots+a_{n-1}x+a_n)$$
$$=a_0x_0^n+a_1x_0^{n-1}+\cdots+a_{n-1}x_0+a_n=P_n(x_0).$$

3. 常见类型及其解法

在应用极限四则运算法则时,通常会遇到以下三种类型的未定式.

1) $\dfrac{0}{0}$型未定式

$\dfrac{0}{0}$型未定式的求解方法通常有两种:一种是分解因式,然后分子、分母约去极限为零的公因子;另一种是分子或分母中含有根式时,分子或分母有理化根式,然后分子、分母约去极限为零的公因子。

例 2　求 $\lim\limits_{x\to2}\dfrac{x^2-5x+6}{x^2-4}$.

解　分析:当 $x\to2$ 时,分子、分母的极限都是 0,所以不能用简单的代入法来求这个极限,可先把分子、分母因式分解,约去以 0 为极限的公因式 $x-2$,然后再求极限.
$$\lim_{x\to2}\frac{x^2-5x+6}{x^2-4}=\lim_{x\to2}\frac{(x-3)(x-2)}{(x-2)(x+2)}=\lim_{x\to2}\frac{(x-3)}{(x+2)}=-\frac{1}{4}$$

例 2 说明函数在某点的极限存在与否和函数在该点有没有定义无关.

例 3　$\lim\limits_{x\to1}\dfrac{\sqrt{3x+1}-2}{x-1}$.

解
$$\lim_{x\to1}\frac{\sqrt{3x+1}-2}{x-1}=\lim_{x\to1}\frac{(\sqrt{3x+1}-2)(\sqrt{3x+1}+2)}{(x-1)(\sqrt{3x+1}+2)}\quad(\text{有理化分子})$$
$$=\lim_{x\to1}\frac{3(x-1)}{(x-1)(\sqrt{3x+1}+2)}=\lim_{x\to1}\frac{3}{\sqrt{3x+1}+2}=\frac{3}{4}$$

2) $\dfrac{\infty}{\infty}$型未定式

对于$\dfrac{\infty}{\infty}$型未定式,若分子与分母都是 x 的多项式函数,则求解方法是分子与分母同时除以分子、分母中 x 的最高次幂项.

例 4　求 $\lim\limits_{x\to\infty}\dfrac{3x^3+4x+2}{7x^3+5x^2-3}$.

解　当 $x\to\infty$ 时,分子、分母都不存在极限,所以不能直接使用定理 1.3.1 中的第(3)条,把分子、分母同时除以 x^3,得
$$\lim_{x\to\infty}\frac{3x^3+4x+2}{7x^3+5x^2-3}=\lim_{x\to\infty}\frac{3+\dfrac{4}{x^2}+\dfrac{2}{x^3}}{7+\dfrac{5}{x}-\dfrac{3}{x^3}}=\frac{\lim\limits_{x\to\infty}3+\lim\limits_{x\to\infty}\dfrac{4}{x^2}+\lim\limits_{x\to\infty}\dfrac{2}{x^3}}{\lim\limits_{x\to\infty}7+\lim\limits_{x\to\infty}\dfrac{5}{x}-\lim\limits_{x\to\infty}\dfrac{3}{x^3}}=\frac{3}{7}$$

例 5 求$\lim\limits_{x\to\infty}\dfrac{3x^2+4x+2}{7x^3+5x^2-3}$.

解
$$\lim_{x\to\infty}\frac{3x^2+4x+2}{7x^3+5x^2-3}=\lim_{x\to\infty}\frac{\dfrac{3}{x}+\dfrac{4}{x^2}+\dfrac{2}{x^3}}{7+\dfrac{5}{x}-\dfrac{3}{x^3}}=\frac{\lim\limits_{x\to\infty}\dfrac{3}{x}+\lim\limits_{x\to\infty}\dfrac{4}{x^2}+\lim\limits_{x\to\infty}\dfrac{2}{x^3}}{\lim\limits_{x\to\infty}7+\lim\limits_{x\to\infty}\dfrac{5}{x}-\lim\limits_{x\to\infty}\dfrac{3}{x^3}}=\frac{0}{7}=0$$

例 6 求$\lim\limits_{x\to\infty}\dfrac{3x^3+4x+2}{7x^2+5x-3}$.

解
$$\lim_{x\to\infty}\frac{3x^3+4x+2}{7x^2+5x-3}=\lim_{x\to\infty}\frac{3+\dfrac{4}{x^2}+\dfrac{2}{x^3}}{\dfrac{7}{x}+\dfrac{5}{x^2}-\dfrac{3}{x^3}}=\infty$$

总结上面 3 个$\dfrac{\infty}{\infty}$型极限例子可得一般结果,用数学式子表示为:

$$\lim_{x\to\infty}\frac{a_0x^n+a_1x^{n-1}+\cdots+a_{n-1}x+a_n}{b_0x^m+b_1x^{m-1}+\cdots+b_{m-1}x+b_m}=\begin{cases}\dfrac{a_0}{b_0} & n=m\\ 0 & n<m\\ \infty & n>m\end{cases}$$

(m,n 为非负整数,$a_n,a_{n-1},\cdots,a_0,b_m,b_{m-1},\cdots,b_0$ 为常数,且 $a_n\cdot b_m\neq0$).

3) $\infty-\infty$ 型未定式

对于$\infty-\infty$ 型未定式,一般可采用先通分后约去零因子的方法求解.

例 7 求$\lim\limits_{x\to2}\left(\dfrac{1}{x-2}-\dfrac{4}{x^2-4}\right)$.

解 此极限属于$\infty-\infty$ 型未定式,先通分后约去零因子再求解.

$$\lim_{x\to2}\left(\frac{1}{x-2}-\frac{4}{x^2-4}\right)=\lim_{x\to2}\frac{(x+2)-4}{(x-2)(x+2)}=\lim_{x\to2}\frac{x-2}{(x-2)(x+2)}=\frac{1}{4}$$

案例 1[浓度的变化] 一个水箱装有 5 000 L 的纯水,现用含盐 30 g/L 的盐水以 25 L/min 的速度注入这个水箱,经过时间 t(单位:min)后水箱中盐的浓度(单位:g/L)为

$$C(t)=\frac{30t}{200+t}$$

问当 $t\to+\infty$ 时水箱中盐的浓度是多少?

解 因为

$$\lim_{t\to+\infty}C(t)=\lim_{t\to+\infty}\frac{30t}{200+t}=30\ \text{g/L}$$

所以当 $t\to+\infty$ 时水箱中盐的浓度接近 30 g/L.

案例 2[产品利润中的极限问题] 已知某厂生产 x 个汽车轮胎的成本(单位:元)为 $C(x)=300+\sqrt{1+x^2}$,生产 x 个汽车轮胎的平均成本为$\dfrac{C(x)}{x}$,当产量很大时,每个轮胎的成本大致为$\lim\limits_{x\to+\infty}\dfrac{C(x)}{x}$,试求这个极限.

解 $\lim\limits_{x\to+\infty}\dfrac{C(x)}{x}=\lim\limits_{x\to+\infty}\dfrac{300+\sqrt{1+x^2}}{x}$

$$= \lim_{x \to +\infty} \left(\frac{300}{x} + \sqrt{\frac{1}{x^2} + 1} \right) \quad \left(\lim_{x \to x_0} (u + v) = \lim_{x \to x_0} u + \lim_{x \to x_0} v \right)$$

$$= \lim_{x \to +\infty} \frac{300}{x} + \lim_{x \to +\infty} \sqrt{\frac{1}{x^2} + 1} = 0 + 1 = 1$$

1.3.2 两个重要极限

1. 重要极限 I

$$\lim_{x \to 0} \frac{\sin x}{x} = 1$$

函数$\frac{\sin x}{x}$当 $x \to 0$ 时的变化趋势见表 1-4.

表 1-4

x	0.50	±0.1	±0.05	±0.01	…→	0
$\frac{\sin x}{x}$	0.958 851	0.998 334	0.999 583	0.999 983	…→	1

可以看出当 $x \to 0$ 时$\frac{\sin x}{x} \to 1$，可以证明$\lim\limits_{x \to 0} \frac{\sin x}{x} = 1$.

使用此极限时，常形象地表示为$\lim\limits_{\square \to 0} \frac{\sin \square}{\square} = 1$，方框“□”代表同一量，且□→0，它实际为“$\frac{0}{0}$”型未定式.

例 8 求(1)$\lim\limits_{x \to 0} \frac{\sin ax}{x} (a \neq 0)$； (2)$\lim\limits_{x \to 0} \frac{\tan x}{x}$； (3)$\lim\limits_{x \to \pi} \frac{\sin 5x}{\tan 3x}$.

解 (1)因为 $a \neq 0$，所以有

$$\lim_{x \to 0} \frac{\sin ax}{x} = \lim_{x \to 0} a \cdot \frac{\sin ax}{ax} = a \lim_{x \to 0} \frac{\sin ax}{ax} = a \cdot 1 = a$$

(2)$\lim\limits_{x \to 0} \frac{\tan x}{x} = \lim\limits_{x \to 0} \frac{\sin x}{x} \cdot \frac{1}{\cos x} = \lim\limits_{x \to 0} \frac{\sin x}{x} \cdot \lim\limits_{x \to 0} \frac{1}{\cos x} = 1.$

(3)设 $x - \pi = t$，当 $x \to \pi$ 时，$t \to 0$，有

$$\lim_{x \to \pi} \frac{\sin 5x}{\tan 3x} = \lim_{t \to 0} \frac{-\sin 5t}{\tan 3t} = -\frac{5}{3} \lim_{t \to 0} \frac{\sin 5t}{5t} \cdot \frac{3t}{\tan 3t} = -\frac{5}{3} \cdot 1 \cdot 1 = -\frac{5}{3}.$$

例 9 求$\lim\limits_{x \to 0} \frac{1 - \cos x}{x^2}$.

解 $$\lim_{x \to 0} \frac{1 - \cos x}{x^2} = \lim_{x \to 0} \frac{2\sin^2 \frac{x}{2}}{x^2} = \frac{1}{2} \lim_{x \to 0} \frac{\sin^2 \frac{x}{2}}{\left(\frac{x}{2}\right)^2} = \frac{1}{2} \lim_{x \to 0} \left(\frac{\sin \frac{x}{2}}{\frac{x}{2}} \right)^2 = \frac{1}{2} \cdot 1 = \frac{1}{2}.$$

2. 重要极限 Ⅱ

$$\lim_{x \to \infty} \left(1 + \frac{1}{x}\right)^x = \mathrm{e} \quad 或 \quad \lim_{x \to 0} (1 + x)^{\frac{1}{x}} = \mathrm{e}$$

从 表 1-5 观察当 $x \to \infty$ 时，函数$\left(1 + \frac{1}{x}\right)^x$的变化趋势.

表 1-5

x	…	10	10^2	10^3	10^4	10^5	10^6	…
$\left(1+\frac{1}{x}\right)^x$	…	2.593 74	2.704 81	2.716 92	2.718 15	2.718 27	2.718 28	…
x	…	-10	-10^2	-10^3	-10^4	-10^5	-10^6	…
$\left(1+\frac{1}{x}\right)^x$	…	2.867 97	2.732 00	2.719 64	2.718 41	2.718 30	2.718 28	…

可以看出,当 $|x|$ 无限增大时,$\left(1+\dfrac{1}{x}\right)^x$ 无限接近于常数 2.718 281 8…,可以证明 $\lim\limits_{x\to\infty}\left(1+\dfrac{1}{x}\right)^x=\mathrm{e}$,其中 $\mathrm{e}=2.718\ 281\ 828\ 459\cdots$ 是一个无理数.

例 10 求(1)$\lim\limits_{x\to 0}(1+x)^{\frac{1}{x}}$; (2)$\lim\limits_{x\to\infty}\left(1-\dfrac{2}{x}\right)^x$.

解 (1)令 $x=\dfrac{1}{t}$,则当 $x\to 0$ 时,有 $t\to\infty$,所以

$$\lim_{x\to 0}(1+x)^{\frac{1}{x}}=\lim_{t\to\infty}\left(1+\frac{1}{t}\right)^t=\mathrm{e}.$$

(2)$\lim\limits_{x\to\infty}\left(1-\dfrac{2}{x}\right)^x=\lim\limits_{x\to\infty}\left[\left(1+\dfrac{1}{-\frac{x}{2}}\right)^{-\frac{x}{2}}\right]^{-2}=\left[\lim\limits_{x\to\infty}\left(1+\dfrac{1}{-\frac{x}{2}}\right)^{-\frac{x}{2}}\right]^{-2}=\mathrm{e}^{-2}$.

例 11 求 $\lim\limits_{x\to\infty}\left(\dfrac{x+1}{x-1}\right)^x$.

解 $\lim\limits_{x\to\infty}\left(\dfrac{x+1}{x-1}\right)^x=\lim\limits_{x\to\infty}\left(\dfrac{1+\frac{1}{x}}{1-\frac{1}{x}}\right)^x=\lim\limits_{x\to\infty}\dfrac{\left(1+\frac{1}{x}\right)^x}{\left(1-\frac{1}{x}\right)^x}=\lim\limits_{x\to\infty}\dfrac{\left(1+\frac{1}{x}\right)^x}{\left[\left(1+\frac{1}{-x}\right)^{-x}\right]^{-1}}=\dfrac{\mathrm{e}}{\mathrm{e}^{-1}}=\mathrm{e}^2$.

小提示:$a^m\cdot a^n=a^{m+n}$,$a^m/a^n=a^{m-n}$,$(a^m)^n=a^{mn}$.

案例 3[产品价格预测] 设有一产品的价格满足 $P(t)=20-20\mathrm{e}^{-0.5t}$(单位:元),随着时间的推移,产品价格会随之变化,请对该产品的长期价格做一预测.

解 下面通过求产品价格在 $t\to+\infty$ 时的极限来分析该产品的长期价格.

$$\lim_{t\to+\infty}P(t)=\lim_{t\to+\infty}(20-20\mathrm{e}^{-0.5t})=\lim_{t\to+\infty}20-\lim_{t\to+\infty}20\mathrm{e}^{-0.5t}=\lim_{t\to+\infty}20-20\lim_{t\to+\infty}\mathrm{e}^{-0.5t}$$

$$=20-0\text{ 元}=20\text{ 元}.\quad\left(\lim_{t\to+\infty}\mathrm{e}^{-0.5t}=\lim_{t\to+\infty}\mathrm{e}^{\frac{1}{0.5t}}=0\right)$$

习 题 1-3

1. 计算下列极限.

(1)$\lim\limits_{x\to 0}\dfrac{3x^2-2x+1}{x^2-1}$; (2)$\lim\limits_{x\to -3}\dfrac{x+3}{x^2-9}$; (3)$\lim\limits_{h\to 0}\dfrac{(x+h)^3-x^3}{h}$;

(4)$\lim\limits_{x\to\infty}\dfrac{3x^2-5x+4}{x^2-2x+1}$; (5)$\lim\limits_{x\to\infty}\dfrac{x^2+x}{x^3+3x-1}$; (6)$\lim\limits_{x\to 1}\left(\dfrac{1}{1-x}-\dfrac{3}{1-x^3}\right)$.

2. 计算下列极限.

(1) $\lim\limits_{x\to 0}\frac{\sin \omega x}{x}$ $(\omega\neq 0)$；　(2) $\lim\limits_{x\to 0}\frac{\sin 2x}{\sin 5x}$；　(3) $\lim\limits_{x\to 0} x\cot x$；

(4) $\lim\limits_{x\to \infty} x^2\sin\frac{1}{x^2}$；　(5) $\lim\limits_{h\to 0}\frac{\tan 2x}{x}$；　(6) $\lim\limits_{x\to 0}\frac{\arcsin x}{x}$.

3. 计算下列极限.

(1) $\lim\limits_{x\to \infty}\left(\frac{x+1}{x}\right)^{2x}$；　(2) $\lim\limits_{x\to \infty}\left(1-\frac{1}{x}\right)^{kx}$ （k 为正整数）；

(3) $\lim\limits_{x\to 0}(1-x)^{\frac{1}{x}}$；　(4) $\lim\limits_{x\to \infty}\left(\frac{2x-1}{2x+3}\right)^{x+1}$；　(5) $\lim\limits_{x\to \frac{\pi}{2}}(1+\cos x)^{\sec x}$.

4. [感染人数]　假定某种疾病流行 t 天后，感染人数 N 由下式给出

$$N=\frac{1\ 000\ 000}{1+5\ 000\mathrm{e}^{-0.1t}}$$

问：(1) 从长远考虑，将有多少人感染上这种病？

(2) 会有 100 万人染上病吗？50 万人呢？25 万人呢？

5. [物体温度]　一物体放在温度恒为 150 ℃ 的火炉上，它的温度满足模型 $T=-100\mathrm{e}^{-0.029t}+100$，$t$ 表示时间（单位：min）. 问：

(1) 物体温度达到 100 ℃ 所需要的时间；

(2) 当 $t\to+\infty$ 时，物体的温度为多少？

6. [连续复利]　如果某人投资 10 万元，其利息按每年 5% 的 n 次复利计，一年后其本利和为 $10(1+0.05x)^{\frac{1}{x}}$ 万元，这里 $x=\frac{1}{n}$ 为复利周期，如 $n=4$ 表示每年的计息次数为 4，复利周期是 $\frac{1}{4}$ 年，若按连续复利计算，则一年后的本利和为 $10(1+0.05x)^{\frac{1}{x}}$ 当 $n\to\infty$ $(x\to 0)$ 时的极限，即

$$\lim_{x\to 0} 10(1+0.05x)^{\frac{1}{x}}$$

求此极限.

§1.4　无穷小量与无穷大量

无穷小量与无穷大量反映了自变量在某变化过程中函数的两种特殊的变化趋势：绝对值无限增大和绝对值无限减小. 下面用极限来定义无穷小量与无穷大量这两个常用变量.

1.4.1　无穷小量

在实际问题中，经常会遇到一类变量，它们的绝对值会变得越来越小. 例如，100 m 赛跑倒计时时，选手与终点的距离等都具有这样的特点.

引例 1[洗涤效果]　在用洗衣机洗涤衣物时，清洗次数越多，衣物上残留的污渍会越少，当洗涤次数无限增大时，衣物上的污渍量趋于零. 若用 n 表示清洗次数，x_n 表示衣物上的残留污渍量，以上现象可用极限表示为 $\lim\limits_{n\to\infty} x_n=0$.

1. 无穷小量的定义

定义 1.4.1　若函数 $f(x)$ 的极限 $\lim\limits_{x\to x_0} f(x)=0$，则称函数 $f(x)$ 为当 $x\to x_0$ 时的无穷小量（简称无穷小）.

例如,(1)因为$\lim\limits_{x\to1}(x-1)=0$,所以函数$f(x)=x-1$为当$x\to1$时的无穷小;

(2)因为$\lim\limits_{x\to\infty}\frac{1}{x}=0$,所以函数$f(x)=\frac{1}{x}$为当$x\to\infty$时的无穷小.

关于无穷小量,应注意以下两点:

(1)无穷小是变量,而不是一个很小的数,因此对于任意非零常数C,不论绝对值多么小都不是无穷小. 但“0”是唯一可以作为无穷小量的常数.

(2)某个变量是否是无穷小与自变量的变化过程有关. 例如,$\lim\limits_{x\to\infty}\frac{1}{x}=0$,所以$\frac{1}{x}$是$x\to\infty$时的无穷小,但当$x$趋于其他数值时,$f(x)=\frac{1}{x}$不是无穷小. 因此说一个变量是无穷小,必须同时指明自变量的变化过程.

案例 1[割圆术中的无穷小]　在利用“割圆术”求圆的面积的过程中,当n无限增大时,圆面积A与内接正多边形面积之差$A-A_n$是一个无穷小.

2. 无穷小的性质

在自变量的同一变化过程中的无穷小满足以下性质:

性质 1　有限个无穷小的代数和仍为无穷小.

性质 2　有限个无穷小的乘积仍为无穷小.

性质 3　有界函数与无穷小的乘积仍为无穷小.

推论　常数与无穷小的乘积仍为无穷小.

例 1　求$\lim\limits_{x\to0}x\sin\frac{1}{x}$.

解　因为当$x\to0$时$\sin\frac{1}{x}$的极限不存在,所以不能运用极限的运算法则,但因为$x\to0$时x是无穷小,而$\left|\sin\frac{1}{x}\right|\leqslant1$,即$\sin\frac{1}{x}$是有界函数,由无穷小的性质 3 可知

$$\lim_{x\to0}x\sin\frac{1}{x}=0$$

3. 函数极限与无穷小的关系

定理 1.4.1　在自变量的同一变化过程$x\to x_0$(或$x\to\infty$)中,函数$f(x)$具有极限A的充分必要条件是$f(x)=A+\alpha$,其中α是无穷小.

1.4.2　无穷大量

引例 2[存款分析]　若某人将一定本金A元存入银行,则当存入年限$n\to+\infty$时,此本利和也无限增大.

相应于无穷小量,下面给出无穷大量的概念.

1. 无穷大量的定义

定义 1.4.2　在自变量x的某变化过程中,相应的函数值$f(x)$的绝对值$|f(x)|$无限增大,则称函数$f(x)$为该变化过程中的无穷大(量). 记作$\lim f(x)=\infty$.

关于无穷大量,应注意以下两点:

(1)按照极限的定义,此时函数$f(x)$的极限是不存在的,这里只是沿用了极限的记号来表达“$|f(x)|$无限增大”这一性态;

(2)称一个函数$f(x)$为无穷大,必须指明x的变化过程,例如,$\frac{1}{x}$是$x \to 0$时的无穷大,而当x趋于其他值时,$\frac{1}{x}$不是无穷大;另外,无穷大∞不是数,不可与很大的数混为一谈.

例如,当$x \to 1$时,$\left|\frac{1}{x^2-1}\right|$无限增大,所以$\frac{1}{x^2-1}$是$x \to 1$时的无穷大,可记为$\lim\limits_{x \to \infty}\frac{1}{x^2-1}=\infty$.

定义 1.4.3　在自变量x的某变化过程中,函数$f(x)$取正值且无限增大,则称函数$f(x)$为此过程中的正无穷大,记作$\lim f(x)=+\infty$;如果此时函数$f(x)$取负值且绝对值无限增大,则称函数为此过程中的负无穷大,记作$\lim f(x)=-\infty$.

例如,$\lim\limits_{x \to \infty}(x^2+1)=+\infty$, $\lim\limits_{x \to 0^+}\ln x=-\infty$.

2. 无穷大(量)与无穷小(量)的关系

定理 1.4.2　在自变量的同一变化过程中,如果$f(x)$是无穷大,则$\frac{1}{f(x)}$是无穷小;反之,如果$f(x)$是无穷小,且$f(x) \neq 0$,则$\frac{1}{f(x)}$是无穷大.

注意:运用无穷小(量)与无穷大(量)的关系,可求一些简单函数的极限.

例 2　求$\lim\limits_{x \to 2}\frac{x+1}{x-2}$.

解　当$x \to 2$时,分母的极限为零,所以不运用极限商的运算法则,

而
$$\lim_{x \to 2}\frac{x-2}{x+1}=\frac{\lim\limits_{x \to 2}(x-2)}{\lim\limits_{x \to 2}(x+1)}=0$$

所以根据无穷大与无穷小的关系,得$\lim\limits_{x \to 2}\frac{x+1}{x-2}=\infty$.

案例 2[销售案例]　当推出一种新 App 程序时,在短时间内其销售量会迅速增加,然后开始下降,函数关系为$s(t)=\frac{200t}{t^2+100}$,其中$t$为月份,如图 1-13 所示.

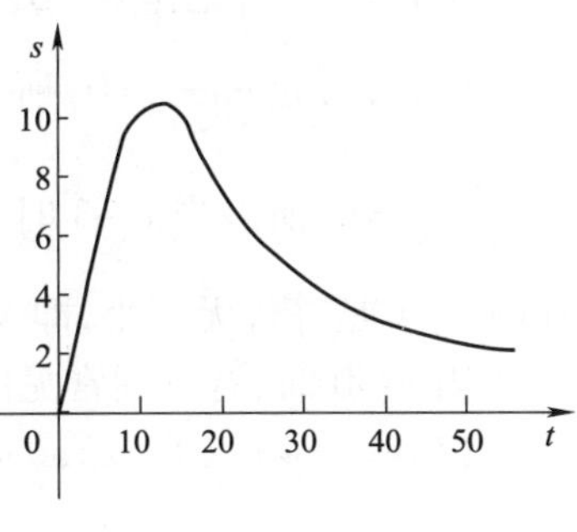

图　1-13

(1)计算 App 推出后第 6 个月、第 12 个月和第三年第 12 个月的销售量.

(2)如果要对该产品的长期销售做出预测,请建立相应的表达式,并做出分析.

解　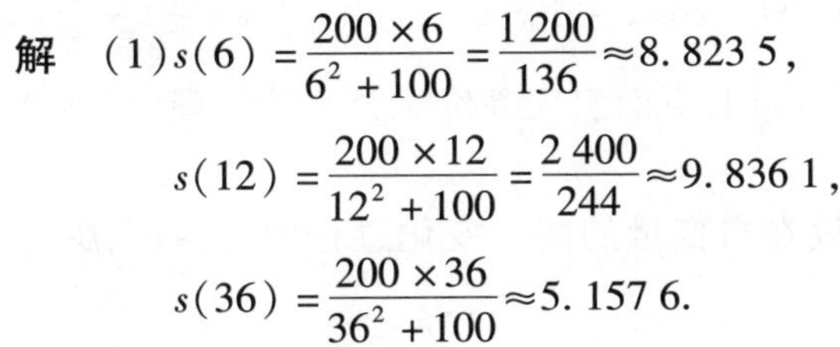

(1)$s(6)=\frac{200 \times 6}{6^2+100}=\frac{1\,200}{136} \approx 8.823\,5$,

$$s(12)=\frac{200 \times 12}{12^2+100}=\frac{2\,400}{244} \approx 9.836\,1,$$

$$s(36)=\frac{200 \times 36}{36^2+100} \approx 5.157\,6.$$

(2)随着时间的推移,该产品的长期销售量应为时间$t \to +\infty$时的销售量,即为

$$\lim_{t \to +\infty}\frac{200t}{t^2+100}$$

利用无穷大与无穷小的关系,有

$$\lim_{t\to+\infty}\frac{200t}{t^2+100}=\lim_{t\to+\infty}\frac{200}{t+\frac{100}{t}}=0$$

上式说明当时间 $t\to+\infty$ 时,该产品销售量的极限为 0,即购买此 App 的人会越来越少,人们转向购买新的产品.

1.4.3 无穷小的比较

两个无穷小的和、差、积仍然为无穷小,但两个无穷小的商却不一定是无穷小. 例如,当 $x\to0$ 时,$\alpha=2x$、$\beta=x^2$、$\gamma=\sin x$ 都是无穷小,但是,当 $x\to0$ 时,

$$\lim_{x\to0}\frac{x^2}{2x}=0,\quad \lim_{x\to0}\frac{2x}{x^2}=\infty,\quad \lim_{x\to0}\frac{\sin x}{x}=1$$

两个无穷小之比的各种极限,反映了不同的无穷小趋零的"速度"不同. 可以看出在 $x\to0$ 的过程中,$x^2\to0$ 比 $2x\to0$"快些",反过来,$2x\to0$ 比 $x^2\to0$"慢些",$\sin x\to0$ 与 $2x\to0$"快慢相仿".

为了区别这些无穷小,引入无穷小比较概念.

定义 1.4.4 设 α、β 是同一变化过程中的两个无穷小,$\lim\frac{\beta}{\alpha}$是这个变化过程中的极限,

(1)如果 $\lim\frac{\beta}{\alpha}=0$,则称 β 是比 α 高阶的无穷小,记作 $\beta=o(\alpha)$;

(2)如果 $\lim\frac{\beta}{\alpha}=\infty$,则称 β 是比 α 低阶的无穷小;

(3)如果 $\lim\frac{\beta}{\alpha}=C\neq0$,则称 β 与 α 是同阶的无穷小;特别地,如果 $\lim\frac{\beta}{\alpha}=1$,则称 β 与 α 是等价无穷小,记作 $\alpha\sim\beta$;

例如,因为$\lim\limits_{x\to0}\frac{x^2}{2x}=0$,所以当 $x\to0$ 时,x^2 是比 $2x$ 高阶的无穷小,即 $x^2=o(2x)$;因为$\lim\limits_{x\to3}\frac{x^2-9}{x-3}=6$,所以当 $x\to3$ 时,x^2-9 与 $x-3$ 是同阶无穷小;因为$\lim\limits_{x\to0}\frac{\sin x}{x}=1$,所以当 $x\to0$ 时,$\sin x$ 与 x 是等价无穷小,即 $\sin x\sim x(x\to0)$.

当 $x\to0$ 时,有下列常见的等价无穷小:

(1)$\sin x\sim x$; (2)$\arcsin x\sim x$; (3)$\tan x\sim x$; (4)$\arctan x\sim x$;

(5)$e^x-1\sim x$; (6)$\ln(1+x)\sim x$; (7)$1-\cos x\sim\frac{1}{2}x^2$; (8)$\sqrt[n]{1+x}-1\sim\frac{1}{n}x$.

等价无穷小在极限的运算中有着重要的应用,下面引入等价无穷小的定理,在计算某些无穷小的商极限时,可以简化运算.

定理 1.4.3(等价无穷小代换定理) 设在自变量的同一变化过程中,$\alpha\sim\alpha'$,$\beta\sim\beta'$,且$\lim\frac{\beta'}{\alpha'}$存在,则

$$\lim\frac{\beta}{\alpha}=\lim\frac{\beta'}{\alpha'}$$

证明 $$\lim\frac{\beta}{\alpha}=\lim\left(\frac{\alpha'}{\alpha}\cdot\frac{\beta}{\beta'}\cdot\frac{\beta'}{\alpha'}\right)=\lim\frac{\alpha'}{\alpha}\cdot\lim\frac{\beta}{\beta'}\cdot\lim\frac{\beta'}{\alpha'}=\lim\frac{\beta'}{\alpha'}$$

定理 1.4.3 表明求两个无穷小之比的极限时，分子及分母都可用等价无穷小来代替. 如果用来代替的无穷小选得适当，可以使计算简化.

例 3　求(1) $\lim\limits_{x\to0}\dfrac{\tan 2x}{\sin 5x}$；　(2) $\lim\limits_{x\to0}\dfrac{(1+x)^{\frac{1}{3}}-1}{1-\cos x}$.

解　(1) 当 $x\to0$ 时，$\tan 2x\sim 2x$，$\sin 5x\sim 5x$，所以

$$\lim_{x\to0}\frac{\tan 2x}{\sin 5x}=\lim_{x\to0}\frac{2x}{5x}=\frac{2}{5}$$

(2) 当 $x\to0$ 时，$(1+x^2)^{\frac{1}{3}}-1\sim\frac{1}{3}x^2$，$1-\cos x\sim\frac{1}{2}x^2$，所以

$$\lim_{x\to0}\frac{(1+x^2)^{\frac{1}{3}}-1}{1-\cos x}=\lim_{x\to0}\frac{\frac{1}{3}x^2}{\frac{1}{2}x^2}=\frac{2}{3}$$

例 4　求 $\lim\limits_{x\to0}\dfrac{\tan x-\sin x}{\sin^3 x}$.

解　当 $x\to0$ 时，$\tan x-\sin x=\tan x(1-\cos x)\sim x\cdot\frac{1}{2}x^2$，$\sin^3 x\sim x^3$，于是

$$\lim_{x\to0}\frac{\tan x-\sin x}{\sin^3 x}=\lim_{x\to0}\frac{\frac{1}{2}x^3}{x^3}=\frac{1}{2}$$

此题如果如下求解，当 $x\to0$ 时，$\tan x\sim x$，$\sin x\sim x$，$\sin^3 x\sim x^3$，

$$\lim_{x\to0}\frac{\tan x-\sin x}{\sin^3 x}=\lim_{x\to0}\frac{0-0}{x^3}=0$$

这是错误的解法，因为 $\tan x-\sin x$ 与 $x-x$ 不是等价无穷小.

习　题　1-4

1. 指出下列各题目哪些是无穷小，哪些是无穷大.

(1) 当 $x\to0$ 时，$\dfrac{x^2-x}{x+1}$；　(2) 当 $x\to-1$ 时，$\dfrac{x^2-x}{x+1}$；　(3) 当 $x\to\infty$ 时，$\dfrac{x}{x^2-2}$；

(4) 当 $x\to0$ 时，$(x-1)\sin x$；　(5) 当 $x\to0$ 时，e^x-1；　(6) 当 $x\to1$ 时，$\ln(x-1)$.

2. 计算下列极限.

(1) $\lim\limits_{x\to-2}\left(\dfrac{1}{x+2}-\dfrac{12}{x^3+8}\right)$；　(2) $\lim\limits_{x\to\infty}\dfrac{\sin x}{x}$；　(3) $\lim\limits_{x\to0}\dfrac{\tan 7x}{\sin 3x}$；

(4) $\lim\limits_{x\to0}\dfrac{\sin x^5}{\sin^4 x}$；　(5) $\lim\limits_{x\to0}\dfrac{1-\cos 2x}{x\sin x}$；　(6) $\lim\limits_{x\to0}\dfrac{\tan x-\sin x}{x^3}$.

3. 当 $x\to1$ 时，比较下列无穷小的阶.

(1) $1-x$ 与 $1-x^2$；　(2) $\sin(x-1)$ 与 $(x-1)^3$；　(3) $x-1$ 与 $\sqrt{x}-1$.

4. [放射物衰减]　一放射性材料的衰减模型为 $N=100e^{-0.026t}$(单位 mg)，求：

(1) 该材料最初质量；

(2) 衰减 10%需要的时间；

(3) 分析 $t\to+\infty$ 时该放射性材料的衰减规律.

§1.5 函数的连续性

在实际生活和工程技术中,有大量的现象在量上的变化是连续的. 如人体身高的增长、气温的变化、植物的生长、河水的流动、物体运动的路程等变量都是随着时间的变化而连续不断变化的. 这种现象在函数关系上反映的就是函数的连续性. 函数的连续性是微积分的又一重要概念,本节用极限方法讨论函数的连续性.

1.5.1 函数连续性的概念

1. 函数的增量(改变量)

定义 1.5.1 如果变量 u 从它的一个初值 u_1 变到终值 u_2,那么终值与初值的差 u_2-u_1 称为变量 u 的增量(或改变量),记作 Δu,即 $\Delta u=u_2-u_1$.

变量 u 的增量也称为变量的改变量,增量 Δu 可以是正的,也可以是负的.

设函数 $y=f(x)$ 在点 x_0 的某邻域内有定义,当自变量 x 从点 x_0 变到 $x_0+\Delta x$ 时,函数 y 相应地从 $f(x_0)$ 变到 $f(x_0+\Delta x)$,则称 $\Delta y=f(x_0+\Delta x)-f(x_0)$ 为**函数的增量**.

2. 函数连续的概念

1)函数 $y=f(x)$ 在点 x_0 的连续性

引例[身高增长] 人体的高度 h 是时间 t 的函数 $h(t)$,而且 h 随着时间 t 的变化而连续变化. 事实上,当时间 t 的变化很微小时,人的高度的变化也很微小,即当 $\Delta t\to 0$ 时,$\Delta h\to 0$.

定义 1.5.2 设函数 $y=f(x)$ 在点 x_0 的某邻域内有定义,当自变量 x 在点 x_0 取得增量 Δx 时,相应地函数的增量为 $\Delta y=f(x_0+\Delta x)-f(x_0)$,若当 $\Delta x\to 0$ 时,有函数的增量 $\Delta y\to 0$,即

$$\lim_{\Delta x\to 0}\Delta y=0$$

则称函数 $y=f(x)$ 在点 x_0 连续.

定义 1.5.2 说明当函数 $y=f(x)$ 在点 x_0 处连续时,如果自变量在 x_0 处取得的改变量 Δx 极其微小,则函数 y 的相应改变量 Δy 也极其微小,即当 $\Delta x\to 0$ 时,有 $\Delta y\to 0$.

从定义 1.5.2 及图 1-14 可以看出,函数在某点连续具有以下数学特征:

$$\lim_{\Delta x\to 0}\Delta y=0 \quad [\Delta x=x-x_0,\Delta y=f(x)-f(x_0)]$$

$\Delta x\to 0$,即 $x\to x_0$,因此上式可改写成

$$\lim_{x\to x_0}[f(x)-f(x_0)]=0$$

即

$$\lim_{x\to x_0}f(x)=f(x_0)$$

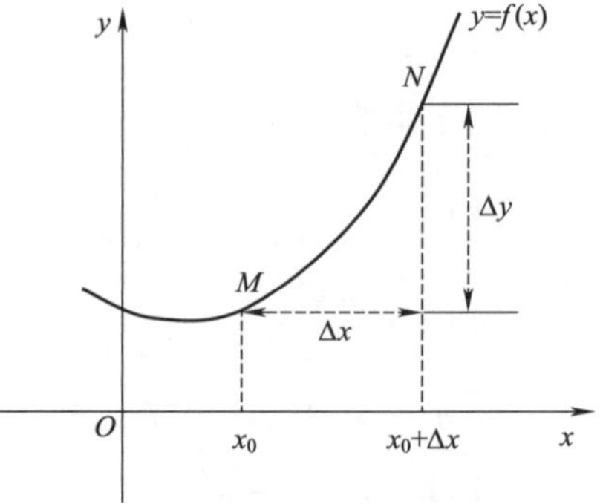

图 1-14

定义 1.5.3 设函数 $y=f(x)$ 在点 x_0 的邻域内有定义,如果函数 $f(x)$ 当 $x\to x_0$ 时的极限存在,且等于它在 x_0 的函数值 $f(x_0)$,即 $\lim\limits_{x\to x_0}f(x)=f(x_0)$,则称函数 $y=f(x)$ 在点 x_0 处连续.

下面说明左连续与右连续的概念:

左连续与右连续：如果左极限 $f(x_0-0)=\lim\limits_{x\to x_0^-}f(x)$ 存在且等于 $f(x_0)$，即 $\lim\limits_{x\to x_0^-}f(x)=f(x_0)$，则称函数 $f(x)$ 在点 x_0 **左连续**；如果右极限 $f(x_0+0)=\lim\limits_{x\to x_0^+}f(x)$ 存在且等于 $f(x_0)$，即 $\lim\limits_{x\to x_0^+}f(x)=f(x_0)$，则称函数 $f(x)$ 在点 x_0 **右连续**.

由函数连续性定义及函数极限与函数左右极限的关系可以得到：

函数 $y=f(x)$ 在点 x_0 连续 $\Leftrightarrow$ 函数 $y=f(x)$ 在点 x_0 既左连续且右连续

2）函数 $y=f(x)$ 在区间上的连续性

设函数 $y=f(x)$ 在区间 (a,b) 内每一点都连续，则称函数 $y=f(x)$ 在区间 (a,b) 内连续.

如果函数 $f(x)$ 在闭区间 $[a,b]$ 上有定义，设函数 $y=f(x)$ 在区间 (a,b) 内连续，且在左端点 a 处右连续，右端点 b 处左连续，则称函数 $y=f(x)$ 在闭区间 $[a,b]$ 上连续. 例如，$f(x)=2x^2+1$ 在 $(-\infty,+\infty)$ 内每一点都连续，所以 $f(x)=2x^2+1$ 在 $(-\infty,+\infty)$ 内连续，$(-\infty,+\infty)$ 为它的连续区间.

仿照函数 $y=f(x)$ 在开区间 (a,b) 内及闭区间 $[a,b]$ 上连续性的定义，请思考函数 $y=f(x)$ 在半开区间 $(a,b]$ 与 $[a,b)$ 及开区间 $(-\infty,+\infty)$ 内连续性的定义.

3）函数 $y=f(x)$ 在 x_0 连续的条件

由函数连续定义可知，函数 $y=f(x)$ 在点 x_0 处连续必满足下列三个条件：

（1）$y=f(x)$ 在点 x_0 的邻域内有定义；

（2）$\lim\limits_{x\to x_0}f(x)$ 存在；

（3）$\lim\limits_{x\to x_0}f(x)=f(x_0)$.

例 1　讨论函数 $f(x)=2x^2+1$ 在点 $x_0=2$ 处的连续性.

解　函数 $f(x)=2x^2+1$ 的定义域为 $(-\infty,+\infty)$，所以函数在 $x_0=2$ 的邻域内有定义；

$$\begin{aligned}\Delta y=f(2+\Delta x)-f(2)&=[2(2+\Delta x)^2+1]-(2\times2^2+1)\\&=8\Delta x+2(\Delta x)^2\end{aligned}$$

从而
$$\lim_{\Delta x\to 0}y=\lim_{\Delta x\to0}[8\Delta x+2(\Delta x)^2]=0$$

所以函数 $f(x)=2x^2+1$ 在点 $x_0=2$ 处连续.

例 2　讨论函数 $f(x)=\begin{cases}\dfrac{\sin x}{x} & x\neq0\\ 1 & x=0\end{cases}$ 在点 $x=0$ 处是否连续.

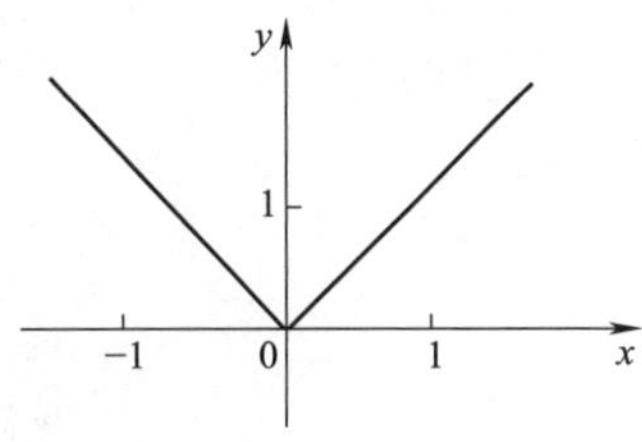

图　1-15

解　因为 $f(x)$ 在点 $x=0$ 有定义，且 $f(0)=1$，

$$\lim_{x\to0}f(x)=\lim_{x\to0}\frac{\sin x}{x}=1$$

即
$$\lim_{x\to0}f(x)=f(0)$$

故 $f(x)$ 在点 $x=0$ 连续.

例 3　讨论函数 $f(x)=|x|$ 在点 $x=0$ 处的连续性.

解　因为 $f(x)$ 在点 $x=0$ 有定义，且 $f(0)=0$，$\lim\limits_{x\to0^-}f(x)=\lim\limits_{x\to0^-}(-x)=0$，即 $\lim\limits_{x\to0^+}f(x)=\lim\limits_{x\to0^+}x=0$，所以 $\lim\limits_{x\to0}f(x)=0=f(0)$，故 $f(x)$ 在点 $x=0$ 连续.

3. 函数的间断点及其分类

1)函数的间断点

如果函数$f(x)$在点x_0满足下列三个条件之一:

(1)在点x_0处无定义,即$f(x_0)$不存在;

(2)虽然在x_0处有定义,但$\lim\limits_{x \to x_0} f(x)$不存在;

(3)虽然在x_0处有定义,且$\lim\limits_{x \to x_0} f(x)$存在,但$\lim\limits_{x \to x_0} f(x) \neq f(x_0)$,

则称函数$f(x)$在点x_0不连续或间断. 点x_0称为函数$f(x)$的不连续点或间断点.

案例1[电流的连续性] 导线中电流通常是连续变化的,但当电流增加到一定程度,会烧断保险丝,电流突然变为0,这时连续性被破坏而出现间断.

案例2[矩形波的连续性] 无线电技术中会遇到图1-16所示的电压波形(矩形波),显然电压u在$-2l$, $-l$, 0, l, $2l$等处发生间断.

2)间断点的分类

根据函数$f(x)$当$x \to x_0$时的极限情况,函数的间断点可粗略地分为以下两种类型:

第一类间断点: 在间断点x_0处$\lim\limits_{x \to x_0^-} f(x)$、$\lim\limits_{x \to x_0^+} f(x)$都存在;

第二类间断点: 不为第一类间断点的间断点.

下面举例说明函数间断点的几种常见类型.

例4 讨论函数$f(x)$在点$x=1$处连续性.

$$f(x)=\begin{cases} x-1 & x<0 \\ 0 & x=0 \\ x+1 & x>0 \end{cases}$$

解 因为当$x \to 0$时,$\lim\limits_{x \to 0^-} f(x) = \lim\limits_{x \to 0^-}(x-1) = -1$,$\lim\limits_{x \to 0^+} f(x) = \lim\limits_{x \to 0^+}(x+1) = 1$,左极限与右极限虽都存在,但不相等,故极限$\lim\limits_{x \to 0} f(x)$不存在,所以点$x=0$是函数$f(x)$的间断点. 因$y=f(x)$图形在$x=0$处产生跳跃现象(见图1-17),$x=0$为函数$f(x)$的跳跃间断点. 也属于第一类间断点.

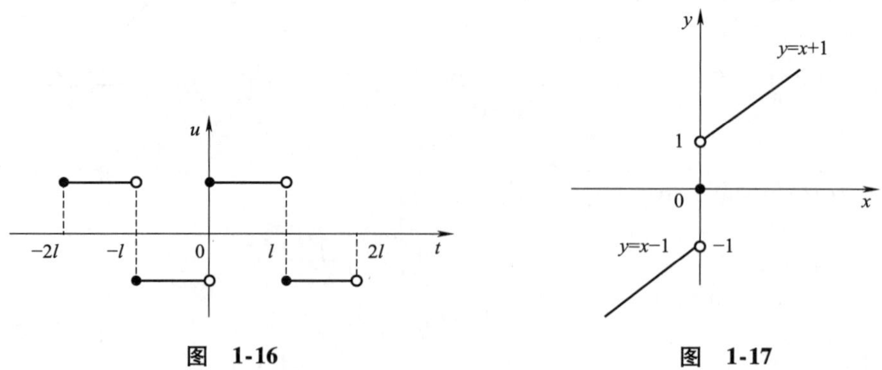

图 1-16 图 1-17

例5 讨论函数$f(x)=\dfrac{x^2-1}{x-1}$在点$x=1$处连续性.

解 $f(x)$在点$x=1$处没有定义,所以$x=1$是函数的间断点(见图1-18),这时,

$$\lim_{x \to 1} f(x) = \lim_{x \to 1}\frac{x^2-1}{x-1} = \lim_{x \to 1}(x+1) = 2$$

$f(x)$在点 $x=1$ 处间断,$f(x)$在点 $x=1$ 处没有定义,如果补充函数在 $x=1$ 处的定义:$f(1)=2$,函数在点 $x=1$ 处成为连续函数. 称点 $x=1$ 为函数$f(x)$的可去间断点,同时属于第一类间断点.

例 6　正切函数$f(x)=\tan x$ 在 $x=\frac{\pi}{2}$处没有定义,所以点 $x=\frac{\pi}{2}$是函数$f(x)=\tan x$ 的间断点. 因$\lim\limits_{x\to\frac{\pi}{2}}\tan x=\infty$,所以称点 $x=\frac{\pi}{2}$为$f(x)=\tan x$ 的无穷间断点. 由正切函数的周期性知,$x=k\pi+\frac{\pi}{2}(k\in\mathbf{Z})$都是$f(x)=\tan x$ 的无穷间断点(见图 1-19),同时属于第二类间断点.

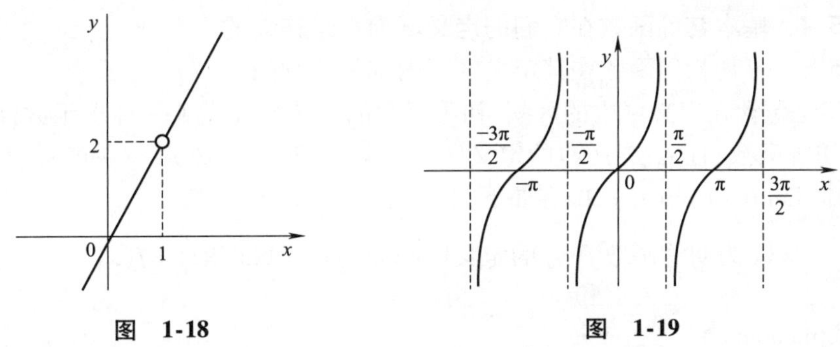

图　1-18　　　图　1-19

上面举了一些间断点的例子,可以看出:在第一类间断点中,左、右极限相等者称为可去间断点,不相等者称为跳跃间断点. 无穷间断点是第二类间断点.

案例 3[冰融化所需要的热量]　设 1 g 冰从 -40 ℃升到 100 ℃所需要的热量(单位:J)为:

$$f(x)=\begin{cases}2.1x+84 & -40\leqslant x<0\\4.2x+420 & 0\leqslant x\leqslant 100\end{cases}$$

试问:函数在点 $x=0$ 时是否连续? 若不连续,指出其间断点的类型,并解释其几何意义.

解　因为

$$\lim_{x\to 0^-}f(x)=\lim_{x\to 0^-}(2.1x+84)=84$$

$$\lim_{x\to 0^+}f(x)=\lim_{x\to 0^+}(4.2x+420)=420$$

左右极限都存在但不相等,所以函数$f(x)$在点 $x=0$ 不连续. 由于函数当 $x\to 0$ 时的左、右极限都存在,所以 $x=0$ 为函数的第一类间断点,这说明冰融化成水时需要的热量会突然增加.

1.5.2　初等函数的连续性及连续函数的极限运算

定理 1.5.1　如果函数$f(x)$和 $g(x)$都在点 x_0 处连续,则函数$f(x)\pm g(x)$,$f(x)\cdot g(x)$也在点 x_0 处连续.

定理 1.5.2　如果函数$f(x)$和 $g(x)$都在点 x_0 处连续,且 $g(x_0)\neq 0$,则$\frac{f(x)}{g(x)}$也在点 x_0 处连续.

定理 1.5.3　设函数 $y=f(\varphi(x))$是由函数 $y=f(u)$与函数 $u=\varphi(x)$复合而成,若函数 $u=\varphi(x)$在点 x_0 处连续,且 $u_0=\varphi(x_0)$,函数 $y=f(u)$在点 u_0 处连续,则复合函数 $y=f(\varphi(x))$在点 x_0 处连续,即

$$\lim_{x\to x_0}f(\varphi(x))=f(\varphi(x_0))$$

例 7 求极限$\lim\limits_{x\to1}\sin\left(\pi x-\dfrac{\pi}{2}\right)$.

解 $y=\sin\left(\pi x-\dfrac{\pi}{2}\right)$是由$y=\sin u$与$u=\pi x-\dfrac{\pi}{2}$复合而成，

$u=\pi x-\dfrac{\pi}{2}$在点$x=1$处连续，且当$x=1$时，$u=\pi\times1-\dfrac{\pi}{2}=\dfrac{\pi}{2}$，$y=\sin u$在点$u=\dfrac{\pi}{2}$处连续，则$y=\sin\left(\pi x-\dfrac{\pi}{2}\right)$在点$x=1$处连续，故由上述定理可得：

$$\lim_{x\to1}\sin\left(\pi x-\frac{\pi}{2}\right)=\sin\left(\pi\times1-\frac{\pi}{2}\right)=\sin\frac{\pi}{2}=1$$

定理 1.5.4 基本初等函数在它们的定义域内都是连续的.

定理 1.5.5 一切初等函数在其定义区间内都是连续的.

定义区间是包含在定义域内的区间. 初等函数的连续性提供了一种求函数极限的方法：如果$f(x)$是初等函数，且x_0是$f(x)$的定义区间内的点，那么函数$f(x)$在点x_0连续，由函数连续的概念知，$\lim\limits_{x\to x_0}f(x)=f(x_0)$，即有如下关系：

$$x_0\text{ 为初等函数 }f(x)\text{ 的定义区间内的点}\Rightarrow\lim_{x\to x_0}f(x)=f(x_0)$$

例 8 求$\lim\limits_{x\to1}\arccos\dfrac{\sqrt{3x+\lg x}}{2}$.

解 因为$\arccos\dfrac{\sqrt{3x+\lg x}}{2}$是初等函数，且$x=1$为它的定义区间内的一点，所以

$$\lim_{x\to1}\arccos\frac{\sqrt{3x+\lg x}}{2}=\arccos\frac{\sqrt{3\times1+\lg1}}{2}=\arccos\frac{\sqrt{3}}{2}=\frac{\pi}{6}$$

例 9 求$\lim\limits_{x\to4}\dfrac{x-4}{\sqrt{x+5}-3}$.

解 所给函数是初等函数，但它在$x=4$处无定义，函数在$x=4$处不连续，故不能直接利用定理 1.5.4 求极限. 事实上，当$x\to4$时，分子、分母均为无穷小，可先将分母有理化，消去无穷小因子，$x=4$是初等函数$\sqrt{x+5}+3$定义区间内的点，再用连续函数的性质求极限，即

$$\begin{aligned}\lim_{x\to4}\frac{x-4}{\sqrt{x+5}-3}&=\lim_{x\to4}\frac{(x-4)(\sqrt{x+5}+3)}{(\sqrt{x+5}-3)(\sqrt{x+5}+3)}\\&=\lim_{x\to4}\frac{(x-4)(\sqrt{x+5}+3)}{x-4}=\lim_{x\to4}(\sqrt{x+5}+3)=6\quad\text{（有理化分母）}\end{aligned}$$

例 10 求$\lim\limits_{x\to0}\dfrac{\log_a(1+x)}{x}$.

解 $$\begin{aligned}\lim_{x\to0}\frac{\log_a(1+x)}{x}&=\lim_{x\to0}\frac{1}{x}\cdot\log_a(1+x)=\lim_{x\to0}\log(1+x)^{\frac{1}{x}}=\log_a\left[\lim_{x\to0}(1+x)^{\frac{1}{x}}\right]\\&=\log_a\mathrm{e}=\frac{1}{\ln a}\quad\text{（重要极限Ⅱ）}\end{aligned}$$

例 11 求$\lim\limits_{x\to0}\dfrac{a^x-1}{x}$.

解 令$a^x-1=t$，则$x=\log_a(1+t)$，当$x\to0$时，$t\to0$，于是

$$\lim_{x\to 0}\frac{a^x-1}{x}=\lim_{t\to 0}\frac{t}{\log_a(1+t)}=\ln a.\quad (\text{重要极限Ⅱ})$$

1.5.3　闭区间上连续函数的性质

定理1.5.6(零点定理)　设函数$f(x)$在闭区间$[a,b]$上连续,且$f(a)$与$f(b)$异号(即$f(a)\cdot f(b)<0$),那么在开区间(a,b)内至少有一点ξ使得

$$f(\xi)=0$$

例12　证明方程$4x^3-6x^2+3x-2=0$在$(1,2)$内至少有一个实根.

证　设$f(x)=4x^3-6x^2+3x-2$,则$f(x)$在$[1,2]$上连续,由于

$$f(1)=-1<0,\quad f(2)=12>0$$

则由零点定理,在$(1,2)$内至少存在一点ξ,使得$f(\xi)=0$,即

$$4\xi^3-6\xi^2+3\xi-2=0$$

故方程$4x^3-6x^2+3x-2=0$在$(1,2)$内至少有一个实根.

最大值与最小值的概念:对于在区间I上有定义的函数$f(x)$,如果有$x_0\in I$,使得对于任意$x\in I$都有

$$f(x)\leqslant f(x_0)\quad [f(x)\geqslant f(x_0)]$$

则称$f(x_0)$是函数$f(x)$在区间I上的**最大值**(**最小值**).

定理1.5.7(最值定理)　如果函数$y=f(x)$在闭区间$[a,b]$上连续,则$f(x)$在$[a,b]$上有界且一定能取得它的最大值M和最小值m(见图1-20).

注意:如果函数在开区间内连续,或在闭区间上存在间断点,则函数在该区间上不一定有最大值和最小值(见图1-21).

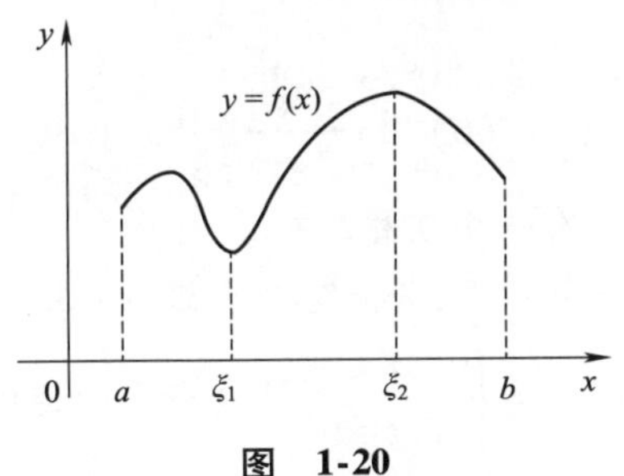

图 1-20

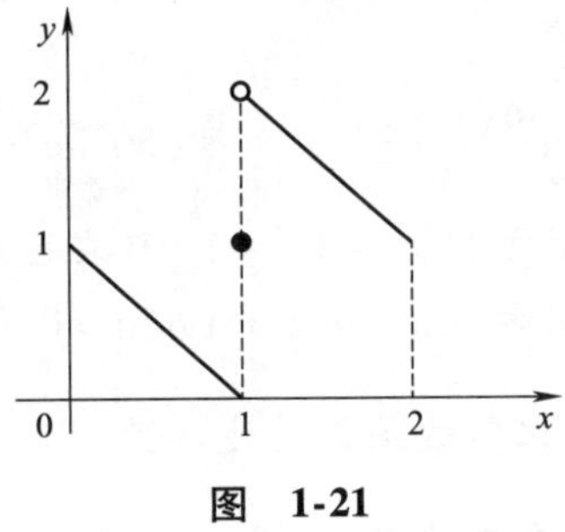

图 1-21

例如,函数$f(x)=\tan x$在开区间$\left(-\frac{\pi}{2},\frac{\pi}{2}\right)$内是连续的,但它在开区间$\left(-\frac{\pi}{2},\frac{\pi}{2}\right)$内是无界的,且既无最大值又无最小值.又如函数

$$f(x)=\begin{cases}-x+1 & 0\leqslant x<1\\ 1 & x=1\\ -x+3 & 1<x<2\end{cases}$$

在闭区间$[0,2]$上有间断点$x=1$,该函数在闭区间$[0,2]$上虽然有界,但是既无最大值也无最小值(见图1-21).

习 题 1-5

1. 设函数 $y=f(x)=2x^2+1$，求下列条件下自变量的改变量和对应函数的改变量.

(1)当 x 由 2 变到 3； (2)当 x 由 2 变到 1； (3)当 x 由 x_0 变到 $x_0+\Delta x$.

2. 研究函数 $f(x)=\begin{cases} x^2 & 0\leqslant x\leqslant 1 \\ 2-x & 1<x\leqslant 2 \end{cases}$ 的连续性，并画出其图形.

3. 求下列函数的间断点，并指出其类型.

(1) $y=\dfrac{x^2-1}{x^2-3x+2}$； (2) $y=\cos^2\dfrac{1}{x}$；

(3) $y=\dfrac{x}{\tan x}(-\pi<x<\pi)$； (4) $y=\begin{cases} 0 & x<1 \\ 2x+1 & 1\leqslant x<2. \\ 1+x^2 & x\geqslant 2 \end{cases}$

4. 求下列函数的连续区间，并求极限.

(1) $f(x)=\dfrac{x+1}{x^2+x}$，求 $\lim\limits_{x\to -1}f(x)$；

(2) $f(x)=\begin{cases} x^2 & 0\leqslant x\leqslant 1 \\ 2-x & 1<x\leqslant 2 \end{cases}$，求 $\lim\limits_{x\to \frac{3}{2}}f(x)$；

(3) $f(x)=\dfrac{x^3+3x^2-x-3}{x^2+x-6}$，求 $\lim\limits_{x\to 0}f(x)$，$\lim\limits_{x\to -3}f(x)$.

5. 求下列极限.

(1) $\lim\limits_{x\to 0}\sqrt{x^2-2x+5}$； (2) $\lim\limits_{x\to \frac{\pi}{6}}\ln(2\cos 2x)$； (3) $\lim\limits_{x\to 0}\dfrac{\sqrt{x+1}-1}{x}$；

(4) $\lim\limits_{x\to 0}\dfrac{\ln(1+x)}{x}$； (5) $\lim\limits_{x\to 0}\dfrac{\sqrt{1+x}-\sqrt{1-x}}{x}$； (6) $\lim\limits_{x\to -1}\dfrac{e^x+1}{x}$.

6. 证明方程 $x^5-3x^2+1=0$ 在区间(0,1)内至少有一个实根.

7. 证明方程 $x=a\sin x+b(a>0,b>0)$ 至少有一个正根，并且它不超过 $a+b$.

8. [单位斜坡函数的连续性] 单位斜坡函数 $r(t)=\begin{cases} 0 & t<0 \\ t & t\geqslant 0 \end{cases}$，试分析它的连续性.

9. [停车场收费] 某停车场第一个小时(或不到一个小时)收费 5 元，以后每小时(或不到整时)收费 2 元，每天最多收费 12 元，试建立停车场收费与停车时间之间的函数关系，并讨论此函数的间断点及其意义.

§1.6 MATLAB 软件简介与数学实验

MATLAB 是 MathWorks 公司出品的商业数学软件，用于数据分析、深度学习、图像处理与计算机视觉、信号处理等领域。MATLAB 和 Mathematica、Maple 并称为三大数学软件，它在数学类科技应用软件中于数值计算方面首屈一指，包括矩阵运算、绘制函数图、数据处理、实现算法、创建用户界面、连接其他编程语言的程序等，由于 MATLAB 的基本数据单位是矩阵，且它的指令表达式与数学、工程技术中常用的形式十分相似，故用 MATLAB 来求解问题要比其他软件便捷很多,因此 MATLAB 是一款强大的数学软件且深受广大学者喜欢,也是学生必须掌握的基本软件.

1.6.1 MATLAB 入门简介

下载安装 MATLAB 后,启动 MATLAB,在整个 MATLAB 界面可以看到三个区域,分别为"命令行窗口""当前文件夹""工作区"。其中进入命令行窗口(Command Window)即为编程区,提示符为" >> ",在提示符后面直接输入代码即可实现计算及作图。"当前文件夹"显示的是当前路径下保存的相关文件夹,只有当程序脚本保存在当前文件夹下才可以运行."工作区"又名变量区,主要用于存储输出的变量.一般而言不会直接在"命令行窗口"编程,一是"命令行窗口"编程的代码不易保存,二是编程的代码不易修改,此时通过建立脚本文件来解决上述难题.在 MATLAB 窗口中单击"新建"→"脚本",则可生成一个脚本文件,扩展名为".m",在编写代码完成后,运行前保存该文件至当前路径下的文件夹,再选择"编辑器"中的"运行"即可.

1. 变量

MATLAB 中变量的命名规则如下

(1)变量名必须是不含空格的单个词;

(2)变量名区分大小写;

(3)变量名最多不超过 19 个字符;

(4)变量名必须以字母开头,之后可以是任意字母、数字或下画线,变量名中不允许使用标点符号.

除了上述命名规则,MATLAB 还有几个特殊变量,见表 1-6.

表 1-6

特殊变量	取　值
ans	用于结果的省略变量名
pi	圆周率
eps	计算机的最小数,和 1 相加就产生一个比 1 大的数
flops	浮点运算符
inf	无穷大,如 1/0
NaN	不定量,如 0/0
i,j	$i=j=\sqrt{-1}$
realmin	最小可用正实数
realmax	最大可用正实数

2. MATLAB 数学运算符号及标点符号

(1)MATLAB 中常见的基本运算符号见表 1-7.

表 1-7

符　号	含　义	符　号	含　义
+	加法	./	点除
-	减法	^	幂运算

续表

符　号	含　义	符　号	含　义
*	乘法	.^	点乘幂
.*	点乘	\	左除

(2)MATLAB 中标点符号的含义如下:

①MATLAB 的每条命令后,若为逗号或无标点符号,则显示命令的结果;若为分号,则禁止显示结果.

②"%"后面所有文字为注释.

③"…"表示续行.

④"%%"表示将脚本文件中的代码分节.

3. 数学函数

(1)MATLAB 中所支持的常见基本函数见表 1-8.

表　1-8

函　数	名　称	函　数	名　称
sin(x)	正弦函数	abs(x)	绝对值(模)
cos(x)	余弦函数	max(x)	最大值
tan(x)	正切函数	min(x)	最小值
cot(x)	余切函数	sum(x)	求和
sec(x)	正割函数	sqrt(x)	开平方
csc(x)	余割函数	sign(x)	符号函数
asin(x)	反正弦函数	fix(x)	取整
acos(x)	反余弦函数	a^x	以 a 为底的指数
atan(x)	反正切函数	exp(x)	以 e 为底的指数
acot(x)	反余切函数	Loga(x)	以 a 为底的对数
x^a	幂函数	log(x)	自然对数

(2)程序运行说明:

```
syms x              % 生成符号变量 x
y=f(x)              % 生成符号表达式
```

"%"表示注释,只有"%"后面才能写中文,注释后不代入运行过程,"%%"表示将脚本文件中的代码分节,这样代码可以分节运行,互不干扰,在 MATLAB 窗口单击"编辑器"→"运行节"即可。

1.6.2　数学实验

1. 实验目的

MATLAB 作图及求极限.

2. 主要命令

1)MATLAB 作图

plot 函数:以数据(x(i),y(i))为节点作图.

fplot 函数:以[a,b]为区间作图.

ezplot 函数:绘制隐函数在[a,b]的图像.

subplot 函数:绘制子图.

surf 函数:绘制三维彩色面的图.

mesh 函数:绘制三维彩色线的图.

2)MATLAB 求极限

求函数极限:limit

命令格式:limit(f,x,a)　　　　　% 求 f 关于 x 趋向 a 的极限

命令格式:limit(f,x,a,'right')　　% 求右极限

命令格式:limit(f,x,a,'left')　　　% 求左极限

1.6.3 实验任务

1. 作出函数在闭区间上的图像

例1 作出函数 $y=\sin x$ 的在区间[-8,8]的图像:

输入命令1:

```
x=-8:0.05:8;        % 作图准备的数据,表示从 -8 到 8,每隔 0.05 取一个值
y=sin(x);           % 输入函数表达式
plot(x,y)           % 作图
```

输入命令2:

```
syms x;             % 生成符号变量
g=sin(x);           % 生成符号函数
fplot(g,[-8,8])     % 作图
```

输入命令3:

```
syms x;             % 生成符号变量
g=sin(x);           % 生成符号函数
ezplot(g,[-8,8])    % 作图
```

输出结果如图1-22所示.

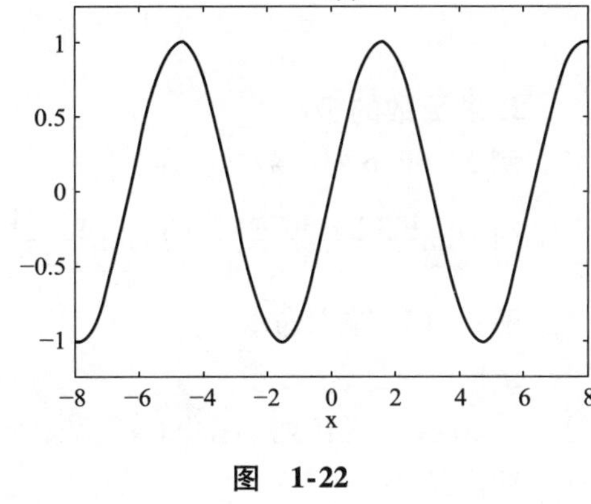

图 1-22

例2 作出 $z=\sqrt{x^2+y^2}$ 在区间[-5,5]上的函数图像.

输入命令:

```
[x,y]=meshgrid(-5:0.5:5); % 快速生成网格所需的数据
z=sqrt(x.^2+y.^2);        % 函数表达式
subplot(1,2,1)            % 画子图,生成一个一行二列的图,此图位于第一个位置
mesh(x,y,z)               % mesh 函数作三维彩线图
xlabel('x 轴');
ylabel('y 轴');
zlabel('z 轴');           % 加上坐标轴的标签
axis vis3d                % 冻结屏幕高宽比
title('mesh(x,y,z)')
subplot(1,2,2)
surf(x,y,z)               % (x(j),y(i),z(i,j))是线框网格线的交点
```

```
xlabel('x 轴');
ylabel('y 轴');
zlabel('z 轴');                  % 加上坐标轴的标签
axis vis3d
title('surf(x,y,z)')
```

输出结果如图 1-23 所示.

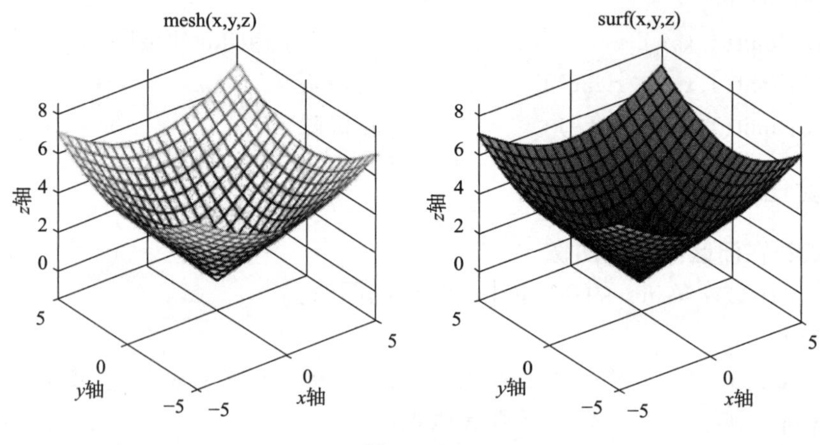

图 1-23

2. 求函数的极限

例 3 求下列函数的极限.

(1) $\lim\limits_{x\to 0}\dfrac{\tan x-\sin x}{x^3}$; (2) $\lim\limits_{x\to 2}\dfrac{x^2-4}{x-2}$.

解: (1)输入命令:

```
syms x;                                  % 生成符号变量
limit((tan(x) - sin(x))/x^3,x,0)         % 求极限
```

输出结果:

```
ans =1/2
```

(2)输入命令:

```
syms x;                                  % 生成符号变量
limit((x^2 -4)/(x -2),x,2)               % 求极限
```

输出结果:

```
ans =4
```

习 题 1-6

1. 利用 MATLAB 用最常用的三个作图函数作出函数 $y=\sin x+\cos x$ 的在区间$[-8,8]$的图像.

2. 利用 MATLAB 用两个作图函数作出 $z=x^2+y^2$ 在区间$[-10,10]$上的三维函数图像并将它们绘制成子图.

3. 利用 MATLAB 计算下列函数的极限.

(1) $\lim\limits_{x\to 0}\dfrac{1-\cos x}{x^2}$；　(2) $\lim\limits_{x\to 0}\dfrac{1-\cos 2x}{x\sin x}$.

小　结

1. 基本概念

函数，分段函数，函数的几种特性，反函数，复合函数，基本初等函数，初等函数，函数极限，左(右)极限，无穷大(量)，无穷小(量)及其比较，变量的增量，函数在一点的连续性，间断点及其分类，区间 I 内(上)的连续函数.

2. 基本知识

1) 函数的极限

(1) 函数极限与函数左右极限的关系为：$\lim\limits_{x\to x_0}f(x)=A \Leftrightarrow \lim\limits_{x\to x_0^-}f(x)=\lim\limits_{x\to x_0^+}f(x)=A$.

(2) 极限的四则运算法则　设 $\lim\limits_{x\to x_0}f(x)=A$，$\lim\limits_{x\to x_0}g(x)=B$，则

① $\lim\limits_{x\to x_0}[f(x)\pm g(x)]=\lim\limits_{x\to x_0}f(x)\pm\lim\limits_{x\to x_0}g(x)=A\pm B$，

② $\lim\limits_{x\to x_0}[f(x)\cdot g(x)]=\lim\limits_{x\to x_0}f(x)\cdot\lim\limits_{x\to x_0}g(x)=A\cdot B$，

③ $\lim\limits_{x\to x_0}\dfrac{f(x)}{g(x)}=\dfrac{\lim\limits_{x\to x_0}f(x)}{\lim\limits_{x\to x_0}g(x)}=\dfrac{A}{B}\quad(B\neq 0)$.

(3) 两个重要极限：$\lim\limits_{x\to 0}\dfrac{\sin x}{x}=1$，　$\lim\limits_{x\to\infty}\left(1+\dfrac{1}{x}\right)^x=\mathrm{e}$.

(4) 若 $a_0\neq 0$，$b_0\neq 0$，m 和 n 为非负整数，则

$$\lim_{x\to\infty}\frac{a_0x^n+a_1x^{n-1}+\cdots+a_{n-1}x+a_n}{b_0x^m+b_1x^{m-1}+\cdots+b_{m-1}x+b_m}=\begin{cases}\dfrac{a_0}{b_0} & n=m\\ 0 & n<m\\ \infty & n>m\end{cases}$$

2) 无穷小(量)与无穷大(量)

(1) 无穷大(量)与无穷小(量)的定义.

(2) 无穷小的性质.

(3) 无穷小的比较：设 α、β 是同一变化过程中的两个无穷小，$\lim\dfrac{\beta}{\alpha}$ 是这个变化过程中的极限.

① 如果 $\lim\dfrac{\beta}{\alpha}=0$，则称 β 是比 α 高阶的无穷小，记作 $\beta=o(\alpha)$；

② 如果 $\lim\dfrac{\beta}{\alpha}=\infty$，则称 β 是比 α 低阶的无穷小；

③ 如果 $\lim\dfrac{\beta}{\alpha}=C\neq 0$，则称 β 与 α 是同阶的无穷小；如果 $\lim\dfrac{\beta}{\alpha}=1$，则称 β 与 α 是等阶的无穷小，记作 $\alpha\sim\beta$.

3)函数的连续性

(1)设函数$f(x)$在点x_0及其附近有定义,若$\lim\limits_{x\to x_0}f(x)=f(x_0)$,则函数$f(x)$在点$x_0$连续.

(2)间断点的分类.

第一类间断点:$\lim\limits_{x\to x_0^-}f(x)$,$\lim\limits_{x\to x_0^+}f(x)$都存在的间断点;

第二类间断点:不为第一类间断点的间断点.

(3)初等函数的连续性:一切初等函数在其定义区间(定义区间是包含在定义域内的区间)内是连续的.

(4)连续函数极限的运算方法.

$$x_0\text{ 为初等函数 }f(x)\text{ 定义区间内的点}\Rightarrow\lim_{x\to x_0}f(x)=f(x_0)$$

3. 基本方法

(1)函数定义域的求法:①分母不为零;②偶次根式下的表达式非负;③对数函数的真数大于零;④反正弦函数和反余弦函数符号下表达式的绝对值不大于1;⑤实际问题中函数的定义域应符合实际问题要求.

(2)求极限的方法:①运用定义;②运用极限的运算法则;③运用无穷小运算性质及无穷大与无穷小的关系;④运用无穷小的比较;⑤运用两个重要极限;⑥运用初等函数的连续性;⑦运用洛必达法则(第3章介绍).

(3)函数间断点的求法与初等函数的连续性及连续函数性质的运用.

(4)间断点的判断:①函数在点x没有定义;②函数在点x的极限不存在;③函数在点x的极限存在,但不等于该点的函数值.

综合训练题1

一、选择题(题中给出的四个结论中只有一个是正确的)

1. 函数$f(x)=\log_a(x+\sqrt{x^2+1})$是(　　).

A. 奇函数　　B. 偶函数　　C. 非奇非偶函数

2. 函数$\lim\limits_{x\to x_0^-}f(x)=\lim\limits_{x\to x_0^+}f(x)=A$是$\lim\limits_{x\to x_0}f(x)=A$的(　　).

A. 必要条件　　B. 充分条件　　C. 充要条件　　D. 无关条件

3. 下列极限不存在的是(　　).

A. $\lim\limits_{x\to\infty}\dfrac{x^3-x+7}{(x-1)^2}$　　B. $\lim\limits_{x\to1}\dfrac{x^2-1}{2x^2-x-1}$

C. $\lim\limits_{x\to0}\dfrac{\sin 3x}{x}$　　D. $\lim\limits_{x\to0}(x^2+x)\cos\dfrac{1}{x}$

4. 下列各式中正确的是(　　).

A. $\lim\limits_{x\to\infty}\left(1-\dfrac{1}{x}\right)^x=\mathrm{e}$　　B. $\lim\limits_{x\to\infty}(1+x)^{\frac{1}{x}}=\mathrm{e}$

C. $\lim\limits_{x\to0}(1+x)^{-\frac{1}{x}}=\mathrm{e}$　　D. $\lim\limits_{x\to0}(1+x)^{\frac{1}{x}}=\mathrm{e}$

5. 函数$f(x)=\dfrac{x^2+x-2}{x^2-4x+3}$的连续区间是(　　).

A. $(-\infty,1),(1,3),(3,+\infty)$　　B. $(-\infty,1),(1,+\infty)$

C. $(-\infty,3),(3,+\infty)$　　D. $(-\infty,1),(3,+\infty)$

6. 下列变量在给定的变化过程中为无穷小量的是(　　).

A. $\frac{\sin x}{x}\ (x\to 0)$　　B. $\ln x(x\to 0^+)$

C. $2^{-x}\ (x\to 1)$　　D. $(1-x)\sin\frac{1}{1-x}\ (x\to 1)$

7. $x=0$ 是函数 $\arctan\frac{1}{x}$ 的(　　).

A. 连续点　　B. 第一类间断点　　C. 第二类间断点

8. 设函数 $f(x)=\begin{cases}x^2-1 & x<0\\ x & 0\leqslant x<1\\ 2-x & 1<x\leqslant 2\end{cases}$，则 $f(x)$ 在(　　).

A. $x=0,x=1$ 处都间断　　B. $x=0,x=1$ 处都连续

C. $x=0$ 处间断，$x=1$ 处连续　　D. $x=0$ 处间断，$x=1$ 处不连续

二、填空题

1. 设 $f(x)=\frac{1}{x}$，则 $f(f(x))=$________；$f(x)=\ln x,g(x)=e^{2x+1}$，则 $f(g(x))=$________.

2. $f(x)$ 当 $x\to x_0$ 时的左极限 $f(x_0^-)$ 及右极限 $f(x_0^+)$ 都存在且相等是 $\lim\limits_{x\to x_0}f(x)$ 存在的________条件.

3. $\lim\limits_{x\to 0}(1-ax)^{\frac{2}{x}}=e^3$，则 $a=$________.

4. 设当 $x\to 0$ 时，ax^2 与 $\tan\frac{x^2}{4}$ 为等价无穷小，则 $a=$________.

5. 函数 $f(x)=\frac{x}{\sqrt[3]{3-x}}$ 的间断点为________；$f(x)=\begin{cases}\frac{\sin x}{x} & x>0\\ 0 & x\leqslant 0\end{cases}$，则 $x=0$ 是 $f(x)$ 的第________类间断点.

6. 函数 $f(x)=\frac{1-\cos^2 x}{x^2}$，当 $x\neq 0$ 时；$F(x)=f(x)$，若 $F(x)$ 在点 $x=0$ 处连续，则 $F(0)=$________.

三、计算题

1. 分析下列函数的复合过程.

(1) $y=(3x-1)^{10}$；　(2) $y=\cos^2(2x^2-3)$；　(3) $y=2^{\sin^3\frac{1}{x}}$；

(4) $y=\ln(x+\sqrt{x^2+1})$；　(5) $y=(\arctan\sqrt{x})^3$；　(6) $y=\ln\sin(2x+1)^2$.

2. 求下列极限.

(1) $\lim\limits_{x\to 1}\frac{x^2-3x+2}{x-1}$；　(2) $\lim\limits_{x\to\infty}\left(\frac{x^3}{2x^2-1}-\frac{x^2}{2x+1}\right)$；　(3) $\lim\limits_{x\to\infty}x(\sqrt{x^2+1}-x)$；

(4) $\lim\limits_{x\to\infty}\left(\frac{2x+3}{2x+1}\right)^{x+1}$；　(5) $\lim\limits_{x\to 0}x^2\sin\frac{1}{x}$；　(6) $\lim\limits_{x\to 3}\sqrt{\frac{x-3}{x^2-9}}$.

四、解答题

1. 已知极限$\lim\limits_{x\to\infty}\left(\dfrac{x^2+1}{x+1}-ax-b\right)=0$,求 a,b.

2. 设$f(x)=\begin{cases}x+2 & x\leqslant 0\\ x^2+a & 0<x<1\\ bx & x\geqslant 1\end{cases}$,在$(-\infty,+\infty)$内连续,求 a,b.

3. 求下列函数的间断点,并指出间断点的类型,写出函数的连续区间.

(1)$f(x)=\dfrac{x^2-1}{x^2-3x+2}$; (2)$f(x)=\begin{cases}e^{\frac{1}{x-1}} & x>0\\ \ln(1+x) & -1<x\leqslant 0\end{cases}$.

4. 判定方程 $x^3+x-3=0$ 至少有一个正根.

5. 画出函数 $y=\cos x$ 和函数 $y=2-x^2-y^2$ 的图像,并绘制子图将这两个图按列排列.

6. 用 MATLAB 求下列极限.

(1) $\lim\limits_{x\to 0^+}\dfrac{x-\ln(1+x)}{x^2}$; (2) $\lim\limits_{x\to+\infty}x\tan\dfrac{1}{x}$.

应用与提高

椅子摆放问题

一、问题提出

在日常生活中,把四条腿的椅子放在不平的地面上,其中三条腿同时着地(不在同一条直线上的三点确定一个平面),如果第四条腿不着地,椅子未放稳,那只需稍加挪动,就可以使四条腿同时着地,椅子放稳了. 你如何证实这种实际现象?

二、模型假设

1. 椅子:椅子四条腿一样长,椅脚与地面接触处视为一点,四脚的连线呈长方形.

2. 地面:地面高度是连续变化的,沿任何方向都不会出现间断(没有像台阶那样的情况),即从数学的角度看,地面无断裂,是连续曲面,这个假设相当于给出了椅子能放稳的必要条件.

3. 椅子与地面的相对关系:对于椅脚的间距和椅腿的长度而言,地面是相对平坦的,使椅子在任何位置至少有三只脚同时着地.

三、问题分析

将椅子放到直角坐标平面上,A,B,C,D 为四条腿与平面的接触点(或投影点),连线后构成正方形 $ABCD$,是一个中心对称图形,如图 1-24 所示.

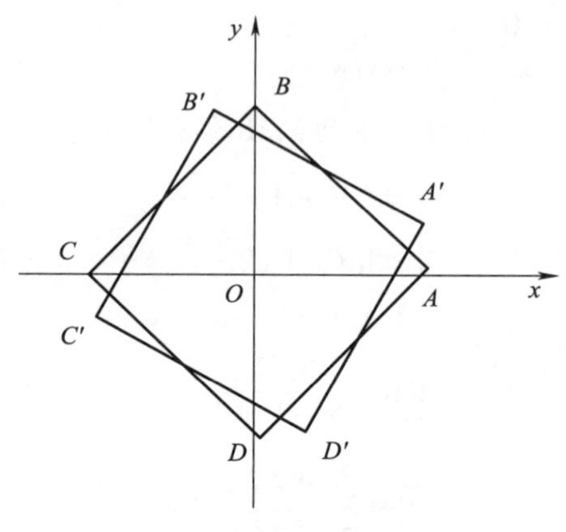

图 1-24

1. 稍加挪动,假设椅子中心投影 O 不变,仅做旋转,用角 θ 来描述椅子位置. 图 1-24 中正方形 $A'B'C'D'$ 是正方形 $ABCD$ 旋转角 θ 得到的.

2. 如何度量椅子放稳与否? 这是整个模型的关键. 我们需要找出椅子放稳与否的数学描述和表征,由上述条件可知，椅子脚离地面距离是θ的函数，又由于图形$ABCD$中心对称，我们可用$f(\theta)$和$g(\theta)$度量之，即$f(\theta)$为A、C处椅子两脚与地面的距离之和，$g(\theta)$为B、D处椅子两脚与地面的距离之和.

显然，$f(\theta)\geqslant 0$，$g(\theta)\geqslant 0$，由上述模型假设2可知，$f(\theta)$、$g(\theta)$为连续函数；由上述模型假设3可知，由于三点着地，故对于任意位置θ，$f(\theta)$和$g(\theta)$至少有一个为零，即$f(\theta)g(\theta)=0$. 不妨假设A、C处椅子两脚着地，B、D处有一脚未着地，于是有$f(0)=0$，$g(0)>0$.

若稍加挪动，即旋转一适当角θ_0，使$f(\theta_0)=g(\theta_0)=0$，则表明椅子四只脚着地，椅子放稳了.

四、模型建立

设$f(\theta)$、$g(\theta)$为非负连续函数，若$f(\theta)=g(\theta)=0$，且$f(0)=0$，$g(0)>0$，那么存在θ_0，使得$f(\theta_0)=g(\theta_0)=0$.

五、模型求解

这里模型求解就是要证明上述命题，现证明之.

证明：将椅子旋转，即正方形AC转至BD边，BD转至AC边.

旋转前，有$f(0)=0$，$g(0)>0$；旋转后有$f\left(\frac{\pi}{2}\right)>0$，$g\left(\frac{\pi}{2}\right)=0$.

令$h(\theta)=f(\theta)-g(\theta)$，则有

$$h(0)=f(0)-g(0)<0,\quad h\left(\frac{\pi}{2}\right)=f\left(\frac{\pi}{2}\right)-g\left(\frac{\pi}{2}\right)>0$$

又因为$f(\theta)$、$g(\theta)$为连续函数，因此$h(\theta)$也为连续函数，由零点定理，可知存在$\theta_0\in\left(0,\frac{\pi}{2}\right)$，使$h(\theta_0)=0$，即$f(\theta_0)=g(\theta_0)$，但是$f(\theta)g(\theta)=0$，因此有$f(\theta_0)=g(\theta_0)=0$.

六、解释与讨论

$f(\theta_0)=g(\theta_0)=0$表明椅子四脚均着地，椅子放稳了，$\theta_0$便是要挪动(旋转)的适当角度. 由于地面相对平坦，所以不考虑平移，仅考虑旋转是允许的.

七、问题拓展

若椅子四条腿的连线是长方形的，椅子能放稳吗？

拓展阅读　中国古代数学

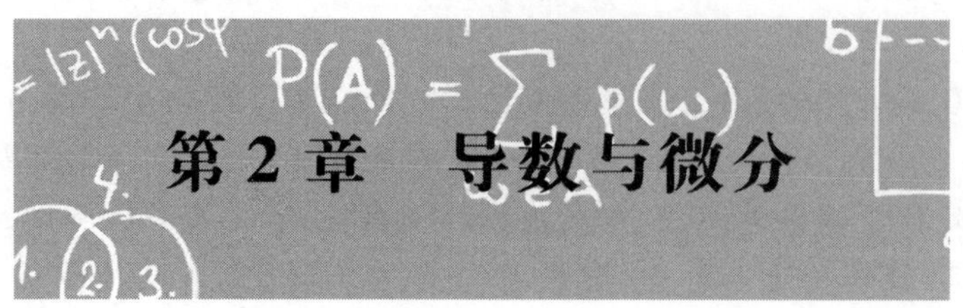

第 2 章　导数与微分

内容导入

本章讨论函数的导数与微分. 历史上,导数的概念产生于以下两个实际问题的研究:第一,求曲线的切线的斜率;第二,求变速直线运动的瞬时速度. 作曲线的切线问题是微分学的基本问题. 阿基米德(Archimedes,前 287—前 212)曾试图作螺线的切线,但并没有得到求任意曲线的切线的方法;费马(Fermat,1601—1665)用无穷小的概念来确定曲线的切线;牛顿(Newton,1643—1727)从费马的切线作法中得到启示,推广到抽象方程上;另一位建立微积分原理的数学家是与牛顿同时代的德国人莱布尼茨(Leibniz,1646—1716),他创立的微积分符号沿用至今. 在生产实际和生活中,有大量与变化率有关的量,它们都可以用导数表示,如物体运动的速度、加速度、经济增长率、人口出生率等. 导数能反映函数(因变量)相对于自变量的变化快慢程度,微分能刻画当自变量有一微小改变量时,相应的函数改变了多少. 因此,导数与微分在工程技术、社会经济管理等各个领域都有十分重要的应用.

微积分学包含微分学与积分学两个分支,微分学又分为一元函数微分学与多元函数微分学,导数与微分是一元函数微分学中两个最基本的概念. 本章将以极限概念为基础,从实际应用问题中引出导数和微分的概念,并得到导数与微分基本公式和求导的运算法则,以及如何用数学软件 MATLAB 求解函数的导数与微分.

学习目标

知识目标　理解导数与微分的概念和意义;掌握函数求导的四则运算法则、复合函数求导法则、微分的运算;了解隐函数求导方法、参数方程所确定函数的导数及高阶导数的概念;了解函数可导与连续之间的关系及微分的几何意义;掌握微分在生产实际中的应用.

能力目标　能够运用导数与微分知识解决生产实际中的问题,能够熟练运用数学软件 MATLAB 进行求导运算.

素质目标　了解微积分诞生的伟大意义和作用、微积分的发展史,培养数学兴趣与应用能力.

§2.1　导数的概念

视频

导数的概念

2.1.1　问题引入

引例 1[汽车行驶的速度]　若物体做匀速直线运动,其速度为常量 $v=\dfrac{s}{t}$.

实际生活中，大量物体做的是非匀速运动，如小张驱车到 80 km 的外地，共用了 2 h（见图 2-1），汽车行驶的平均速速为 $\bar{v}=\frac{\Delta s}{\Delta t}=\frac{80}{2}=40\ \text{km/h}$，然而，汽车速度表显示的速度（瞬时速度）在不停变化，因为汽车做的是变速直线运动，那么，如何计算汽车行驶的瞬时速度呢？将这个案例抽象出来就是直线运动的瞬时速度问题.

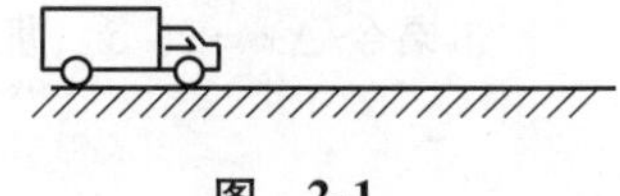

图　2-1

［直线运动的瞬时速度］　设一质点做变速直线运动，若质点的运行路程 s 与运行时间 t 的关系为 $s=f(t)$，求质点在 t_0 时刻的瞬时速度.

分析：如果质点做匀速直线运动，给一个时间的增量 Δt，那么质点在时刻 t_0 到时刻 $t_0+\Delta t$ 时间内的平均速度，即质点在时刻 t_0 的瞬时速度

$$v_0=\bar{v}=\frac{f(t_0+\Delta t)-f(t_0)}{\Delta t}$$

该问题是质点做变速直线运动，它的运行速度时刻都在发生变化，那如何解决呢？

一般地，求变速直线运动的物体在任意时刻 t_0 的瞬时速度 $v(t_0)$，尽管在整体上，速度可能有很大的变化，但是在很短一段时间内，速度变化很小，近似于匀速运动. 因此，可以用很小一段时间的平均速度来近似计算 t_0 时刻的瞬时速度. 显然，时间段 Δt 越小，近似程度越高.

因此，可以首先考虑质点在 $[t_0,t_0+\Delta t]$ 时间区间上的平均速度：

$$\bar{v}=\frac{\Delta s}{\Delta t}=\frac{f(t_0+\Delta t)-f(t_0)}{\Delta t}$$

当时间间隔 Δt 越小时，这个平均速度 $\bar{v}$ 越接近 t_0 时刻的瞬时速度 $v(t_0)$.

用极限思想解释就是：当 $\Delta t\to 0$，若平均速度的极限存在，该极限值就是质点在 t_0 时刻的瞬时速度，即

$$v(t_0)=\lim_{\Delta t\to 0}\frac{\Delta s}{\Delta t}=\lim_{\Delta t\to 0}\frac{f(t_0+\Delta t)-f(t_0)}{\Delta t}$$

引例 2［曲线切线的斜率］　设一曲线的方程为：$y=f(x)$，求该曲线在点 $P(x_0,y_0)$ 的切线的斜率.

首先要解决一个问题：什么是曲线的切线？

设有曲线 c，曲线 c 上有一定点 P_0（见图 2-2），在该曲线 c 上任取一点 P，过 P_0 与 P 作一直线 L，直线 L 一般称为曲线 c 的割线，当动点 P 沿曲线 c 无论以何方式无限趋近于定点 P_0 的时候，割线有唯一的位置，这个极限位置的直线 L_0 就称为曲线过 P_0 点的切线.

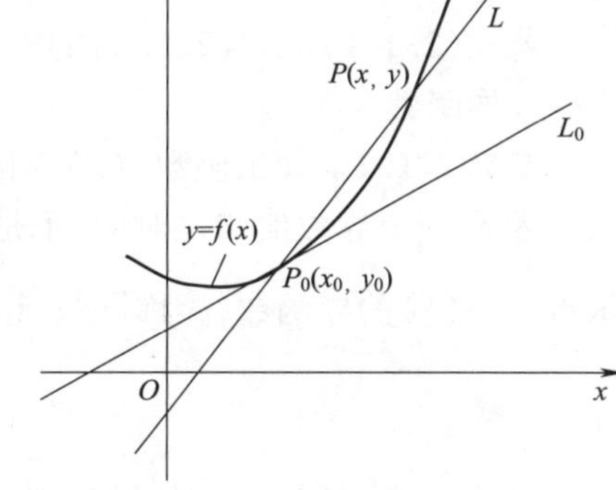

图　2-2

由上述关于切线的定义，可以先求出割线 L 的斜率：

$$k_{割}=\frac{f(x)-f(x_0)}{x-x_0}$$

注意到，P 无限趋于定点 P_0 等价于 $x\to x_0$，因此，曲线 c 过 P_0 点的切线的斜率为：

$$k_{切}=\lim_{x\to x_0}\frac{f(x)-f(x_0)}{x-x_0}$$

如果令 $\Delta x=x-x_0$,那么 $x=x_0+\Delta x$,并且 $x\to x_0\Leftrightarrow\Delta x\to 0$,所以

$$k_{切}=\lim_{\Delta x\to 0}\frac{f(x_0+\Delta x)-f(x_0)}{\Delta x}=\lim_{\Delta x\to 0}\frac{\Delta y}{\Delta x}$$

上面所讨论的两个例子抛开各自的实际意义,从抽象的数量关系来看,其实质都是当自变量的增量趋于零时,函数的增量与自变量的增量之比的极限.在自然科学中,还有很多问题可以归为这种极限形式,如加速度、电流、角速度、线密度等,我们把这种形式的极限定义为函数的导数.

2.1.2 导数及其基本概念

1.函数在一点处的导数

定义 2.1.1 设函数 $y=f(x)$ 在点 x_0 的某邻域内有定义,当自变量 x 在 x_0 有增量 Δx $(\Delta x\neq 0)$ 时,相应地函数 $f(x)$ 在 x_0 点也有增量 $\Delta y=f(x_0+\Delta x)-f(x_0)$,若当 $\Delta x\to 0$ 时,$\frac{\Delta y}{\Delta x}$的极限存在,即

$$\lim_{\Delta x\to 0}\frac{\Delta y}{\Delta x}=\lim_{\Delta x\to 0}\frac{f(x_0+\Delta x)-f(x_0)}{\Delta x}$$

存在,则称此极限值为函数 $f(x)$ 在点 x_0 处的导数,并称函数 $f(x)$ 在点 x_0 处可导,记作 $f'(x_0)$ 或 $y'\big|_{x=x_0}$,$\frac{\mathrm{d}y}{\mathrm{d}x}\bigg|_{x=x_0}$,$\frac{\mathrm{d}f}{\mathrm{d}x}\bigg|_{x=x_0}$,

即
$$f'(x_0)=\lim_{\Delta x\to 0}\frac{f(x_0+\Delta x)-f(x_0)}{\Delta x}\tag{2.1.1}$$

因为 $x=x_0+\Delta x$,$\Delta y=f(x_0+\Delta x)-f(x_0)$,则(2.1.1)式可改写为:

$$f'(x_0)=\lim_{x\to x_0}\frac{f(x)-f(x_0)}{x-x_0}\tag{2.1.2}$$

由此可见,导数即是函数增量 Δy 与自变量增量 Δx 之比$\frac{\Delta y}{\Delta x}$的极限,一般地,称$\frac{\Delta y}{\Delta x}$为函数关于自变量的平均变化率,所以导数 $f'(x_0)$ 为 $f(x)$ 在点 x_0 处关于 x 的变化率(在经济学上也称为边际).

若式(2.1.1)或式(2.1.2)的极限不存在,则称 $f(x)$ 在点 x_0 处不可导.

2.导函数

定义 2.1.2 如果函数 $f(x)$ 在区间 (a,b) 内每一点都可导,则对于区间 (a,b) 内任意一点 x,都有一个导数值与之对应,于是得到了一个新的函数 $f'(x)$,称这个新函数 $f'(x)$ 为原函数 $y=f(x)$ 的导函数,简称导数,记作 $f'(x)$,y',$\frac{\mathrm{d}y}{\mathrm{d}x}$或$\frac{\mathrm{d}f(x)}{\mathrm{d}x}$,

即
$$f'(x)=\lim_{\Delta x\to 0}\frac{f(x+\Delta x)-f(x)}{\Delta x}$$

显然,函数在点 x_0 处的导数 $f'(x_0)$ 即是导函数 $f'(x)$ 在 $x=x_0$ 处的函数值,即

$$f'(x_0)=f'(x)\big|_{x=x_0}$$

由导数的定义可知,求函数的导数有以下三个步骤:

第一步:求增量 $\Delta y=f(x_0+\Delta x)-f(x_0)$;

第二步:求比值$\frac{\Delta y}{\Delta x}=\frac{f(x_0+\Delta x)-f(x_0)}{\Delta x}$;

第三步：求极限 $f'(x)=\lim\limits_{\Delta x\to 0}\dfrac{f(x+\Delta x)-f(x)}{\Delta x}$.

例 1　求函数 $f(x)=x^2+x$ 在点 $x_0=0$ 处的导数.

解　由定义得：

$$f'(0)=\lim_{\Delta x\to 0}\frac{f(0+\Delta x)-f(0)}{\Delta x}=\lim_{\Delta x\to 0}\frac{(0+\Delta x)^2+(0+\Delta x)-0}{\Delta x}=\lim_{\Delta x\to 0}(\Delta x+1)=1$$

案例 1［瞬时电流］　带电粒子（电子、离子等）的有秩序运动形成电流，通过导线某点横截面的电荷量与所需时间之比称为电流强度，简称电流. 若在 $[0,t]$ 时间段内通过导线横截面的电荷量为 $Q=Q(t)$，则在 $[t,t+\Delta t]$ 时间段的平均电流为 $\bar{i}=\dfrac{\Delta Q}{\Delta t}$，时刻 t 的电流为 $i=Q'(t)=\dfrac{\mathrm{d}Q}{\mathrm{d}t}$，在含有电容的电路中，因电容上电压 U_c 与电量的关系为 $Q=CU_c$，故有 $i=C\dfrac{\mathrm{d}U_c}{\mathrm{d}t}$.

案例 2［人口增长率］　全球 2000 年报告指出世界人口在 1975 年为 41 亿，并以每年 2% 的相对比率增长。若用 P 表示自 1975 年以来的人口数，求 $\dfrac{\mathrm{d}P}{\mathrm{d}t}$，$\left.\dfrac{\mathrm{d}P}{\mathrm{d}t}\right|_{t=0}$，$\left.\dfrac{\mathrm{d}P}{\mathrm{d}t}\right|_{t=15}$，它们的实际意义分别是什么？

解　$\dfrac{\mathrm{d}P}{\mathrm{d}t}$ 表示世界人口总量关于时间的变化率，即

$$\frac{\mathrm{d}P}{\mathrm{d}t}=\lim_{\Delta t\to 0}\frac{P(t+\Delta t)-P(t)}{\Delta t}$$

在 $[t,t+\Delta t]$ 时间内，世界人口的增长可视为匀速增长的，由于相对比率为 2%，增长速度为 $2\%\,P(t)$，即 $P(t+\Delta t)-P(t)\approx 2\%\,P(t)\Delta t$，故有 $\dfrac{\mathrm{d}P}{\mathrm{d}t}=2\%\,P(t)$.

由于世界人口每年都以 2% 的相对比率增长，所以，

$$\left.\frac{\mathrm{d}P}{\mathrm{d}t}\right|_{t=0}=2\%\,P(0),\quad \left.\frac{\mathrm{d}P}{\mathrm{d}t}\right|_{t=15}=2\%\,P(15)$$

这表明，自 1975 年起世界人口的增长率为当时人口总数的 0.02 倍.

3. 单侧导数

回顾一下，在引入极限概念之后，接着引入了单侧极限的概念，导数是建立在极限的基础之上的概念，自然就会提出类似于“左右极限”的概念.

定义 2.1.3　若极限 $\lim\limits_{\Delta x\to 0^+}\dfrac{\Delta y}{\Delta x}=\lim\limits_{\Delta x\to 0^+}\dfrac{f(x_0+\Delta x)-f(x_0)}{\Delta x}$ 存在，则称此极限值为 $f(x)$ 在 x_0 处的**右导数**，记为 $f'_+(x_0)$，若极限 $\lim\limits_{\Delta x\to 0^-}\dfrac{\Delta y}{\Delta x}=\lim\limits_{\Delta x\to 0^-}\dfrac{f(x_0+\Delta x)-f(x_0)}{\Delta x}$ 存在，则称此极限值为 $f(x)$ 在 x_0 处的**左导数**，记为 $f'_-(x_0)$，右导数和左导数统称为函数 $f(x)$ 在点 x_0 的**单侧导数**.

定理 2.1.1　若函数 $y=f(x)$ 在点 x_0 的某邻域内有定义，则导数 $f'(x_0)$ 存在的充要条件是 $f'_+(x_0)$ 与 $f'_-(x_0)$ 都存在，且 $f'_+(x_0)=f'_-(x_0)$.

若函数 $f(x)$ 在开区间 (a,b) 内可导，且 $f'_+(a)$ 和 $f'_-(b)$ 都存在，则 $f(x)$ 在闭区间 $[a,b]$ 上可导.

例 2　设 $f(x)=\begin{cases}1+x & x\geqslant 0\\ 1-x & x<0\end{cases}$，讨论 $f(x)$ 在 $x_0=0$ 处是否可导.

解 $$\frac{f(0+\Delta x)-f(0)}{\Delta x}=\begin{cases}1 & \Delta x>0\\ -1 & \Delta x<0\end{cases}$$

$$f'_{+}(0)=\lim_{\Delta x\to 0^{+}}\frac{f(0+\Delta x)-f(0)}{\Delta x}=1,\quad f'_{-}(0)=\lim_{\Delta x\to 0^{-}}\frac{f(0+\Delta x)-f(0)}{\Delta x}=-1$$

因为$f'_{+}(0)\neq f'_{-}(0)$,所以,$f(x)$在$x_0=0$处不可导.

2.1.3 导数的几何意义

若函数$y=f(x)$在x_0点处可导,则该点的导数$f'(x_0)$等于曲线$y=f(x)$在点(x_0,y_0)处切线的斜率. 即$k_{切}=f'(x_0)$.

由直线方程的点斜式和导数的几何意义,可以得到曲线L在点(x_0,y_0)的切线方程L_0与法线方程n_0.

曲线在$P_0(x_0,y_0)$的切线方程为:

$$y-y_0=f'(x_0)(x-x_0)$$

法线方程为:

$$y-y_0=-\frac{1}{f'(x_0)}(x-x_0),\text{其中}f'(x_0)\neq 0$$

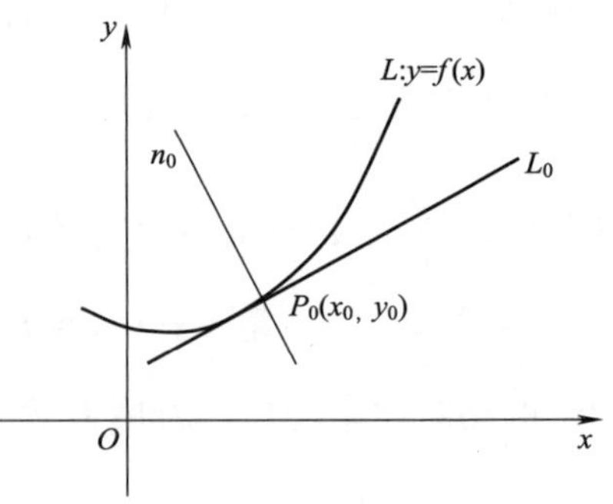

图 2-3

例 3 求曲线$y=x^2$在点(2,4)处的切线方程及法线方程.

解 因为$\Delta y=f(x+\Delta x)-f(x)=(x+\Delta x)^2-x^2=2x\Delta x+\Delta x^2$

所以 $$y'=f'(x)=\lim_{\Delta x\to 0}\frac{\Delta y}{\Delta x}=\lim_{\Delta x\to 0}(2x+\Delta x)=2x$$

所以$y'|_{x=2}=4$,则,

所求切线方程为$y-4=4(x-2)$,即$4x-y-4=0$;

所求法线方程为$y-4=-\frac{1}{4}(x-2)$,即$x+4y-18=0$.

2.1.4 可导与连续的关系

定理 2.1.2 若函数$f(x)$在点x_0处可导,则它在点x_0处必连续.

注意:此定理的逆命题不一定成立,即可导一定连续,连续不一定可导. 连续是可导的必要条件,非充分条件.

例 4 讨论函数$f(x)=|x|$在点$x_0=0$处的连续性和可导性.

解 因为$\lim\limits_{x\to 0^-}f(x)=\lim\limits_{x\to 0^+}f(x)=0$,而$f(0)=0$,由连续性的定义可知,函数$f(x)$在$x_0=0$处连续.

又因为 $$\frac{\Delta y}{\Delta x}=\frac{f(x)-f(0)}{x-0}=\frac{|x|-0}{x}=\frac{|x|}{x}=\begin{cases}1 & x>0\\ -1 & x<0\end{cases}$$

显然,当$x\to 0$时,上式的极限不存在,所以$f(x)$在点$x=0$处不可导.

例 5 设函数$f(x)=\begin{cases}x\sin\frac{1}{x} & x\neq 0\\ 0 & x=0\end{cases}$,讨论其在$x=0$的连续性和可导性.

解　因为$\lim\limits_{x\to0}x\sin\frac{1}{x}=0=f(0)$，所以$f(x)$在$x=0$点连续.

又因为

$$\lim_{\Delta x\to0}\frac{f(0+\Delta x)-f(0)}{\Delta x}=\lim_{\Delta x\to0}\frac{\Delta x\cdot\sin\frac{1}{\Delta x}-0}{\Delta x}=\lim_{\Delta x\to0}\sin\frac{1}{\Delta x}$$

此极限不存在，所以不可导.

推论：若函数$f(x)$在x_0点处左(右)可导，则函数$f(x)$在x_0点左(右)连续.

2.1.5　高阶导数

由引例1已经知道，速度是路程关于时间的变化率，即$V(t)=s'(t)$，而加速度是速度关于时间的变化率，即$a(t)=V'(t)$，即加速度是路程$s(t)$关于时间的导数的导数. 为了解决类似问题，便引入了高阶导数的概念.

定义 2.1.4　若函数$y=f(x)$的导数$f'(x)$仍然可导，则称导数$f'(x)$的导数为函数$f(x)$的二阶导数，通常记作y''；$f''(x)$；$y^{(2)}$；$f^{(2)}(x)$；$\frac{d^2y}{dx^2}$或$\frac{d^2f(x)}{dx^2}$. 同时称$f(x)$二阶可导.

如果$f''(x)$关于x还可导，那么$f''(x)$的导数称为函数$f(x)$的三阶导数，通常记为y'''；$f'''(x)$；$y^{(3)}$；$f^{(3)}(x)$；$\frac{d^3y}{dx^3}$或$\frac{d^3f}{dx^3}$.

如果$f(x)$的$n-1$阶导数$f^{(n-1)}(x)$存在，并且$f^{(n-1)}(x)$仍然可导，那么，$f^{(n-1)}(x)$的导数称为函数$f(x)$的n阶导数，一般记为：

$$y^{(n)};\quad f^{(n)}(x);\quad \frac{d^ny}{dx^n}或\frac{d^nf}{dx^n}$$

二阶及二阶以上的导数统称为高阶导数.

例 6　设$f(x)=e^x$，求$f^{(n)}(x)$.

解　$f'(x)=(e^x)'=e^x$，$f''(x)=(e^x)''=e^x$，$f'''(x)=(e^x)'''=e^x$

一般地可得
$$(e^x)^{(n)}=e^x$$

习　题　2-1

1. 当物体的温度高于周围介质的温度时，物体就不断冷却. 若物体的温度T与时间t的函数关系为$T=T(t)$，应怎样确定该物体在时刻t的冷却速度？

2. 设$Q=Q(t)$表示1 g金属从0 ℃加热到t ℃所吸收的热量(单位：J)，当金属温度从t升温到$t+\Delta t$时，所需的热量为$\Delta Q=Q(t+\Delta t)-Q(t)$，它与$\Delta t$之比，称为$t$到$t+\Delta t$的平均比热容(单位：J/(kg·K)).

(1)如何定义在t时，金属的比热容；

(2)当$Q=at+bt^2$(其中a,b均为常数)时，求比热容，即$Q'(t)$.

3. 下列各题中均假设$f'(x_0)$存在，且$f'(x_0)=A$，试求下列极限.

(1)$\lim\limits_{\Delta x\to0}\frac{f(x_0+2\Delta x)-f(x_0)}{\Delta x}$；　(2)$\lim\limits_{h\to0}\frac{f(x_0+2h)-f(x_0-h)}{h}$.

4. 求下列函数的导数.

(1) $y=x\sqrt{x}$; (2) $y=\dfrac{x\sqrt{x}}{\sqrt[3]{x}}$; (3) $y=\sqrt{\sqrt{x}}$.

5. 设 $f(x)=\cos x$,求 $f'(\pi/6)$, $f'(\pi/3)$.

6. 设 $f(x)=2^x$,求 $f'(0)$, $f'(1)$.

7. 求曲线 $y=\sqrt{x}$ 在点(4,2)处的切线方程和法线方程.

8. 求曲线 $y=\ln x$ 在点(1,0)处的切线方程和法线方程.

9. 已知物体的运动规律为 $s=t^3$(单位为 m),求该物体在 $t=2$(单位为 s)时的速度.

10. 讨论下列函数在 $x=0$ 处的连续性与可导性.

(1) $y=|\sin x|$; (2) $f(x)=\begin{cases} x^2\sin\dfrac{1}{x} & x\neq 0 \\ 0 & x=0 \end{cases}$.

11. 设函数 $f(x)=\begin{cases} x^2 & x\leqslant 1 \\ ax+b & x>1 \end{cases}$,为了使函数在 $x=1$ 处连续且可导,a,b 应取什么值.

12. 求下列函数的二阶导数.

(1) $y=x\cos x$; (2) $y=\sin^2 x$; (3) $y=\arctan x$.

§2.2 导数的运算

在上节学习了导数的概念,那么如何求各种函数的导数呢?由导数的定义求导数十分困难,本节将系统介绍导数的公式、求导法则与求导方法.

2.2.1 问题引入

函数的导数是函数的瞬时变化率,它是平均变化率的极限.先介绍如何用导数的定义解决如下问题.

引例1[气球体积关于半径的变化率] 现将气体注入某一球状气球,假定气体的压力不变,问半径为 2 cm 时,气球的体积关于半径的变化率是多少?

解 气球的体积 V 与半径 r 之间的函数关系为

$$V=\frac{4}{3}\pi r^3$$

气球的体积关于半径的变化率为

$$\frac{\mathrm{d}V}{\mathrm{d}r}=\lim_{\Delta r\to 0}\frac{\Delta V}{\Delta r}$$

其中
$$\Delta V=\frac{4}{3}\pi(r+\Delta r)^3-\frac{4}{3}\pi r^3=\frac{4}{3}\pi(3r^2\Delta r+3r\Delta r^2+\Delta r^3)$$

所以
$$\frac{\mathrm{d}V}{\mathrm{d}r}=\lim_{\Delta r\to 0}\frac{\Delta v}{\Delta r}=\lim_{\Delta r\to 0}\frac{\frac{4}{3}\pi(3r^2\Delta r+3r\Delta r^2+\Delta r^3)}{\Delta r}=4\pi r^2$$

半径为 2 cm 时气球的体积关于半径的变化率为

$$\left.\frac{\mathrm{d}V}{\mathrm{d}r}\right|_{r=2}=4\pi\times 2^2\ \mathrm{cm}^2=16\pi\ \mathrm{cm}^2\approx 50.3\ \mathrm{cm}^2$$

引例2[瞬时速度] 假设某质点按规律 $s=12t+3t^2-2t^3$ 做直线运动，其中 s 以 m 为单位，t 以 s 为单位，求质点在第 3 s 末的瞬时速度.

解 根据导数的定义可知，第 3 s 末的瞬时速度为

$$v(3)=\lim_{t\to 3}\frac{s(t)-s(3)}{t-3}=\lim_{t\to 3}\frac{12t+3t^2-2t^3-36-27+54}{t-3}$$

$$=\lim_{t\to 3}\frac{(t-3)(-2t^2-3t+3)}{t-3}=\lim_{t\to 3}(-2t^2-3t+3)=-24.$$

由以上引例可以看出，根据导数的定义，通过求函数增量比的极限，可以得到基本初等函数的求导公式和求导法则. 本节将给出基本初等函数的求导公式和导数运算法则，以后在求一般函数导数时，可以直接按基本公式和法则求导.

2.2.2 导数的基本公式

例1[常函数的导数] 设 $f(x)=C$（C 为常数），求 $f'(x)$.

解 因为
$$\frac{f(x+\Delta x)-f(x)}{\Delta x}=\frac{C-C}{\Delta x}=0$$

所以
$$f'(x)=\lim_{\Delta x\to 0}\frac{f(x+\Delta x)-f(x)}{\Delta x}=\lim_{\Delta x\to 0}0=0$$

即
$$(C)'=0$$

例2[幂函数的导数] 设 n 为正整数，幂函数 $f(x)=x^n$，求 $f'(x)$.

解 因为
$$\frac{f(x+\Delta x)-f(x)}{\Delta x}=\frac{(x+\Delta x)^n-x^n}{\Delta x}=\frac{nx^{n-1}\Delta x+C_n^2x^{n-2}\Delta x^2+\cdots+\Delta x^n}{\Delta x}$$
$$=nx^{n-1}+C_n^2\cdot x^{n-2}\cdot\Delta x+\cdots+(\Delta x)^{n-1}$$

所以
$$f'(x)=\lim_{\Delta x\to 0}\frac{f(x+\Delta x)-f(x)}{\Delta x}=\lim_{\Delta x\to 0}[nx^{n-1}+C_n^2\cdot x^{n-2}\cdot\Delta x+\cdots+(\Delta x)^{n-1}]$$
$$=nx^{n-1}$$

即
$$(x^n)'=nx^{n-1}$$

当 n 为任意实数 α 时，上式仍成立，即
$$(x^\alpha)'=\alpha x^{\alpha-1}$$

类似地，利用导数的定义，可以得到导数基本公式，见表 2-1.

表 2-1

序号	导数公式	序号	导数公式
1	$C'=0$ （C 为常数）	9	$(\tan x)'=\sec^2 x$
2	$(x^\alpha)'=\alpha x^{\alpha-1}$ （其中 α 为实数）	10	$(\cot x)'=-\csc^2 x$
3	$(a^x)'=a^x\ln a$ （$a>0,a\neq 1$）	11	$(\sec x)'=\sec x\cdot\tan x$
4	$(e^x)'=e^x$	12	$(\csc x)'=-\csc x\cdot\cot x$
5	$(\log_a x)'=\frac{1}{x\ln a}$ （$a>0,a\neq 1$）	13	$(\arcsin x)'=\frac{1}{\sqrt{1-x^2}}$ $x\in(-1,1)$
6	$(\ln x)'=\frac{1}{x}$	14	$(\arccos x)'=-\frac{1}{\sqrt{1-x^2}}$ $x\in(-1,1)$
7	$(\sin x)'=\cos x$	15	$(\arctan x)'=\frac{1}{1+x^2}$ $x\in\mathbf{R}$
8	$(\cos x)'=-\sin x$	16	$(\operatorname{arccot} x)'=-\frac{1}{1+x^2}$ $x\in\mathbf{R}$

2.2.3 导数的四则运算法则

定理 2.2.1 设函数 $u=u(x)$、$v=v(x)$ 在点 x 处可导，则它们的和、差、积、商（除分母为零的点外）都在点 x 处可导，并且满足：

(1) $[u(x)\pm v(x)]'=u'(x)\pm v'(x)$.

(2) $[u(x)\cdot v(x)]'=u'(x)v(x)+u(x)v'(x)$. 特别地 $[Cu(x)]'=Cu'(x)$，其中 C 为常数.

(3) $\left[\dfrac{u(x)}{v(x)}\right]'=\dfrac{u'(x)v(x)-u(x)v'(x)}{v(x)^2}$.

更一般的有：

$$(u_1u_2\cdots u_n)'=u_1'u_2\cdots u_n+u_1u_2'\cdots u_n+\cdots+u_1u_2\cdots u_n'$$

$$(k_1u_1+k_2u_2+\cdots+k_nu_n)'=k_1u_n'+k_2u_2'+\cdots+k_nu_n'$$

注意：特别要注意积和商的求导公式，其实商的求导公式可以转化为积的求导公式.

例 3 设 $f(x)=x^4+2x^2+6x+10$，求 $f'(x)$.

解 由定理 2.2.1(1) 式可知

$$f'(x)=(x^4)'+2\cdot(x^2)'+6\cdot x'+10'=4x^3+4x+6$$

一般地，多项式函数 $f(x)=a_0x^n+a_1x^{n-1}+\cdots+a_{n-1}x+a_n$ 的导数为：

$$f'(x)=na_0x^{n-1}+(n-1)a_1x^{n-2}+\cdots+2a_{n-2}x+a_{n-1}$$

例 4 设 $y=x^3\cdot e^x$，求 y'.

解 由定理 2.2.1(2) 式，可得

$$y'=(x^3)'\cdot e^x+x^3\cdot(e^x)'=3x^2e^x+x^3e^x=(3+x)x^2e^x$$

例 5［三角函数的导数］ 证明：$(\tan x)'=\sec^2x$；$(\cot x)'=-\csc^2x$.

证明
$$(\tan x)'=\left(\frac{\sin x}{\cos x}\right)'=\frac{(\sin x)'\cos x-\sin x(\cos x)'}{\cos^2x}$$
$$=\frac{\cos^2x+\sin^2x}{\cos^2x}=\sec^2x$$

同理可证 $(\cot x)'=-\csc^2x$.

例 6 求函数 $f(x)=\dfrac{x^3+\sqrt{x}-2}{x}$ 的导数.

解 因为 $f(x)=\dfrac{x^3+\sqrt{x}-2}{x}=x^2+x^{-\frac{1}{2}}-2x^{-1}$，所以

$$f'(x)=(x^2+x^{-\frac{1}{2}}-2x^{-1})'=2x-\frac{1}{2}x^{-\frac{3}{2}}+2x^{-2}$$

注意：通常遇到较复杂的式子求导时，若能化简，一般先化简再求导.

案例 1［速度］ 已知某物体做直线运动，运动方程为 $s=(t^2+1)(t+1)$，（其中 s 的单位为 m，t 的单位为 s），求(1)物体的运动速度；(2)在第 3 s 末的瞬时速度.

解 (1)物体运动的速度为

$$v=\frac{ds}{dt}=[(t^2+1)(t+1)]'$$

$$=(t^2+1)'(t+1)+(t^2+1)(t+1)'$$
$$=2t(t+1)+(t^2+1)\times 1=3t^2+2t+1 \quad [(uv)'=u'v+uv']$$

(2)由(1)可知物体在 $t=3$ s 时的运动速度为

$$v\big|_{t=3}=(3t^2+2t+1)\big|_{t=3}=34 \text{ m/s}.$$

总结:利用已有的基本公式与求导四则运算法则,可以解决一部分初等函数的直接求导问题,但通常所遇到的初等函数往往是较为复杂的复合函数,为此,还需要介绍一些其他的求导法则和技巧.

2.2.4　复合函数的求导法则

定理 2.2.2　设 $y=f(\varphi(x))$ 是由函数 $y=f(u)$ 与 $u=\varphi(x)$ 复合而成的,若 $u=\varphi(x)$ 在 x 处可导,而 $y=f(u)$ 在对应的 $u=\varphi(x)$ 处可导,则复合函数 $y=f(\varphi(x))$ 在 x 处也可导,且

$$[f(\varphi(x))]'=f'(u)\cdot\varphi'(x)=f'(\varphi(x))\cdot\varphi'(x)$$

简记为

$$\frac{dy}{dx}=\frac{dy}{du}\cdot\frac{du}{dx}$$

推论:设函数 $y=f(u)$, $u=\varphi(v)$, $v=\psi(x)$ 在自变量所对应点处可导,则复合函数 $y=f(\varphi(\psi(x)))$ 在自变量 x 处可导,且

$$\frac{dy}{dx}=\frac{dy}{du}\cdot\frac{du}{dv}\cdot\frac{dv}{dx}=y'_u\cdot u'_v\cdot v'_x$$

> **注意**:上述法则一般也称为复合函数求导数的链式法则.

例 7　设 $y=\ln|x|$,求 $\frac{dy}{dx}$.

解　当 $x>0$ 时, $\frac{dy}{dx}=(\ln x)'=\frac{1}{x}$,当 $x<0$ 时, $y=\ln(-x)$,令 $u=-x$,由复合函数求导法则得

$$\frac{dy}{dx}=\frac{dy}{du}\cdot\frac{du}{dx}=\frac{1}{u}\cdot(-1)=\frac{1}{-x}\cdot(-1)=\frac{1}{x}$$

综上,则 $(\ln|x|)'=\frac{1}{x}$

例 8　设 $y=\sin^2 x$,求 $\frac{dy}{dx}$.

解　因为 $y=\sin^2 x$ 可看作 $y=u^2$ 与 $u=\sin x$ 复合而成的,由复合函数求导法则,得

$$\frac{dy}{dx}=\frac{dy}{du}\cdot\frac{du}{dx}=2u\cdot\cos x=2(\sin x)\cdot\cos x=\sin 2x$$

> **注意**:到目前为止, $\frac{dy}{dx}$ 是一个整体符号,它表示函数 y 关于 x 的导数,在运算过程中不能把它们分离开来.

例 9　设 $y=\sin^3 x^2$,求 $\frac{dy}{dx}$.

解　因为 $y=\sin^3 x^2$ 可以看作 $y=u^3$, $u=\sin v$ 和 $v=x^2$ 复合而成的,于是

$$\frac{dy}{dx}=\frac{dy}{du}\cdot\frac{du}{dv}\cdot\frac{dv}{dx}=3u^2\cdot\cos v\cdot(2x)=6x\sin^2 x^2\cos x^2.$$

注意：对复合函数的分解比较熟练后，可以不必写出中间变量，直接运用链式法则，按照复合次序，由外向里逐层求导.

例 10 设函数 $y=\ln\sin e^{x}$，求 y'.

解 $y'=(\ln\sin e^{x})'=\dfrac{1}{\sin e^{x}}(\sin e^{x})'=\dfrac{1}{\sin e^{x}}(\cos e^{x}\cdot e^{x})=e^{x}\cot e^{x}$.

例 11 设函数 $y=\ln(x+\sqrt{1+x^{2}})$，求 y'.

解
$$y'=\frac{1}{x+\sqrt{1+x^{2}}}(x+\sqrt{1+x^{2}})'=\frac{1}{x+\sqrt{1+x^{2}}}\left[1+\left(\frac{1}{2\sqrt{1+x^{2}}}\right)(1+x^{2})'\right]$$
$$=\frac{1}{x+\sqrt{1+x^{2}}}\left(1+\frac{x}{\sqrt{1+x^{2}}}\right)$$
$$=\frac{1}{\sqrt{1+x^{2}}}\quad\left(\frac{dy}{dx}=\frac{dy}{du}\cdot\frac{du}{dx}\right)$$

例 12 设函数 $y=e^{ax}$，求 $y^{(n)}$.

解 $y'=(e^{ax})'=ae^{ax}$；$y''=(ae^{ax})'=a^{2}e^{ax}$；$y'''=(a^{2}e^{ax})'=a^{3}e^{ax}$.

用数学归纳法可得 $y^{(n)}=a^{n}e^{ax}$.

案例 2[球体体积的增加速率] 一球的半径以 2 cm/min 的速率增加，试问半径达到 6 cm 时，球的体积以多大的速率增加？

解 设该球在时刻 t 时，其半径为 $r(t)$，体积为 $v(t)$，则
$$v(t)=\frac{4}{3}\pi[r(t)]^{3}$$
即 v 是 r 的函数，而 r 是 t 的函数，则
$$\frac{dv}{dt}=\frac{dv}{dr}\cdot\frac{dr}{dt}=\frac{4}{3}\pi\cdot 3r^{2}\cdot\frac{dr}{dt}$$
即
$$\frac{dv}{dt}=4\pi\cdot r^{2}\cdot\frac{dr}{dt}$$
已知 $\dfrac{dr}{dt}=2$ cm/min，于是当 $r=6$ cm 时，有
$$\frac{dv}{dt}=4\pi\times 6^{2}\times 2=288\pi$$

2.2.5 反函数的求导法则

定理 2.2.3 设函数 $x=\varphi(y)$ 在某区间 I_y 内严格单调可导，且 $\varphi'(y)\neq 0$，那么它的反函数 $y=f(x)$ 在对应区间 I_x 内也严格单调可导，且 $f'(x)=\dfrac{1}{\varphi'(y)}$.

设 $x=\varphi(y)$ 是直接函数，$y=f(x)$ 是它的反函数，则定理 2.2.3 可叙述为：**反函数的导数等于直接函数导数的倒数**.

例 13 求证 $(\arcsin x)'=\dfrac{1}{\sqrt{1-x^{2}}}$； $(\arccos x)'=-\dfrac{1}{\sqrt{1-x^{2}}}$.

证明 由于 $y=\arcsin x, x\in(-1,1)$ 是 $x=\sin y, y\in\left(-\dfrac{\pi}{2},\dfrac{\pi}{2}\right)$ 的反函数，且 $x=\sin y$ 满足

定理 2.2.3 的条件. 所以由定理 2.2.3,可得

$$(\arcsin x)' = \frac{1}{(\sin y)'} = \frac{1}{\cos y} = \frac{1}{\sqrt{1-\sin^2 x}} = \frac{1}{\sqrt{1-x^2}}, \quad x \in (-1,1);$$

同理可证: $(\arccos x)' = \frac{1}{(\cos y)'} = -\frac{1}{\sin y} = -\frac{1}{\sqrt{1-x^2}}, \quad x \in (-1,1).$

类似可证: $(\arctan x)' = \frac{1}{1+x^2}; \quad (\operatorname{arccot} x)' = -\frac{1}{1+x^2}.$

以上得到的最基本的初等函数的求导结果,以后都可以作为基本公式,计算时可直接应用.

习　题　2-2

1. 求下列函数的导数.

(1) $y = 3x^2 - \frac{2}{x^2} + 3$;　(2) $y = (2x-1)^2$;　(3) $u = v - 3\sin v$;

(4) $y = 3\sec x - \tan x - \cos x + \ln 3$;　(5) $s = t\tan t - 2\sec t + \cos\frac{\pi}{3}$;　(6) $y = \frac{\cos x}{x^2}$;

(7) $y = \frac{1}{1+\sqrt{t}} - \frac{1}{1-\sqrt{t}}$;　(8) $y = x^2 \ln x$;　(9) $y = x^3 + 3^x + \log_3 x$.

2. 求下列函数在指定点的导数值.

(1) $y = \frac{1}{2}\cos x + x\tan x$, 求 $y'\big|_{x=\frac{\pi}{4}}$;　(2) $\rho = \theta\sin\theta + \frac{1}{2}\cos\theta$, 求 $\rho'\big|_{\theta=\frac{\pi}{4}}$;

(3) $f(t) = \frac{1-\sqrt{t}}{1+\sqrt{t}}$, 求 $f'(4)$;　(4) $y = \cos x\sin x$, 求 $y'\big|_{x=\frac{\pi}{6}}$ 和 $y'\big|_{x=\frac{\pi}{4}}$.

3. 求下列函数的导数.

(1) $y = (2x-4)^7$;　(2) $y = \cos\left(\frac{\pi}{4} - x\right)$;　(3) $y = e^{3x+1}$;

(4) $y = \tan(x^2+1)$;　(5) $y = \ln(3-x)$;　(6) $y = \sec(3x-1) + \cot 4x$;

(7) $y = \cos^3\frac{x}{2}$;　(8) $y = \log_2(3+2x^2)$;　(9) $y = x^2\sin\frac{1}{x}$;

(10) $y = \ln\tan\frac{x}{2}$;　(11) $y = \arctan(\ln x)$;　(12) $y = \ln\frac{x}{1-x}$;

(13) $y = x\arcsin(\ln x)$;　(14) $y = e^{\arctan\sqrt{x}}$;　(15) $y = \ln(x + \sqrt{x^2+a^2})$.

4. 求下列函数的二阶导数.

(1) $y = x\cos x$;　(2) $y = \sin^2 x$;　(3) $y = \arctan x$.

5. 质量为 m_0 的物质,在化学分解中,经过时间 t 后,所剩的质量 m 与时间 t 的函数关系是

$$m = m_0 e^{-kt} \quad (k>0 \text{ 是常数})$$

求出这个函数的变化率.

6. 求下列函数的 n 阶导数.

(1) $y = e^{3x-2}$;　(2) $y = xe^x$;　(3) $y = x\ln x$.

7. 质点按规律 $s=12t+3t^2-2t^3$ 做直线运动，其中 s 以 m 为单位，t 以 s 为单位，求：

(1) 质点的运动速度；　　(2) 在什么时刻运动速度改变方向；

(3) 在前 3 s 内的位移；　　(4) 在第 3 s 末的瞬时速度.

§2.3 隐函数和由参数方程所确定的函数的导数

本节将介绍一些特殊函数——隐函数和由参数方程确定的函数的导数求法.

2.3.1 问题引入

前面介绍的都是以 $y=f(x)$ 为关系式的函数的求导法则. 但在实际中，有许多函数关系式隐藏在一个方程中，且函数不一定能写成 $y=f(x)$ 的形式，例如，$xy+e^x+e^y-e=0$ 所确定的函数不能写成 $y=f(x)$ 的形式. 尽管有时能够将有些方程所隐含的函数表示出来，但从问题的需要来看没有必要.

引例［圆的方程］ 圆的方程 $x^2+y^2=1$ 确定了一个多值函数 $y=\pm\sqrt{1-x^2}$. 这种变量 x 和 y 之间的函数关系 $y=f(x)$ 是由一个含有 x、y 的方程 $F(x,y)=0$ 给出，此时，称 y 是 x 的**隐函数**.

2.3.2 隐函数的导数

定义 2.3.1 由二元方程 $F(x,y)=0$ 所确定的 y 与 x 的关系式称为**隐函数**.

隐函数求导方法：不从方程 $F(x,y)=0$ 中解出隐函数 y，而是直接对方程两边同时求隐函数的导数 y'.

具体解法如下：

(1) 对方程 $F(x,y)=0$ 的两端同时关于 x 求导，在求导过程中把 y 看成关于自变量 x 的函数（有时也可以把 x 看作函数，y 看作自变量）.

(2) 求导之后得到一个关于 y' 的一次方程，解此方程，便得 y' 的表达式. 当然，在此表达式内可能会含有 y，让它保留在式子中即可.

例 1 设 $xy+e^x+e^y-e=0$，求 y'.

解 对 $xy+e^x+e^y-e=0$ 两边关于 x 求导，注意 y 是 x 的函数，

$$y+x\cdot y'+e^x+e^y\cdot y'=0$$

所以

$$(x+e^y)\cdot y'=-(y+e^x)$$

即

$$y'=-\frac{y+e^x}{x+e^y}\quad (x+e^y\neq 0)$$

例 2 求由方程 $y=\cos(x+y)$ 所确定函数 $y=f(x)$ 的导数.

解 方程两边同时对 x 求导数，得

$$y'=-\sin(x+y)(1+y')$$

解得

$$y'=-\frac{\sin(x+y)}{1+\sin(x+y)}\quad [1+\sin(x+y)\neq 0]$$

案例 1［双曲线的切线方程］ 求曲线 $x^2-y^2=1$ 上点 $(\sqrt{2},1)$ 处的切线方程.

解 将 y 看作 x 的函数，方程 $x^2-y^2=1$ 两边同时对 x 求导，得

$$2x-2yy'=0$$

从而 $y'=\frac{x}{y}$，将 $x=\sqrt{2}$，$y=1$ 代入 $y'=\frac{x}{y}$，得切线斜率

$$k=y'\big|_{x=\sqrt{2}}=\sqrt{2}$$

过点$(\sqrt{2},1)$的切线方程为 $$y-1=\sqrt{2}(x-\sqrt{2})$$

即 $$\sqrt{2}x-y-1=0$$

现再介绍一种较实用，也比较重要的一种求导方法——**取对数求导法**. 用下面的例子来说明.

例 3　设 $y=x^{\sin x}(x>0)$，求$\frac{\mathrm{d}y}{\mathrm{d}x}$.

解　对 $y=x^{\sin x}$ 两边取对数，得到 $\ln y=\ln x^{\sin x}=\sin x\ln x$，由隐函数求导法则，方程 $\ln y=\sin x\ln x$ 两边关于 x 求导数，得

$$\frac{1}{y}\cdot y'=\cos x\ln x+\frac{\sin x}{x}$$

于是，得 $$y'=y\left(\cos x\ln x+\frac{\sin x}{x}\right)=x^{\sin x}\left(\cos x\ln x+\frac{\sin x}{x}\right)$$

这类函数是形如 $y=u(x)^{v(x)}$ 的函数，称为**幂指函数**，其一般解法如下：

一般地，若 $y=u(x)^{v(x)}$，其中 $u(x)$，$v(x)$ 关于 x 都可导，且 $u(x)>0$，那么，**等式两边先取对数，再关于 x 求导数**，用此法后，先得到 $\ln y=v(x)\ln u(x)$，进一步有

$$\frac{1}{y}\cdot y'=v'(x)\ln u(x)+\frac{v(x)\cdot u'(x)}{u(x)}$$

再整理后得

$$y'=u(x)^{v(x)}\left[v'(x)\ln u(x)+\frac{v(x)\cdot u'(x)}{u(x)}\right]$$

其实，幂指函数的导数结果稍加整理一下，便有：

$$y'=u(x)^{v(x)}\cdot\ln u(x)\cdot v'(x)+v(x)\cdot u(x)^{v(x)-1}\cdot u'(x)$$

前一部分是把 $u(x)^{v(x)}$ 作为指数函数求导数得到的结果；后一部分是把 $u(x)^{v(x)}$ 作为幂函数求导得到的结果，因此，可以说**幂指函数的导数等于幂函数的导数与指数函数的导数之和.**

注意：对于幂指函数求导，也可以直接根据对数性质以及复合函数的求导法则求导，无须转化为隐函数.

如对 $y=x^{\sin x}$ 的另一种简便的解法：

因为 $y=x^{\sin x}=\mathrm{e}^{\ln x^{\sin x}}=\mathrm{e}^{\sin x\ln x}$，所以它是由 $y=\mathrm{e}^{u}$，$u=\sin x\ln x$ 复合而成的，故

$$y'=\frac{\mathrm{d}y}{\mathrm{d}u}\cdot\frac{\mathrm{d}u}{\mathrm{d}x}=\mathrm{e}^{\sin x\ln x}\left(\cos x\ln x+\sin x\cdot\frac{1}{x}\right)=x^{\sin x}\left(\cos x\ln x+\sin x\cdot\frac{1}{x}\right)$$

例 4　求 $y=\sqrt[5]{\frac{(x-1)(x-3)}{(x-2)^3(x-4)}}$ 的导数.

解　两边取对数，得

$$\ln y=\frac{1}{5}[\ln(x-1)+\ln(x-3)-3\ln(x-2)-\ln(x-4)]$$

两边同时对 x 求导数,得

$$\frac{1}{y}\cdot y'=\frac{1}{5}\left(\frac{1}{x-1}+\frac{1}{x-3}-\frac{3}{x-2}-\frac{1}{x-4}\right)$$

$$y'=\frac{1}{5}\cdot\sqrt[5]{\frac{(x-1)(x-3)}{(x-2)^3(x-4)}}\cdot\left(\frac{1}{x-1}+\frac{1}{x-3}-\frac{3}{x-2}-\frac{1}{x-4}\right).$$

上面的例子体现了对数求导法的优点,计算量小、过程简捷.如果直接用四则运算法则,要快速写出简明的结果是非常困难的.

注意:当函数关系式是由若干简单函数以及幂指函数经过乘方、开方、乘、除等运算组合而成时,应考虑用取对数求导法求这类函数的导数.

2.3.3 由参数方程确定的函数的导数

在实际问题中,有许多函数是以参数方程形式给出的,即:

$$\begin{cases}x=\varphi(t)\\ y=\psi(t)\end{cases}\quad(\alpha\leqslant t\leqslant\beta)\tag{2.3.1}$$

式(2.3.1)称为函数 $y=f(x)$ 的参数方程.

定理 2.3.1 对参数方程$\begin{cases}x=\varphi(t)\\ y=\psi(t)\end{cases}$ $(\alpha\leqslant t\leqslant\beta)$,如果 $y=\psi(t)$,$x=\varphi(t)$ 在$[\alpha,\beta]$内可导,并且 $x=\varphi(t)$ 严格单调、$\varphi'(t)\neq0$,则 y 关于 x 可导,且$\frac{\mathrm{d}y}{\mathrm{d}x}=\frac{\psi'(t)}{\varphi'(t)}$.

证明 因为 $x=\varphi(t)$ 在$[\alpha,\beta]$内严格单调、可导,所以 $x=\varphi(t)$ 有连续的反函数 $t=\varphi^{-1}(x)$,所以,$y=\psi(t)=\psi(\varphi^{-1}(x))$,由反函数和复合函数的求导法则可知:

$$\frac{\mathrm{d}y}{\mathrm{d}x}=\frac{\mathrm{d}y}{\mathrm{d}t}\cdot\frac{\mathrm{d}t}{\mathrm{d}x}=\psi'(t)\frac{1}{\varphi'(t)}=\frac{\psi'(t)}{\varphi'(t)}$$

例 5 设参数方程为$\begin{cases}x=a\cos^4 t\\ y=b\sin^4 t\end{cases}$ (t 为参数),求$\frac{\mathrm{d}y}{\mathrm{d}x}$.

解 由定理 2.3.1 可知

$$\frac{\mathrm{d}y}{\mathrm{d}x}=\frac{\frac{\mathrm{d}y}{\mathrm{d}t}}{\frac{\mathrm{d}x}{\mathrm{d}t}}=\frac{4b\sin^3 t\cos t}{-4a\cos^3 t\sin t}=-\frac{b\sin^2 t}{a\cos^2 t}=-\frac{b}{a}\tan^2 t$$

案例 2[物体运动的轨迹] 已知抛射体运动的参数方程为$\begin{cases}x=v_1 t\\ y=v_2 t-\frac{1}{2}gt^2\end{cases}$,求抛射体在任何时刻的运动速度的大小和方向.

解 先求速度的大小,由于水平速度为$\frac{\mathrm{d}x}{\mathrm{d}t}=v_1$,铅直速度为$\frac{\mathrm{d}y}{\mathrm{d}t}=v_2-gt$,所以抛射体运动速度的大小为

$$v=\sqrt{\left(\frac{\mathrm{d}x}{\mathrm{d}t}\right)^2+\left(\frac{\mathrm{d}y}{\mathrm{d}t}\right)^2}=\sqrt{v_1^2+(v_2-gt)^2}$$

再求速度的方向,也就是轨道的切线方向.

设 α 是切线的倾斜角,则根据导数的几何意义,得

$$\tan\alpha=\frac{\mathrm{d}y}{\mathrm{d}x}=\frac{\frac{\mathrm{d}y}{\mathrm{d}t}}{\frac{\mathrm{d}x}{\mathrm{d}t}}=\frac{v_2-gt}{v_1}$$

案例 3［圆的切线方程］　已知圆的参数方程为 $\begin{cases}x=\cos t\\y=\sin t\end{cases}$ $(0\leqslant t\leqslant 2\pi)$,求圆在 $t=\frac{\pi}{4}$ 相应点处的切线方程.

解　由参数方程求导公式可得,

$$\frac{\mathrm{d}y}{\mathrm{d}x}=\frac{\frac{\mathrm{d}y}{\mathrm{d}t}}{\frac{\mathrm{d}x}{\mathrm{d}t}}=\frac{(\sin t)'}{(\cos t)'}=\frac{\cos t}{-\sin t}=-\cot t$$

当 $t=\frac{\pi}{4}$ 时,$x=\cos\frac{\pi}{4}=\frac{\sqrt{2}}{2}$,$y=\sin\frac{\pi}{4}=\frac{\sqrt{2}}{2}$.

圆在 $p\left(\frac{\sqrt{2}}{2},\frac{\sqrt{2}}{2}\right)$ 点处的切线斜率为:

$$k=\frac{\mathrm{d}y}{\mathrm{d}x}\bigg|_{t=\frac{\pi}{4}}=(-\cot t)\bigg|_{t=\frac{\pi}{4}}=-\cot\frac{\pi}{4}=-1$$

因此,圆在 $p\left(\frac{\sqrt{2}}{2},\frac{\sqrt{2}}{2}\right)$ 点处的切线方程为

$$y-\frac{\sqrt{2}}{2}=-\left(x-\frac{\sqrt{2}}{2}\right)$$

即

$$x+y-\sqrt{2}=0$$

习　题　2-3

1. 求由下列方程所确定的隐函数的导数.

(1) $x^3+y^3-3axy=0$;　(2) $xy=\mathrm{e}^{x+y}$;　(3) $y=1-x\mathrm{e}^y$;　(4) $\frac{x}{y}=\ln(xy)$.

2. 求曲线 $x^2+y^5-2xy=0$ 在点(1,1)处的切线方程.

3. 求曲线 $x^{\frac{2}{3}}+y^{\frac{2}{3}}=a^{\frac{2}{3}}$ 在点 $\left(\frac{\sqrt{2}}{4}a,\frac{\sqrt{2}}{4}a\right)$ 处的切线方程和法线方程.

4. 求下列函数的导数.

(1) $y=\left(\frac{x}{1+x}\right)^x$;　(2) $y=\sqrt[5]{\frac{x-5}{\sqrt[5]{x^2+2}}}$;　(3) $y=(2x-1)\sqrt{x\sqrt{(3x+1)\sqrt{x-1}}}$.

5. 求由下列参数方程所确定的函数的导数 $\frac{\mathrm{d}y}{\mathrm{d}x}$.

(1) $\begin{cases} x=\arctan t \\ y=\ln(1+t^2) \end{cases}$ (t 为参数)； (2) $\begin{cases} x=a\cos^3 t \\ y=b\sin^3 t \end{cases}$ (a,b 为常数).

6. 求由参数方程 $\begin{cases} y=\mathrm{e}^t\sin t \\ x=\mathrm{e}^t\cos t \end{cases}$ (a,b 为常数)所确定的函数的导数 $\frac{\mathrm{d}y}{\mathrm{d}x}$，并求当 $t=\frac{\pi}{3}$ 时 $\frac{\mathrm{d}y}{\mathrm{d}x}$ 的值.

7. [曲线方程] 问曲线 $\begin{cases} x=t-\sin t \\ y=1-\cos t \end{cases}$，$t\in[0,2\pi]$ 上是否存在斜率为 -1 的切线？若存在，试求出切点.

8. [石油流速] 石油流经一管道所经过的路程 s(单位:m)与时间 t(单位:s)的关系为 $s^3-t^2=7t$，求石油流经管道的流速，以及在 $s=4.01$ m，$t=5.25$ s 时的流速.

视 频

函数的微分

§2.4 函数的微分

本节将介绍微分学中另一个重要的概念——微分. 导数是在解决因变量相对于自变量变化的快慢程度以及因变量关于自变量的变化率的问题中产生的；而微分的概念是在解决直与曲的矛盾中产生的. 微分具有双重意义：一是表示一个微小的量；二是表示一种与导数密切相关的运算. 微分又是微分学转向积分学的一个关键性概念，下面将以一个典型案例引入微分的概念.

2.4.1 问题引入

引例[金属薄片面积受温度影响的改变量] 一正方形金属薄片，受热膨胀后边长由 x_0 增加到 $x_0+\Delta x$，问其面积增加了多少？

分析：由已知可得受热前的面积 $S=x_0^2$，那么，受热后面积的增量

$$\Delta S=(x_0+\Delta x)^2-x_0^2=2x_0\Delta x+(\Delta x)^2$$

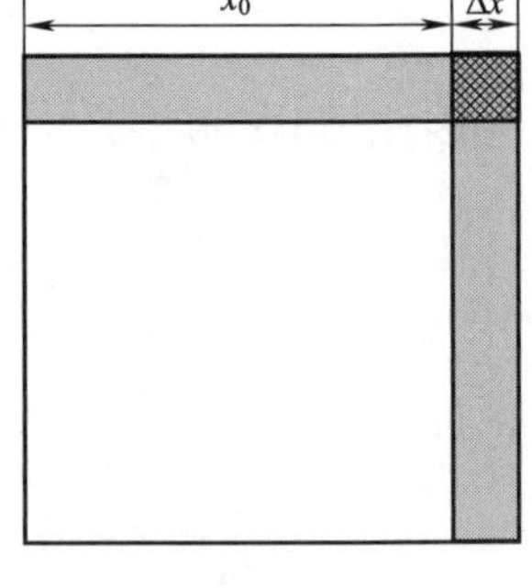

图 2-4

从图 2-4 可以看出，面积的增量可分为两个部分，一是两个矩形的面积总和 $2x_0\Delta x$(阴影部分)，它是 Δx 的线性部分；二是右上角正方形的面积 $(\Delta x)^2$，它是 Δx 高阶无穷小部分.

那么，当 Δx 非常微小的时候，$(\Delta x)^2$ 更小，当 $\Delta x\to 0$ 时，$(\Delta x)^2$ 是 Δx 的高阶无穷小，因此面积的增量 Δs 的主要部分就是 $2x_0\Delta x$，可以用 $2x_0\Delta x$ 近似代替面积的增量. 即计算函数 $s=x^2$ 在 x_0 处的改变量时，可以用 $2x_0\Delta x$ 近似计算，其中 $2x_0=(x^2)'|_{x=x_0}$.

把这种特征性质从具体意义中抽象出来，再赋予它一个数学名词——可微，从而产生了微分的概念.

2.4.2 微分的概念

1. 函数 $y=f(x)$ 在点 x_0 可微的定义

定义 2.4.1 设函数 $y=f(x)$ 在点 x_0 处有导数 $f'(x_0)$，则称 $f'(x_0)\Delta x$ 为函数 $y=f(x)$ 在点 x_0 处的微分，记作 $\mathrm{d}y|_{x=x_0}$ 或 $\mathrm{d}f(x)|_{x=x_0}$

即
$$dy\big|_{x=x_0}=f'(x_0)\Delta x$$

此时也称函数 $y=f(x)$ 在点 x_0 可微.

例 1　求函数 $y=x^2+1$ 在 $x_0=1,\Delta x=0.03$ 时函数的增量和微分.

解
$$\Delta y=f(x_0+\Delta x)-f(x_0)=(1+0.03)^2-1^2=0.0609$$

因为 $y'=2x$，所以 $y'\big|_{x_0=1}=2x\big|_{x_0=1}=2$，

所以
$$dy\Big|_{\substack{x_0=1\\ \Delta x=0.03}}=y'\big|_{x_0=1}\cdot\Delta x\big|_{\Delta x=0.03}=2\times0.03=0.06$$

由函数微分的定义说明：**函数 $f(x)$ 在点 x_0 处可导和可微是等价的.**

2. 函数在区间上的微分

若函数 $y=f(x)$ 在区间 I 上的每一点都可微，则称函数 $y=f(x)$ 在区间 I 上可微. 函数在区间 I 上任意点 x 处的微分称为**函数 $f(x)$ 的微分**，记作 dy 或 $df(x)$. 即 $dy=f'(x)\cdot\Delta x$.

为了便于讨论，约定：**自变量 x 的增量等于自变量的微分**，即 $\Delta x=dx$.

因此，函数 $y=f(x)$ 的微分通常记为：
$$dy=f'(x)dx. \tag{2.4.1}$$

即函数的微分等于函数的导数与自变量微分的乘积.

从函数的微分表达式(2.4.1)容易得到 $\dfrac{dy}{dx}=f'(x)$，这说明函数的**导数即是函数的微分 dy 与自变量的微分 dx 的商**. 因此，导数也称为**“微商”**.

例 2　求下列函数的微分

(1) $y=x^2\ln x$，　(2) $y=e^{\cos x}$.

解　(1) $y'=(x^2\ln x)'=2x\ln x+x^2\cdot\dfrac{1}{x}=2x\ln x+x$

$$dy=(2x\ln x+x)dx.$$

(2) $y'=(e^{\cos x})'=e^{\cos x}(\cos x)'=-e^{\cos x}\sin x$

$$dy=(-e^{\cos x}\sin x)dx.$$

2.4.3　微分的几何意义

如图 2-5 所示，设曲线方程为 $y=f(x)$，PT 是曲线上点 $P(x,y)$ 处的切线，且设 PT 的倾斜角为 α，则 $\tan\alpha=f'(x)$.

在曲线上取一点 $Q(x+\Delta x,y+\Delta y)$，则 $PM=\Delta x$，$MQ=\Delta y$，$MN=PM\cdot\tan\alpha$，所以 $MN=\Delta x\cdot f'(x)=dy$，因此函数的微分 $dy=f'(x)\cdot\Delta x$ 是：**当 x 改变了 Δx 时，曲线过点 P 的切线纵坐标的改变量**，这就是微分的几何意义.

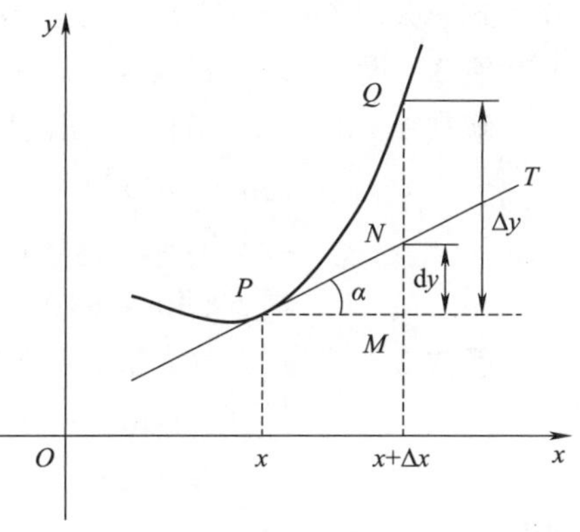

图　2-5

2.4.4　微分的运算法则与公式

因为微分 $dy=f'(x)dx$，由导数的公式与运算法则，可推导出微分的公式与运算法则.

1. 基本微分公式

基本微分公式见表 2-2.

表 2-2

函数类型	微分公式	
常函数	$dC=0$ （C 为常数）	
幂函数	$d(x^{a})=ax^{a-1}dx$ （其中 α 为实数）	
指数函数	$d(a^{x})=a^{x}\ln a dx$ （$a>0,a\neq1$）	$d(e^{x})=e^{x}dx$
对数函数	$d(\log_{a}x)=\frac{1}{x\ln a}dx$ （$a>0,a\neq1$）	$d(\ln x)=\frac{1}{x}dx$
三角函数	$d(\sin x)=\cos xdx$ $d(\cos x)=-\sin xdx$ $d(\tan x)=\sec^{2}xdx$	$d(\cot x)=-\csc^{2}xdx$ $d(\sec x)=\sec x\cdot\tan xdx$ $d(\csc x)=-\csc x\cdot\cot xdx$
反三角函数	$d(\arcsin x)=\frac{1}{\sqrt{1-x^{2}}}dx \quad x\in(-1,1)$ $d(\arctan x)=\frac{1}{1+x^{2}}dx \quad x\in\mathbf{R}$	$d(\arccos x)=-\frac{1}{\sqrt{1-x^{2}}}dx \quad x\in(-1,1)$ $d(\text{arccot } x)=-\frac{1}{1+x^{2}}dx \quad x\in\mathbf{R}$

2. 基本微分法则

1）微分的四则运算法则

设函数 $u(x)$，$v(x)$ 都是 x 的可微函数，则

（1）$d(u\pm v)=du\pm dv$.

（2）$d(uv)=vdu+udv$，特别地 $d(Cu)=Cdu$，（C 为常数）.

（3）$d\left(\frac{u}{v}\right)=\frac{vdu-udv}{v^{2}}$，特别地 $d\left(\frac{1}{v}\right)=-\frac{v'}{v^{2}}dx$.

2）复合函数的微分法则

设函数 $y=f(u)$ 和 $u=\varphi(x)$ 可微，则复合函数 $y=f(\varphi(x))$ 也可微，且微分为

$$dy=f'(u)du$$

因为，$df(g(x))=f'(g(x))g'(x)dx=f'(u)du$，其中 $u=g(x)$. 所以，$dy=f'(u)du$. 这与式(2.4.1)在形式上是一样的. 由此可见，不论 u 是自变量还是中间变量，函数 $y=f(u)$ 的微分形式总是 $df(u)=f'(u)du$. 这个性质称为**一阶微分形式的不变性**.

例 3 设 $y=x^{3}\ln x+e^{x}\sin x$，求 dy.

解法 1
$$\begin{aligned} dy &= d(x^{3}\ln x)+d(e^{x}\sin x)\\ &=\ln x\cdot d(x^{3})+x^{3}\cdot d(\ln x)+\sin x\cdot d(e^{x})+e^{x}\cdot d(\sin x)\\ &=3x^{2}\ln xdx+x^{2}dx+e^{x}\sin xdx+e^{x}\cos xdx\\ &=[x^{2}(3\ln x+1)+e^{x}(\sin x+\cos x)]dx. \end{aligned}$$

解法 2 因为
$$\begin{aligned} y' &= (x^{3}\ln x+e^{x}\sin x)'=(x^{3}\ln x)'+(e^{x}\sin x)'\\ &=3x^{2}\ln x+x^{2}+e^{x}\sin x+e^{x}\cos x\\ &=x^{2}(3\ln x+1)+e^{x}(\sin x+\cos x) \end{aligned}$$

所以

$$dy=y'dx=[x^{2}(3\ln x+1)+e^{x}(\sin x+\cos x)]dx$$

2.4.5 微分的应用

1. 近似计算

当 $y=f(x)$ 在 x_0 可微时有：$\Delta y|_{x=x_0}\approx dy|_{x=x_0}$，当 Δx 很小时，

$$f(x_0+\Delta x)-f(x_0)\approx f'(x_0)\Delta x$$

即

$$f(x_0+\Delta x)\approx f(x_0)+f'(x_0)\Delta x$$

所以,当 Δx 很小时,可以由下式近似地计算出函数在 $x=x_0+\Delta x$ 处的值 $f(x_0+\Delta x)$.

$$f(x_0+\Delta x)\approx f(x_0)+f'(x_0)\Delta x$$

例4　求 $\sin 31°$ 的近似值.

解　$f(x)=\sin x,\ f'(x)=\cos x, x_0=30°=\dfrac{\pi}{6}, \Delta x=1°=\dfrac{\pi}{180}$,

于是

$$f(x_0)=\sin\frac{\pi}{6}=\frac{1}{2},\quad f'(x_0)=\cos\frac{\pi}{6}=\frac{\sqrt{3}}{2}$$

又

$$f(x_0+\Delta x)\approx f(x_0)+f'(x_0)\Delta x$$

所以

$$\sin 31°=\sin\left(\frac{\pi}{6}+\frac{\pi}{180}\right)\approx\sin\frac{\pi}{6}+\left(\cos\frac{\pi}{6}\right)\cdot\frac{\pi}{180}$$

$$=\frac{1}{2}+\frac{\sqrt{3}}{2}\cdot\frac{\pi}{180}\approx 0.5151$$

案例1[金属钢球质量的增加量]　有一批半径为1 cm的钢球,为了提高钢球表面的光洁度,要镀上厚为0.01 cm的一层铜,若铜的密度为8.9 g/cm^3,试估计每个钢球需用多少铜?

解　由题意可知,镀铜前球的半径 $r=1$,镀铜后增加的半径 $\Delta r=0.01$,根据微分定义

$$\Delta V=V(r+\Delta r)-V(r)\approx V'(r)\Delta r=4\pi r^2\Delta r=4\pi\times 1\times 0.01\ \text{cm}^3\approx 0.13\ \text{cm}^3$$

根据质量等于密度乘以体积,所以每个钢球需用铜约为 $0.13\times 8.9\ \text{g}=1.16\ \text{g}$.

案例2[收入的增加量]　某公司生产一种新型产品,若每天能全部售出此产品,收入函数为 $R=36\pi-\dfrac{x^2}{20}$,其中 x 为公司的日产量. 如果公司的日产量从250增加到260,请估算公司每天出售此产品收入的增加量.

解　当公司每天的产量从250增加到260时,公司每天产量的增加量 $\Delta x=10$,用 dR 估算每天收入的增加量

$$\Delta R\Big|_{\substack{\Delta x=10\\x=250}}\approx dR\Big|_{\substack{\Delta x=10\\x=250}}=\left(36x-\frac{x^2}{20}\right)'\cdot\Delta x\Big|_{\substack{\Delta x=10\\x=250}}=\left(36-\frac{x}{10}\right)\cdot\Delta x\Big|_{\substack{\Delta x=10\\x=250}}=110$$

2. 误差分析

设某量的精确数值为 A,它的近似值为 a,则称 $|A-a|$ 为 a 的绝对误差,称 $\left|\dfrac{A-a}{a}\right|$ 为 a 的相对误差. 若已知测量值 x_0 的误差限为 σx,即 $|\Delta x|=|x-x_0|\leqslant\sigma x$. 则当 σx 充分小时,

$$|\Delta y|=|f(x)-f(x_0)|\approx|f'(x_0)\Delta x|\leqslant|f'(x_0)|\sigma x$$

而相对误差限为

$$\frac{|\Delta y|}{|y_0|}=\left|\frac{f'(x_0)}{f(x_0)}\right|\cdot|\Delta x|\leqslant\left|\frac{f'(x_0)}{f(x_0)}\right|\sigma x$$

案例3[误差分析]　为了使计算的球的体积准确到1%,问测量半径为 r 时允许发生的相对误差至多为多少?

解　设半径的精确值为 r,测量值为 R,由题设可知

$$\frac{4}{3}\pi R^3-\frac{4}{3}\pi r^3\leqslant\frac{4}{3}\pi r^3\cdot 1\%$$

则有$R^3\leqslant 1.01\cdot r^3$,所以,$R\leqslant\sqrt[3]{1.01}\cdot r\approx 1.0033\cdot r$,而$\Delta r=R-r\leqslant 0.0033\cdot r$,相对误差$\frac{\Delta r}{r}\leqslant 0.0033=0.33\%$,即测量半径为$r$时允许发生的相对误差至多为0.33%.

习　题　2-4

1. 求函数$y=x^2+x$在$x=3$处,Δx分别等于0.1,0.01时的增量Δy与微分$\mathrm{d}y$.

2. 求函数$y=x^3-x$当自变量x由2变到1.99时,在$x=2$处的微分.

3. 求下列函数的微分.

(1)$y=\frac{1}{x}+2\sqrt{x}$;　(2)$y=x\sin 2x$;　(3)$y=\arcsin\sqrt{1-x^2}$;　(4)$y=\tan^2(1+2x^2)$;

(5)$y=3^{\ln\cos x}$;　(6)$y=xe^{-x^2}$;　(7)$y=[\ln(1-x)]^2$;　(8)$y=1-xe^y$.

4. 将适当的函数填入括号内,使等式成立.

(1)$\mathrm{d}(\qquad)=3x\mathrm{d}x$;　(2)$\mathrm{d}(\qquad)=\cos 2t\mathrm{d}t$;　(3)$\mathrm{d}(\qquad)=e^{-2x}\mathrm{d}x$;

(4)$\mathrm{d}(\qquad)=\sin\omega x\mathrm{d}x$;　(5)$\mathrm{d}(\qquad)=\frac{1}{1+x}\mathrm{d}x$;　(6)$\mathrm{d}(\qquad)=\frac{x}{\sqrt{1+x^2}}\mathrm{d}x$.

5. 求下列各值的近似值.

(1)$\cos 29°$;　(2)$\sqrt[6]{65}$;　(3)$e^{1.01}$.

6. [单摆周期]　已知单摆运动的周期$T=2\pi\sqrt{\frac{l}{g}}$,其中$g=980\ \mathrm{cm/s^2}$,l为摆长(单位:cm).若摆长由20 cm增加到20.1 cm,问此时周期T大约变化了多少?

7. [球面镀铜量]　有一批半径为1 cm的球,为了提高球面的光洁度,要镀上一层铜,厚度为0.01 cm,估计每只球需要多少克铜?(铜的密度为8.9 $\mathrm{g/cm^3}$).

8. [铁箱的体积]　有一立方体铁箱,它的边长为(50±0.1) cm,求其体积,并估计绝对误差和相对误差.

9. [放大电路]　某一负反馈放大电路,记其开环电路的放大倍数为A,闭环电路的放大倍数为A_j,则它们二者有函数关系$A_j=\frac{A}{1+0.01A}$,当$A=10^4$时,由于受环境温度变化的影响,A变化了,求A_j的变化量及A_j的相对变化量.

§2.5　数学建模与数学实验
用MATLAB求一元函数的导数

2.5.1　实验目的

应用MATLAB求一元函数的导数.

2.5.2　主要命令

(1)diff(y,‘x’,n):函数y关于自变量x的n阶导数(若是对一元函数求导,x可省略,

直接使用 diff(y,n)即可,若是求一阶导数,则 n 可省略,直接用 diff(y)即可);

(2)subs(f,x,a):对符号表达式中的变量进行替换,即用 a 替换 x.

求导数用命令“diff”,其他相关的语法见表 2-3.

表 2-3

输入格式	含　义
diff(f)或 diff(f,x)	$\frac{d}{dx}f(x)$
diff(f,2)或 diff(f,x,2)	$\frac{d^2}{dx^2}f(x)$
diff(f,n)或 diff(f,x,n)	$\frac{d^n}{dx^n}f(x)$
diff(S',x')	求表达式 S 关于 x 的导数
diff(S',x',n)	求表达式 S 关于 x 的 n 阶导数

2.5.3　实验任务

求一元函数的导数.

例 1　求函数 $y=x^3e^x$ 的一阶导数.

输入命令:

```
syms x;
y=x^3* exp(x);
dydx=diff(y,x);
```

输出结果:

```
dydx=3* x^2* exp(x)+x^3* exp(x)
```

例 2　求函数 $y=x^3$ 的一阶导数和二阶导数,并将它们的函数图像绘制成子图放在一个图上.

输入命令:

```
syms x;              % 定义符号变量
y=x^3;               % 定义函数表达式
subplot(1,3,1)       % 前面所讲的子图位置,表示一行三列中的第一列
ezplot(y,[-2,2])     % 绘制原函数图像,[-2,2]表示自变量的取值范围
% xlabel('自变量')   ;ylabel('函数值'),也可加入标签,加入标题
dy=diff(y,x);        % 表示对 y 求一阶导数语法:g=diff(y,x,n),即对 y 求 n 阶导数
subplot(1,3,2)
ezplot(dy,[-2,2])
ddy=diff(dy,x)
subplot(1,3,3)
ezplot(ddy,[-2,2])
```

输出结果:

```
dy=3* x^2
ddy=6* x
```

图像如图 2-6 所示.

例 3　求复合函数 $y=\ln(\sin x)$的一阶导数.

输入命令:

```
syms x;
y=log(sin(x));
dy=diff(y,x);
subplot(1,2,1)           % 前面所讲的子图位置,表示一行二列中的第一列
ezplot(y,[-10,10])
subplot(1,2,2)           % 前面所讲的子图位置,表示一行二列中的第二列
ezplot(dy,[-10,10])
```

输出结果:

```
dy=cos(x)/sin(x)
```

图像如图 2-7 所示.

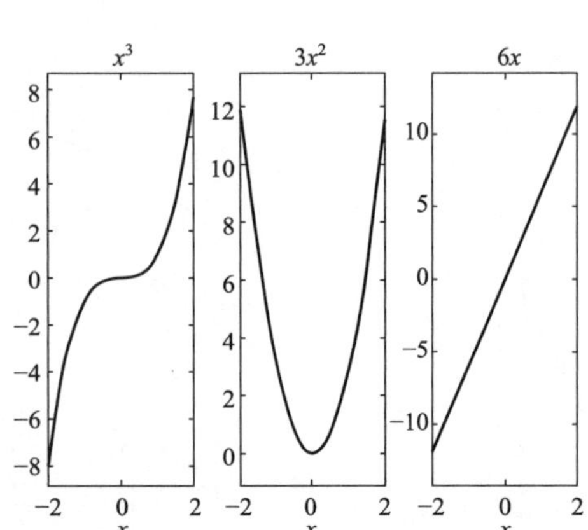

图 2-6　函数及其一阶导和二阶导的图像

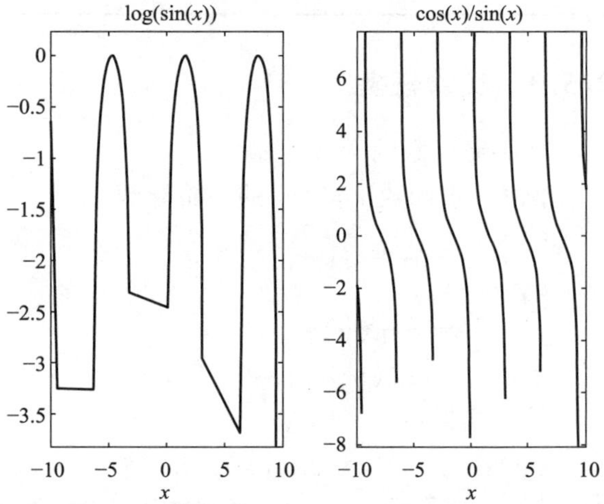

图 2-7　函数及其一阶导的函数图像

例 4　求方程 $xy+e^x+e^y-e=0$ 所确定的隐函数的一阶导数并绘制函数的三维图像.

输入命令:

```
syms x;
g=sym('x*y(x)+exp(y(x))+exp(x)-e=0');
dgdx=diff(g,x);
dgdx1=subs(dgdx,'diff(y(x),x)','dydx');
solve(dgdx1,'dydx')
```

% 生成隐函数的指令中 y 必须写成 y(x),表明 y 是 x 的函数。

% 第三步中把 dgdx 变量所包含的 diff(y(x),x)字符串替换为 dydx,这是必需的步骤,因为 diff(y(x),x)不能作为求解的变量名使用。

```
%% 代码分节
syms x y;                              % 生成符号变量 x,y
z=x*y+exp(y)+exp(x)-exp(1);            % 输入函数表达式
fmesh(z)                               % 调用"fmesh"函数作三维图
```

输出结果:

```
ans=-(exp(x)+y(x))/(x+exp(y(x)))
```

图像如图 2-8 所示.

例 5　设参数方程为：

$$\begin{cases} x = \cos^4 t \\ y = \sin^4 t \end{cases}$$

求 $y'(x)$ 并作出该参数方程及其一阶导数的图像.

输入命令：

```
syms t;
x=(cos(t))^4;
y=(sin(t))^4;
disp('计算参数方程的一阶导数 dydx:')
dydx=diff(y,t)/diff(x,t);
subplot(1,2,1)
fplot(x,y,[-pi,pi],'color','r')          %'color','r'表示采取红色作图
subplot(1,2,2)
fplot(x,dydx,[-pi,pi],'color','r')
```

输出结果：

```
dydx=-sin(t)^2/cos(t)^2=-tant^2
```

图像如图 2-9 所示.

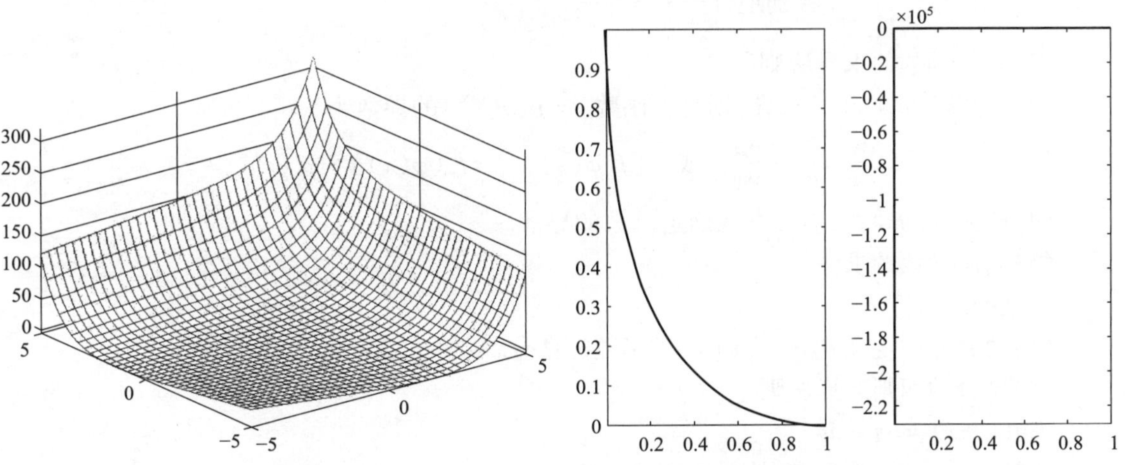

图 2-8　隐函数图像　　　　**图 2-9　参数方程及其一阶导数的函数图像**

习　题　2-5

1. 利用 MATLAB 求函数 $y=\ln(1+x^2)$ 的一阶导数和二阶导数并绘制图像.

2. 利用 MATLAB 求函数 $\sin(x+y)+\cos(xy)=0$ 的一阶导数并绘制图像.

3. 利用 MATLAB 求由参数方程 $\begin{cases} x = t - \sin t \\ y = 1 - \cos t \end{cases}$ 所确定的函数的一阶导数 $\dfrac{dy}{dx}$，并绘制图像.

小　结

1. 基本概念

函数的导数、导函数、高阶导数、函数的微分.

导数是一种特殊形式的极限 $\lim\limits_{\Delta x \to 0}\frac{\Delta y}{\Delta x}=\lim\limits_{\Delta x \to 0}\frac{f(x_0+\Delta x)-f(x_0)}{\Delta x}$，即函数的改变量与自变量的改变量之比、当自变量的改变量趋于零时的极限，其几何意义是函数在某定点处的切线斜率.

微分是导数与函数自变量的改变量的乘积 $\mathrm{d}y=f'(x)\mathrm{d}x$，或者说是函数增量的近似值，其几何意义是函数在某点处的切线上对应于横坐标改变量时的纵坐标的改变量.

2. 基本知识

1）导数的运算

（1）基本初等函数的求导公式（略）.

（2）导数的四则运算法则

设 $u=u(x)$，$v=v(x)$ 都是可导函数，则

①$(u\pm v)'=u'\pm v'$.

②$(uv)'=u'v+uv'$. 特别地，$(cu)'=cu'$　（c 为常数）.

③$\left(\frac{u}{v}\right)'=\frac{u'v-uv'}{v^2}$. 特别地，$\left(\frac{1}{v}\right)'=-\frac{v'}{v^2}$.

（3）复合函数的求导法则

设 $y=f(u)$，$u=\varphi(x)$ 可导，则复合函数 $y=f(\varphi(x))$ 的导数为

$$\frac{\mathrm{d}y}{\mathrm{d}x}=\frac{\mathrm{d}y}{\mathrm{d}u}\cdot\frac{\mathrm{d}u}{\mathrm{d}x}\quad 或\quad [f(\varphi(x))]'=f'(\varphi(x))\cdot\varphi'(x)$$

（4）隐函数的导数、参数方程确定函数的导数 .

（5）高阶导数的求法.

2）微分的运算

（1）由微分的定义 $\mathrm{d}y=f'(x)\mathrm{d}x$ 求函数的微分.

（2）微分的四则运算法则

①$\mathrm{d}(u\pm v)=\mathrm{d}u\pm\mathrm{d}v$.

②$\mathrm{d}(uv)=v\mathrm{d}u+u\mathrm{d}v$. 特别地，$\mathrm{d}(Cu)=C\mathrm{d}u$，（$C$ 为常数）.

③$\mathrm{d}\left(\frac{u}{v}\right)=\frac{v\mathrm{d}u-u\mathrm{d}v}{v^2}$. 特别地，$\mathrm{d}\left(\frac{1}{v}\right)=-\frac{v'}{v^2}\mathrm{d}x$.

（3）复合函数的微分 $\mathrm{d}y=f(u)\mathrm{d}u$，$u$ 可以是自变量也可以是中间变量.

导数与微分运算方法：求导数、求微分的运算统称微分运算。本章以求导数为基础，根据微分定义可得所要求的微分.

3）函数可导与可微、连续之间的关系

可导即可微，可微即可导；可导一定连续，连续不一定可导.

$$连续\Leftarrow可导\Leftrightarrow可微$$

3. 导数与微分的应用

（1）导数的应用：求瞬时变化率，如几何上的切线的斜率、力学上的速度和加速度、电学

上的电流强度、质量问题上的线密度等.

(2)微分的应用:求函数在某点函数值的近似值及函数改变量的近似值.

综合训练题 2

一、选择题

1. 若 $f'(x_0)=2$,则 $\lim\limits_{h\to 0}\dfrac{f(x_0+h)-f(x_0-2h)}{h}=$(　　).

A. -2　　B. 1　　C. 6　　D. 3

2. 设 $f(0)=0$,且极限 $\lim\limits_{x\to 0}\dfrac{f(x)}{x}=$(　　).

A. $f'(x)$　　B. $f'(0)$　　C. $f(0)$　　D. $\dfrac{1}{2}f'(0)$

3. 下列函数在 $x=0$ 处可导的是(　　).

A. $y=3\sqrt{x}$　　B. $y=x^3$　　C. $y=|x|$　　D. $f(x)=\begin{cases}x & x\leqslant 0\\ x^2 & x>0\end{cases}$

4. 设 $f(x)=\begin{cases}1+\sin x & x\geqslant 0\\ \sqrt{2x+1} & x<0\end{cases}$,则在 $x=0$ 处 $f(x)$ 为(　　).

A. 不连续　　B. 连续但不可导　　C. 可导但不连续　　D. 可导且连续

5. 下列函数在 $x=0$ 处不可导的是(　　).

A. $y=3\sqrt{x}$　　B. $y=\tan x$　　C. $y=\arccos x$　　D. $y=2^x$

6. 设 $y=f(\ln(-x))$,则 $y'=$(　　).

A. $f'(\ln(-x))$　　B. $\dfrac{1}{x}f'(\ln(-x))$　　C. $-\dfrac{1}{x}f'(\ln(-x))$　　D. $-f'(\ln(-x))$

7. 曲线 $y=\mathrm{e}^{1-x^2}$ 在 $x=-1$ 处的切线方程为(　　).

A. $2x-y-1=0$　　B. $2x+y-1=0$　　C. $2x+y-3=0$　　D. $2x-y+3=0$

8. $f(x)=(1+x^2)\arctan x$,则 $f'(0)=$(　　).

A. 1　　B. 0　　C. π　　D. $\dfrac{\pi}{2}$

9. $f(x)=x(x-1)(x-2)\cdots(x-100)$,则 $f'(0)=$(　　).

A. -100　　B. 0　　C. 100　　D. 100!

10. 设函数 $f(x)=\mathrm{e}^{2x-1}$,则 $f(x)$ 在 $x=0$ 处的二阶导数 $f''(0)=$(　　).

A. 0　　B. e^{-1}　　C. $4\mathrm{e}^{-1}$　　D. e

二、计算题

1. 已知函数 $f(x)=\dfrac{1-\cos x}{1+\cos x}$,求 $f'\left(\dfrac{\pi}{2}\right)$, $f'(0)$.

2. 求下列函数的导数.

(1) $y=\mathrm{e}^2-\dfrac{\pi}{x}+x^2\ln a$;　(2) $y=2x\sin x+(2-x^2)\cos x$;　(3) $\omega=\dfrac{z\ln z}{z+\ln z}$;

(4) $y=\arcsin(\sin x)$;　(5) $y=\sqrt[x]{x}\quad(x>0)$;　(6) $y=\mathrm{e}^{-x}\cos 2x$;

(7) $y=\ln\frac{1+\sqrt{x}}{\sin x}$； (8) $y=\sin x+\sqrt[3]{\frac{(x-1)^2}{x(x+1)}}$.

3. 求下列函数的二阶导数.

(1) $y=(\arcsin x)^2$； (2) $y=\frac{x}{\sqrt{1-x^2}}$.

4. 求下列方程所确定的隐函数的导数$\frac{\mathrm{d}y}{\mathrm{d}x}$.

(1) $\mathrm{e}^{xy}+y\ln x=\cos 2x$； (2) $\ln(x^2+y^2)=\arctan\frac{y}{x}$；

(3) $\mathrm{e}^x-\mathrm{e}^y=\sin(xy)$； (4) $y^3=x+\arccos(xy)$.

5. 求曲线$\begin{cases}x=2\mathrm{e}^t\\ y=\mathrm{e}^{-t}\end{cases}$在 $t=0$ 相应点处的切线方程和法线方程.

6. 求下列函数的微分.

(1) $y=\sin^3x-\cos 3x$； (2) $y=\mathrm{e}^{2x}\arctan x$.

7. 设 $y=y(x)$ 由方程 $xy=\mathrm{e}^{x-y}$所确定，求 $\mathrm{d}y$.

三、解答题

1. [切线斜率] 求曲线 $y=f(x)=x^3-2x^2+1$ 在 $x=1$ 点处的切线斜率.

2. 立方体的体积从 27 m^3 扩大到 27.3 m^3，问它的边长近似地改变了多少？

3. [球的运动] 一球从桥上抛向空中，时间 t(单位:s)后它相对于地面的高度为 y(单位:m)，$y=-5t^2+15t+12$，求球在 $t=1$ s 时的瞬时速度？

4. [速度] 已知某物体做直线运动，路程 s(单位:m)与时间 t(单位:s)的函数关系为 $s=(t^2+1)(t+1)$，求物体在 t(单位:s)时的速度？

5. 利用 MATLAB 求函数 $y=\ln(x+x^3)$的一阶导数并作出函数图像.

6. 利用 MATLAB 求函数 $\sin(xy)+\cos(x-y)=0$ 的一阶导数并作图.

7. 利用 MATLAB 求参数方程$\begin{cases}x=a(t-\sin t)\\ y=a(1-\cos t)\end{cases}$所确定的函数的一阶导数并作图.

应用与提高

冰块融化模型

1. 问题提出

2010 年 3 月，贵州遭受了历史上罕见的旱情，全国各地人民纷纷向灾区伸出援助之手，寻找新的水源帮助灾区人民尽快恢复正常的生活和生产秩序. 假设将西藏冰山的冰块运到贵州，以期用融化冰块来提供淡水，讨论融化需要多长时间？

2. 问题分析与假设

为了方便讨论，不妨把冰块想象成一个巨大的立方体(或长方体、棱锥等具体规则形状的固体)，并且假设在融化过程中冰块保持形状不变，同时，冰块在运输过程中没有融化，冰块的质地(各种矿物质含量的百分比一定)是相同的.

冰块的融化同一般的固体融化一样，融化发生在表面，因此，冰块的融化速度可以用冰块的表面积的大小来描述，在这个问题里，我们更关心的是：融化特定的冰块需要多少时间？为此我们提出如下假设：

(1)冰块的融化是均匀的，并且在融化的过程中，冰块的正方体属性不发生变化；

(2)最前面的一个小时里冰块被融化掉 $n\%$的特定值.

3. 选择建模方法

自然界中某种量 D 的变化可以记为 ΔD，发生这个变化所用的时间间隔可以记为 Δt，变化量 ΔD 与 Δt 的比值$\dfrac{\Delta D}{\Delta t}$就是这个量的变化率.

依据冰块的衰减率与表面积成正比这一基本关系进行建模.

4. 推导模型公式

对于棱长为 a 的正方体，显然有体积与棱长的关系 $V=a^3$，表面积与棱长的关系 $S=6a^2$，根据导数的定义，可知冰块的衰减率是冰块融化时间的函数，而且成正比例关系. 由于在融化过程中，冰块正方体的属性没有发生变化，因此正方体的棱长 a 是时间 t 的可导函数.

根据分析与假设，可以得到冰块的衰减率$\dfrac{\mathrm{d}V}{\mathrm{d}t}$与表面积具有以下正比例关系：

$$\frac{\mathrm{d}V}{\mathrm{d}t}=-k(6a^2)\quad(k>0)$$

其中，比例因子 k 是常数；负号表示体积是不断缩小的，它依赖于很多因素，诸如周围空气的湿度和温度以及是否有阳光等.

设融化前冰块的体积为 V_0，则有

$$V=a^3,\quad \frac{\mathrm{d}V}{\mathrm{d}t}=-k(6a^2),\quad V(0)=V_0,\quad V(1)=V_0(1-n\%)$$

讨论冰块融化成水的时间，显然是求使 $V(t)=0$ 的 t.

5. 模型求解

利用复合函数求导法则，对 $V=a^3$ 两边关于时间 t 求导，得$\dfrac{\mathrm{d}V}{\mathrm{d}t}=3a^2\dfrac{\mathrm{d}a}{\mathrm{d}t}$.

令 $3a^2\dfrac{\mathrm{d}a}{\mathrm{d}t}=-k(6a^2)$，可以得到$\dfrac{\mathrm{d}a}{\mathrm{d}t}=-2k$.

上式表示立方体的边长 a 以每小时 $2k$ 的常速率减少，因此，若立方体的边长 a 的初始长度为 a_0，n 小时后长度为 a，则有

1 h 后为 $a_1=a_0-2k$；

2 h 后为 $a_2=a_1-2k=a_0-4k$；

……

上述关系告诉我们，$a_0-a_1=2k$，$a_1-a_2=2k$，…

故冰块全部融化的时间 t 为使得 $2kt=a_0$ 的值 t，从而有

$$t=\frac{a_0}{2k}=\frac{a_0}{a_0-a_1}=\frac{1}{1-\dfrac{a_1}{a_0}}$$

以第 1 h 融化掉 $V\cdot n\%$的冰块为例，可得$\dfrac{V_1}{V_2}=1-n\%$，因此，有

$$\frac{a_1}{a_0}=\frac{V_1^{\frac{1}{3}}}{V_0^{\frac{1}{3}}}=\frac{[(1-n\%)V_0]^{\frac{1}{3}}}{V_0^{\frac{1}{3}}}=(1-n\%)^{\frac{1}{3}}$$

6. 解答问题

若以第 1 h 融化掉冰块的$\frac{1}{4}$为例，显然$\frac{V_1}{V_0}=\frac{3}{4}$，所以有

$$t=\frac{1}{1-\left(\frac{3}{4}\right)^{\frac{1}{3}}}=\frac{1}{1-0.91}\approx 11.1$$

这说明，若在 1 h 里有$\frac{1}{4}$体积的冰块被融化掉，则融化掉其余部分冰块所需时间约为 11 h.

若第 1 h 融化冰块的$\frac{1}{10}$，显然$\frac{V_1}{V_0}=\frac{9}{10}$，所以有

$$t=\frac{1}{1-\left(\frac{9}{10}\right)^{\frac{1}{3}}}=\frac{1}{1-0.97}\approx 33.3$$

根据上面的计算可知，若在 1 h 里有$\frac{1}{10}$体积的冰块被融化掉，则融化掉其余部分冰块所需时间约为 33 h.

当然，在实际操作过程中还需要考虑在运输过程中有多少冰块被损失掉？要多少时间才能把冰块化成可用水等，因此，此方案存在诸多不可操控的因素.

拓展阅读　华罗庚

第3章　导数的应用

内容导入

著名数学家、数理逻辑学家怀特海(Whitehead,1861—1947)曾经说过,“只有将数学应用于社会科学的研究之后,才能使得文明社会的发展成为可控制的现实”.导数作为函数的变化率,在自然科学、工程技术以及社会科学等领域中已得到广泛的应用,本章将在介绍拉格朗日中值定理的基础上,引出计算极限的新方法——洛必达法则,并利用导数讨论函数的变化性态——函数的单调性、极值与最值,根据高阶导数概念引入曲线的凹凸性、拐点、曲率等概念,最后给出导数在经济学分析中的实际应用.

学习目标

知识目标　了解微分中值定理;了解导数在经济分析中的应用;理解洛必达法则,掌握未定式的极限;掌握函数的极值与最大(小)值的求法;掌握判断函数的单调性与曲线的凹凸性方法.;了解LINGO软件的基本操作.

能力目标　会作简单函数的图形;能解关于最大(小)值的实际问题;会用LINGO软件求解实际问题.

素质目标　通过导数的应用的学习,培养逻辑推理、数学知识应用能力,树立数学建模等核心素养,增强应用能力.

§3.1　拉格朗日中值定理　洛必达法则

视频

洛必达法则

3.1.1　拉格朗日中值定理

函数的导数表示函数随自变量变化快慢的程度,反映了函数在一点的局部性质.为了能够利用导数来研究函数在区间上的某些特征,首先不加证明地引进微分学中值定理.

定理3.1.1(拉格朗日中值定理)　如果函数 $y=f(x)$ 满足下列条件:

(1)在闭区间 $[a,b]$ 上连续;

(2)在开区间 (a,b) 内可导,

则在开区间 (a,b) 内至少存在一点 ξ 使得

$$f(b)-f(a)=f'(\xi)(b-a)$$

或

$$\frac{f(b)-f(a)}{b-a}=f'(\xi)$$

该定理的几何意义是：如果连续曲线除端点外处处都有不垂直于 x 轴的切线，那么该曲线上至少有一点 $M(\xi,f(\xi))$ 存在，在该点处曲线的切线平行于连接两端点的弦 AB（见图 3-1）.

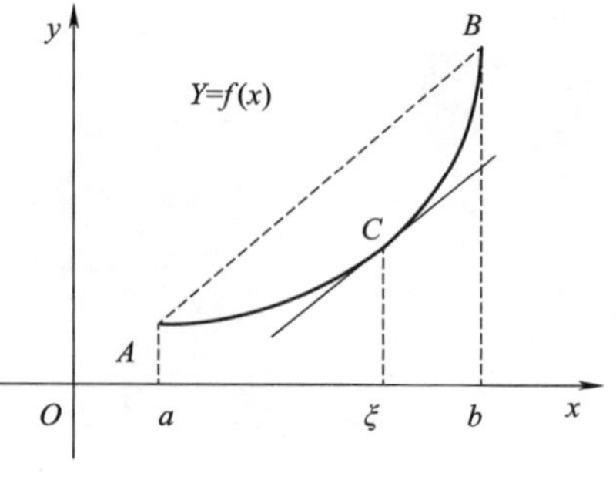

图 3-1

说明：(1) 拉格朗日中值定理中，如果 $f(a)=f(b)$，则曲线上至少存在一点的切线与 x 轴平行，这是罗尔中值定理.

(2) 拉格朗日中值定理给出了函数在一个区间上的增量与函数在区间内某点处的导数之间的关系.

例 1 函数 $f(x)=x^3-3x$ 在 $[0,2]$ 满足拉格朗日定理的条件吗？如果满足请写出其结论.

解 显然 $f(x)$ 在 $[0,2]$ 上连续，在 $(0,2)$ 内可导，因此 $f(x)$ 满足拉格朗日中值定理的条件. 由于

$$f'(x)=3x^2-3$$

从而有

$$\frac{f(2)-f(0)}{2-0}=f'(\xi)$$

即

$$3\xi^2-3=\frac{2^3-3\times 2}{2-0}$$

解得

$$\xi=\frac{2\sqrt{3}}{3}$$

这个 ξ 是在开区间 $(0,2)$ 内.

推论 1.1 设 $f(x)$ 在区间 (a,b) 上连续，若在 $[a,b]$ 上的导数恒为零，则在 $[a,b]$ 上 $f(x)$ 为常数.

推论 1.2 如果函数 $f(x)$ 和 $g(x)$ 在区间 (a,b) 内可导，且 $f'(x)=g'(x)$，则 $f(x)$ 和 $g(x)$ 相差一个常数，即 $f(x)-g(x)=C$（C 为常数）.

例 2 证明 $\arcsin x+\arccos x=\frac{\pi}{2}\quad(-1\leqslant x\leqslant 1)$.

证 设 $f(x)=\arcsin x+\arccos x$，由于 $f'(x)=\frac{1}{\sqrt{1-x^2}}-\frac{1}{\sqrt{1-x^2}}=0$，所以 $f(x)$ 在区间 $[-1,1]$ 上为常数，即 $f(x)=C$，取 $x=0$ 得 $f(0)=\frac{\pi}{2}$，故有 $\arcsin x+\arccos x=\frac{\pi}{2}$.

3.1.2 洛必达法则

极限计算中，经常会遇到"$\frac{0}{0}$""$\frac{\infty}{\infty}$"型等极限未定式，而洛必达法则是计算这些未定式的重要工具.

1. $\frac{0}{0}$ 型未定式

定理 3.1.2（洛必达法则 Ⅰ） 若函数 $f(x)$ 和 $g(x)$ 满足条件：

(1) $\lim\limits_{x\to x_0}f(x)=0,\ \lim\limits_{x\to x_0}g(x)=0$；

(2) $f(x)$ 和 $g(x)$ 在 x_0 的某去心邻域内可导，且 $g'(x)\neq 0$；

(3)如果$\lim\limits_{x\to x_0}\frac{f'(x)}{g'(x)}$存在(或为∞),

则当$x\to x_0$时,它们之比的极限存在,且$\lim\limits_{x\to x_0}\frac{f(x)}{g(x)}=\lim\limits_{x\to x_0}\frac{f'(x)}{g'(x)}$(或为∞).

用此定理来求极限的方法称为洛必达法则.

说明:(1)当$x\to\infty$时,有类似的洛必达法则.

(2)若使用一次洛必达法则后,问题仍未得到解决,而函数$f'(x)$与$g'(x)$仍满足定理的条件,则可继续使用洛必达法则.

例3　计算极限$\lim\limits_{x\to 0}\frac{\sqrt[3]{1+x^2}-1}{x^2}$.

解　所求极限为"$\frac{0}{0}$"型未定式,应用洛必达法则,得

$$\lim_{x\to 0}\frac{\sqrt[3]{1+x^2}-1}{x^2}=\lim_{x\to 0}\frac{(\sqrt[3]{1+x^2}-1)'}{(x^2)'}=\lim_{x\to 0}\frac{\frac{1}{3}(1+x^2)^{-\frac{2}{3}}\cdot 2x}{2x}=\frac{1}{3}$$

例4　计算极限$\lim\limits_{x\to 0}\frac{x-\sin x}{\tan x^3}$.

解　所求极限为"$\frac{0}{0}$"型未定式,由于$x\to 0$时,$\tan x^3\sim x^3$,所以

$$\lim_{x\to 0}\frac{x-\sin x}{\tan x^3}=\lim_{x\to 0}\frac{x-\sin x}{x^3}=\lim_{x\to 0}\frac{(x-\sin x)'}{(x^3)'}=\lim_{x\to 0}\frac{1-\cos x}{3x^2}=\lim_{x\to 0}\frac{\sin x}{6x}=\frac{1}{6}$$

例4说明应用洛必达法则时,与其他的方法联合使用,有时可以收到事半功倍的效果.

2. $\frac{\infty}{\infty}$型未定式

定理3.1.3(洛必达法则Ⅱ)　若函数$f(x)$和$g(x)$满足条件:

(1)$\lim\limits_{x\to x_0}f(x)=\infty$,$\lim\limits_{x\to x_0}g(x)=\infty$;

(2)$f(x)$和$g(x)$在x_0的某去心邻域内可导,且$g'(x)\neq 0$;

(3)如果$\lim\limits_{x\to x_0}\frac{f'(x)}{g'(x)}$存在(或为∞),

则当$x\to x_0$时,它们之比的极限存在,且$\lim\limits_{x\to x_0}\frac{f(x)}{g(x)}=\lim\limits_{x\to x_0}\frac{f'(x)}{g'(x)}$(或为∞).

例5　计算$\lim\limits_{x\to +\infty}\frac{x^n}{e^x}$,其中$n$为正整数.

解　所求极限为"$\frac{\infty}{\infty}$"型未定式,应用洛必达法则,得

$$\lim_{x\to +\infty}\frac{x^n}{e^x}=\lim_{x\to +\infty}\frac{nx^{n-1}}{e^x}=\lim_{x\to +\infty}\frac{n(n-1)x^{n-2}}{e^x}=\cdots=\lim_{x\to +\infty}\frac{n!}{e^x}=0$$

这个例子表明,当$x\to +\infty$时,e^x要比x^n增大得快得多.

例6　计算极限$\lim\limits_{x\to 0^+}\frac{\ln\sin 3x}{\ln\sin 2x}$.

解　$\lim\limits_{x\to 0^+}\frac{\ln\sin 3x}{\ln\sin 2x}=\lim\limits_{x\to 0^+}\frac{3\frac{\cos 3x}{\sin 3x}}{2\frac{\cos 2x}{\sin 2x}}=\frac{3}{2}\lim\limits_{x\to 0^+}\frac{\cos 3x}{\cos 2x}\cdot\lim\limits_{x\to 0^+}\frac{\sin 2x}{\sin 3x}=\frac{3}{2}\cdot\frac{2}{3}=1$

3. 其他未定式

“$\frac{0}{0}$”与“$\frac{\infty}{\infty}$”是两种基本的未定式，对其他类型的未定式，如 $0\cdot\infty$，$\infty-\infty$，1^{∞}，0^{0}，∞^{0} 等可设法变成这两种未定式，再利用洛必达法则计算.

例 7 计算极限 $\lim\limits_{x\to0^+} x^n\ln x\,(n>0)$.

解 所求极限为“$0\cdot\infty$”型未定式，先将 $x^n\ln x$ 改写为 $\frac{\ln x}{x^{-n}}$，使之转化为“$\frac{\infty}{\infty}$”未定式，于是

$$\lim_{x\to0^+}x^n\ln x=\lim_{x\to0^+}\frac{\ln x}{x^{-n}}=\lim_{x\to0^+}\frac{\frac{1}{x}}{-nx^{-n-1}}=-\lim_{x\to0^+}\frac{1}{nx^{-n}}=\lim_{x\to0^+}\frac{x^n}{n}=0$$

例 8 计算极限 $\lim\limits_{x\to1}\left(\frac{x}{x-1}-\frac{1}{\ln x}\right)$.

解
$$\lim_{x\to1}\left(\frac{x}{x-1}-\frac{1}{\ln x}\right)=\lim_{x\to1}\frac{x\ln x-x+1}{(x-1)\ln x}=\lim_{x\to1}\frac{(x\ln x-x+1)'}{[(x-1)\ln x]'}=\lim_{x\to1}\frac{1+\ln x-1}{\frac{x-1}{x}+\ln x}$$

$$=\lim_{x\to1}\frac{(\ln x)'}{\left(\frac{x-1}{x}+\ln x\right)'}=\lim_{x\to1}\frac{\frac{1}{x}}{\frac{x-(x-1)}{x^2}+\frac{1}{x}}=\frac{1}{2}$$

例 9 计算极限 $\lim\limits_{x\to0^+}(\sin x)^x$.

解 这是“0^0”型未定式，将原式变形得

$$\lim_{x\to0^+}(\sin x)^x=\lim_{x\to0^+}\mathrm{e}^{\ln(\sin x)^x}=\lim_{x\to0^+}\mathrm{e}^{x\ln\sin x}=\lim_{x\to0^+}\mathrm{e}^{\frac{\ln\sin x}{x^{-1}}}$$

由于
$$\lim_{x\to0^+}\frac{\ln\sin x}{x^{-1}}=\lim_{x\to0^+}\frac{(\ln\sin x)'}{(x^{-1})'}=\lim_{x\to0^+}\frac{\frac{\cos x}{\sin x}}{-x^{-2}}=-\lim_{x\to0^+}\frac{x^2}{\sin x}\cos x=0$$

所以
$$\lim_{x\to0^+}(\sin x)^x=\mathrm{e}^0=1$$

应用洛必达法则应注意下列两个问题：

(1)每次求极限要检查是否为“$\frac{0}{0}$”型或“$\frac{\infty}{\infty}$”型，否则不能使用洛必达法则.

(2)洛必达法则的条件是充分非必要的，因此，有些未定式用洛必达法则失效，但极限可能仍存在.

例 10 计算极限 $\lim\limits_{x\to+\infty}\frac{x-\sin x}{x+\sin x}$.

解 这是“$\frac{\infty}{\infty}$”型未定式，应用洛必达法则，有：

$\lim\limits_{x\to+\infty}\frac{x-\sin x}{x+\sin x}=\lim\limits_{x\to+\infty}\frac{(x-\sin x)'}{(x+\sin x)'}=\lim\limits_{x\to+\infty}\frac{1-\cos x}{1+\cos x}$，此时，分子分母都没有极限，因此洛必达法则对于此例失效. 事实上，$\lim\limits_{x\to+\infty}\frac{x-\sin x}{x+\sin x}=\lim\limits_{x\to+\infty}\frac{1-\frac{1}{x}\cdot\sin x}{1+\frac{1}{x}\cdot\sin x}=1$，根据无穷小的性质，不难求出此极限为 1.

习 题 3-1

1. 判断题.

(1) 函数 $f(x)$ 在 $[a,b]$ 上连续，且 $f(a)=f(b)$，则至少存在一点 $\xi\in(a,b)$，使 $f'(\xi)=0$. ( )

(2) 若函数 $f(x)$ 在 $[a,b]$ 上连续，在 (a,b) 内可导，且 $f(a)\neq f(b)$，则一定不存在 $\xi\in(a,b)$，使 $f'(\xi)=0$. ( )

(3) 设函数 $f(x)$，$g(x)$ 在 $[a,b]$ 上连续，且在 (a,b) 上 $f'(x)\leqslant g'(x)$，则有 $f(a)-f(b)\leqslant g(a)-g(b)$. ( )

(4) 函数 $f(x)=1-\sqrt[3]{x^2}$ 在 $[-1,1]$ 上满足罗尔定理条件. ( )

(5) 函数 $f(x)=\begin{cases}\dfrac{3-x^2}{2} & 0\leqslant x\leqslant 1\\ \dfrac{1}{x} & 1<x<2\end{cases}$ 在 $[0,2]$ 上满足拉格朗日定理条件. ( )

2. 函数 $f(x)=\ln x$ 在区间 $[1,\mathrm{e}]$ 上是否满足拉格朗日中值定理的条件？若满足，求出对应的 x 的值.

3. 验证拉格朗日中值定理对于函数 $f(x)=\arctan x$ 在区间 $[0,1]$ 上的正确性.

4. 应用导数证明恒等式 $\arctan x+\operatorname{arccot} x=\dfrac{\pi}{2}(x\in\mathbf{R})$.

5. 求下列极限.

(1) $\lim\limits_{x\to\pi}\dfrac{\sin 3x}{\tan 5x}$; (2) $\lim\limits_{x\to 0}\dfrac{x-\sin x}{x^3}$;

(3) $\lim\limits_{x\to 0}\dfrac{a^x-b^x}{x}$; (4) $\lim\limits_{x\to 0^+}\dfrac{\ln\tan 7x}{\ln\tan 2x}$;

(5) $\lim\limits_{x\to 0}\left(\dfrac{1}{x}-\dfrac{1}{\mathrm{e}^x-1}\right)$; (6) $\lim\limits_{x\to 0^+}\ln x\cdot\ln(1+x)$;

(7) $\lim\limits_{x\to 0^+}x^{\sin x}$; (8) $\lim\limits_{x\to 0^+}(x+\mathrm{e}^x)^{\frac{1}{x}}$.

6. 验证下列极限存在，但不能用洛必达法则求解.

$$\lim_{x\to 0}\frac{x^2\sin\dfrac{1}{x}}{\sin x}$$

§3.2 函数的单调性及其极值

视 频

函数的单调性及其极值

单调性是函数的重要特征之一，它既描述着函数的增减变化状况，对研究函数的极值也有帮助. 本节将以微分中值定理为基础，给出函数单调性与函数极值的判别法.

3.2.1 函数的单调性

引例1[微波炉中食品的温度] 将一碗冷饭放进微波炉中加热，其温度 T 随时间 t 的增加而升高，我们称函数 $T=f(t)$ $(t\geqslant 0)$ 是单调增加的.

从下面一个例子可以看出，函数$f(x)$的单调性与其导数$f'(x)$的正负符号之间存在着必然的联系.

引例2[路程与速度的关系]　物体做直线运动，若速度$v(t)=\frac{\mathrm{d}s}{\mathrm{d}t}>0$，则其路程函数$s(t)$是单调增加的.

对于一个可导的函数$f(x)$，从图3-2和图3-3可以观察到：

如果函数$f(x)$在$[a,b]$是单调增加(减少)的，此时，若函数在每一点的导数都存在，不难发现曲线在该点处的切线与x轴正向的夹角为锐角(钝角)，则曲线$f(x)$在(a,b)上各点切线斜率为正(负)的，即$\tan\alpha=f'(x)>0(<0)$. 由此可见，函数的单调性与导数的符号有关.

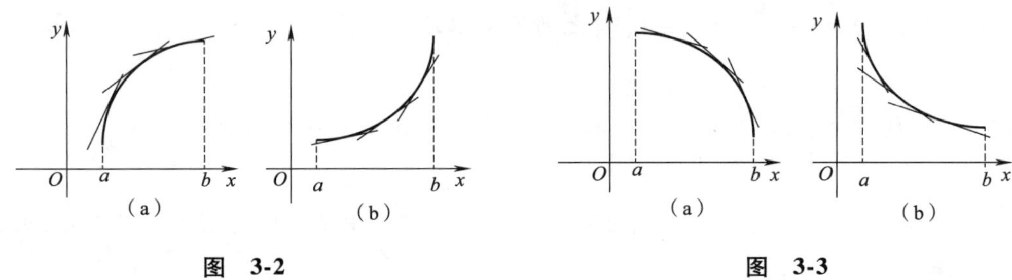

图　3-2　　　　图　3-3

定理3.2.1(单调性的判定定理)　设函数$y=f(x)$在闭区间$[a,b]$上连续，在开区间(a,b)内可导.

(1)如果当$x\in(a,b)$时$f'(x)>0$，则函数$y=f(x)$在$[a,b]$上单调递增；

(2)如果当$x\in(a,b)$时$f'(x)<0$，则函数$y=f(x)$在$[a,b]$上单调递减.

注意：如果函数的导数仅在个别点处为零，而在其余的点处均满足定理3.2.1的条件，那么定理3.2.1的结论仍然成立. 如$y=x^3$在$x=0$处导数为零，但在$(-\infty,+\infty)$内其他点处导数都为正，因此，函数$y=x^3$在$(-\infty,+\infty)$内仍为单调增加的.

案例1[变化率]　若某国的国民生产总值GDP的变化率$\frac{\mathrm{d}P}{\mathrm{d}t}>0$，由函数单调性的判定方法知$P(t)$是一个单调增加函数，即该国的国民生产总值越来越大；反之，若某国的国民生产总值的变化率$\frac{\mathrm{d}P}{\mathrm{d}t}<0$，则该国的国民生产总值越来越小.

案例2[血液的压强]　血液从心脏流出，经主动脉后流到毛细血管，再通过静脉流回心脏，医生建立了某病人在心脏收缩的一个周期内血压p(单位：mmHg)的数学模型$p=\frac{25t^2+123}{t^2+1}$，血压是单调增加的还是单调减少的？

解　$p'=\left(\frac{25t^2+123}{t^2+1}\right)'=\left(\frac{25(t^2+1)+98}{t^2+1}\right)'=\left(25+\frac{98}{t^2+1}\right)'=-\frac{98\times 2t}{(t^2+1)^2}=-\frac{196t}{(t^2+1)^2}$

因为$t>0$，所以$p'=-\frac{196t}{(t^2+1)^2}<0$，因此在心脏收缩的一个周期里，血压是单调减少的.

例1　求函数$f(x)=x^3-3x$的单调区间.

解　函数的定义域为$(-\infty,+\infty)$，由$f'(x)=3x^2-3=3(x-1)(x+1)=0$得，$x=\pm1$，列表分析见表3-1.

表 3-1

x	$(-\infty,-1)$	-1	$(-1,1)$	1	$(1,+\infty)$
$f'(x)$	+	0	−	0	+
$f(x)$	↗		↘		↗

因此,函数 $f(x)$ 的单调增区间为 $(-\infty,-1)$ 和 $(1,+\infty)$,单调减区间为 $(-1,1)$.

由此例可看出,求函数 $y=f(x)$ 单调区间的一般步骤为:

第一步:确定函数 $y=f(x)$ 的定义域;

第二步:求出导数 $f'(x)$;

第三步:求出使 $f'(x)=0$ 和 $f'(x)$ 不存在的点;

第四步:用上述所求点将定义域分成若干子区间,列表分析各子区间内 $f'(x)$ 的符号,从而判定函数 $f(x)$ 在每个区间上的单调性.

例 2　讨论函数 $f(x)=(x-1)x^{\frac{2}{3}}$ 的单调性.

解　函数的定义域为 $(-\infty,+\infty)$,由 $f'(x)=x^{\frac{2}{3}}+\dfrac{2}{3}x^{-\frac{1}{3}}(x-1)=\dfrac{5x-2}{3\sqrt[3]{x}}=0$ 得 $x=\dfrac{2}{5}$,此外 $x=0$ 时,$f(x)$ 不可导,列表分析见表 3-2

表 3-2

x	$(-\infty,0)$	0	$\left(0,\frac{2}{5}\right)$	$\frac{2}{5}$	$\left(\frac{2}{5},+\infty\right)$
$f'(x)$	+	不存在	−	0	+
$f(x)$	↗		↘		↗

因此,函数 $y=f(x)$ 在区间 $(-\infty,0)$ 和区间 $\left(\dfrac{2}{5},+\infty\right)$ 上单调递增;在区间 $\left(0,\dfrac{2}{5}\right)$ 上单调递减.

3.2.2　函数的极值及其求法

17 世纪,法国数学家费马(1601—1665)在《求最大值和最小值的方法》一文中引入了无穷小量 ε,并给出了求函数极值和求曲线的方法.

函数的极值不仅是函数性态的重要特征,而且在实际问题中有着广泛的应用. 下面用求导的方法来讨论函数的极值问题.

定义 3.2.1　设函数 $y=f(x)$ 在 x_0 的一个邻域内有定义,若对于该邻域内的 $x(x\neq x_0)$ 恒有:

(1) $f(x_0)>f(x)$,则称 $f(x_0)$ 为函数 $f(x)$ 的极大值,x_0 称为 $f(x)$ 的极大值点.

(2) $f(x_0)<f(x)$,则称 $f(x_0)$ 为函数 $f(x)$ 的极小值,x_0 称为 $f(x)$ 的极小值点.

函数的极大值与极小值统称为函数的极值,极大值点与极小值点统称为函数的极值点.

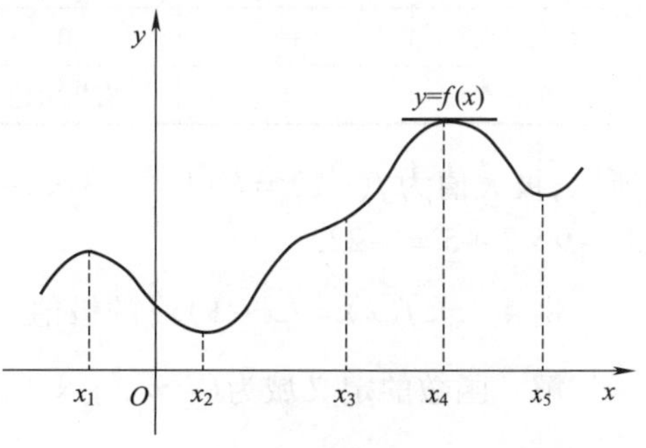

图 3-4

观察图 3-4,曲线 $f(x)$ 上的 x_1、x_4 称为峰值点,它们在各自的局部范围内达到最大值,x_2、x_5 称为谷值点,它们在各自的局部范围内达到最小值,由定义 3.2.1 可知,这种局部范围内的最大值与最小值就是函数的极大值与极小值.

由此可见,极大值与极小值是函数的一种局部概念. 函数在某个区间上的极大值不一定大于极小值,如极小值 $f(x_5)$ 大于极大值 $f(x_1)$;观察图 3-4 可以看到:点 x_1,x_2,x_4,x_5 均为函数 $y=f(x)$ 的极值点,其中 x_2、x_5 为函数 $y=f(x)$ 的极小值点;x_1、x_4 为函数 $y=f(x)$ 的极大值点,观察图 3-4 还可发现:在极值点处或者导数为零(如点 x_1,x_2,x_4,x_5)或者导数不存在.

根据定义 3.2.1 及图 3-4 可知,极值是函数的一个局部性质,而函数的最大值与最小值则是指定区域内的整体性质,两者不能混淆.

定理 3.2.2(极值的必要条件)　设函数 $f(x)$ 在点 x_0 处可导,且 $f(x_0)$ 为极值,则 $f'(x_0)=0$.

定理 3.2.2 的几何意义是:可导函数的图形在极值点处的切线平行于 x 轴(见图 3-4).

定理 3.2.2 的重要意义在于,可导函数的极值点必在导数为零的点中取得,我们称导数为零的点 x_0 为函数的**驻点**.

定理 3.2.2 是对可导函数而言的,实际上,函数还可能在连续但不可导点处取得极值. 如函数 $y=x^{\frac{2}{3}}$,在 $x=0$ 处不可导,但 $x=0$ 为函数的极小值点(见图 3-5).

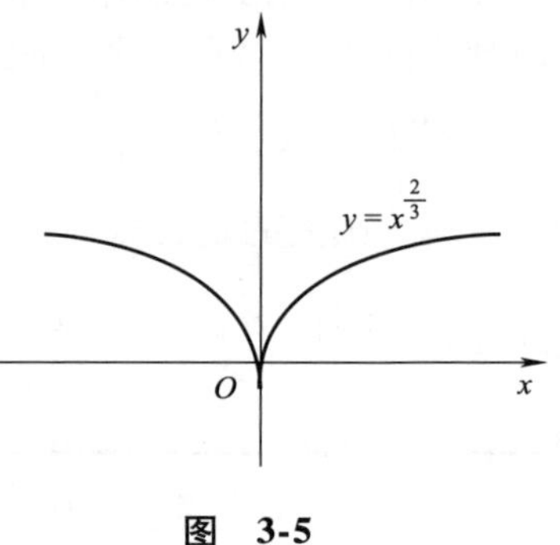

图　3-5

综上可知,函数可能在其导数为零的点或在连续但不可导的点处取得极值.

定理 3.2.3(极值的第一充分条件)　设函数 $y=f(x)$ 在 x_0 的一个邻域内可导(在 x_0 处可以不可导,但必须连续),那么在此邻域内有

(1)若 $x<x_0$ 时 $f'(x)>0$,若 $x>x_0$ 时 $f'(x)<0$,则 x_0 为极大值点,$f(x_0)$ 为 $f(x)$ 的极大值;

(2)若 $x<x_0$ 时 $f'(x)<0$,若 $x>x_0$ 时 $f'(x)>0$,则 x_0 为极小值点,$f(x_0)$ 为 $f(x)$ 的极小值;

(3)若 $x<x_0$ 与 $x>x_0$ 时,导数的符号不改变,则 $f(x_0)$ 不是 $f(x)$ 的极值.

例 3　求函数 $f(x)=x^3-3x^2-9x+5$ 的极值.

解　函数 $f(x)$ 的定义域为 $(-\infty,+\infty)$,$f'(x)=3x^2-6x-9=3(x-3)(x+1)$,令 $f'(x)=0$ 得驻点 $x_1=-1,x_2=3$,这两点将定义域 $(-\infty,+\infty)$ 分成三个区间 $(-\infty,-1)$,$(-1,3)$,$(3,+\infty)$,列表讨论见表 3-3.

表　3-3

x	$(-\infty,-1)$	-1	$(-1,3)$	3	$(3,+\infty)$
$f'(x)$	+	0	−	0	+
$f(x)$	↗	有极大值	↘	有极小值	↗

所以,极大值为 $f(-1)=(-1)^3-3\times(-1)^2-9\times(-1)+5=10$;极小值为 $f(3)=3^3-3\times3^2-9\times3+5=-22$.

例 4　求 $f(x)=(x-1)x^{\frac{2}{3}}$ 的极值.

解　函数的定义域为 $(-\infty,+\infty)$,$f'(x)=\dfrac{5x-2}{3\sqrt[3]{x}}$,令 $f'(x)=0$ 得驻点 $x=\dfrac{2}{5}$,另函数有不可导点 $x=0$,这两个点将函数的定义域分成三个区间:

$$(-\infty,0),\quad \left(0,\frac{2}{5}\right),\quad \left(\frac{2}{5},+\infty\right)$$

列表讨论见表3-4.

表 3-4

x	$(-\infty,0)$	0	$\left(0,\frac{2}{5}\right)$	$\frac{2}{5}$	$\left(\frac{2}{5},+\infty\right)$
$f'(x)$	+	不存在	−	0	+
$f(x)$	↗	有极大值	↘	有极小值	↗

所以函数的极大值为$f(0)=0$,极小值为$f\left(\frac{2}{5}\right)=-\frac{3}{25}\sqrt[3]{20}$.

对于二阶可导函数,还有以下定理:

定理3.2.4(极值的第二充分条件)　设$y=f(x)$在x_0处二阶可导,且$f'(x_0)=0$,$f''(x_0)\neq 0$,则

(1)当$f''(x_0)<0$时,$f(x_0)$为函数$y=f(x)$的极大值;

(2)当$f''(x_0)>0$时,$f(x_0)$为函数$y=f(x)$的极小值.

例5　求函数$f(x)=(x^2-2)^2+1$的极值.

解　函数的定义域为$(-\infty,+\infty)$,

$$f'(x)=4x(x^2-2)$$

令$f'(x)=0$,得驻点$x_1=-\sqrt{2}$,$x_2=0$,$x_3=\sqrt{2}$.

没有不可导点,则可由定理3.2.4判断极值.

由于

$$f''(x)=4(3x^2-2),\quad f''(-\sqrt{2})=16>0$$

$$f''(0)=-8<0,\quad f''(\sqrt{2})=16>0$$

所以函数在$x=0$处取得极大值,极大值为$f(0)=5$,在$x=\pm\sqrt{2}$处取得极小值,极小值为$f(\pm\sqrt{2})=1$.

例6　求函数$f(x)=(x^2-1)^3$的极值.

解　函数的定义域为$(-\infty,+\infty)$,由$f'(x)=6x(x^2-1)^2$,令$f'(x)=0$,解得驻点为$x_1=-1$,$x_2=0$,$x_3=1$,无导数不存在的点.

又$f''(x)=6(x^2-1)(5x^2-1)$,可知$f''(0)=6>0$,$f''(-1)=f''(1)=0$,则由定理3.2.4知$x=0$为极小值点,极小值为$f(0)=-1$,但定理3.2.4对于$x=\pm 1$失效,因此改用定理3.2.3判定,因为$f'(x)$在$x=-1$的两侧符号相同(均为负号),在$x=1$两侧的符号也相同(均为正号),所以$x=\pm 1$均不是函数的极值点.

从以上的分析可以看出:

(1)可导函数$f(x)$的极值点一定是驻点,但驻点不一定是极值点,如$y=x^3$的导数为$y'=3x^2$,$x=0$是$y=x^3$的驻点,但$x=0$不是$y=x^3$极值点[见图3-6(a)].

(2)任意函数的极值点一定是函数的驻点或不可导点,但驻点或不可导点不一定是函数的极值点,如函数$y=x^{\frac{1}{3}}$的导数为$y'=\frac{1}{3}x^{-\frac{2}{3}}$,函数在$x=0$处的导数不存在,但$x=0$不是它的极值点(见图3-6(b)).

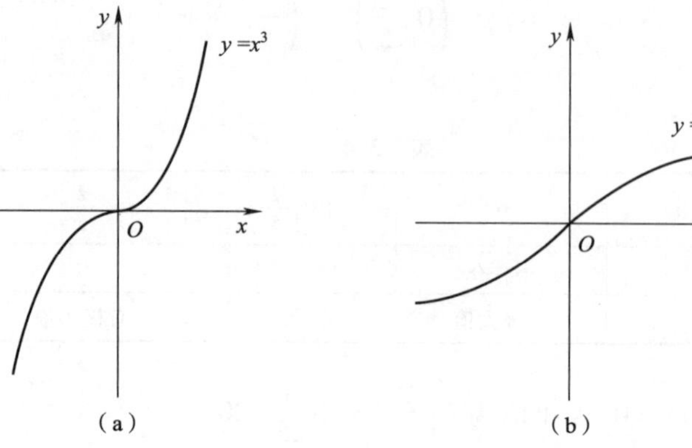

图 3-6

习　题　3-2

1. 是非判断题.

(1)若函数$f(x)$在(a,b)内单调递增,且在(a,b)内可导,则必有$f'(x)>0$.　(　　)

(2)若函数$f(x)$和$g(x)$在(a,b)内可导,且$f(x)>g(x)$,则在(a,b)内必有$f'(x)>g'(x)$.　(　　)

(3)单调可导函数的导函数必定单调.　(　　)

(4)若函数的导函数单调,则该函数必定单调.　(　　)

2. 求下列函数的单调区间.

(1)$y=x^4-2x^2-5$;　　(2)$y=x+\sqrt{1-x}$;

(3)$y=x-e^x$;　　(4)$y=2x^2-\ln x$;

(5)$y=(x-1)^2(x-2)^2$;　　(6)$y=2x^3-6x^2-18x-7$;

(7)$y=x-2\sin x\quad(0\leqslant x\leqslant 2\pi)$;　　(8)$y=\ln(x+\sqrt{1+x^2})$.

3. 求下列函数的极值与极值点.

(1)$y=x^3-3x$;　　(2)$y=x+\frac{3}{2}x^{\frac{2}{3}}$;

(3)$y=x-\ln(1+x)$;　　(4)$y=e^x+e^{-x}$;

(5)$y=\arctan x-\frac{1}{2}\ln(1+x^2)$;　　(6)$y=\frac{8a^2}{x^2+a^2}$　(a为常数);

(7)$y=x+\sqrt{1-x}$.

4. 证明不等式.

(1)$\ln(1+x)-\frac{\arctan x}{1+x}\geqslant 0\quad(x\geqslant 0)$;　　(2)$\cos x-1+\frac{x^2}{2}\geqslant 0\quad(x\geqslant 0)$.

5. 证明方程$x^3+x-1=0$有且仅有一个正实根.

6. 证明方程$\ln x=\frac{x}{e}-1$在区间$(0,+\infty)$内有且仅有两个实根.

§3.3　函数的最大值和最小值

求函数的最值问题是最优化问题的重要内容，在实际问题中经常会遇到求最大值与最小值问题，如"产品最多""用料最省""成本最低"等，在函数极值的知识基础上，本节将讨论如何求函数的最值.

从上节分析可知，函数$f(x)$在闭区间$[a,b]$上的最大值或最小值在函数的极值点处取得，或在区间的端点$x=a$或$x=b$处取得，而函数的极值点可能在驻点与不可导点处取得，因此，求闭区间$[a,b]$上连续函数$f(x)$在$[a,b]$上的最大值与最小值的步骤如下：

第一步：求出$f(x)$在(a,b)内的所有驻点和不可导点$x_1,x_2,x_3,\cdots$.

第二步：计算上述所求各点$x_1,x_2,x_3,\cdots$处的函数值及端点的函数值$f(a)$和$f(b)$.

第三步：比较以上求出的所有函数值的大小，其中最大者为$f(x)$在$[a,b]$上的最大值，最小者为$f(x)$在$[a,b]$上的最小值.

例1　求函数$f(x)=3x^4-16x^3+30x^2-24x+4$在闭区间$[0,3]$上的最大值与最小值.

解　$f'(x)=12x^3-48x^2+60x-24=12(x-1)^2(x-2)$，令$f'(x)=0$得驻点$x=1,x=2$，它们为可能的极值点，算出它们的函数值及区间端点的函数值分别为

$$f(0)=4,\quad f(1)=-3,\quad f(2)=-4,\quad f(3)=13$$

比较可知，在区间$[0,3]$内，$f(x)$的最大值为$f(3)=13$，最小值为$f(2)=-4$.

例2　求函数$f(x)=x-x\sqrt{x}$在闭区间$[0,4]$上的最大值与最小值.

解　$f'(x)=1-\frac{3}{2}x^{\frac{1}{2}}$，令$f'(x)=0$，得驻点$x=\frac{4}{9}$，函数值：$f\left(\frac{4}{9}\right)=\frac{4}{27}$，$f(0)=0$，$f(4)=-4$，所以$f(x)$在闭区间$[0,4]$上的最大值为$f\left(\frac{4}{9}\right)=\frac{4}{27}$，最小值为$f(4)=-4$.

在求解实际问题时，若函数$f(x)$在定义区间内只有唯一一个驻点x_0，而由分析知实际问题的最值确实存在，则可以根据问题的实际意义直接判定$f(x_0)$就是所求的最大值或最小值.

案例1［发动机的效率］　一汽车厂家正在测试新开发的汽车发动机的效率，发动机的效率$p\%$与汽车的速度v km/h之间的关系为$p=0.768v-0.000\,04v^3$，问发动机的最大效率是多少？

解　求发动机的最大效率，即求函数的最大值. 先求导，

$$\frac{\mathrm{d}p}{\mathrm{d}v}=(0.768v-0.000\,04v^3)'=0.768-0.000\,12v^2$$

令$\frac{\mathrm{d}p}{\mathrm{d}v}=0$，得$v=80$（单位：km/h），即当$v=80$时，发动机的效率最大，

$$p(80)=41$$

故最大效率为41%.

案例2［容器的设计］　要设计一个容积为V的圆柱形有盖茶缸，求其表面积最小时，底半径x与高y之比为多少？（见图3-7）.

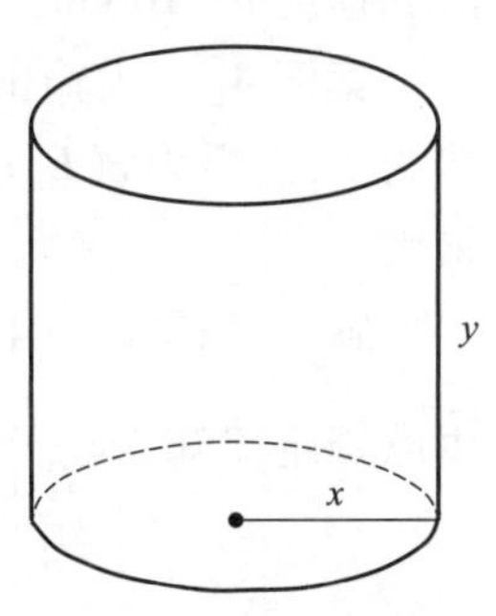

图　3-7

解　(1)建立目标函数，茶缸容积为$v=\pi x^2y$，设茶缸表面积为S，则$S=2\pi xy+2\pi x^2$，因为v为常数，所以$y=\frac{v}{\pi x^2}$，由此得目标函数——

茶缸表面积的表达式

$$S(x)=2\pi x^2+\frac{2\pi xv}{\pi x^2}=2\pi x^2+\frac{2v}{x}\quad(x>0)$$

(2)求 $S(x)$ 的最小值. 因为

$$S'(x)=4\pi x-\frac{2v}{x^2}$$

令 $S'(x)=0$ 可得可能的极值点 $x=\sqrt[3]{\frac{v}{2\pi}}$,且唯一,又 $S''(x)=4\pi+\frac{4v}{x^3}$,$S''\left(\sqrt[3]{\frac{v}{2\pi}}\right)=12\pi>0$,所以 $s(x)$ 在 $x=\sqrt[3]{\frac{v}{2\pi}}$ 处取得极小值.

(3)求半径与高之比:由 $y=\frac{v}{\pi x^2}$ 和 $x=\sqrt[3]{\frac{v}{2\pi}}$ 计算得

$$y=\frac{v}{\pi\left(\sqrt[3]{\frac{v}{2\pi}}\right)^2}=2\sqrt[3]{\frac{v}{2\pi}}=2x$$

故当半径与高之比为 1∶2时,茶缸的表面积最小.

案例 3[最少费用] 某轮船的耗油费与速度的三次方成正比,已知速度为 10 km/h 时,每小时燃料费为 80 元,若轮船行驶时的其他费用为每小时 160 元,轮船应以什么速度匀速行驶才能使 20 km 航程的总费用最少?最少费用是多少?

解 (1)建立目标函数. 轮船在行驶过程中的费用由两部分组成,其中一部分为燃料费,另一部分为其他费用. 设轮船以速度 v km/h 行驶,由题意可设每小时燃料费为 kv^3 元,则由 $80=k\cdot 10^3$ 得 $k=\frac{2}{25}$,那么 20 km 所用的时间为 $\frac{20}{v}$,总费用为

$$C(v)=160\cdot\frac{20}{v}+\frac{2}{25}v^3\cdot\frac{20}{v}=40\left(80\frac{1}{v}+\frac{1}{25}v^2\right)\quad(v>0)$$

(2)求 $C(v)$ 的最小值. 由于 $C'(v)=40\left(\frac{2}{25}v-\frac{80}{v^2}\right)$,令 $C'(v)=0$,得唯一驻点 $v=10$,因此 $v=10$ 时,$C(v)$ 有最小值.

$$C(10)=40\left(80\times\frac{1}{10}+\frac{1}{25}\times 10^2\right)=480$$

故最少费用为 480 元.

故当速度 $v=10$ km/h 时,20 km 航程费用最少,最少费用为 480 元.

案例 4[最大输出功率] 设在图 3-8 所示的电路中,电源电动势为 E,内阻为 r(E,r 均为常量),问负载电阻 R 多大时,输出功率 P 最大?

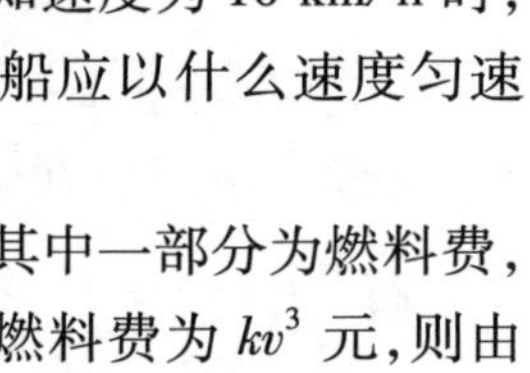

图 3-8

解 消耗在电阻 R 上的功率为 $P=I^2R$,其中 I 是回路中的电流,由欧姆定律知 $I=\frac{E}{R+r}$,所以

$$P=\frac{E^2R}{(R+r)^2}\quad(0<R<+\infty)$$

则

$$\frac{dP}{dR}=\frac{E^2(R+r)^2-2E^2R(R+r)}{(R+r)^4}$$

$$=\frac{E^2}{(R+r)^3}(r-R)=0$$

令$\frac{dP}{dR}=0$,解之得$R=r$,此时$P=\frac{E^2}{4R}$.

由于此闭合电路的最大输出功率一定存在,且在$(0,+\infty)$内取得,所以必在P的唯一驻点$R=r$处取得,因此,当$R=r$时,输出功率最大为$P=\frac{E^2}{4R}$.

案例5［最大利润］　某厂生产某种产品,年产量为x(百台),总成本为C(万元),其中固定成本为2万元,每产1百台成本增加1万元,市场上每年可售此种商品4百台,其销售总收入$R(x)$是x的函数

$$R(x)=\begin{cases}4x-\frac{1}{2}x^2 & 0\leqslant x\leqslant 4\\ 8 & x>4\end{cases}$$

每年生产多少台时总利润最大?

解　(1)建立目标函数.产品的利润为收入与成本之差,其中成本为$C=x+2$,则利润

$$L(x)=\begin{cases}3x-\frac{1}{2}x^2-2 & 0\leqslant x\leqslant 4\\ 6-x & x>4\end{cases}$$

(2)求$L(x)$的最大值.由于市场上每年可售此种商品4百台,因此只取前一部分,即

$$L(x)=3x-\frac{1}{2}x^2-2$$

由于$L'(x)=3-x$,令$L'(x)=0$得$x=3$,即每年生产$x=3$(百台)时总利润最大,最大利润是$L(3)=2.5$万元.

习　题　3-3

1. 求下列函数在给定区间的最大值与最小值.

(1)$y=x+2\sqrt{x}$,$[0,4]$;　　(2)$y=\sin 2x-x$,$\left[-\frac{\pi}{2},\frac{\pi}{2}\right]$;

(3)$y=x^{\frac{2}{3}}-(x^2-1)^{\frac{1}{3}}$,$[0,2]$;　　(4)$y=x+\sqrt{1-x^2}$,$[-1,1]$.

2. ［最少用料］　如图3-9所示窗户外框,由一个半圆形加一个矩形构成,若要窗户所围成面积为5 m^2,底边为多少时,窗户周长最小,从而用料最省?

3. ［最低造价］　欲做一个容积为300 m^3的无盖圆柱形蓄水池,已知池底单位面积造价为四壁单位面积造价的2倍,蓄水池的尺寸应怎样设计才能使总造价最低?

4. 某厂有一个圆柱形油罐,其直径为6 m,高为2 m.如图3-10所示,想用吊臂长为15 m的吊车(车身高1.5 m)把油罐吊到6.5 m高的平台上去,试问能否吊上去?

5. ［最大强度］　用直径为d的圆柱形木材加工横断面为矩形的梁,若矩形高为y,宽为x,则梁的强度与xy^2成正比,试问高与宽成什么比例时梁的强度最大?

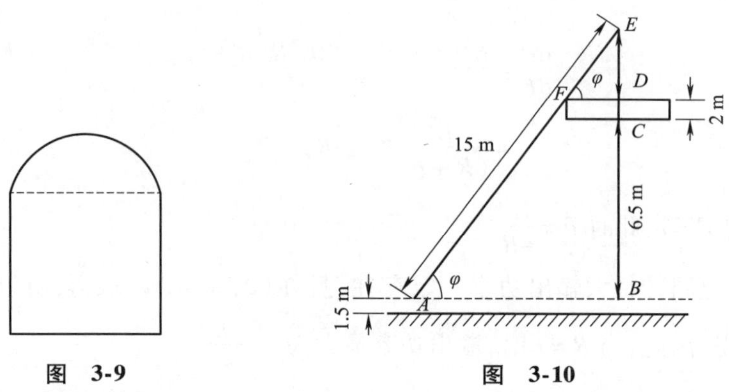

图 3-9　　　　图 3-10

6.[最大利润]　某厂生产一种产品,其固定成本为 3 万元,每生产一百件产品,成本增加 2 万元,其总收入 y 万元与产量 x 百件之间的函数关系为 $y=5x-\frac{1}{2}x^2$,求达到最大利润时的产量.

7.[最小成本]　设某公司的甲、乙两厂生产同一种产品,月产量分别是 x 和 y(单位:万件),甲厂的月生产成本是 $c_1(x)=x^2-x+5$(单位:万元),乙厂的月生产成本是 $c_2(y)=y^2+2y+3$. 若要求该产品每月总产量为 8 万件.

(1)怎样安排两厂的产量,才能使总成本最小?

(2)求出相应的最小成本?

8.[最低成本]　设某出口产品其总成本 $C(Q)=900+20Q+Q^2$(单位:万元),求使平均成本最低时的产量及最低平均成本.

§3.4　曲线的凹凸性与拐点　函数图像的描绘

视频

曲线的凹凸性与拐点

函数图像能直观地反映函数的变化规律,利用函数的一阶导数可以判断函数是递增还是递减的、曲线是上升还是下降的,但有时还需要知道曲线的弯曲方向,即它是向上弯曲还是向下弯曲.

3.4.1　曲线的凹凸性与拐点

根据函数的单调性不能确定函数对应曲线的弯曲形状. 即不能判断曲线的弧是向下弯曲还是向上弯曲,这就是曲线的凹凸性问题.

下面先介绍曲线凹凸性的定义,从图 3-11 可以明显地看出曲线向上弯曲的弧段都位于该曲线上任意一点的切线的上方,曲线向下弯曲的弧段都位于该曲线上任意一点的切线的下方.

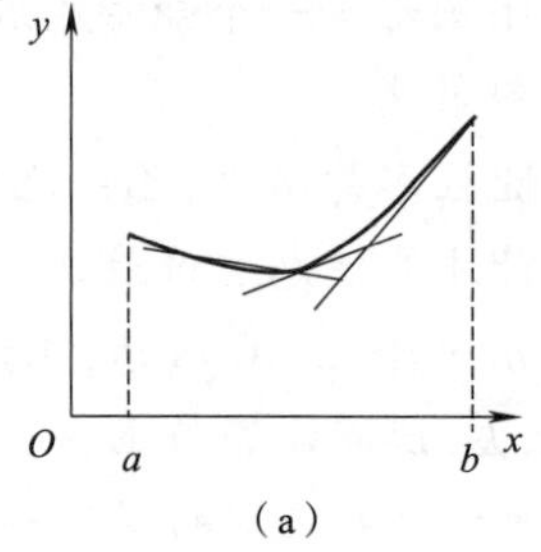

(a)

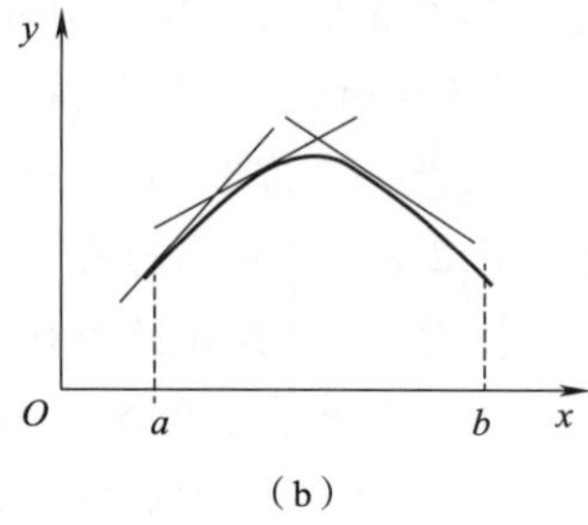

(b)

图 3-11

由此给出如下定义：

定义 3.4.1　设曲线 $y=f(x)$ 在 (a,b) 内各点都有切线，若曲线总在其切线的上方，则称此曲线在 (a,b) 内为凹的，区间 (a,b) 为曲线的凹区间；若曲线总在其切线的下方，则称此曲线在 (a,b) 内为凸的，区间 (a,b) 为曲线的凸区间.

从图 3-11 可以进一步看出，当曲线是凹的时，曲线上切线的斜率随着 x 增大而增大，即函数 $y=f(x)$ 的导函数 $f'(x)$ 是增函数，因此 $f''(x)>0$；当曲线是凸的时，曲线上切线的斜率随着 x 的增大而减小，即函数 $y=f(x)$ 的导函数 $f'(x)$ 是减函数，因此 $f''(x)<0$.

定理 3.4.1　设函数 $f(x)$ 在闭区间 $[a,b]$ 上连续，且在 (a,b) 内具有二阶导数，对于任意的 $x\in(a,b)$，如果

(1) $f''(x)>0$，则曲线 $y=f(x)$ 在区间 $[a,b]$ 上是凹的；

(2) $f''(x)<0$，则曲线 $y=f(x)$ 在区间 $[a,b]$ 上是凸的.

例 1　讨论曲线 $f(x)=x^3$ 的凹凸性.

解　函数的定义域为 $(-\infty,+\infty)$，$f'(x)=3x^2$，$f''(x)=6x$，当 $x\in(-\infty,0)$ 时，$f''(x)<0$，曲线为凸的；当 $x\in(0,+\infty)$ 时，$f''(x)>0$，曲线为凹的；当 $x=0$ 时，$f''(x)=0$，点 $(0,0)$ 是曲线由凸变凹的转折点，称这样的点为曲线的**拐点**.

例 2　求曲线 $f(x)=(x-1)^{\frac{1}{3}}$ 的凹凸区间.

解　函数的定义域为 $(-\infty,+\infty)$，

$$f'(x)=\frac{1}{3}(x-1)^{-\frac{2}{3}}\quad f''(x)=-\frac{2}{9}(x-1)^{-\frac{5}{3}}$$

当 $x\in(-\infty,1)$ 时，$f''(x)>0$，曲线为凹的；当 $x\in(1,+\infty)$ 时，$f''(x)<0$，曲线为凸的；所以区间 $(-\infty,1)$ 为曲线的凹区间，区间 $(1,+\infty)$ 为曲线的凸区间，虽点 $x=1$ 处导数不存在，但点 $(1,0)$ 是曲线的拐点.

从上述两例及定理 3.4.1 可以看出，曲线的拐点可能在二阶导数为零的点及二阶导数不存在的点处取得，因此求曲线的凹凸区间及拐点可按下列步骤进行：

第一步：确定函数的定义域，并求 $f''(x)$；

第二步：求出 $f''(x)=0$ 和 $f''(x)$ 不存在的点，设它们为 $x_1,x_2,\cdots,x_n$；

第三步：对于上一步骤中求出的每个点 $x_i(i=1,2,\cdots,n)$，考察 x_i 左右两端 $f''(x)$ 的符号，如果 $f''(x)$ 异号，则点 $(x_i,f(x_i))$ 为曲线 $y=f(x)$ 的拐点，如果 $f''(x)$ 同号，则点 $(x_i,f(x_i))$ 不是曲线 $y=f(x)$ 的拐点.

3.4.2　函数图形的描绘

1. 曲线的水平渐近线与垂直渐近线

函数的图像能直观反映函数的特征，因此，对函数图像的研究具有重要的意义. 本章前面几节讨论了函数的几种变化性态，对函数的作图很有帮助，为了能更准确地作出函数的图像，先介绍曲线的水平渐近线与垂直渐近线.

定义 3.4.2　(1) 若 $\lim\limits_{x\to\infty}f(x)=b$ [或 $\lim\limits_{x\to-\infty}f(x)=b$，$\lim\limits_{x\to+\infty}f(x)=b$]，则称直线 $y=b$ 为曲线 $y=f(x)$ 的水平渐近线.

(2) 若 $\lim\limits_{x\to x_0}f(x)=\infty$ [或 $\lim\limits_{x\to x_0^-}f(x)=\infty$，$\lim\limits_{x\to x_0^+}f(x)=\infty$]，则称直线 $x=x_0$ 为曲线 $y=f(x)$ 的垂直渐近线.

例如,分析曲线 $y=\frac{1}{x-1}$,因为 $\lim\limits_{x\to\infty}\frac{1}{x-1}=0$,所以直线 $y=0$ 是曲线 $y=\frac{1}{x-1}$ 的水平渐近线;又因为 $\lim\limits_{x\to1}\frac{1}{x-1}=\infty$,所以直线 $x=1$ 是曲线 $y=\frac{1}{x-1}$ 的垂直渐近线,如图 3-12 所示.

又如曲线 $y=\arctan x$,因为 $\lim\limits_{x\to-\infty}\arctan x=-\frac{\pi}{2}$, $\lim\limits_{x\to+\infty}\arctan x=\frac{\pi}{2}$,所以直线 $y=-\frac{\pi}{2}$, $y=\frac{\pi}{2}$ 为它的两条水平渐近线,如图 3-13 所示.

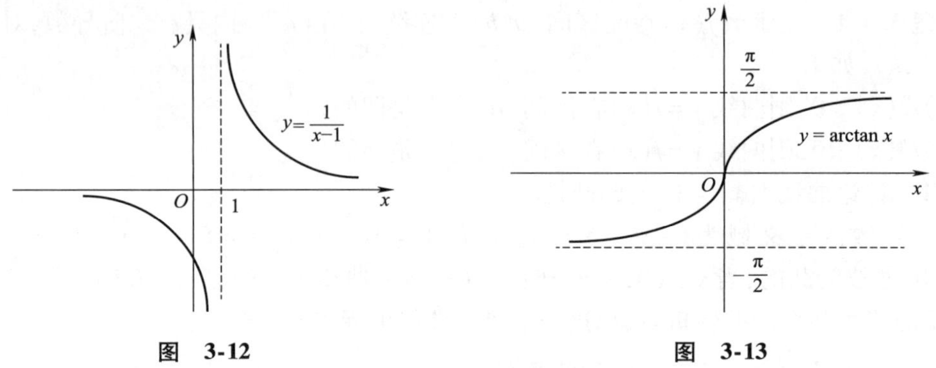

图 3-12　　　　图 3-13

2. 函数图形的描绘

根据函数单调性、极值及曲线凹凸性讨论,则描绘函数图像的一般步骤如下:

第一步:确定函数的定义域,并讨论其奇偶性与周期性;

第二步:讨论函数的单调性、极值点和极值;

第三步:讨论曲线的凹凸性和拐点;

第四步:讨论曲线的水平渐近线和垂直渐近线;

第五步:根据需要补充函数图形上的若干点(如与坐标轴的交点等);

第六步:综上所述,描点作图.

例 3　描绘函数 $y=f(x)=3x-x^3$ 的图形.

解　函数的定义域为 $(-\infty,+\infty)$,由于 $f(-x)=f(x)$,所以函数为奇函数.

$$f'(x)=3-3x^2,\ f''(x)=-6x$$

令 $f'(x)=0$, $f''(x)=0$,得 $x=\pm1$, $x=0$,点 $x=\pm1$, $x=0$ 将定义域分为四个区间 $(-\infty,-1)$, $(-1,0)$, $(0,1)$, $(1,+\infty)$,由于函数为奇函数,因此只讨论区间 $(0,+\infty)$ 内变化情形,列表见表 3-5.

表 3-5

x	0	$(0,1)$	1	$(1,+\infty)$
$f'(x)$	+	+	0	−
$f''(x)$	0	−	−	−
$f(x)$	拐点 $(0,0)$	↗	极大值	↘

令 $y=0$ 得到曲线与 x 轴的交点 $(-\sqrt{3},0)$, $(\sqrt{3},0)$,显然曲线没有水平渐近线,也没有垂直渐近线. 函数图像如图 3-14 所示.

例 4　描出函数 $y=\ln(x^2-1)$ 的图像.

解　函数的定义域为 $(-\infty,-1)\cup(1,+\infty)$,为偶函数,由于

$$y' = \frac{2x}{x^2-1}, \quad y'' = \frac{-2(1+x^2)}{(x^2-1)^2}$$

显然,函数在定义域内既无极值点,曲线又无拐点. 列表讨论函数的单调性与曲线的凹凸性,见表 3-6.

表 3-6

x	$(-\infty,-1)$	$(1,+\infty)$
y'	$-$	$+$
y''	$-$	$-$
y	↘	↗

因为 $\lim\limits_{x\to1^+}\ln(x^2-1)=-\infty$, $\lim\limits_{x\to-1^-}\ln(x^2-1)=-\infty$,所以 $x=-1$, $x=1$ 是曲线的两条垂直渐近线. 根据上述讨论情形,另取适当辅助点,可得函数 $y=\ln(x^2-1)$ 的图像(见图 3-15).

例 5　描绘函数 $y=\mathrm{e}^{-x^2}$ 的图像.

解　函数为偶函数,定义域为 $(-\infty,+\infty)$,图像关于 y 轴对称,因此只需作出 $(0,+\infty)$ 的图像,然后根据对称性作出它的全部图像.

$$y'=-2x\mathrm{e}^{-x^2}, \quad y''=2\mathrm{e}^{-x^2}(2x^2-1),$$

令 $y'=0$, $y''=0$,分别得:　　$x=0$, $x=\pm\dfrac{\sqrt{2}}{2}$

列表见表 3-7.

表 3-7

x	0	$\left(0,\frac{\sqrt{2}}{2}\right)$	$\frac{\sqrt{2}}{2}$	$\left(\frac{\sqrt{2}}{2},+\infty\right)$
$f'(x)$	0	$-$	$-$	$-$
$f''(x)$	$-$	$-$	0	$+$
$f(x)$	极大值 $f(0)=1$	↘	拐点 $\left(\frac{\sqrt{2}}{2},\mathrm{e}^{-\frac{1}{2}}\right)$	↘

当 $x\to\infty$ 时, $y\to0$,所以 $y=0$ 为该曲线的水平渐近线.

根据上述讨论,可以作出函数的图像,如图 3-16 所示.

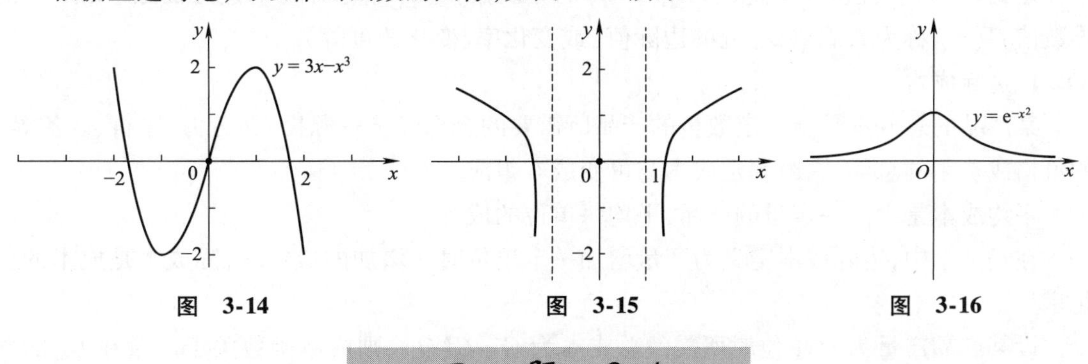

图 3-14　　图 3-15　　图 3-16

习　题　3-4

1. 求下列函数的凹凸区间与拐点.

(1) $y=x^4$;　　(2) $y=x^5$;

(3) $y=x^3-6x^2+x-1$;　　(4) $y=x+\dfrac{x}{x-1}$;

(5) $y=(2x-1)^4+1$;　　(6) $y=e^x+e^{-x}$;

(7) $y=\ln(1+x^2)$;　　(8) $y=x\sqrt{x+1}$.

2. a,b 为何值时，点$(1,3)$是曲线 $y=ax^3+bx^2$ 的拐点？

3. 已知函数 $y=ax^3+bx^2+cx+d$ 有拐点$(-1,4)$，且在 $x=0$ 时有极大值 2，求 a,b,c,d 的值.

4. 求下列曲线的渐近线.

(1) $y=\dfrac{x}{x^2-1}$;　　(2) $y=\dfrac{e^x}{1+x}$;　　(3) $y=\dfrac{x^2+3x+2}{x^2-1}$.

5. 作下列函数的图像.

(1) $y=x^3-6x^2+9x-4$;　　(2) $y=xe^{-x}$;

(3) $y=\dfrac{x^2}{1+x^2}$;　　(4) $y=\dfrac{x}{1+x^2}$.

6. 证明曲线 $y=x\sin x$ 上所有的拐点均位于曲线 $y^2(4+x^2)=4x^2$ 上.

7. [广告效应]　某公司用二阶导数来评估不同广告的相关业绩. 假设所有的广告都能提高销量，如果在一次新的广告过程中，销量关于时间的曲线为凹的，这表明该公司的经营情况如何？为什么？若曲线为凸的呢？

*§3.5　导数在经济分析中的应用

本节介绍导数在经济分析中的两个应用——边际分析和弹性分析.

3.5.1　边际分析

边际概念是经济学中一个重要的概念，通常是经济变量的变化率. 利用导数研究经济变量的边际变化的方法称为边际分析法.

定义 3.5.1　经济学中把函数 $y=f(x)$ 的导函数 $f'(x)$ 称为 $f(x)$ 的**边际函数**. 在点 x_0 的导数值 $f'(x_0)$ 称为 $f(x)$ 在 x_0 处的边际值(或变化率、变化速度等).

1. 边际成本

某产品的总成本是指一定数量的产品所需要的全部经济资源投入(劳力、原料、设备等)的价格或费用的总额. 它由固定成本与可变成本组成.

平均成本是生产一定量的产品，平均每单位的成本.

在经济学中，边际成本定义为产量增加一个单位时所增加的成本. 边际成本是成本的变化率.

设某产品产量为 Q 单位时所需的总成本为 $C=C(Q)$，则成本函数关于产量在 Q_0 的导数 $C'(Q_0)$ 称为成本函数 $C=C(Q)$ 在 $Q=Q_0$ 处的**边际成本**，记作 MC.

根据微分的概念，有

$$\Delta C=C(Q_0+\Delta Q)-C(Q_0)\approx C'(Q_0)\Delta Q,\quad C'(Q_0)\Delta Q=\mathrm{d}C\big|_{Q=Q_0}$$

当 $\Delta Q=1$ 时，有

$$\Delta C=C(Q_0+1)-C(Q_0)\approx C'(Q_0)=\mathrm{MC}$$

这表明当产量为 Q_0 时,再生产一个单位产品所增加的成本 ΔC 近似于成本函数 $C(Q)$ 在 Q_0 处的导数. 所以边际成本即是总成本函数关于产量 Q 的导数.

2. 边际收入

总收入是生产者出售一定量产品所得的全部收入。

平均收入是生产者出售一定量产品,平均每出售单位产品所得的收入,即单位产品的售价.

在经济上,边际收入定义为多销售一个单位产品所增加的销售收入. 边际收入是收入的变化率.

设收入函数 $R=R(Q)$,则收入函数关于产量的导数 $R'=R'(Q)$ 就是**边际收入(边际收益)**,记作 MR,即 $\text{MR}=R'(Q)$.

根据微分的概念,有

$$\Delta R=R(Q_0+\Delta Q)-R(Q_0)\approx R'(Q_0)\Delta Q,\quad R'(Q_0)\Delta Q=\mathrm{d}R\big|_{Q=Q_0}$$

$$\Delta R=R(Q_0+1)-R(Q_0)\approx R'(Q_0)=\text{MR}$$

边际收入 $R'(Q)$ 表示当产量(销售量)为 Q_0 时,再多生产(销售)一个单位产品或少生产(销售)一个单位产品时增加或减少的收入.

3. 边际利润

设某产品的销售量为 Q 时的利润函数为 $L=L(Q)$,当 $L=L(Q)$ 可导时,称导数 $L'(Q)$ 为销售量为 Q 时的边际利润,记作 ML,即 $\text{ML}=L'(Q)$.

类似地,边际利润的经济意义为:$L'(Q_0)$ 表示当产量为 Q_0 时,再多生产一个单位产品时所增加或减少的利润.

例 1　某企业的总成本 C 关于产量 Q 的函数为 $C=100+\dfrac{Q^2}{4}$,求当 $Q=10$ 时的总成本、平均成本和边际成本.

解　当 $Q=10$ 时,总成本为

$$C=C(10)=100+\frac{10^2}{4}=125$$

平均成本

$$\overline{C}=\frac{C(10)}{10}=12.5$$

由于 $C'=\dfrac{Q}{2}$,所以当 $Q=10$ 时,边际成本 $\text{MC}=C'(10)=5$.

这表示生产 10 个单位产品时,再多生产一个单位产品,成本增加为 5 个成本单位.

例 2　设某商品的需求函数为 $Q=\mathrm{e}^{-2P}$(P 为价格),求该商品的总收入、平均收入和边际收入.

解　由 $Q=\mathrm{e}^{-2P}$ 得 $P=-\dfrac{1}{2}\ln Q$,所以该商品的总收入为

$$R=P\cdot Q=-\frac{1}{2}Q\ln Q$$

平均收入为

$$\overline{R}=\frac{R}{Q}=-\frac{1}{2}\ln Q$$

边际收入为

$$\text{MR}=R'(Q)=-\frac{\ln Q}{2}-\frac{1}{2}$$

例 3 某企业月产量(单位为 t)为 Q 时,利润(单位为千元)是 $L=-5Q^2+250Q$,试求月产量分别是 20 t、25 t、30 t 时的边际利润.

解 生产量为 Q 时,产品的边际利润为

$$\mathrm{ML}=L'=-10Q+250$$

当 $Q=20$ t 时,边际利润

$$L'(20)=-10\times20+250=-50$$

当 $Q=25$ t 时,边际利润为

$$L'(25)=-10\times25+250=0$$

当 $Q=30$ t 时,边际利润为

$$L'(30)=-10\times30+250=-50$$

即当月产量为 30 t 时,产量再增加一个单位,利润不会增加,反而会减少 50 千元. 实际上,当 $Q>25$ 时,有

$$L'(Q)=-10Q+250<0$$

这时的利润为减函数,此时,当产量增加时,利润会减少.

3.5.2 弹性分析

在边际分析中,讨论函数的变化率与函数的改变量均属于绝对范围内的讨论,但是在经济问题中仅用绝对变化率是不足以深刻分析问题的. 例如,甲商品价格为 100 元,涨价 10 元;乙商品的价格为 1 000 元,也涨价 10 元. 虽然两商品涨价的绝对值相同,都是 10 元,但它们涨价的幅度却不同,甲商品的涨幅为$\frac{10}{100}=10\%$,乙商品的涨幅为$\frac{10}{1\,000}=1\%$,甲的涨幅是乙的涨幅的 10 倍. 为此,有必要研究函数的相对改变量与相对变化率.

定义 3.5.2 设函数 $y=f(x)$ 在点 x 处可导,函数 $f(x)$ 在点 x 处的相对改变量$\frac{\Delta y}{y}=\frac{f(x+\Delta x)-f(x)}{f(x)}$与自变量的相对改变量$\frac{\Delta x}{x}$之比$\frac{\Delta y}{y}\Big/\frac{\Delta x}{x}$,称为函数从 x 到 $x+\Delta x$ 两点间的弹性. 当 $\Delta x\to0$ 时,若$\frac{\Delta y}{y}\Big/\frac{\Delta x}{x}$的极限存在,则称该极限值为 $f(x)$ 在 x 处的**弹性**,也称为函数 $f(x)$ 在点 x 处的相对变化率,记作 $\frac{Ey}{Ex}$ 或 $\frac{Ef(x)}{Ex}$,即

$$\frac{Ey}{Ex}=\lim_{\Delta x\to0}\frac{\frac{\Delta y}{y}}{\frac{\Delta x}{x}}=\lim_{\Delta x\to0}\frac{\Delta y}{\Delta x}\cdot\frac{x}{y}=y'\cdot\frac{x}{y}=\frac{x}{f(x)}\cdot y$$

由于$\frac{Ey}{Ex}$也是 x 的函数,即称它为 $f(x)$ 的弹性函数.

一般地,设某商品的市场需求量为 Q,价格为 P,需求函数为 $Q=f(P)$ 可导,则 $f'(P)\cdot\frac{P}{f(P)}$为该商品的需求价格弹性函数,简称需求弹性函数,记为$\frac{EQ}{EP}=f'(P)\cdot\frac{P}{f(P)}$,由于需求函数为价格的减函数,需求弹性$\frac{EQ}{EP}$一般为负值,这表明:当某商品的价格增加(或减少)1%时,其需求量将减少(或增加)$\frac{EQ}{EP}$,在经济学中,比较商品需求弹性的大小时指弹性的绝对

值$\left|\frac{EQ}{EP}\right|$.

当$\left|\frac{EQ}{EP}\right|>1$时,称为富有弹性,价格变动对需求量的影响较大;

当$\left|\frac{EQ}{EP}\right|=1$时,称为单位弹性,此时价格与需求变动的幅度相同;

当$\left|\frac{EQ}{EP}\right|<1$时,称为弱有弹性,价格的变动对需求量的影响不大.

例4　设某产品的需求函数$Q=100\mathrm{e}^{-P}$(P为价格),求价格$P=10$时的需求弹性,并解释其经济意义.

解　需求弹性函数为

$$\frac{EQ}{EP}=\frac{P}{Q}\cdot\frac{\mathrm{d}Q}{\mathrm{d}P}=\frac{P}{100\mathrm{e}^{-P}}\cdot(-100\mathrm{e}^{-P})=-P$$

当$P=10$时,有

$$\left.\frac{EQ}{EP}\right|_{P=10}=-10$$

其经济意义为:当价格为10时,若价格上涨(减少)1%时,需求量减少(增加)10%.

例5　已知某商品的供给函数$Q=2+3P$,求供给弹性函数及$P=2$时的供给弹性.

解　供给弹性函数为

$$\frac{EQ}{EP}=\frac{P}{Q}\cdot\frac{\mathrm{d}Q}{\mathrm{d}P}=\frac{3P}{2+3P}$$

当$P=2$时供给弹性为

$$\left.\frac{EQ}{EP}\right|_{P=2}=\frac{3\times2}{2+3\times2}=\frac{3}{4}$$

其经济意义为:当价格为2时,若价格上涨(减少)1%时,供给量增加(减少)0.75%.

习　题　3-5

1. 某企业生产的某产品的总成本$C(Q)=Q^2+12Q+100$,求:

(1)生产300个单位时的总成本和平均成本;

(2)生产200~300个单位时总成本的变化率;

(3)生产200~300个单位的边际成本.

2. [边际收入]　设某产品的需求函数为$P=20-\frac{Q}{5}$,其中P为价格,Q为销售量,求销量为15个单位时的总收入和边际收入.

3. [边际利润]　已知某商品的收益函数$R(Q)=20Q-\frac{1}{2}Q^2$,成本函数$C(Q)=100+\frac{Q^2}{4}$,求当$Q=20$时的边际收入、边际成本和边际利润,并说明其经济意义.

4. [边际需求]　某商品的需求函数为$Q(P)=1\,600\left(\frac{1}{4}\right)^P$,求边际需求函数.

5. [需求弹性]　设某商品的需求函数为$Q(P)=75-P^2$,求$P=4$时的边际需求和需求弹性,并说明其经济意义.

6.[最大利润] 某工厂生产某种商品 x 个单位产品的费用为 $C(x)=5x+200$(单位:元),得到的收入为 $R(x)=10x-0.01x^2$(单位:元),问生产多少个单位产品时,才能使利润 $L=R-C$ 最大?

7.[最佳投入量] 某产品的投入量 x 与产品 P 之间有函数关系 $P=P(x)=3x+2x^2-0.1x^3$,它的最佳投入量是多少?

8. 求下列函数的弹性.(1)$y=100e^{3x}$;(2)$y=x^{\alpha}$.

*§3.6 曲 率

在解决有些实际问题中,有时需要考虑曲线的弯曲程度.如何定量地研究曲线的弯曲程度呢?

引例1[铁路拐弯的设计] 在设计铁路时,要考虑铁路的弯曲程度,如果弯曲程度不符合要求,可能导致安全事故发生.

引例2[桥梁的弯曲程度] 在机械和土建工程中的各种梁的设计,它们在自重和负载作用下,要求设计弯曲形状,对于梁的弯曲程度必须有一定的限制.

在数学中通常用曲率来表示曲线的弯曲程度.在介绍曲率之前,先介绍曲线的弧长的微分(简称弧微分)的概念.

3.6.1 弧微分

设函数 $y=f(x)$ 在区间 (a,b) 内有连续的导函数,在曲线 $y=f(x)$ 上取定点 $M_0(x_0,y_0)$,作为计算曲线弧长的起点,点 $M(x,y)$ 是其上任意一点,并规定:

(1)以 x 增大的方向作为曲线的正方向;即该曲线上任意一段弧 $\overset{\frown}{M_0M}$ 是有方向的.简称曲线 $y=f(x)$ 为有向曲线,弧 $\overset{\frown}{M_0M}$ 为有向弧.

(2)记有向弧 $\overset{\frown}{M_0M}$ 的长度为 s,则当弧 $\overset{\frown}{M_0M}$ 的方向与曲线的正向一致时,s 取正号;当弧 $\overset{\frown}{M_0M}$ 的方向与曲线的方向相反时,s 取负号.

显然,对于任意的 $x\in(a,b)$,在曲线上相应的有一个点 M,则有一个确定的弧长 s 与之对应,因此弧长 s 是 x 的函数

$$s=s(x)$$

且由规定(2)可知,它是一个单调递增的函数.

下面来求 $s(x)$ 的微分,即弧微分.

当 x 增大到 $x+dx$ 时,函数 $s=s(x)$ 的增量记为 Δs,即 $\overset{\frown}{MM_1}$ 的长(见图3-17),而点 M 处的切线 MT 的纵坐标增量为 dy,则

$$MT=\sqrt{dx^2+dy^2}=\sqrt{1+y'^2}\,dx$$

可以证明:Δs 与 MT 之差是 Δx 的高阶无穷小,根据微分的定义,函数 $s=s(x)$ 的微分即弧微分为

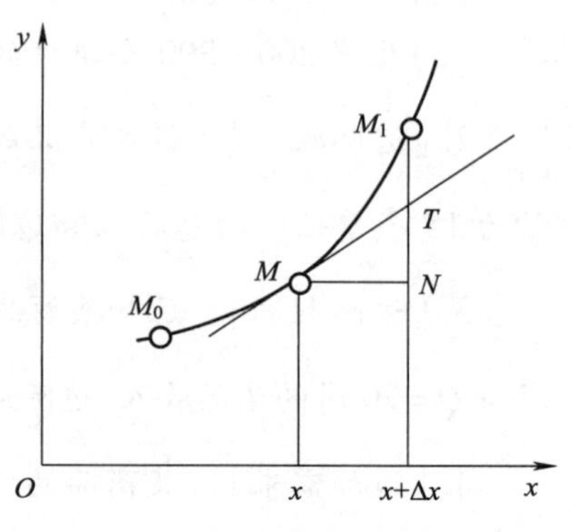

图 3-17

$$\mathrm{d}s=\sqrt{1+y'^2}\,\mathrm{d}x \quad 或 \quad \mathrm{d}s=\sqrt{\mathrm{d}x^2+\mathrm{d}y^2}$$

若曲线方程为$\begin{cases}x=\varphi(t)\\ y=\psi(t)\end{cases}\quad \alpha\leqslant t\leqslant\beta$,

则
$$\mathrm{d}s=\sqrt{\varphi'^2(t)+\psi'^2(t)}\,\mathrm{d}t.$$

3.6.2 曲 率

学习了弧微分后,可以从数量上刻画曲线的弯曲程度——曲率. 下面先从几何直观上分析曲线的弯曲程度是由哪些量确定,由此引入平均曲率和曲线在一点曲率的概念.

首先,它与曲线的切线密切相关. 从图 3-18(a)可以看到,若曲线 L 上的一动点从 A 点移动到 B 点,曲线上 A 点处的切线相应地变动到 B 点处的切线,若记切线转过的角度(简称转角)为 $\Delta\alpha$,则 $\Delta\alpha$ 越大,弧$\overset{\frown}{AB}$弯曲得越厉害.

其次,它与曲线的长度也有关,从图 3-18(b)可以看出,弧$\overset{\frown}{AB}$与弧$\overset{\frown}{CD}$的切线的转角都是 $\Delta\alpha$,显然,弧长较短的弯曲得厉害.

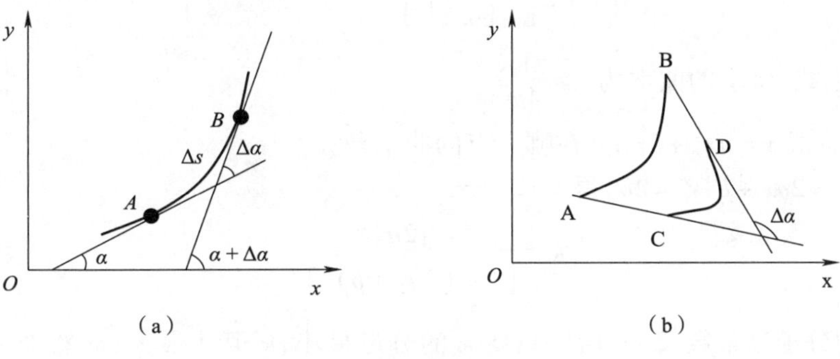

图 3-18

定义 3.6.1 弧$\overset{\frown}{AB}$的切线转角 $\Delta\alpha$ 与该弧长 Δs 之比的绝对值称为该弧的平均曲率,记为 $\bar{\kappa}$,即

$$\bar{\kappa}=\left|\frac{\Delta\alpha}{\Delta s}\right|$$

平均曲率仅表示了某段曲线上弯曲程度的平均值,要精确地描绘弯曲程度还需要引入曲线在一点处的曲率的概念.

定义 3.6.2 设 A 和 B 是曲线 $y=f(x)$ 上的两点,当点 B 沿曲线 L 移近 A 点时[见图 3-18(a)],若弧$\overset{\frown}{AB}$的平均曲率 $\bar{\kappa}$ 的极限存在,则称此极限为曲线 L 在 A 点处的曲率,记为 κ,即

$$\kappa=\lim_{B\to A}\left|\frac{\Delta\alpha}{\Delta s}\right|=\lim_{\Delta x\to 0}\left|\frac{\Delta\alpha}{\Delta s}\right|=\left|\frac{\mathrm{d}\alpha}{\mathrm{d}s}\right|$$

根据导数与微分的定义及弧微分公式 $\mathrm{d}s=\sqrt{1+y'^2}\,\mathrm{d}x$,可推导出曲率计算公式为

$$\kappa=\frac{|y''|}{(1+y'^2)^{\frac{3}{2}}}$$

这就是曲线 $y=f(x)$ 上任意点 (x,y) 处的曲率计算公式.

例 1 计算曲线 $y=x^3$ 在点 $(0,0)$ 与 $(-1,-1)$ 处的曲率.

解 因为 $y'=3x^2$, $y''=6x$,由曲率计算公式,曲线在任意点处的曲率为

$$\kappa=\frac{|6x|}{(1+9x^4)^{\frac{3}{2}}}$$

将 $x=0$ 代入上式得点(0,0)处的曲率为 $\kappa=0$，将 $x=-1$ 代入上式，点(−1，−1)处的曲率为 $\kappa=\frac{|6\times(-1)|}{(1+9)^{\frac{3}{2}}}=\frac{3}{5\sqrt{10}}$.

例 2 求曲线 $\begin{cases}x=a(t-\sin t)\\y=a(1-\cos t)\end{cases}$ $(a>0)$ 在 $t=\pi$ 处的曲率.

解 因为 $\mathrm{d}x=a(1-\cos t)\mathrm{d}t$，$\mathrm{d}y=a\sin t\mathrm{d}t$，$y'=\frac{\mathrm{d}y}{\mathrm{d}x}=\frac{\sin t}{1-\cos t}$，

$$\mathrm{d}y'=\frac{\mathrm{d}t}{\cos t-1},\quad y''=\frac{\mathrm{d}y'}{\mathrm{d}x}=-\frac{1}{a(1-\cos t)^2}$$

所以曲线在任意点处的曲率为

$$\kappa=\frac{\left|-\frac{1}{a(1-\cos t)^2}\right|}{\left[1+\left(\frac{\sin t}{1-\cos t}\right)^2\right]^{\frac{3}{2}}}=\frac{1}{4a}\cdot\frac{1}{\left|\sin\frac{t}{2}\right|}$$

将 $t=\pi$ 代入上式，所求的曲率为 $\kappa=\frac{1}{4a}$.

例 3 抛物线 $y=ax^2+bx+c$ 在哪一点的曲率最大?

解 由 $y'=2ax+b$，$y''=2a$，得

$$\kappa=\frac{|2a|}{[1+(2ax+b)^2]^{\frac{3}{2}}}$$

因为 κ 的分子是常数 $|2a|$，所以只要 κ 的分母最小，κ 值才最大，显然当 $x=-\frac{b}{2a}$ 时，分母最小，这时 κ 最大，且 $\kappa=|2a|$，由于 $x=-\frac{b}{2a}$ 时，$y=-\frac{b^2-4ac}{4a}$，所以抛物线 $y=ax^2+bx+c$ 上点 $\left(-\frac{b}{2a},-\frac{b^2-4ac}{4a}\right)$ 的曲率最大.

案例 1[比较弧形工件的弯曲程度] 设有两个弧形工件 A、B，工件 A 满足曲线方程 $y=x^3$，工件 B 满足曲线方程 $y=x^2$，试比较这两个工件在点 $x=1$ 处的弯曲程度.

解 工件 A 在 $x=1$ 处有

$$y'|_{x=1}=3x^2|_{x=1}=3,\quad y''|_{x=1}=6x|_{x=1}=6$$

其曲率为

$$\kappa_1=\left.\frac{|y''|}{(1+y'^2)^{\frac{3}{2}}}\right|_{(1,1)}=\left|\frac{6}{10^{\frac{3}{2}}}\right|=\frac{3\sqrt{10}}{50}\approx0.189\,7$$

工件 B 在 $x=1$ 处有

$$y'|_{x=1}=2x|_{x=1}=2,\quad y''|_{x=1}=2$$

其曲率为

$$\kappa_2=\left.\frac{|y''|}{(1+y'^2)^{\frac{3}{2}}}\right|_{(1,1)}=\left|\frac{2}{5^{\frac{3}{2}}}\right|=\frac{2\sqrt{5}}{25}\approx0.178\,9$$

所以工件 A 在 $x=1$ 处的弯曲程度大些.

3.6.3　曲率圆与曲率半径

由曲率公式可知,圆周上每一点的曲率相同,且等于它的半径的倒数. 而对于一般的曲线,其上每一点的曲率一般不相同. 因此,在研究曲线在某点的曲率时,可以用圆的曲率来计算,该圆的曲率与曲线在切点的曲率应相同,这样的圆称为曲率圆.

定义 3.6.3　设曲线 $y=f(x)$ 在点 $M(x,y)$ 处的曲率为 $\kappa(\kappa\neq 0)$,如图 3-19 所示,在曲线 M 点处的法线上,在凹的一侧取一点 C,使 $|CM|=\frac{1}{\kappa}=\rho$,以 C 为圆心,ρ 为半径作圆,此圆称为曲线在点 M 处的**曲率圆**,曲率圆的圆心 C 称为曲线在 M 处的**曲率中心**,曲率圆的半径 ρ 称为曲线在点 M 处的**曲率半径**,即

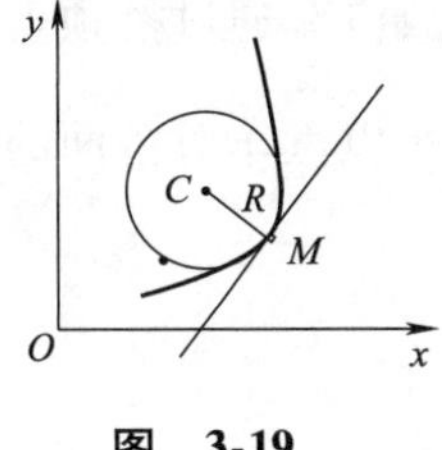

图　3-19

$$\rho=\frac{1}{\kappa}$$

案例 2[弧形工件的加工原理]　设工件表面的截线为抛物线 $y=0.4x^2$(见图 3-20),现拟用砂轮磨削其内表面,试问选用多大直径的砂轮比较合适?

解　为了保证工件的形状与砂轮接触处附近的部分不被磨削太多,显然所选砂轮的半径应当小于或等于抛物线上曲率半径的最小值. 为此,先求抛物线上曲率半径的最小值,即曲率的最大值.

因为

$$y'=0.8x,\quad y''=0.8$$

所以曲率

$$\kappa=\frac{0.8}{[1+(0.8x)^2]^{\frac{3}{2}}}$$

欲使曲率最大,应使上式中的分母最小,因此 $x=0$ 时,曲率最大,且 $\kappa=0.8$. 于是曲率半径的最小值为

$$\rho=\frac{1}{\kappa}=\frac{1}{0.8}=1.25$$

可见,应选半径不超过 1.25 单位长,即直径不超过 2.5 单位长的砂轮.

案例 3[桥梁的压力]　设一辆质量为 m 的汽车以速度 v 经过一抛物线形拱桥,该桥的跨度为 l,高度为 h,试问当汽车驶过桥的顶点时,对桥的压力多大?

解　由物理学知识知道,质量为 m 的质点,以速度 v 沿半径为 r 的圆周做匀速圆周运动时,质点所受的向心力为

$$F=\frac{mv^2}{r}$$

若质点沿曲线 $y=f(x)$ 运动,则用曲线在该点的曲率圆弧近似代替其附近的曲线段,因此,质点在曲线上所受的向心力等于$\frac{mv^2}{\rho}$,其中 ρ 为曲率半径.

为此,应建立拱桥的曲线方程,已知拱桥的形状为抛物线,可设此抛物线方程为 $y=ax^2$,因为 $x=\frac{l}{2}$时,$y=h$,所以 $a=\frac{4h}{l^2}$,故

$$y=\frac{4h}{l^2}x^2$$

由
$$y'=\frac{8h}{l^2}x,\quad y''=\frac{8h}{l^2}$$
可求得 $x=0$ 时，即顶点 O 处的曲率半径为
$$\rho=\frac{1}{\kappa}=\frac{l^2}{8h}$$
故汽车通过桥顶点时所受的向心力为 $F=\frac{8mv^2h}{l^2}$. 因为汽车对桥面的压力 = 重力 - 向心力，所以汽车对桥面的压力为
$$mg-\frac{8mv^2h}{l^2}=mg\left(1-\frac{8v^2h}{gl^2}\right)$$

习 题 3-6

1. 求下列曲线的弧微分.

(1) $y=\sin x$；　　(2) $\begin{cases}x=a\cos^3 t\\ y=a\sin^3 t\end{cases}$ $(a>0)$；

(3) $y=x^3-x$；　　(4) $y^2=2px$.

2. 求下列曲线在给定点处的曲率.

(1) $y=4x-x^2$ 在顶点处；　　(2) $y=x^3$ 在点 $(1,1)$ 处；

(3) $\frac{x^2}{a^2}-\frac{y^2}{b^2}=1$ 在点 (x_0,y_0) 处；　　(4) $y=\ln(1-x^2)$ 在原点处.

3. 求下列曲线在给定点处的曲率半径.

(1) $y=x^2$ 在点 $(1,1)$ 处；　　(2) $y=\tan x$ 在点 $\left(\frac{\pi}{4},1\right)$ 处；

(3) $y=e^x$ 在点 $(0,1)$ 处；　　(4) $y=\sin^4 x-\cos^4 x$ 在点 $(0,-1)$ 处.

4. 求曲线 $y=\ln x$ 上曲率半径最小点，并求出该点处的曲率半径.

5. [汽车对桥的压力]　一辆连同载重共 5 t 的汽车在抛物线拱桥上行驶，速度为 21.6 km/h，桥的跨度为 10 m，拱的高度为 0.25 m，求汽车越过桥顶时对桥的压力(提示：沿曲线运动的物体所受的向心力为 $F=\frac{mv^2}{\rho}$，这里 m 为物体质量，v 为它的速度，ρ 为物体运动轨迹的曲率半径).

§3.7　数学建模与数学实验　LINGO 软件的简介

交互式的线性和通用优化求解器(linear interactive and general optimizer，LINGO)，由美国 LINDO 系统公司(Lindo System Inc.)推出，可以用于求解线性与非线性规划，也可以用于一些线性和非线性方程组的求解等，其特色在于内置建模语言，提供十几个内部函数，可以允许决策变量是整数(即整数规划，包括 0-1 整数规划)，方便灵活，而且执行速度非常快，是求解优化模型的最佳选择.

3.7.1　LINGO 入门简介

下载安装 LINGO 软件后，双击启动 LINGO 软件进入主界面，会出现“Lingo Model-

Lingo1”界面,为编程区,在编程区输入优化模型的代码后单击红色小圈“solve”即可实现计算,同时会出现新界面“Solution Report-Lingo1”,此时代码运行结果将显示在此界面. 该界面分为三块,第一块为全局最优解显示区“Global optimal solution found”,第一行显示最优的目标函数值;第二块区域为模型分类区“Model Class”,显示了变量总数,约束条件个数等,第三块是最优解显示区,给出了当目标函数取得最优值时变量对应的取值. 具体界面展示如图 3-20 所示.

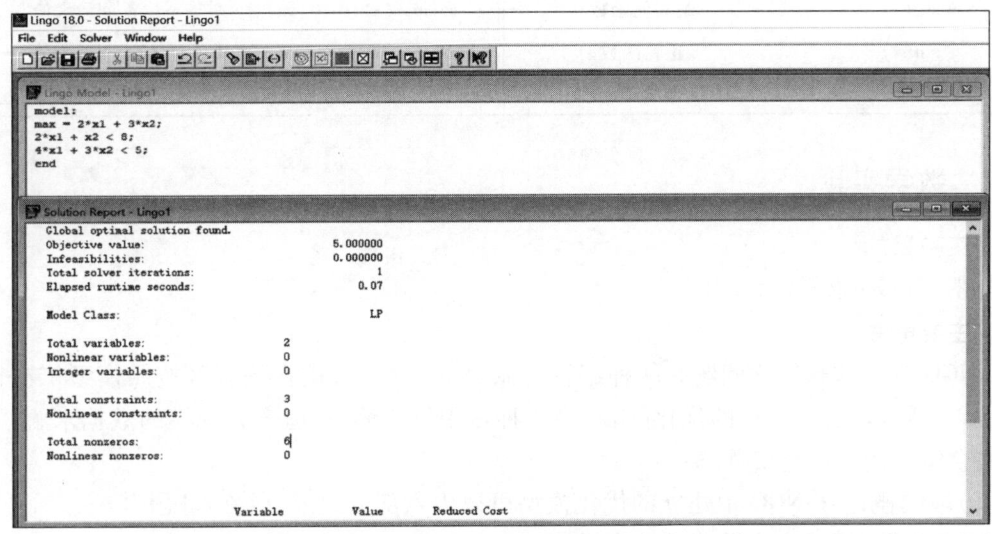

图 3-20　LINGO 主界面

1. LINGO 基本运算符号

(1)基本算术运算符见表 3-8.

表　3-8

运算符	描述
+	加法
-	减法
*	乘法
/	除法
^	幂

(2)基本关系运算符见表 3-9.

表　3-9

运算符	描述
<(< =)	小于(小于等于)
=	等于
>(> =)	大于(大于等于)

2. LINGO 基本函数

LINGO 支持的常见函数见表 3-10.

表 3-10

函数	功能	函数	功能
@bin(x)	限制 x 为 0 或 1	@exp(x)	e 的 x 次方
@bnd(l,x,u)	限制 $l\leqslant x\leqslant u$	@log(x)	对数函数
@free(x)	x 可以取任意实数	@sign(x)	符号函数
@gin(x)	对 x 取整	@floor(x)	返回 x 的整数部分
@abs(x)	绝对值函数	@smax(x1,……,xn)	返回最大值
@sin(x)	正弦函数	@smin(x1,……,xn)	返回最小值
@cos(x)	余弦函数	@tan(x)	正切函数

3.7.2 数学实验

1. 实验目的

应用 LINGO 求解优化问题.

2. 主要命令

LINGO 一般求解优化问题有两种编程方式,第一种是直接在编程区按照模型依次输入相应代码,适合求解小规模的优化问题,另一种是用集合编写,适合大规模的数据求解. 下面介绍集合编写的一些重要概念:

(1)段的概述:LINGO 中建立的优化模型可以由六部分组成,或称六"段".

(2)集合段:用于定义数组型性变量 SETS:……ENDSETS.

(3)数据段:用于变量赋值与数据传递 DATA:……ENDDATA.

(4)目标与约束段:用于列出目标与约束(唯一一个没有段的开始和结束标记).

(5)计算段:用于数据初始整理计算 CALC:……ENDCALC.

(6)初始段:用于变量赋初值迭代寻优 INT:……ENDINT.

3. 实验任务

求问题的最优解.

例 1 实例"超市大赢家"提供了 50 件商品作为奖品供中奖顾客选择,车的容量为 1 000 dm^3,奖品 i 占用的空间为 ω_i,价值为 v_i 元,怎样选择价值最大?

具体的数据如下:

$v_i=\{220,208,198,192,180,180,165,162,160,158,155,130,125,122,120,118,115,110,105,101,100,100,98,96,95,90,88,82,80,77,75,73,72,70,69,66,65,63,60,58,56,50,30,20,15,10,8,5,3,1\}$

$\omega_i=\{80,82,85,70,72,70,66,50,55,25,50,55,40,48,50,32,22,60,30,32,40,38,35,32,25,28,30,22,50,30,45,30,60,50,20,65,20,25,30,10,20,25,15,10,10,10,4,4,2,1\}$

解 根据题目可知是求解下列优化模型:

$$\max f=\sum_{i=1}^{50} v_i x_i$$

$$\begin{cases}\sum\limits_{i=1}^{50} w_i x_i \leqslant 1\,000\\ x_i \text{ 为 } 0 \text{ 或 } 1\end{cases}$$

LINGO 编写程序如下：

```
model:
title:"超市大赢家";
sets:                                    % 输入变量集
S/1..50/:W,V,X;                          % 表示变量的下标为 1 到 50
endsets
data:                                    % 输入数据集
V = 220,208,198,192,180,180,165,162,160,158,155,130,125,122,120,118,
115,110,105,101,100,100,98,96,95,90,88,82,80,77,75,73,72,70,69,66,65,63,
60,58,56,50,30,20,15,10,8,5,3,1;
W = 80,82,85,70,72,70,66,50,55,25,50,55,40,48,50,32,22,60,30,32,40,38,
35,32,25,28,30,22,50,30,45,30,60,50,20,65,20,25,30,10,20,25,15,10,10,10,
4,4,2,1;
enddata
max = @ sum(S(I):V(I)* X(I));            % 输入目标函数的表达式
@ sum(S(I):W(I)* X(I)) <1000;            % 输入约束变量的表达式
@ for(S(I):
@ bin(X(I)));                            % 输入第二个约束条件
end
```

输出结果如下：

```
Global optimal solution found.
Objective value:                         3103.000
Objective bound:                         3103.000
Infeasibilities:                         0.000000
Extended solver steps:                   0
Total solver iterations:                 0
Elapsed runtime seconds:                 0.07
```

可以看到最大价值为 3 103 元.

小　　结

1. 基本概念

拉格朗日中值定理、洛必达法则、函数的单调性极值、函数的最大值最小值、曲线的凹凸性与拐点、函数图形的描绘、导数在经济分析中的应用(边际和弹性)、曲率.

2. 基本知识

本章在中值定理的基础上介绍了导数在判定函数的一些变化性态及经济方面的应用.

(1)拉格朗日中值定理

如果函数 $y=f(x)$ 在闭区间 $[a,b]$ 上连续，在开区间 (a,b) 内可导，那么至少存在一点 $\xi\in(a,b)$ 使得

$$\frac{f(b)-f(a)}{b-a}=f'(\xi)\quad 或\quad f(b)-f(a)=f'(\xi)(b-a)$$

(2)洛必达法则

设函数$f(x)$和$\varphi(x)$在x_0的某邻域内可微,$\varphi'(x)\neq0$且当$x\to x_0$(或$x\to\infty$)时,$f(x)$和$\varphi(x)$的极限为零,如果$\lim\limits_{\substack{x\to x_0\\(x\to\infty)}}\frac{f'(x)}{\varphi'(x)}$存在(或为$\infty$),则当$x\to x_0$(或$x\to\infty$)时,它们之比的极限存在且

$$\lim_{\substack{x\to x_0\\(x\to\infty)}}\frac{f(x)}{\varphi(x)}=\lim_{\substack{x\to x_0\\(x\to\infty)}}\frac{f'(x)}{\varphi'(x)}\quad(\text{或为}\infty)$$

(3)函数的单调性

函数单调性的判定方法:设函数$y=f(x)$在闭区间$[a,b]$连续,在开区间(a,b)内可导,如果对于任意$x\in(a,b)$,

①如果当$x\in(a,b)$时$f'(x)>0$,则函数$y=f(x)$在$[a,b]$上单调增加;

②如果当$x\in(a,b)$时$f'(x)<0$,则函数$y=f(x)$在$[a,b]$上单调减少.

(4)函数的极值

函数极值的判别法:设函数$y=f(x)$在x_0处连续,且在x_0的附近(不含x_0)可导,则

①若当$x<x_0$时$f'(x)>0$,当$x>x_0$时$f'(x)<0$,则函数在x_0有极大值,$f(x_0)$为$f(x)$的极大值;

②若当$x<x_0$时$f'(x)<0$,当$x>x_0$时$f'(x)>0$,则函数在x_0有极小值,$f(x_0)$为$f(x)$的极小值;

③若$x<x_0$与$x>x_0$时,导数$f'(x)$的符号不改变,则$f(x_0)$不是$f(x)$的极值.

(5)函数的最大值与最小值

①闭区间$[a,b]$上连续的函数的最大值与最小值的对应点应在该区间内的极值点及端点处取得.

②若函数$y=f(x)$在区间(a,b)内只有一个极值点x_0,则该点一定是函数的最值点,这在实际问题中经常用到.

(6)曲线的凹凸性与拐点,函数图像的描绘方法

凹曲线指曲线总位于切线上方的曲线,凸曲线指曲线总位于切线下方的曲线,而拐点指曲线上凹弧与凸弧的分界点.

曲线凹凸性的判定:设函数$y=f(x)$在闭区间$[a,b]$上连续,且在开区间(a,b)内具有二阶导数,如果对于任意$x\in(a,b)$,有

①$f''(x)>0$,则曲线$y=f(x)$在区间$[a,b]$上是凹的;

②$f''(x)<0$,则曲线$y=f(x)$在区间$[a,b]$上是凸的.

函数的图像是根据函数的单调性与极值、曲线的凹凸性与拐点、曲线的渐近线等特点按步骤作出.

(7)边际与弹性

把成本、收入、利润等函数的一阶导数称为边际成本、边际收入、边际利润等,在经济学上称为边际函数. 把上述函数的相对变化率$\frac{Ey}{Ex}=\frac{x}{y}\cdot y'$称为函数$y=f(x)$在点$x$处的弹性.

(8)曲率

①弧微分:$\mathrm{d}s=\sqrt{1+(y')^2}\,\mathrm{d}x$.

②曲线的曲率是指曲线的弯曲程度. 曲率公式 $\kappa=\frac{|y''|}{(1+y'^2)^{\frac{3}{2}}}$.

③曲率圆与曲率半径:曲线在点 x 处的曲率圆的圆心在该点的法线上,凹向与曲线的凹向相同,半径为曲率的倒数.

(9)LINGO 软件的简介与认识.

3. 基本方法

用洛必达法则极限的方法;中值定理证明方程和不等式方法;用函数的一阶导数讨论函数的单调性与极值、求解最优化问题的方法;用函数的二阶导数讨论曲线的凹凸性的方法;用曲率圆曲率半径概念讨论曲线的弯曲程度及在实际问题中的应用;用导数分析经济问题的边际和弹性及其经济意义的方法.

综合训练题 3

一、选择题

1. $f'(x_0)=0$ 是可导函数 $y=f(x)$ 在点 $x=x_0$ 处有极值的(　　).

A. 充分不必要条件　　B. 必要不充分条件

C. 充要条件　　D. 非充分非必要条件

2. 函数 $f(x)=x-\ln(1+x)$ 在 $[0,1]$ 上满足拉格朗日中值定理的 ξ 是(　　).

A. $1-\ln 2$　　B. $\frac{1}{\ln 2}-1$　　C. $1-\frac{1}{\ln 2}$　　D. $\frac{1}{\ln 2}$

3. 函数 $y=2x^3-3x^2-12x+5$ 在 $[0,3]$ 上的最大值与最小值分别是(　　).

A. $5,-15$　　B. $5,4$　　C. $-4,-15$　　D. $5,-16$

4. 设 $y=x-\ln x$,则此函数在区间 $(0,1)$ 内为(　　).

A. 单调递增　　B. 有增有减　　C. 单调递减　　D. 不确定

5. 若函数 $f(x)$ 在区间 (a,b) 内函数的导数为正,且 $f(b)\leqslant 0$,则函数 $f(x)$ 在 (a,b) 内有(　　).

A. $f(x)>0$　　B. $f(x)<0$　　C. $f(x)=0$　　D. 无法确定

6. 若 $f'(x_0)=0$, $f''(x_0)=0$,则函数 $y=f(x)$ 在点 $x=x_0$ 处(　　).

A. 一定有极大值　　B. 一定有极小值

C. 不能确定是否有极值　　D. 一定没有极值

7. 函数 $y=x+\sqrt{1-x}$ 在 $[-5,1]$ 上的最大值点为(　　).

A. $x=-5$　　B. $x=1$　　C. $x=\frac{3}{4}$　　D. $x=\frac{5}{8}$

8. 曲线 $y=\frac{1}{3}x^3-x^2+1$ 的拐点是(　　).

A. $\left(1,\frac{1}{3}\right)$　　B. 不存在　　C. $(0,1)$　　D. $\left(2,-\frac{1}{3}\right)$

二、填空题

1. 若 $y=x^3+3ax^2+3(a+2)x+1$ 有极大值和极小值,则 a 的取值范围是________.

2. 若函数 $y=x^3-\frac{3}{2}x^2-a$ 在 $[-1,1]$ 上有最大值3,则该函数在 $[-1,1]$ 上的最小值

是________.

3. 设有长为 a，宽为 b 的矩形，其底边在半径为 R 的半圆的直径所在的直线上，另两个顶点正好在半圆的圆周上，则此矩形的周长最大时，$\frac{a}{b}=$________.

三、计算题

1. 下列函数在给定的区间上是否满足拉格朗日定理的所有条件？如满足就求出定理中的数 x.

(1) $f(x)=x^3, x\in[0,a], a>0$;

(2) $f(x)=\ln x, x\in[1,2]$;

(3) $f(x)=x^3-5x^2+x-2, x\in[-1,0]$.

2. 利用洛必达法则求下列极限.

(1) $\lim\limits_{x\to 0}\frac{e^x-e^{-x}}{x}$;

(2) $\lim\limits_{x\to 1}\frac{\ln x}{x-1}$;

(3) $\lim\limits_{x\to 1}\frac{x^3-3x^2+2}{x^3-x^2-x+1}$;

(4) $\lim\limits_{x\to \frac{\pi}{2}^+}\frac{\ln\left(x-\frac{\pi}{2}\right)}{\tan x}$;

(5) $\lim\limits_{x\to +\infty}\frac{x^n}{e^{ax}}, a>0, n$ 为正整数；

(6) $\lim\limits_{x\to +\infty}\frac{\ln\left(1+\frac{1}{x}\right)}{\arctan\frac{1}{x}}$.

3. 求下列函数的单调区间.

(1) $y=3x^2+6x+5$;

(2) $y=x+x^3$;

(3) $y=x^4-2x^2+2$;

(4) $y=x-e^x$;

(5) $y=\frac{x^2}{1+x}$;

(6) $y=2x^2-\ln x$.

4. 求下列函数的极值.

(1) $y=x^3-3x^2+7$;

(2) $y=\frac{2x}{1+x^2}$;

(3) $y=\sqrt{2+x-x^2}$;

(4) $y=x^2e^{-x}$;

(5) $y=(x+1)^{\frac{2}{3}}(x-5)^2$;

(6) $y=3-\sqrt[3]{(x-2)^2}$.

5. 求下列函数在给定区间的最大值与最小值.

(1) $y=x^4-2x^2+5, x\in[-2,2]$;

(2) $y=\ln(x^2+1), x\in[-1,2]$;

(3) $y=\frac{x^2}{1+x}, x\in\left[-\frac{1}{2},1\right]$;

(4) $y=x+\sqrt{x}, x\in[0,4]$.

6. 确定下列函数的凹凸区间与拐点.

(1) $y=x^2-x^3$;

(2) $y=3x^5-5x^3$;

(3) $y=xe^x$;

(4) $y=e^{-x}$.

7. 求下列曲线的水平与垂直渐近线.

(1) $y=e^x$;

(2) $y=e^{-x^2}$;

(3) $y=\ln x$;

(4) $y=e^{-\frac{1}{x}}$;

(5) $y=xe^{\frac{1}{x^2}}$;

(6) $y=\frac{x^3}{(x-1)^2}$.

四、解答题

1. 欲做一个底为正方形,容积为 108 m^3 的长方体开口容器,怎样做所用材料最省?

2. 欲用围墙围成面积为 216 m^2 的一块矩形土地,并在正中用一堵墙将其隔成两块,问这块土地的长和宽选取多大的尺寸,才能使所用建筑材料最省?

3. 在一条公路的一侧有 A、B 两个村庄,其位置如图 3-21 所示. 欲在公路旁修建一个堆货场 M,并从 A、B 两个村庄各修一条直线大道通往堆货场 M,欲使 A、B 到 M 的大道总长最短,堆货场 M 应修在何处?

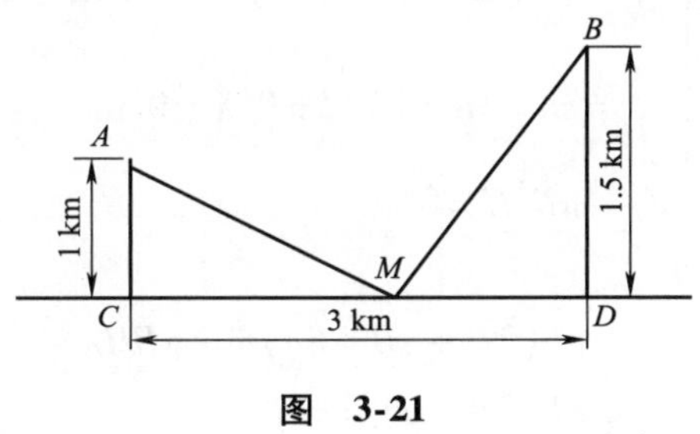

图　3-21

4. 甲船以 20 km/h 的速度向东行驶,同一时间乙船在甲船正北 82 km 处以 16 km/h 的速度行驶,问经过多长时间两船距离最近?

应用与提高

易拉罐模型

1. 问题提出

销量很大的饮料容器(即易拉罐)的形状和尺寸几乎是一样的,这应该是某种意义下的最优设计,而不是偶然. 当然,对于单个的易拉罐来说,这种最优设计可以节省的成本可能是很有限的,但是若生产几亿,甚至几十亿个易拉罐的话,可以节约的成本就很可观了,取一个饮料量为 355 mL 的易拉罐,假设易拉罐是一个正圆柱体,如何设计才能使用料最省?

2. 模型假设

(1)根据薄壁圆筒的应力分析,假设易拉罐罐盖、罐底的厚度是罐壁的两倍.

(2)易拉罐各接口处的材料忽略不计.

(3)易拉罐各部分所用材料相同,单位体积材料的价格一定.

(4)相同类型易拉罐的容积相同.

3. 模型建立

假设易拉罐是一个正圆柱体,罐内半径为 R,罐内高为 H,罐壁厚为 b,罐底与罐盖厚度为 $2b$,所以制作材料的体积为

$$\begin{aligned}V(R,H)&=\pi(R+b)^2(H+4b)-\pi R^2H\\&=2\pi RbH+\pi Hb^2+4b\pi R^2+8\pi b^2R+4\pi b^2\end{aligned}$$

因为 $b<<R$,所以 $4\pi b^2$ 可以忽略不计,则有

$$V(R,H)\approx\pi b(2RH+Hb+4R^2+8bR)$$

于是,问题就归结为求目标函数 $V(R,H)\approx\pi b(2RH+Hb+4R^2+8bR)$ 在条件 $V_0=\pi R^2H$

下的最优解，即

$$\min V(R,H) \approx \pi b(2RH + Hb + 4R^2 + 8bR)$$

$$\text{s. t.} \begin{cases} V_0 = \pi R^2 H \\ R > 0, H > 0 \end{cases}$$

4. 模型求解

构造函数 $F(R,H) = \pi b(2RH + Hb + 4R^2 + 8bR) + \lambda(V_0 - \pi R^2 H)$，则有

$$\begin{cases} \dfrac{\partial F}{\partial R} = \pi b(2H + 8R + 8b) - 2\pi RH\lambda = 0 \\ \dfrac{\partial F}{\partial H} = \pi b(2R + b) - \pi R^2 \lambda = 0 \\ V_0 - \pi R^2 H = 0 \end{cases}$$

即

$$\begin{cases} \pi b(2H + 8R + 8b) = 2\pi RH\lambda \\ \pi b(2R + b) = \pi R^2 \lambda \\ V_0 = \pi R^2 H \end{cases}$$

消去 λ，得 $H = 4R$，$R = \sqrt[3]{\dfrac{V_0}{4\pi}}$，$H = 4\sqrt[3]{\dfrac{V_0}{4\pi}}$. 唯一的驻点就是问题的极值点，也就是此问题的最优解.

由上述推导过程可知，当罐高为罐内直径的两倍时，正圆柱体易拉罐所用材料最省. 这与我们目前市场上的可口可乐易拉罐的形状大致相同.

5. 模型应用

若用 $V_0 = 360$ mL（饮料罐不能装满饮料，必须留有一定的空间余量）代入计算，得 $H = 122.392$ mm，$R = 30.598$ mm，与市场上饮料量为 355 mL 的易拉罐大小基本一致.

拓展阅读　微积分诞生的伟大意义和作用

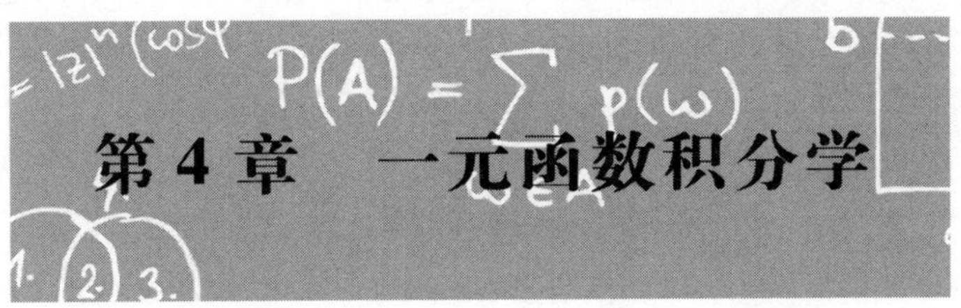

第 4 章　一元函数积分学

内容导入

定积分和不定积分是构成积分学的基本部分，是高等数学的重要内容，它在生产实际中有着广泛的应用. 本章将阐明定积分与不定积分的定义，介绍其基本性质、函数积分的计算以及有关应用.

学习目标

知识目标　了解定积分的定义、定积分的基本性质、微积分基本定理，正确理解原函数与不定积分的概念；掌握不定积分的性质、基本积分公式、基本积分表的使用；熟练掌握直接积分法、第一换元积分法和分部积分法；掌握定积分的换元积分法和分部积分法；运用积分解决实际问题.

能力目标　会用定积分解决生产生活实际中一些简单的应用问题；能使用 MATLAB 软件求函数的不定积分和定积分.

素质目标　通过一元函数积分及应用的学习，培养使用 MATLAB 软件的能力，培养数值运算能力、逻辑思维能力，增强综合能力.

§4.1　定积分的概念与性质

视频

定积分的概念与性质

4.1.1　问题引入

平面直边图形的面积计算问题在公元前就得到了解决，而对于曲边图形的面积计算，直到 17 世纪中叶英国数学家牛顿和德国数学家莱布尼茨创立了微积分以后才得以解决. 我们先来研究两个实际问题.

引例 1［计算曲边梯形的面积］　设 $y=f(x)$ 为闭区间 $[a,b]$ 上的连续函数，且 $f(x)\geqslant 0$. 由曲线 $y=f(x)$，直线 $x=a$，$x=b$ 及 x 轴所围成的封闭平面图形（见图 4-1）称为 $f(x)$ 在 $[a,b]$ 上的曲边梯形，其中曲线 $y=f(x)$ 所在的边称为曲边. 下面讨论怎样计算这一曲边梯形的面积.

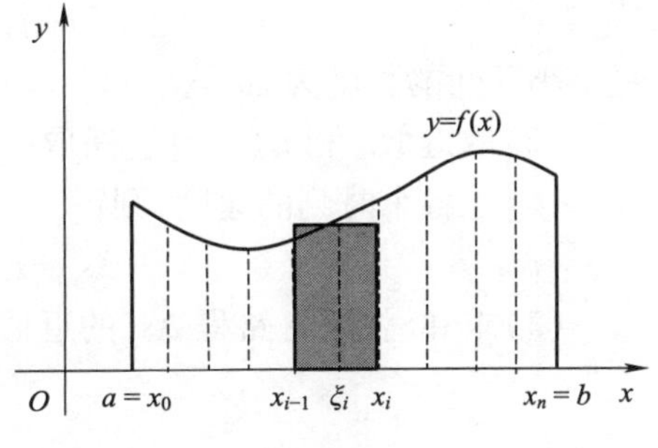

图　4-1

先来分析计算会遇到的困难. 由于曲边梯形的高 $y=f(x)$ 是随 x 而变化的，所以不能直接按矩形或直角梯形的面积公式去计算它的面积. 但可以用平行于 y 轴的直线将曲边梯形细分为许多小曲边梯形,如图 4-1 所示. 此时小曲边梯形曲边变化不大,可将每个小曲边梯形近似地视为矩形,用矩形的面积计算公式得到每个小曲边梯形面积的近似值,最后求和取极限得到曲边梯形的面积. 具体步骤如下:

(1)分割. 在$[a,b]$中任意插入 $n-1$ 个分点

$$a=x_0<x_1<x_2<\cdots<x_{n-1}<x_n=b$$

把区间$[a,b]$分成 n 个小区间$[x_0,x_1],[x_1,x_2],\cdots,[x_{n-1},x_n]$,每个小区间的长度

$$\Delta x_i=x_i-x_{i-1}\quad(i=1,2,\cdots,n)$$

过每一个分点,作平行于 y 轴的直线,相应的曲边梯形被分成 n 个小曲边梯形.

(2)取近似. 当每个小区间$[x_{i-1},x_i]$的长度很小时,每个小区间上的小曲边梯形的面积可以用小矩形面积近似代替. 小矩形的长为 Δx_i,在每个小区间$[x_{i-1},x_i]$上任取一点 ξ_i,以$[x_{i-1},x_i]$为底,$f(\xi_i)$为高的小矩形的面积近似代替第 $i(i=1,2,\cdots,n)$个小曲边梯形面积 ΔA_i,即

$$\Delta A_i\approx f(\xi_i)\Delta x_i\quad(i=1,2,\cdots,n)$$

(3)求和. 将所有小矩形面积累加起来 $\sum\limits_{i=1}^{n}f(\xi_i)\Delta x_i$, 得到所求曲边梯形面积 A 的近似值,即

$$A\approx f(\xi_i)\Delta x_1+f(\xi_2)\Delta x_2+\cdots+f(\xi_n)\Delta x_n=\sum_{i=1}^{n}f(\xi_i)\Delta x_i\qquad(4.1.1)$$

(4)取极限. 当上述分割越来越细(即分点越来越多,同时各个小区间的长度越来越小)时,和式 $\sum\limits_{i=1}^{n}f(\xi_i)\Delta x_i$ 的值越接近于曲边梯形的面积 A. 为了保证每个小区间的长度都趋于零,只需要小区间长度中的最大值趋于零,设 $\lambda=\max\{\Delta x_1,\Delta x_2,\cdots\Delta x_n\}$,当 $\lambda\to 0$ 时,可得曲边梯形的面积

$$A=\lim_{\lambda\to 0}\sum_{i=1}^{n}f(\xi_i)\Delta x_i$$

引例 2[求变速直线运动的路程] 设某物体做直线运动,其速度 v 是时间 t 的连续函数 $v=v(t)$. 试求该物体从时刻 $t=a$ 到时刻 $t=b$ 这一段时间内所经过的路程 s.

因为速度是变量,故所求路程不能按匀速直线运动的路程公式计算. 但在很短的一段时间内速度的变化很小,可近似看作匀速运动,则可用匀速直线运动的路程作为变速直线运动路程的近似值. 因此,同样可采用以下四个步骤来计算运动路程.

(1)分割. 在时间区间$[a,b]$内插入 $n-1$ 个分点

$$a=t_0<t_1<t_2<\cdots<t_{n-1}<t_n=b$$

把时间区间$[a,b]$任意分成 n 个小区间

$$[t_0,t_1],[t_1,t_2],\cdots,[t_{n-1},t_n]$$

每个小区间的长度为 $\Delta t_i=t_i-t_{i-1}\quad(i=1,2,\cdots,n)$.

(2)取近似. 在$[t_{i-1},t_i]$上任取一个时刻 $T_i(t_{i-1}\leqslant T_i\leqslant t_i)$,以 T_i 时的速度 $v(T_i)$来代替$[t_{i-1},t_i]$上各个时刻的速度,则得

$$\Delta s_i\approx v(T_i)\Delta t_i\quad(i=1,2,\cdots,n)$$

(3)求和. 将所有路程 Δs_i 的近似值加起来,得到整个路程 s 的近似值,即

$$s\approx\sum_{i=1}^{n}v(T_i)\Delta t_i$$

(4)取极限. 设 $\lambda=\max\{\Delta t_1,\Delta t_2,\cdots,\Delta t_n\}$,当 $\lambda\to 0$ 时,得

$$s=\lim_{\lambda\to 0}\sum_{i=1}^{n}v(T_i)\Delta t_i$$

从上述两个例子可以看出,虽然它们的实际意义不同,但撇开这些问题所代表的几何、物理意义,处理这些问题所使用的思想方法和步骤以及最后所得出的数学表达式都是相同的. 即归结为对某个量进行“分割、取近似、求和、取极限”,或者说都转化为具有特定结构的和式(4.1.1)的极限问题.

在自然科学和工程技术中有很多问题,如变力沿直线做功、物质的质量、平均值、曲线的弧长等,都可以归结为这种特定和式的极限. 由此,抽象出定积分的概念.

4.1.2　定积分的基本概念

1. 定积分的定义

定义 4.1.1　设函数 $f(x)$ 在 $[a,b]$ 上有定义,在区间 $[a,b]$ 内任意插入 $n-1$ 个分点

$$a=x_0<x_1<x_2<\cdots<x_{n-1}<x_n=b$$

把 $[a,b]$ 分成 n 个子区间 $[x_0,x_1],[x_1,x_2],\cdots,[x_{n-1},x_n]$,每个子区间的长度为 $\Delta x_i=x_i-x_{i-1}(i=1,2,\cdots,n)$. 在每个子区间 $[x_{i-1},x_i](i=1,2,\cdots,n)$ 上任取一点 ξ_i,作和式

$$S=\sum_{i=1}^{n}f(\xi_i)\Delta x_i$$

并记 $\lambda=\max\limits_{1\leqslant i\leqslant n}\{\Delta x_i\}$. 如果不论对 $[a,b]$ 怎样划分成子区间,也不论在子区间 $[x_{i-1},x_i]$ 上怎样取点 ξ_i,只要当 $\lambda\to 0$ 时,和 S 总趋于一个确定的常数 I,则称该极限值 I 为函数 $f(x)$ 在区间 $[a,b]$ 上的**定积分**,记作 $\int_a^b f(x)\mathrm{d}x$,即

$$\int_a^b f(x)\mathrm{d}x=I=\lim_{\lambda\to 0}\sum_{i=1}^{n}f(\xi_i)\Delta x_i$$

其中 $f(x)$ 称为**被积函数**,x 称为**积分变量**,$[a,b]$ 称为**积分区间**,a,b 分别称为积分的**下限**和**上限**.

定积分定义中叙述的步骤可概括为:“**分割取近似,求和取极限**”.

关于定积分的定义,再强调说明几点:

(1)定义中的“任意”和“任取”意味着这是一种具有特定结构的极限,尽管和式 $\sum\limits_{i=1}^{n}f(\xi_i)\Delta x_i$ 随着区间的不同划分及点 ξ_i 的选取不同而不断变化着,但当 $\lambda\to 0$ 时,却都以唯一确定的值为极限. 只有这时才说定积分存在.

(2)从定义可以推出定积分存在的必要条件是被积函数 $f(x)$ 在 $[a,b]$ 上有界.

(3)由定义可知,当 $f(x)$ 在区间 $[a,b]$ 上的定积分存在时,定积分的值只与被积函数 $f(x)$ 以及积分区间 $[a,b]$ 有关,而与积分变量的记号无关,即有

$$\int_a^b f(x)\mathrm{d}x=\int_a^b f(t)\mathrm{d}t=\cdots=\int_a^b f(u)\mathrm{d}u$$

(4)定积分的定义中仅对 $a<b$ 的情形定义了定积分 $\int_a^b f(x)\mathrm{d}x$,为了以后使用方便,现对 $a=b$ 与 $a>b$ 的情况做如下补充规定:

当 $a=b$ 时,规定 $\int_a^b f(x)\mathrm{d}x=0$;当 $a>b$ 时,规定 $\int_a^b f(x)\mathrm{d}x=-\int_b^a f(x)\mathrm{d}x$.

2. 定积分的几何意义

从曲边梯形面积的计算可以看到：

(1)如图 4-2 所示，当$f(x)>0$时，则定积分$\int_a^b f(x)\,\mathrm{d}x$表示曲线$y=f(x)$、直线$x=a$、直线$x=b$及$x$轴所围成曲边梯形的面积，即$\int_a^b f(x)\,\mathrm{d}x = A$.

(2)如图 4-3 所示，当$f(x)<0$时，曲边梯形位于x轴下方，则定积分$\int_a^b f(x)\,\mathrm{d}x$表示曲边梯形面积的相反数，即$\int_a^b f(x)\,\mathrm{d}x = -A$.

(3)如图 4-4 所示，若$f(x)$在区间$[a,b]$上有正有负，则定积分$\int_a^b f(x)\,\mathrm{d}x$表示曲线$y=f(x)$在$x$轴上方与$x$轴下方的曲边梯形各部分面积的代数和，即

$$\int_a^b f(x)\,\mathrm{d}x = A_1 + A_3 - A_2$$

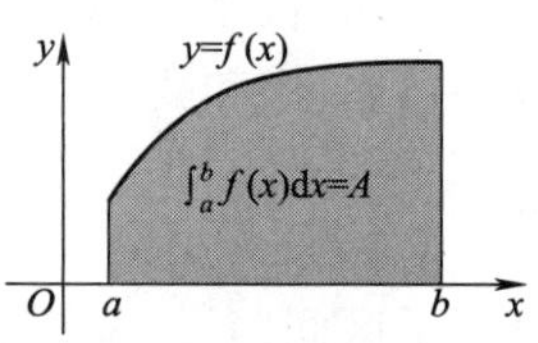

图 4-2

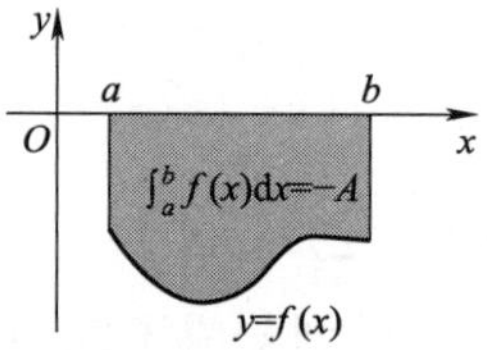

图 4-3

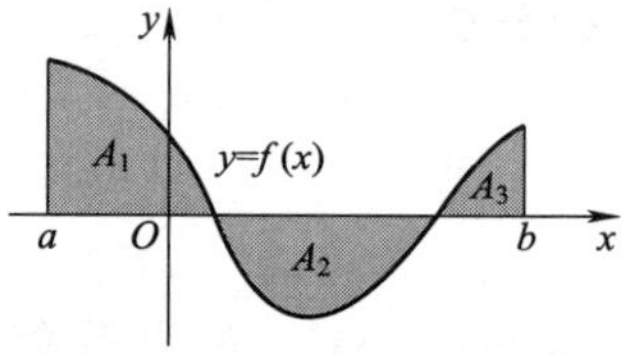

图 4-4

综上所述，可知$A = \int_a^b |f(x)|\,\mathrm{d}x$.

根据定积分的定义可知，引例 1 中$f(x)$在$[a,b]$上围成的曲边梯形的面积就是曲线的函数$f(x)$从a到b的定积分

$$A = \int_a^b f(x)\,\mathrm{d}x$$

它就是定积分的几何意义.

引例 2 中，物体从时刻a到时刻b所经过的路程s就是速度$v(t)$在时间区间$[a,b]$上的定积分

$$s = \int_a^b v(t)\,\mathrm{d}t$$

当$f(x)$在区间$[a,b]$上的定积分存在时，则称$f(x)$在$[a,b]$上**可积**，$f(x)$在$[a,b]$上可积的必要条件是$f(x)$在$[a,b]$上有界. 下面是函数可积的两个充分条件.

3. 定积分存在定理

定理 4.1.1

(1)若$f(x)$在$[a,b]$上连续，则$f(x)$在$[a,b]$上可积.

(2)若$f(x)$在$[a,b]$上有界，且只有有限个间断点，则$f(x)$在$[a,b]$上可积.

例 1 利用定积分定义计算$\int_0^1 x^2\,\mathrm{d}x$.

解 因为被积函数$f(x)=x^2$在$[0,1]$上是连续函数，而连续函数是可积的，定积分与积分区间$[0,1]$的分法及点ξ_i的取法无关. 因此，为了便于计算，可以对$[0,1]$进行n等分，分

点为 $x_i=\frac{i}{n}, i=1,2,\cdots,n-1$；$\xi_i$ 取相应小区间的右端点，故

$$\sum_{i=1}^{n} f(\xi_i)\Delta x_i = \sum_{i=1}^{n}\xi_i^2\Delta x_i = \sum_{i=1}^{n} x_i^2\Delta x_i = \sum_{i=1}^{n}\left(\frac{i}{n}\right)^2\frac{1}{n} = \frac{1}{n^3}\sum_{i=1}^{n} i^2$$

$$= \frac{1}{n^3}\frac{1}{6}n(n+1)(2n+1) = \frac{1}{6}\left(1+\frac{1}{n}\right)\left(2+\frac{1}{n}\right)$$

$\lambda\to 0$ 时（即 $n\to\infty$ 时），取上式右端的极限. 由定积分的定义得

$$\int_0^1 x^2\mathrm{d}x = \lim_{\lambda\to 0}\sum_{i=1}^{n} f(\xi_i)\Delta x_i = \lim_{n\to\infty}\frac{1}{6}\left(1+\frac{1}{n}\right)\left(2+\frac{1}{n}\right) = \frac{1}{3}$$

从例 1 的计算过程可以看出，对于任意确定的自然数 n，积分和

$$\sum_{i=1}^{n} f(\xi_i)\Delta x_i = \frac{1}{6}\left(1+\frac{1}{n}\right)\left(2+\frac{1}{n}\right)$$

都是定积分 $\int_0^1 x^2\mathrm{d}x$ 的近似值. 当 n 取不同的值时，可得到定积分 $\int_0^1 x^2\mathrm{d}x$ 的不同近似值. 一般说来，n 取得越大，近似程度越好.

案例 1［汽车行驶的路程］　一汽车以速度 $v=2t+1$（t 的单位：s，v 的单位：m/s）做直线运动，试用定积分表示汽车在时间区间［0,3］内经过的路程 s.

解　由定积分的定义知，物体经过的路程 s 是速度 v 在时间区间［0,3］上的定积分，即

$$s = \int_0^3 (2t+1)\mathrm{d}t$$

案例 2［水的总量］　设水流到水箱的速度为 $r=r(t)$（单位：L/min），其中 t 为时间，单位为 min，试用定积分表示从 $t=0$ 到 $t=4$ 这段时间内水流入水箱的总量 W.

解　由定积分的意义知，流入水箱的总量 W 是水流到水箱的速度 r 在时间区间［0,4］上的定积分，即

$$W = \int_0^4 r(t)\mathrm{d}t$$

案例 3［成本增量］　某公司生产某种产品的成本变化情况满足

$$f(x)=500-\frac{x}{3}\quad (0\leqslant x\leqslant 1\,000)$$

其中 x 表示该产品的生产数量，$f(x)$ 为当生产数量 x 件时，再增加一件产品时所增加的成本，即边际函数（元/件）. 试用定积分表示当产品由 200 件增加到 800 件，该公司所增加的成本 C.

解　将所增加的成本 C 表示成定积分，即

$$C = \int_{200}^{800}\left(500-\frac{x}{3}\right)\mathrm{d}x$$

4.1.3　定积分的基本性质

定理 4.1.2　（定积分的线性性质）

性质 1（数乘的运算性质）　若 $f(x)$ 在［a,b］上可积，k 为常数，则 $kf(x)$ 在［a,b］上可积，且

$$\int_a^b kf(x)\mathrm{d}x = k\int_a^b f(x)\mathrm{d}x$$

性质 2（和、差的运算性质）　若 $f(x)$，$g(x)$ 在［a,b］上可积，则 $f(x)\pm g(x)$ 在［a,b］上也可积，且

$$\int_a^b [f(x) \pm g(x)]\,dx = \int_a^b f(x)\,dx \pm \int_a^b g(x)\,dx$$

性质 2 可推广到有限个函数的情形.

性质 3(积分对区间的可加性) 设 $f(x)$ 是可积函数,则

$$\int_a^b f(x)\,dx = \int_a^c f(x)\,dx + \int_c^b f(x)\,dx$$

无论 a,b,c 大小顺序如何,上式均成立.

性质 4(积分的不等式性质) 若 $f(x)$,$g(x)$ 在 $[a,b]$ 上可积,且 $f(x) \leqslant g(x)$,

$$\int_a^b f(x)\,dx \leqslant \int_a^b g(x)\,dx$$

从性质 4 可推出如下推论:

推论 1 若 $f(x)$ 在 $[a,b]$ 上可积,且 $f(x) \geqslant 0$,则

$$\int_a^b f(x)\,dx \geqslant 0$$

推论 2(积分估值) 若 $f(x)$ 在 $[a,b]$ 上可积,且存在常数 m 和 M,使对一切 $x \in [a,b]$ 有 $m \leqslant f(x) \leqslant M$,则

$$m(b-a) \leqslant \int_a^b f(x)\,dx \leqslant M(b-a)$$

推论 3 若 $f(x)$ 在 $[a,b]$ 上可积,则 $|f(x)|$ 在 $[a,b]$ 上也可积,且

$$\left|\int_a^b f(x)\,dx\right| \leqslant \int_a^b |f(x)|\,dx$$

这里 $|f(x)|$ 在 $[a,b]$ 上的可积性可由 $f(x)$ 的可积性推出,其证明省略.

性质 5(积分中值定理) 若 $f(x)$ 在 $[a,b]$ 上连续,则在 $[a,b]$ 上至少存在一点 ξ,使得

$$\int_a^b f(x)\,dx = f(\xi)(b-a)$$

证 因为 $f(x)$ 在 $[a,b]$ 上连续,所以 $f(x)$ 在 $[a,b]$ 上可积,且有最小值 m 和最大值 M. 则在 $[a,b]$ 上,

$$m(b-a) \leqslant \int_a^b f(x)\,dx \leqslant M(b-a)$$

或

$$m \leqslant \frac{\int_a^b f(x)\,dx}{b-a} \leqslant M$$

根据连续函数的介值定理可知,在 $[a,b]$ 上至少存在一点 ξ,使

$$\frac{\int_a^b f(x)\,dx}{b-a} = f(\xi) \quad \xi \in [a,b]$$

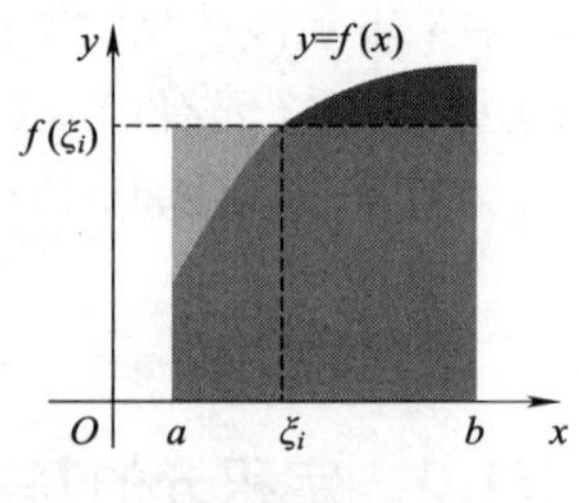

图 4-5

所以积分中值定理的几何意义如图 4-5 所示,即存在一个同底的矩形面积与曲边梯形面积相等.

若 $f(x)$ 在 $[a,b]$ 上连续且非负,则 $f(x)$ 在 $[a,b]$ 上的曲边梯形面积等于与该曲边梯形同底,以 $f(\xi) = \dfrac{\int_a^b f(x)\,dx}{b-a}$ 为高的矩形面积. 通常把 $f(\xi)$,即 $\dfrac{\int_a^b f(x)\,dx}{b-a}$ 称为函数 $f(x)$ 在 $[a,b]$ 上的**积分均值**,而这正是算术平均值概念的推广.

例2　比较下列积分的大小.

(1) $\int_0^2 2x\mathrm{d}x$ 与 $\int_0^2 x^2\mathrm{d}x$；　(2) $\int_{\frac{\pi}{4}}^{\frac{5\pi}{4}}(1+\sin x)\mathrm{d}x$ 与 $\int_{\frac{\pi}{4}}^{\frac{5\pi}{4}}(1+\cos x)\mathrm{d}x$.

解　(1)当 $x\in[0,2]$ 时，$2x\geqslant x^2$，所以 $\int_0^2 2x\mathrm{d}x \geqslant \int_0^2 x^2\mathrm{d}x$.

(2)当 $x\in\left[\frac{\pi}{4},\frac{5\pi}{4}\right]$ 时，$\cos x\leqslant\sin x$，所以 $\int_{\frac{\pi}{4}}^{\frac{5\pi}{4}}(1+\sin x)\mathrm{d}x \geqslant \int_{\frac{\pi}{4}}^{\frac{5\pi}{4}}(1+\cos x)\mathrm{d}x$.

例3　估计定积分 $\int_{\frac{\pi}{2}}^{\frac{3\pi}{4}}\cos^2 x\mathrm{d}x$ 的大小.

解　由于 $x\in\left[\frac{\pi}{2},\frac{3\pi}{4}\right]$，$y=\cos^2 x$ 的最大值是$\frac{1}{2}$，最小值是0. 故由积分的估值定理知

$$0\cdot\left(\frac{3\pi}{4}-\frac{\pi}{2}\right)\leqslant\int_{\frac{\pi}{2}}^{\frac{3\pi}{4}}\cos^2 x\mathrm{d}x\leqslant\frac{1}{2}\cdot\left(\frac{3\pi}{4}-\frac{\pi}{2}\right)$$

所以

$$0\leqslant\int_{\frac{\pi}{2}}^{\frac{3\pi}{4}}\cos^2 x\mathrm{d}x\leqslant\frac{\pi}{8}$$

例4　设函数 $f(x)$ 在区间 $[2,4]$ 上的平均值为5，求积分 $\int_2^4 f(x)\mathrm{d}x$ 的值.

解　函数 $f(x)$ 在区间 $[2,4]$ 上的平均值为5，由积分中值定理有

$$\int_2^4 f(x)\mathrm{d}x = 5\times(4-2) = 10$$

例5　求全波整电流 $i(t)=I_0|\sin\omega t|\ (I_0>0)$ 的平均值.

解　全波整电流的周期为$\frac{\pi}{\omega}$. 求周期函数的平均值是求一个周期上的平均值，于是

$$\bar{I} = \frac{1}{T}\int_0^T I_0|\sin\omega t|\mathrm{d}t = \frac{\omega I_0}{\pi}\int_0^{\frac{\pi}{\omega}}\sin\omega t\mathrm{d}t$$

习　题　4-1

1. 用定积分表示下列量.

(1)汽车做变速直线运动，其速度为 $v=t^2+1$（t 单位：s；v 单位：m/s），求汽车在 $[0,30]$ 内行驶的路程 s；

(2)电流强度关于时间的函数关系为 $i=t-0.1t^2+2$，求0到 t 时间段流过导线横截面的电量 Q；

(3)某公司估计某种产品的边际成本函数为 $C'(x)=400-\frac{x}{2}(0\leqslant x\leqslant 500)$，（单位：元），其中 x 表示该产品的产量，试用定积分表示当产品由100件增加到300件，该公司所增加的成本 C；

(4)某质点在做圆周运动，在时刻 t 的角速度 $\omega=\omega(t)$. 试用定积分表示该质点从时刻 t_1 到时刻 t_2 所转过的角度 θ；

(5)长度为 l 的细棒，取棒的一端为原点，假设细棒上任意一点处距该点的距离为 x，其线密度为 $\rho=\rho(x)$，试用定积分表示细棒的质量 M.

2. 利用定积分的定义计算由直线 $y=x$、$x=-2$、$x=3$ 及 x 轴所围成的图形的面积.

3. 利用定积分的几何意义说明下列各式成立.

(1) $\int_a^b k\mathrm{d}x = k(b-a)$; (2) $\int_{-\pi}^{\pi} \sin x\mathrm{d}x = 0$; (3) $\int_0^a \sqrt{a^2-x^2}\mathrm{d}x = \frac{\pi}{4}a^2$.

4. 用定积分表示图 4-6、图 4-7 中图形中阴影部分的面积.

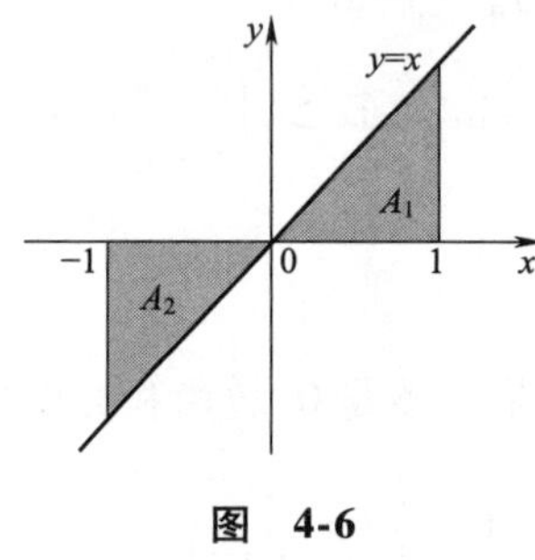

图 4-6

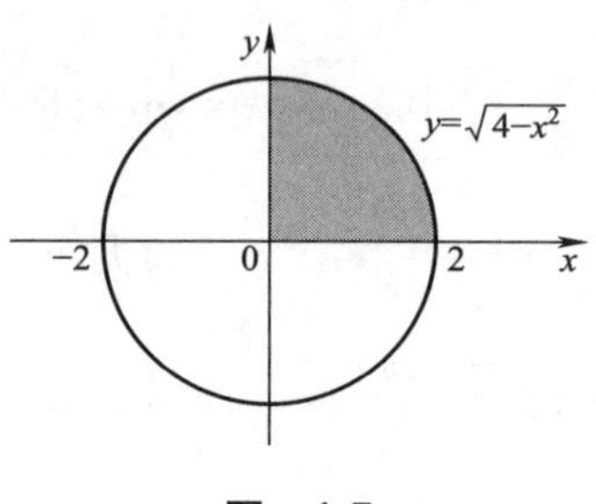

图 4-7

5. 判断下列各组定积分值的大小.

(1) $\int_0^1 x^3\mathrm{d}x$ 与 $\int_0^1 x^2\mathrm{d}x$; (2) $\int_1^2 x^3\mathrm{d}x$ 与 $\int_1^2 x^2\mathrm{d}x$;

(3) $\int_1^{\mathrm{e}} \ln x\mathrm{d}x$ 与 $\int_1^{\mathrm{e}} (\ln x)^2\mathrm{d}x$.

6. 估计下列定积分的值.

(1) $\int_1^4 (x^2+1)\mathrm{d}x$; (2) $\int_{\frac{\pi}{4}}^{\frac{5\pi}{4}} (1+\sin^2 x)\mathrm{d}x$.

7. 已知需求函数为 $P=P(x)=50\mathrm{e}^{-0.02x}$(单位:元),其中 x 为需求量,P 为价格(元),试求出 x 在区间[10,50]上的平均价格的表达式.

8. 利用定积分的几何意义确定下列各积分的值.

(1) $\int_0^2 |x-1|\mathrm{d}x$; (2) $\int_{-1}^2 f(x)\mathrm{d}x$,其中 $f(x)=\begin{cases} x-1 & -1\leqslant x<1 \\ 2-x & 1\leqslant x\leqslant 2 \end{cases}$.

视频

原函数与不定积分的概念

§4.2 原函数与不定积分

4.2.1 问题引入

引例 1[曲线方程] 已知平面曲线 $y=f(x)$ 上任意点处的切线斜率 $f'(x)=3x^2$,求该曲线 $y=f(x)$ 的方程.

本例为已知曲线上每一点切线的斜率,求曲线方程. 实际上是已知函数 $y=f(x)$ 的导数,求函数 $y=f(x)$ 的表达式的问题. 这实际是导数运算的逆运算问题. 即研究从已知函数的导函数求原来的函数. 解决这个问题不仅是数学理论的需要,更是解决许多实际问题的需要. 比如,已知速度 $v(t)$,求路程 $s(t)$;已知加速度 $a(t)$,求速度 $v(t)$ 等. 这类由已知导函数 $f'(x)$ 求函数 $f(x)$ 的运算称为**积分**. 下面先介绍原函数的概念.

4.2.2 原函数的概念

定义 4.2.1 设 $F(x)$ 与 $f(x)$ 在区间 I 上有定义,若对于任意 $x\in I$,有

$$F'(x)=f(x) \quad 或 \quad \mathrm{d}F(x)=f(x)\mathrm{d}x$$

则称 $F(x)$ 为 $f(x)$ 在区间 I 上的一个原函数.

例如，$\frac{1}{3}x^3$ 是 x^2 在区间 $(-\infty,+\infty)$ 上的一个原函数，因为 $\left(\frac{1}{3}x^3\right)'=x^2$；又如，在 $(0,t)$ 内 $s'(t)=v(t)$，故路程函数 $s(t)$ 是速度函数 $v(t)$ 的一个原函数.

在上节知道：凡在区间 I 上连续的函数都有原函数. 由于初等函数在其定义区间内是连续的. 因此，初等函数在其定义区间内都有原函数.

一个函数的原函数是不唯一的，由 $(x^2)'=2x$，$(x^2+2)'=2x$ 知，x^2 和 x^2+2 都是 $2x$ 的一个原函数. 事实上：一个函数的任意两个原函数之间至多相差一个常数.

上述结果表明，如果 $f(x)$ 在 I 上有一个原函数 $F(x)$，则它就有无穷多个原函数，而且全体原函数可写成 $F(x)+C$ 的形式，其中 C 为任意常数.

4.2.3　不定积分的概念

定义 4.2.2　函数 $f(x)$ 在区间 I 上的全体原函数 $F(x)+C$ 称为 $f(x)$ 的不定积分，记作 $\int f(x)\mathrm{d}x$，即

$$\int f(x)\mathrm{d}x = F(x)+C$$

其中 $\int$ 为**积分号**；$f(x)$ 称为**被积函数**；$f(x)\mathrm{d}x$ 称为**被积表达式**；x 称为**积分变量**；C 为**积分常数**.

例如，$\left(\frac{x^3}{3}\right)'=x^2$，则 $\int x^2\mathrm{d}x = \frac{x^3}{3}+C$；

$(\sin^2 x)'=\sin 2x$，则 $\int \sin 2x\mathrm{d}x = \sin^2 x + C$.

以后我们总假定不定积分是对其被积函数连续的区间来考虑的，不再指明有关区间.

1. 函数的不定积分与导数（或微分）之间的运算关系

(1) $\left[\int f(x)\mathrm{d}x\right]'=f(x)$　或　$\mathrm{d}\left[\int f(x)\mathrm{d}x\right]=f(x)\mathrm{d}x$.

(2) $\int F'(x)\mathrm{d}x = F(x)+C$　或　$\int \mathrm{d}F(x) = F(x)+C$.

此关系可概括为“先积后微，形不变；先微后积，多一常数”. 由以上分析可知，积分与微分是一对互逆的运算.

2. 不定积分的几何意义

如图 4-8 所示，设 $F(x)$ 是 $f(x)$ 的一个原函数，则 $y=F(x)$ 在平面上表示一条曲线，称它为 $f(x)$ 的一条**积分曲线**. 于是 $f(x)$ 的不定积分在几何上表示**一族积分曲线**，它们是由 $f(x)$ 的某一条积分曲线沿着 y 轴方向任意平行移动而产生的所有积分曲线组成的. 显然，族中的每一条积分曲线在具有同一横坐标 x 的点处有互相平行的切线，其斜率都等于 $f(x)$.

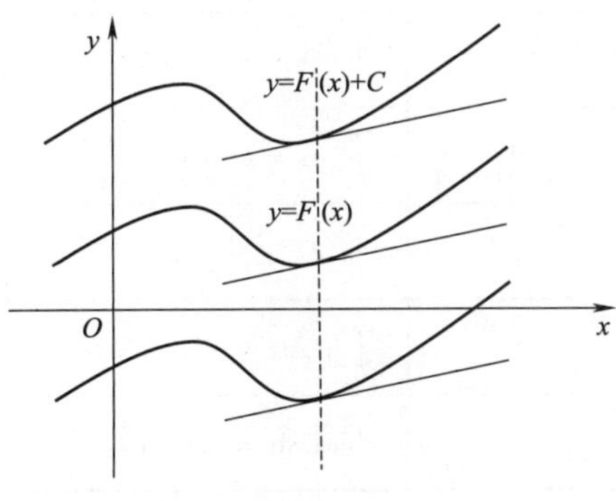

图　4-8

在求原函数的具体问题中,先求出原函数的一般表达式 $y=F(x)+C$,再从中确定满足条件 $y(x_0)=y_0$(称为初始条件)的原函数 $y=y(x)$,即从积分曲线族中找出一条通过点 (x_0,y_0) 的积分曲线.

例 1 求 $\int 2x\mathrm{d}x$.

解 因为 $(x^2)'=2x$,所以 x^2 是 $2x$ 的一个原函数. 从而有 $\int 2x\mathrm{d}x=x^2+C$.

例 2 设曲线通过点(0,1),且其上任一点处的切线斜率等于该点横坐标的平方,求此曲线的方程.

解 设所求曲线的方程为 $y=y(x)$,按题意有

$$y'=x^2$$

于是

$$y=\int x^2\mathrm{d}x=\frac{x^3}{3}+C$$

因为曲线通过点(0,1),将它代入上式可得 $C=1$. 故所求曲线的方程为

$$y=\frac{x^3}{3}+1$$

例 3 求 $\int \frac{1}{x}\mathrm{d}x$.

解 当 $x>0$ 时,$(\ln x)'=\frac{1}{x}$,所以,当 $x>0$ 时,$\int \frac{1}{x}\mathrm{d}x=\ln x+C$;

当 $x<0$ 时 $[\ln(-x)]'=-\frac{1}{x}\cdot(-1)=\frac{1}{x}$,所以,当 $x<0$ 时,$\int\frac{1}{x}\mathrm{d}x=\ln(-x)+C$.

综上,$\int\frac{1}{x}\mathrm{d}x=\ln|x|+C,(x\neq 0)$.

4.2.4 基本积分表

由于求不定积分是微分运算的逆运算,因此由导数公式,相应地可以得到下列基本积分公式,也称基本积分表(见表 4-1).

表 4-1

序号	积分公式	序号	积分公式
1	$\int k\mathrm{d}x=kx+C$ (k 为常数)	8	$\int \sec^2 x\mathrm{d}x=\tan x+C$
2	$\int x^\mu\mathrm{d}x=\frac{x^{\mu+1}}{\mu+1}+C$ $(\mu\neq -1)$	9	$\int \csc^2 x\mathrm{d}x=-\cot x+C$
3	$\int\frac{\mathrm{d}x}{x}=\ln\|x\|+C$	10	$\int \sec x\cdot\tan x\mathrm{d}x=\sec x+C$
4	$\int \mathrm{e}^x\mathrm{d}x=\mathrm{e}^x+C$	11	$\int \csc x\cdot\cot x\mathrm{d}x=-\csc x+C$
5	$\int a^x\mathrm{d}x=\frac{a^x}{\ln a}+C$	12	$\int\frac{\mathrm{d}x}{\sqrt{1-x^2}}=\arcsin x+C$
6	$\int \sin x\mathrm{d}x=-\cos x+C$	13	$\int\frac{\mathrm{d}x}{1+x^2}=\arctan x+C$
7	$\int \cos x\mathrm{d}x=\sin x+C$		

4.2.5　不定积分的线性性质

由不定积分的定义,不难得到不定积分的如下性质:

性质 1　$\int kf(x)\,\mathrm{d}x = k\int f(x)\,\mathrm{d}x$　($k\neq 0$ 的常数).

即被积函数中不为 0 的常数因子可以提到积分号外.

性质 2　$\int [f(x) \pm g(x)]\,\mathrm{d}x = \int f(x)\,\mathrm{d}x \pm \int g(x)\,\mathrm{d}x.$

即两个函数和(差)的不定积分等于这两个函数的不定积分的和(差).

性质 2 可以推广到有限个函数的情形.

4.2.6　直接积分法

例 4　求下列不定积分.

(1) $\int \dfrac{(1-x)^2}{\sqrt{x}}\mathrm{d}x$;　　(2) $\int \dfrac{x^4+1}{x^2+1}\mathrm{d}x$;

(3) $\int \mathrm{e}^x\left(2^x - \dfrac{\mathrm{e}^{-x}}{x\sqrt[3]{x}}\right)\mathrm{d}x$;　　(4) $\int \dfrac{1}{\cos^2 x\sin^2 x}\mathrm{d}x$;

(5) $\int \dfrac{\mathrm{d}x}{1+\cos x}$;　　(6) $\int \sqrt{\dfrac{1-x}{1+x}}\mathrm{d}x$.

解　(1)把被积函数变形,化为代数和形式,再用逐项积分法.

$$\begin{aligned}\int \frac{(1-x)^2}{\sqrt{x}}\mathrm{d}x &= \int \frac{1-2x+x^2}{\sqrt{x}}\mathrm{d}x\\ &= \int x^{-\frac{1}{2}}\mathrm{d}x - 2\int x^{\frac{1}{2}}\mathrm{d}x + \int x^{\frac{3}{2}}\mathrm{d}x\\ &= 2x^{\frac{1}{2}} - 2\cdot\frac{2}{3}x^{\frac{3}{2}} + \frac{2}{5}x^{\frac{5}{2}} + C\\ &= \sqrt{x}\left(2 - \frac{4}{3}x + \frac{2}{5}x^2\right) + C\end{aligned}$$

(2)基本积分表中没有这种类型的积分,可以把被积函数变形,化为表中所列类型的积分,再逐项求积分.

$$\int \frac{x^4+1}{x^2+1}\mathrm{d}x = \int\left(x^2 - 1 + \frac{2}{1+x^2}\right)\mathrm{d}x = \frac{1}{3}x^3 - x + 2\arctan x + C$$

(3) $\int \mathrm{e}^x\left(2^x - \dfrac{\mathrm{e}^{-x}}{x\sqrt[3]{x}}\right)\mathrm{d}x = \int[(2\mathrm{e})^x - x^{-\frac{4}{3}}]\,\mathrm{d}x = \dfrac{(2\mathrm{e})^x}{\ln(2\mathrm{e})} + 3x^{-\frac{1}{3}} + C = \dfrac{2^x\mathrm{e}^x}{1+\ln 2} + \dfrac{3}{\sqrt[3]{x}} + C.$

(4)先利用三角恒等式变形,然后再积分.

$$\begin{aligned}\int \frac{1}{\cos^2 x\sin^2 x}\mathrm{d}x &= \int \frac{\sin^2 x + \cos^2 x}{\cos^2 x\sin^2 x}\mathrm{d}x\\ &= \int \sec^2 x\,\mathrm{d}x + \int \csc^2 x\,\mathrm{d}x\\ &= \tan x - \cot x + C\end{aligned}$$

(5) $\int \dfrac{\mathrm{d}x}{1+\cos x} = \int \dfrac{1-\cos x}{\sin^2 x}\mathrm{d}x = \int(\csc^2 x - \csc x\cot x)\,\mathrm{d}x = -\cot x + \csc x + C.$

(6)因为$\sqrt{\frac{1-x}{1+x}}=\frac{1-x}{\sqrt{1-x^2}}$,且$(\sqrt{1-x^2})'=\frac{-x}{\sqrt{1-x^2}}$,

所以

$$\int\sqrt{\frac{1-x}{1+x}}\mathrm{d}x=\int\frac{\mathrm{d}x}{\sqrt{1-x^2}}+\int\frac{-x}{\sqrt{1-x^2}}\mathrm{d}x=\arcsin x+\sqrt{1-x^2}+C$$

案例1[直线运动] 已知一物体做直线运动,其加速度$a=12t^2-3\sin t$,且当$t=0$时,$v=5,s=3$,求:

(1)速度v与时间t的函数关系.

(2)路程s与时间t的关系.

解 (1)由速度和加速度的关系$v'(t)=a(t)$知,速度函数满足$v'(t)=a(t)=12t^2-3\sin t$,且$v(0)=5$,则

$$v(t)=\int(12t^2-3\sin t)\mathrm{d}t=4t^3+3\cos t+C$$

将$v(0)=5$代入上式,得$C=2$,所以$v(t)=4t^3+3\cos t+2$.

(2)由路程与速度的关系$s'(t)=v(t)$知,路程函数满足$s'(t)=v(t)=4t^3+3\cos t+2$,则

$$s(t)=\int(4t^3+3\cos t+2)\mathrm{d}t=t^4+3\sin t+2t+C$$

将$s(0)=3$代入上式,得$C=3$,所以$s(t)=t^4+3\sin t+2t+3$.

案例2[电流函数] 一电路中的电流关于时间的变化率为$\frac{\mathrm{d}i}{\mathrm{d}t}=4t-0.6t^2$,若$t=0,i=2A$,求电流$i$关于时间$t$的函数关系.

解 已知$\frac{\mathrm{d}i}{\mathrm{d}t}=4t-0.6t^2$,由不定积分定义,得$i(t)=\int(4t-0.6t^2)\mathrm{d}t=2t^2-0.2t^3+C$,将$i(0)=2$代入上式,得$C=2$,所以$i(t)=2t^2-0.2t^3+2$.

案例3[积冰厚度] 美丽的冰城常年积雪,滑冰场完全靠自然结冰.积冰的速度由$\frac{\mathrm{d}y}{\mathrm{d}t}=kt^{\frac{1}{3}}(k>0)$确定,其中$k$是常数,$y$是自结冰起到时刻$t$时冰的厚度,求积冰厚度$y$关于时间$t$的函数.

解 由$\frac{\mathrm{d}y}{\mathrm{d}t}=kt^{\frac{1}{3}}(k>0)$及不定积分定义,得

$$y(t)=\int kt^{\frac{1}{3}}\mathrm{d}t=k\left(\frac{3}{4}t^{\frac{4}{3}}+C\right)$$

$t=0$时开始结冰,此时冰的厚度为0,即有$y(0)=0$,代入上式得$C=0$,所以

$$y(t)=k\frac{3}{4}t^{\frac{4}{3}}$$

案例4[总收入] 设某厂生产某种商品的边际收益函数$R'(Q)=500-5Q$,其中Q为该商品的产量,如果该商品可在市场上全部售出,求总收入函数.

解 将$R'(Q)=500-5Q$两边积分,得

$$R(Q)=\int R'(Q)\mathrm{d}Q=\int(500-5Q)\mathrm{d}Q=500Q-\frac{5}{2}Q^2+C$$

当$Q=0$时,总收入$R(0)=0$.代入上式,得$C=0$,所以总收入函数$R(Q)=500Q-\frac{5}{2}Q^2$.

习　题　4-2

1. 求下列不定积分.

(1) $\int 2^x e^x dx$;　(2) $\int \frac{dx}{x^3\sqrt{x}}$;　(3) $\int \frac{3x^4+3x^2+1}{x^2+1}dx$;

(4) $\int \cos^2\frac{x}{2}dx$;　(5) $\int \sec x(\sec x-\tan x)dx$;　(6) $\int \left(\frac{3}{1+x^2}-\frac{2}{\sqrt{1-x^2}}\right)dx$;

(7) $\int \frac{(1-x)^2}{\sqrt{x}}dx$;　(8) $\int \left(2e^x+\frac{3}{x}\right)dx$.

2. 一曲线通过点$(e^2,3)$,且在任一点处的切线的斜率等于该点横坐标的倒数,求该曲线方程.

3. 已知函数$f(x)=4x+1$的一个原函数为$F(x)$,且$F(1)=3$,求函数$F(x)$.

4. 设某企业生产某产品,其边际成本函数$C'(x)=2x+1$,其固定成本为 300 元,试求成本函数.

5. [平均收益]　已知生产某产品x单位时,边际收益函数为$R'(x)=10-\frac{x}{10}$(万元/单位). 试求生产x单位产品时的总收益函数$R(x)$及平均收益函数$\overline{R}(x)$,并求生产这种产品 100 单位时的总收益与平均收益.

6. 已知某产品的产量变化率是时间t的函数$f(t)=2t-1$. 设此产品t时的产量为$P(t)$. 已知$P(0)=0$,求$P(t)$.

7. [运动方程]　已知质点在某时刻t的速度为$t-1$. 且当$t=0$时,$s=2$. 求此质点的运动方程.

8. 已知质点在某时刻t的加速度为$3t^2+1$. 且当$t=0$时,速度$v=2$,距离$s=1$. 求此质点的运动方程.

9. 设某产品的需求量Q是价格p的函数,该商品的最大需求量为 2 000,即$p=0$时,$Q=2\,000$,已知需求量的变化率(边际需求)为$Q'(p)=-1\,000\ln\left(\frac{1}{2}\right)^p$,求需求量与价格的函数关系.

10. [总收益]　设生产某产品x单位时总收益R是x的函数$R(x)$,边际收益函数为$R'(x)=5+\frac{18}{\sqrt[3]{x}}$(单位:元),求总收益函数.

§4.3　积 分 法

定积分是一种特殊和式的极限. 用定义计算定积分十分烦琐,即使是很简单的被积函数,也是十分困难的. 本节将通过微积分基本公式,揭示微分与积分、不定积分与定积分的关系,从而确定定积分运算的基本方法.

4.3.1 问题引入

引例 1[列车何时制动] 列车快进站时必须减速. 若列车减速后的速度为 $v(t)=1-\frac{1}{3}t$(单位:km/min),问列车应在离站多远的地方开始减速?

解 当列车速度为 $v(t)=1-\frac{1}{3}t=0$ 时停下,解出 $t=3$.

一方面,由变速直线运动路程的计算,有

$$s(3)=\int_0^3 v(t)\,\mathrm{d}t$$

另一方面,速度和路程的关系 $s'(t)=v(t)=1-\frac{1}{3}t$,且 $s(0)=0$,因此,求 $\int_0^3 v(t)\,\mathrm{d}t$,即 $s(3)$,转化为求 $v(t)$ 的不定积分 $s(t)$,而

$$s(t)=\int v(t)\,\mathrm{d}t=\int\left(1-\frac{1}{3}t\right)\mathrm{d}t=t-\frac{1}{6}t^2+C$$

将 $s(0)=0$ 代入上式,得 $c=0$,所以

$$s(t)=t-\frac{1}{6}t^2$$

将 $t=3$ 代入上式,可得列车从减速开始到停下经过 3 min,所经过的路程为

$$s(3)=3-\frac{1}{6}\times 3^2=1.5.$$

即列车在离站台 1.5 km 处开始减速.

从这一案例可以看出,求函数的定积分 $\int_0^3 v(t)\,\mathrm{d}t$ 可以转化为求函数的不定积分 $\int v(t)\,\mathrm{d}t$.

4.3.2 微积分基本公式

1. 积分变上限函数及其导数

设函数 $f(x)$ 在区间 $[a,b]$ 上可积,则对于 $[a,b]$ 上的任意一点 x, $f(x)$ 在 $[a,b]$ 上的定积分 $\int_a^x f(t)\,\mathrm{d}t$ 都存在. 如果上限 x 在区间 $[a,b]$ 上任意变动,对于每一个取定的 x 值,定积分 $\int_a^x f(t)\,\mathrm{d}t$ 都有一个对应值,则它是积分上限 x 的函数,此函数定义在闭区间 $[a,b]$ 上. 通常称这样的函数为积分变上限函数,记作 $\phi(x)$,即

$$\phi(x)=\int_a^x f(t)\,\mathrm{d}t \quad (a\leqslant x\leqslant b)$$

其几何意义是图 4-9 所示阴影的面积.

积分上限函数 $\phi(x)$ 具有下面的重要性质.

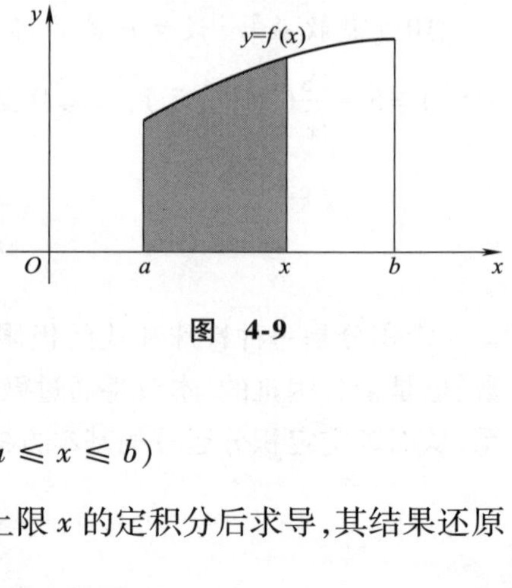

图 4-9

定理 4.3.1 设函数 $f(x)$ 在区间 $[a,b]$ 上连续,则积分上限的函数 $\phi(x)=\int_a^x f(t)\,\mathrm{d}t$ 在区间 $[a,b]$ 上可导 $(a\leqslant x\leqslant b)$,且

$$\phi'(x)=\frac{\mathrm{d}}{\mathrm{d}x}\int_a^x f(t)\,\mathrm{d}t=f(x) \quad (a\leqslant x\leqslant b)$$

这个定理指出了一个重要结论:连续函数 $f(x)$ 取变上限 x 的定积分后求导,其结果还原

为 $f(x)$ 本身. 由原函数定义及定理 4.3.1 推知 $\phi(x)$ 是连续函数 $f(x)$ 的一个原函数.

定理 4.3.2(原函数存在定理)　如果函数 $f(x)$ 在区间 $[a,b]$ 上连续,则函数 $\phi(x)=\int_a^x f(t)\,\mathrm{d}t$ 就是 $f(x)$ 在区间 $[a,b]$ 上的一个原函数.

说明:该定理肯定了连续函数的原函数的存在性;初步揭示了定积分与原函数的关系,为计算定积分奠定了基础.

例 1　求 $\frac{\mathrm{d}}{\mathrm{d}x}\int_1^x \mathrm{e}^{-t^2}\mathrm{d}t$.

解　这里 $f(t)=\mathrm{e}^{-t^2}$ 为连续函数,由变上限积分的求导定理,得

$$\frac{\mathrm{d}}{\mathrm{d}x}\int_1^x \mathrm{e}^{-t^2}\mathrm{d}t = \mathrm{e}^{-x^2}$$

例 2　设 $\phi(x)=\int_x^0 \cos t\mathrm{d}t$, 求 $\phi'(x)$.

解　因为

$$\int_x^0 \cos t\mathrm{d}t = -\int_0^x \cos t\mathrm{d}t$$

所以

$$\phi'(x) = -\frac{\mathrm{d}}{\mathrm{d}x}\int_0^x \cos t\mathrm{d}t = -\cos x$$

例 3　计算极限 $\lim\limits_{x\to 0}\frac{\int_0^x \arctan t\mathrm{d}t}{x^2}$.

解　这是一个 $\frac{0}{0}$ 型未定式,用洛必达法则以及定理 4.3.1 得

$$\lim_{x\to 0}\frac{\int_0^x \arctan t\mathrm{d}t}{x^2} = \lim_{x\to 0}\frac{\arctan x}{2x} = \lim_{x\to 0}\frac{\frac{1}{1+x^2}}{2} = \frac{1}{2}$$

2. 微积分基本公式

定理 4.3.3(微积分基本公式)　设 $f(x)$ 在 $[a,b]$ 上连续,若 $F(x)$ 是 $f(x)$ 在 $[a,b]$ 上的一个原函数,则

$$\int_a^b f(x)\mathrm{d}x = F(b) - F(a) \tag{4.3.1}$$

证　已知函数 $F(x)$ 是连续函数 $f(x)$ 的一个原函数,根据定理 4.3.2 知道,积分上限函数 $\phi(x)=\int_a^x f(t)\mathrm{d}t$ 也是 $f(x)$ 的一个原函数. 于是这两个原函数之间相差某个常数 C,所以

$$\phi(x) - F(x) = C$$

即

$$\int_a^x f(t)\mathrm{d}t = F(x) + C,\quad x\in[a,b]$$

上式中令 $x=a$,得 $C=-F(a)$,于是

$$\int_a^x f(t)\mathrm{d}t = F(x) - F(a)$$

再令 $x=b$,即得(4.3.1)式.

一般地,式(4.3.1)也常写作

$$\int_a^b f(x)\mathrm{d}x = F(x)\Big|_a^b = F(b) - F(a)$$

式(4.3.1)是著名的**牛顿-莱布尼茨公式**,简称 **N-L 公式**. 它进一步揭示了定积分与原函数

之间的联系：$f(x)$在$[a,b]$上的定积分等于它的任一原函数$F(x)$在$[a,b]$上的增量，它为计算定积分开辟了一条新的途径. 它把定积分的计算转化为求被积函数$f(x)$的任意一个原函数，或者说转化为求$f(x)$的不定积分，因此，N-L 公式也被称为**微积分基本公式**.

例 4 计算下列定积分

(1) $\int_0^1 x^3 dx$；　(2) $\int_{-1}^1 \frac{1}{1+x^2}dx$；　(3) $\int_0^{2\pi} |\sin x| dx$.

解 由牛顿-莱布尼茨公式，有

(1) $\int_0^1 x^3 dx = \frac{x^4}{4}\Big|_0^1 = \frac{1}{4} - 0 = \frac{1}{4}$.

(2) $\int_{-1}^1 \frac{1}{1+x^2}dx = \arctan x\Big|_{-1}^1 = \arctan 1 - \arctan(-1) = \frac{\pi}{4} - \left(-\frac{\pi}{4}\right) = \frac{\pi}{2}$.

(3) $\int_0^{2\pi} |\sin x| dx = \int_0^{\pi} \sin x dx + \int_{\pi}^{2\pi}(-\sin x)dx = (-\cos x)\Big|_0^{\pi} + \cos x\Big|_{\pi}^{2\pi} = 4$.

例 5 设$f(x)=\begin{cases} x^2+1 & 0\leqslant x\leqslant 1 \\ 3-x & 1<x\leqslant 3 \end{cases}$，求$\int_0^3 f(x)dx$.

解 由定积分的积分可加性定理，得

$$\int_0^3 f(x)dx = \int_0^1 (x^2+1)dx + \int_1^3 (3-x)dx = \left(\frac{x^3}{3}+x\right)\Big|_0^1 + \left(3x - \frac{x^2}{2}\right)\Big|_1^3 = 3\frac{1}{3}.$$

例 6 计算定积分$\int_{-1}^1 \frac{1}{x^2}dx$.

解 由于$-\frac{1}{x}$是$\frac{1}{x^2}$的一个原函数，所以

$$\int_{-1}^1 \frac{1}{x^2}dx = \frac{-1}{x}\Big|_{-1}^1 = -[1-(-1)] = -2$$

例 6 的计算是错误的. 因为函数$\frac{1}{x^2}$在区间$[-1,1]$有一个无穷间断点$x=0$，所以牛顿-莱布尼茨公式的条件不成立.

注意：有了牛顿-莱布尼茨公式后，求定积分的问题就转化为求原函数的问题了. 但在应用此公式时，一定要注意验证公式成立的条件是否满足. 否则，就不能保证所得结论正确.

视 频

换元积分法

4.3.3 换元积分法

引例 2[质子的速度] 一电子中介子运动的加速度为$a=-20(1+2t)^{-2}$（单位：m/s^2）. 如果$t=0$时，$v=0.3$ m/s，求质子运动的速度.

解 由加速度和速度的关系$v'(t)=a(t)$，有$v(t)=\int a(t)dt = \int[-20(1+2t)^{-2}]dt$.

下一步如何求原函数$a(t)=-20(1+2t)^{-2}$的不定积分呢？只利用基本积分表和积分的性质，显然是不够的. 必须探寻更加切实可行的方法.

本节将把微分法中的链式法则反过来用于求不定积分，所得出的积分方法称为**换元积分法**.

1. 不定积分的换元积分法

1)第一类换元法

定理 4.3.4　不定积分第一换元法(凑微分法)

设$\int f(u)\mathrm{d}u = F(u) + C$，且函数 $u=\varphi(x)$ 可导，则

$$\int f(\varphi(x)) \cdot \varphi'(x)\mathrm{d}x = F(\varphi(x)) + C \tag{4.3.2}$$

对于上式积分结果求导，有

$$(F(\varphi(x) + C))' = F'(\varphi(x)) \cdot \varphi'(x) = f(\varphi(x)) \cdot \varphi'(x)$$

故式(4.3.2)成立.

第一换元法求不定积分的一般步骤如下：

$$\int g(x)\mathrm{d}x \xlongequal{\text{恒等变形}} \int f(\varphi(x))\varphi'(x)\mathrm{d}x \xlongequal{\text{凑微分}} \int f(\varphi(x))\mathrm{d}\varphi(x) \quad (\text{令 } u = \varphi(x))$$

$$\xlongequal{\text{换元}} \int f(u)\mathrm{d}u \xlongequal{\text{积分}} F(u) + C \xlongequal{\text{回代}} F(\varphi(x)) + C$$

这里 $\int g(x)\mathrm{d}x$ 一般不是基本积分表中的积分，先设法把被积表达式 $g(x)\mathrm{d}x$ 变形为

$$g(x)\mathrm{d}x = f(\varphi(x))\varphi'(x)\mathrm{d}x = f(\varphi(x))\mathrm{d}\varphi(x)$$

即从 $g(x)$ 中分出一部分因式与 $\mathrm{d}x$ 结合，凑成 $\mathrm{d}\varphi(x)$，所以第一换元法又称**凑微分法**.

例 7　求$\int (x-1)^3\mathrm{d}x$.

解　将 $\mathrm{d}x$ 凑成 $\mathrm{d}x = \mathrm{d}(x-1)$，则

$$\int (x-1)^3\mathrm{d}x = \int (x-1)^3\mathrm{d}(x-1) \xlongequal[x-1=u]{\text{换元}} \int u^3\mathrm{d}u = \frac{1}{4}u^4 + c \xlongequal[u=x-1]{\text{回代}} \frac{1}{4}(x-1)^4 + C.$$

例 8　求$\int \frac{1}{3x+4}\mathrm{d}x$.

解　将 $\mathrm{d}x$ 凑成 $\mathrm{d}x = \frac{1}{3}\mathrm{d}(3x+4)$，则

$$\int \frac{1}{3x+4}\mathrm{d}x = \frac{1}{3}\int \frac{1}{3x+4}\mathrm{d}(3x+4) \xlongequal[3x+4=u]{\text{换元}} \frac{1}{3}\int \frac{1}{u}\mathrm{d}u = \frac{1}{3}\ln|u| + C$$

$$\xlongequal[u=3x+4]{\text{回代}} \frac{1}{3}\ln|3x+4| + C$$

例 9　求$\int \sec^2\frac{x}{2}\mathrm{d}x$.

解　$\int \sec^2\frac{x}{2}\mathrm{d}x = 2\int \sec^2\frac{x}{2}\mathrm{d}\left(\frac{x}{2}\right) = 2\tan\frac{x}{2} + C.$

例 10　求$\int x\mathrm{e}^{x^2}\mathrm{d}x$.

解　因 $x\mathrm{d}x = \frac{1}{2}\mathrm{d}x^2$，所以，$\int x\mathrm{e}^{x^2}\mathrm{d}x = \frac{1}{2}\int \mathrm{e}^{x^2}\mathrm{d}(x^2) = \frac{1}{2}\mathrm{e}^{x^2} + C.$

运用第一换元法进行不定积分运算的难点在于从被积函数中找出合适的部分同 $\mathrm{d}x$ 结合，凑出新变量的微分 $\mathrm{d}\varphi(x)$，这需要解题经验，如果熟记表 4-2 中一些微分公式，会给解题带来帮助.

表 4-2

序号	微分公式	序号	微分公式
1	$dx=\frac{1}{a}d(ax+b)$ （a,b 为常数且 $a\neq0$）	8	$e^{-x}dx=-de^{-x}$
2	$xdx=\frac{1}{2}dx^2$	9	$\sin xdx=-d\cos x$
3	$x^2dx=\frac{1}{3}dx^3$	10	$\cos xdx=d\sin x$
4	$\frac{1}{x}dx=d\ln x$ （$x>0$）	11	$\sec^2xdx=d\tan x$
5	$\frac{1}{x^2}dx=-d\frac{1}{x}$	12	$\csc^2xdx=-d\cot x$
6	$\frac{1}{\sqrt{x}}dx=2d\sqrt{x}$	13	$\frac{1}{\sqrt{1-x^2}}dx=d\arcsin x$
7	$e^xdx=de^x$	14	$\frac{1}{1+x^2}dx=d\arctan x$

注意：因为 $df(x)=f'(x)dx$，所以 $f'(x)dx=df(x)$，由此可以验证上述常用的凑微分公式.

例 11 求$\int x\sqrt{x^2-1}dx$.

解 $$\int x\sqrt{x^2-1}dx=\frac{1}{2}\int\sqrt{x^2-1}d(x^2-1)$$
$$=\frac{1}{2}\cdot\frac{1}{\frac{3}{2}}(x^2-1)^{\frac{3}{2}}+c=\frac{1}{3}(x^2-1)^{\frac{3}{2}}+C=\frac{1}{3}\sqrt{(x^2-1)^3}+C.$$

例 12 求$\int\frac{\ln^3x}{x}dx$.

解 $$\int\frac{\ln^3x}{x}dx=\int\ln^3xd\ln x=\frac{1}{4}\ln^4x+C.$$

例 13 求$\int\cos^6x\sin xdx$.

解 $$\int\cos^6x\sin xdx=-\int\cos^6xd\cos x=-\frac{1}{7}\cos^7x+C.$$

进行不定积分的运算时，有时被积函数需要先做适当变形，然后运用第一换元积分法进行求解.

例 14 求$\int\tan xdx$.

解 $$\int\tan xdx=\int\frac{\sin x}{\cos x}dx=-\int\frac{d(\cos x)}{\cos x}\quad（令\ u=\cos x）$$
$$=-\int\frac{du}{u}=-\ln|u|+C=-\ln|\cos x|+C.$$

例 15 求$\int2xe^{x^2}dx$.

解 $$\int2xe^{x^2}dx=\int e^{x^2}d(x^2)\quad（令\ u=x^2）$$

$$= \int e^u du = e^u + C = e^{x^2} + C.$$

运算中的换元过程在熟练之后可以省略,即不必写出换元变量 u.

一些函数的积分今后经常用到,可以将它们作为基本积分公式的补充(见表 4-3).

表　4-3

序号	积分公式	序号	积分公式
1	$\int \tan x dx = -\ln\|\cos x\| + C$	5	$\int \frac{1}{a^2+x^2}dx = \frac{1}{a}\arctan\frac{x}{a} + C$
2	$\int \cot x dx = \ln\|\sin x\| + C$	6	$\int \frac{1}{a^2-x^2}dx = \frac{1}{2a}\ln\left\|\frac{a+x}{a-x}\right\| + C$
3	$\int \sec x dx = \ln\|\sec x + \tan x\| + C$	7	$\int \frac{1}{\sqrt{a^2-x^2}}dx = \arcsin\frac{x}{a} + C$
4	$\int \csc x dx = \ln\|\csc x - \cot x\| + C$		

案例 1[石油消耗总量]　近年来,全球每年对石油的消耗率呈指数增长,增长指数约为 0.07. 若用 $R(t)$ 表示从 1970 年底起第 t 年的石油消耗率,1970 年初,消耗率约为每年 161 亿桶,则 $R(t) = 161e^{0.07t}$(单位:亿桶/年),试计算从 1970 年底到 1990 年消耗石油的总量.

解　设 $T(t)$ 表示从 1970 年($t = 0$)起到第 t 年石油消耗的总量,$T'(t)$ 就是石油消耗率 $R(t)$,即 $T'(t) = R(t)$. 于是由变化率求总消耗量,得

$$T(20) - T(0) = \int_0^{20} T'(t)\,dt = \int_0^{20} R(t)\,dt = \int_0^{20} 161e^{0.07t}dt$$

先凑微分,$dt = \frac{1}{0.07}d0.07t$,则有

$$\int_0^{20} 161e^{0.07t}dt = \frac{1}{0.07}\int_0^{20} 161e^{0.07t}d0.07t$$

令 $0.07t = u$,得

$$\frac{1}{0.07}\int_0^{20} 161e^{0.07t}d0.07t = \frac{161}{0.07}\int_0^{1.4} e^u du = \frac{161}{0.07}e^u\Big|_0^{1.4}$$

$$= 2\,300(e^{1.4} - 1) \approx 7\,027 \text{ 亿桶}$$

即从 1970 年底到 1990 年消耗石油总量为 7 027 亿桶.

2)第二类换元法

定理 4.3.5(第二类换元法)

①设函数 $x = \psi(t)$ 是单调可导的函数,且 $\psi'(t) \neq 0$.

② $\int f(\psi(t)) \cdot \psi'(t)\,dt = F(t) + C$

则

$$\int f(x)\,dx \xlongequal{x = \psi(t)} \int f(\psi(t)) \cdot \psi'(t)\,dt. \tag{4.3.3}$$

第二换元法求不定积分的一般步骤如下:

$$\int f(x)\,dx \xlongequal[x=\psi(t)]{\text{换元}} \int f(\psi(t)) \cdot \psi'(t)\,dt \xlongequal{\text{积分}} F(t) + C \xlongequal[t=\psi^{-1}(x)]{\text{回代}} F(\psi^{-1}(x)) + C$$

其中 $t = \psi^{-1}(x)$ 是 $x = \psi(t)$ 的反函数.

注意:第二类换元积分法主要用于被积函数含有无理根式的积分,通常需要做无理代换或三角代换求解.

(1)无理代换.

当被积函数中含有无理根式$\sqrt[n]{ax+b}$(a,b为常数,且$a\neq0$)时,令$\sqrt[n]{ax+b}=t$,将以x为积分变量的含根式的不定积分化为以t为积分变量的不含根式的不定积分,然后再进行求解.

例 16 求$\int\frac{1}{x+\sqrt{x}}\mathrm{d}x$.

解 令$t=\sqrt{x}$,即$x=t^2(t>0)$,从而$\mathrm{d}x=2t\mathrm{d}t$,所以

$$\int\frac{1}{x+\sqrt{x}}\mathrm{d}x=\int\frac{1}{t^2+t}\cdot2t\mathrm{d}t=2\int\frac{1}{t+1}\mathrm{d}t=2\ln|t+1|+c=2\ln(\sqrt{x}+1)+C$$

例 17 求$\int\frac{1}{\sqrt{(x-1)^3}+\sqrt{x-1}}\mathrm{d}x$.

解 令$t=\sqrt{x-1}$,即$x=t^2+1(t>0)$,从而$\mathrm{d}x=2t\mathrm{d}t$,所以

$$\int\frac{1}{\sqrt{(x-1)^3}+\sqrt{x-1}}\mathrm{d}x=\int\frac{1}{t^3+t}\cdot2t\mathrm{d}t=2\int\frac{1}{t^2+1}\mathrm{d}t=2\arctan t+C$$
$$=2\arctan\sqrt{x-1}+C$$

例 18 求$\int\frac{\mathrm{d}x}{\sqrt{x}+\sqrt[3]{x}}$.

解 令$x=t^6\quad(t>0)$,从而$\mathrm{d}x=6t^5\mathrm{d}t$,则

$$\int\frac{\mathrm{d}x}{\sqrt{x}+\sqrt[3]{x}}=\int\frac{6t^5\mathrm{d}t}{t^3+t^2}=6\int\left(t^2-t+1-\frac{1}{1+t}\right)\mathrm{d}t=6\left(\frac{t^3}{3}-\frac{t^2}{2}+t-\ln(1+t)\right)+C$$
$$=2\sqrt{x}-3\sqrt[3]{x}+6\sqrt[6]{x}-6\ln(1+\sqrt[6]{x})+C$$

例 19 求$\int\frac{\sqrt{1-x^2}}{x^4}\mathrm{d}x$.

解 令$x=\frac{1}{t}\quad(t>0)$,则$\sqrt{1-x^2}=\frac{\sqrt{t^2-1}}{t}$,$\mathrm{d}x=-\frac{1}{t^2}\mathrm{d}t$,于是

$$\int\frac{\sqrt{1-x^2}}{x^4}\mathrm{d}x=-\int t\sqrt{t^2-1}\,\mathrm{d}t=-\frac{1}{2}\int\sqrt{t^2-1}\,\mathrm{d}(t^2-1)$$
$$=-\frac{1}{2}\cdot\frac{2}{3}(t^2-1)^{\frac{3}{2}}+C=-\frac{(1-x^2)^{\frac{3}{2}}}{3x^3}+C$$

(2)三角代换.

一般情况下:

若被积函数中含有无理式$\sqrt{a^2-x^2}$,可令$x=a\sin t\left(|t|<\frac{\pi}{2}\right)$;

若被积函数中含有无理式$\sqrt{a^2+x^2}$,可令$x=a\tan t\left(|t|<\frac{\pi}{2}\right)$;

若被积函数中含有无理式$\sqrt{x^2-a^2}$,可令$x=a\sec t\left(0<t<\frac{\pi}{2}\right)$.

例 20 求$\int\sqrt{a^2-x^2}\,\mathrm{d}x\quad(a>0)$.

解 令$x=a\sin t\left(-\frac{\pi}{2}\leqslant t\leqslant\frac{\pi}{2}\right)$,则$\mathrm{d}x=a\cos t\mathrm{d}t$,$\sqrt{a^2-x^2}=a\cos t$,于是

$$\int \sqrt{a^2 - x^2}\mathrm{d}x = \int a\cos t \cdot a\cos t\mathrm{d}t = a^2\int \cos^2 t\mathrm{d}t = a^2\int \frac{1+\cos 2t}{2}\mathrm{d}t$$

$$= \frac{a^2}{2}\left(t + \frac{1}{2}\sin 2t\right) + c = \frac{a^2}{2}(t + \sin t \cdot \cos t) + C$$

因为 $x = a\sin t$,所以 $t = \arcsin\frac{x}{a}$,

根据 $x = a\sin t$ 作直角三角形(见图 4-10),得

$$\cos t = \frac{\sqrt{a^2 - x^2}}{a}$$

所以

$$\int \sqrt{a^2 - x^2}\mathrm{d}x = \frac{a^2}{2}\arcsin\frac{x}{a} + \frac{x}{2}\sqrt{a^2 - x^2} + C$$

例 21 求 $\int \frac{1}{\sqrt{a^2 + x^2}}\mathrm{d}x \quad (a > 0)$.

解 令 $x = a\tan t\left(-\frac{\pi}{2} < t < \frac{\pi}{2}\right)$,则 $\mathrm{d}x = a\sec^2 t\mathrm{d}t$, $\sqrt{a^2 + x^2} = a\sec t$,

于是

$$\int \frac{1}{\sqrt{a^2 + x^2}}\mathrm{d}x = \int \frac{1}{a\sec t} \cdot a\sec^2 t\mathrm{d}t = \int \sec t\mathrm{d}t = \ln|\sec t + \tan t| + C$$

根据 $x = a\tan t$ 作直角三角形(见图 4-11),得

$$\sec t = \frac{\sqrt{a^2 + x^2}}{a}$$

所以
$$\int \frac{1}{\sqrt{a^2 + x^2}}\mathrm{d}x = \ln\left|\frac{x}{a} + \frac{\sqrt{a^2 + x^2}}{a}\right| + C = \ln|x + \sqrt{a^2 + x^2}| - \ln a + C_1$$

$$= \ln\left|x + \sqrt{a^2 + x^2}\right| + C$$

例 22 求 $\int \frac{1}{\sqrt{x^2 - a^2}}\mathrm{d}x \quad (a > 0)$.

解 令 $x = a\sec t \quad \left(0 < t < \frac{\pi}{2}\right)$,则 $\mathrm{d}x = a\sec t\tan t\mathrm{d}t$, $\sqrt{x^2 - a^2} = a\tan t$,

于是

$$\int \frac{1}{\sqrt{x^2 - a^2}}\mathrm{d}x = \int \frac{1}{a\tan t} \cdot a\sec t \cdot \tan t\mathrm{d}t = \int \sec t\mathrm{d}t = \ln|\sec t + \tan t| + C$$

根据 $x = a\sec t$ 作直角三角形(见图 4-12),得

$$\tan t = \frac{\sqrt{x^2 - a^2}}{a}$$

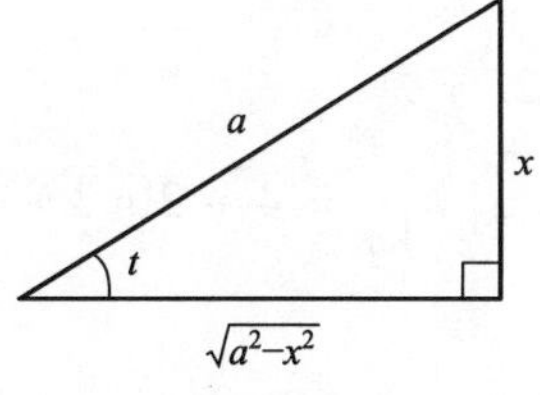

图 4-10

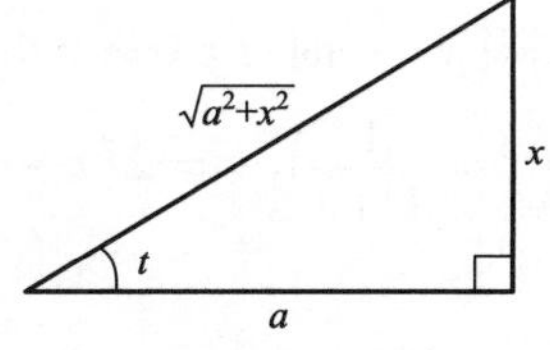

图 4-11

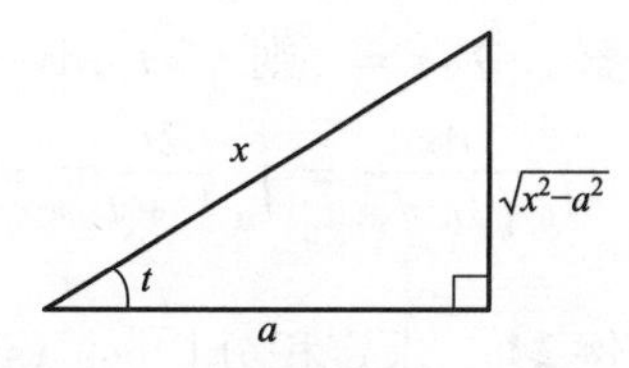

图 4-12

所以,原式$=\ln\left|\frac{x}{a}+\frac{\sqrt{x^2-a^2}}{a}\right|+C=\ln|x+\sqrt{x^2-a^2}|-\ln a+C=\ln|x+\sqrt{x^2-a^2}|+C.$

下述两式也可以作为公式使用:

(1) $\int\sqrt{a^2-x^2}\mathrm{d}x=\frac{a^2}{2}\arcsin\frac{x}{a}+\frac{x}{2}\sqrt{a^2-x^2}+C$;

(2) $\int\frac{1}{\sqrt{x^2\pm a^2}}\mathrm{d}x=\ln\left|x+\sqrt{x^2\pm a^2}\right|+C.$

注意: 第一类换元积分法可以省去中间的换元过程,因此新变量可以不出现,而第二类换元积分法必须进行换元,即新变量一定会出现,故最后一定注意把新变量换回原变量.

案例 2[太阳能] 某一太阳能的能量 f 相对于太阳能接触的表面积 x 的变化率为 $\frac{\mathrm{d}f}{\mathrm{d}x}=\frac{0.005}{\sqrt{0.01x+1}}$,如果当 $x=0$ 时,$f=0$,求 f 的函数表达式.

解 对 $\frac{\mathrm{d}f}{\mathrm{d}x}=\frac{0.005}{\sqrt{0.01x+1}}$ 积分,得 $f=\int\frac{0.005}{\sqrt{0.01x+1}}\mathrm{d}x.$

解法一 用第一换元积分法得

$$f=0.5\int\frac{1}{\sqrt{0.01x+1}}\mathrm{d}(0.01x+1)=0.5\times2\sqrt{0.01x+1}+C$$

将 $x=0$ 时,$f=0$ 代入上式,得 $C=-1$,所以 $f=\sqrt{0.01x+1}-1.$

解法二 用第二换元积分法得

$$f\xlongequal[x=100(t^2-1)]{\sqrt{0.01x+1}=t}0.005\int\frac{1}{t}\mathrm{d}[100(t^2-1)]=0.5\int\frac{2t}{t}\mathrm{d}t=\int\mathrm{d}t=t+C$$

将 $x=0$ 时,即 $t=1$ 时,$f=0$ 代入上式,得 $C=-1$,所以

$$f=\sqrt{0.01x+1}-1$$

2. 定积分的换元积分法

定理 4.3.6 设函数 $f(x)$ 在 $[a,b]$ 上连续,若

(1) 函数 $x=\varphi(t)$ 在区间 $[\alpha,\beta]$(或 $[\beta,\alpha]$)上有连续的导数;

(2) 当 t 在 $[\alpha,\beta]$(或 $[\beta,\alpha]$)上变化时,对应的函数 $x=\varphi(t)$ 在区间 $[a,b]$ 上变化;

(3) 且 $\varphi(\alpha)=a,\varphi(\beta)=b,a\leqslant\varphi(t)\leqslant b\quad(t\in I)$,则有定积分换元公式

$$\int_a^b f(x)\mathrm{d}x=\int_\alpha^\beta f(\varphi(t))\varphi'(t)\mathrm{d}t \tag{4.3.4}$$

式(4.3.4)称为**定积分的换元公式**.在应用定积分换元法时,积分上下限要进行相应的变换,简称**换元要换限**.

例 23 求定积分 $\int_0^4\frac{\mathrm{d}x}{1+\sqrt{x}}.$

解 令 $\sqrt{x}=t$,则 $x=t^2$,$\mathrm{d}x=2t\mathrm{d}t$.当 $x=0$ 时,$t=0$;$x=4$ 时 $t=2$.于是

$$\int_0^4\frac{\mathrm{d}x}{1+\sqrt{x}}=\int_0^2\frac{2t}{1+t}\mathrm{d}t=2\int_0^2\left(1-\frac{1}{1+t}\right)\mathrm{d}t=2[t-\ln|1+t|]\Big|_0^2=4-2\ln3$$

例 24 求定积分 $\int_0^{\frac{\pi}{2}}\cos^5x\sin x\mathrm{d}x.$

解　$\int_0^{\frac{\pi}{2}}\cos^5 x\sin x\mathrm{d}x = -\int_0^{\frac{\pi}{2}}\cos^5 x\mathrm{d}\cos x = -\frac{\cos^6 x}{6}\Big|_0^{\frac{\pi}{2}} = \frac{1}{6}.$

例 25　求定积分$\int_0^a \sqrt{a^2-x^2}\mathrm{d}x \quad (a>0)$.

解　令 $x=a\sin t$,则 $\mathrm{d}x=a\cos t\mathrm{d}t$,当 $x=0$ 时,$t=0$;$x=a$ 时,$t=\frac{\pi}{2}$,

$$\int_0^a \sqrt{a^2-x^2}\mathrm{d}x = a^2\int_0^{\frac{\pi}{2}}\cos^2 t\mathrm{d}t = \frac{a^2}{2}\int_0^{\frac{\pi}{2}}(1+\cos 2t)\mathrm{d}t = \frac{a^2}{2}\left(t+\frac{1}{2}\sin 2t\right)\Big|_0^{\frac{\pi}{2}} = \frac{\pi}{4}a^2$$

案例 3[电路中的电量]　设导线在时刻 t(单位:s)的电流 $i(t)=0.006t\sqrt{t^2+1}$,求在时间间隔[1,4]内流过导线横截面的电量 $Q(t)$(单位:A).

解　由电流与电量的关系 $i=\frac{\mathrm{d}Q}{\mathrm{d}t}$得,在时间间隔[1,4]内流过导线横截面的电量为

$$Q=\int_1^4 0.006t\sqrt{t^2+1}\mathrm{d}t = \int_1^4 0.003\sqrt{t^2+1}\mathrm{d}(t^2+1) = \left[0.002(t^2+1)^{\frac{3}{2}}\right]\Big|_1^4 \approx 0.134\,5\text{ A}$$

4.3.4　分部积分法

引例 3[新井的石油产量]　工程师们预计一个新开发的天然气新井在开采后的第 t 年的产量为 $p(t)=0.084\,9te^{-t}$(单位:10^6 m^3). 试估计新井前 4 年的总产量.

解　在$[t,t+\Delta t]$时间段内,天然气的产量(产量微元)为 $\mathrm{d}P=p(t)\mathrm{d}t$.

该新井前 4 年的总产量为

$$P(t) = \int_0^4 p(t)\mathrm{d}t = \int_0^4 0.084\,9te^{-t}\mathrm{d}t = 0.084\,9\int_0^4 te^{-t}\mathrm{d}t$$

该积分的被积函数为一个幂函数与一个指数函数的乘积,如何计算该积分呢?

1. 不定积分的分部积分法

设函数 $u=u(x)$与 $v=v(x)$均可导,则根据乘积的求导法则有

$$[uv]'=u'v+uv'$$

即

$$uv'=[uv]'-u'v$$

将上式两边求不定积分得

$$\int uv'\mathrm{d}x = \int[(uv)'-u'v]\mathrm{d}x = \int(uv)'\mathrm{d}x - \int u'v\mathrm{d}x$$

因此,不定积分的**分部积分公式**为

$$\int u\mathrm{d}v = uv - \int v\mathrm{d}u \qquad (4.3.5)$$

式(4.3.5)表明,当积分$\int uv'\mathrm{d}x = \int u\mathrm{d}v$不易求出时,可以考虑将其中的 u 与 v 互相交换,如果所得积分$\int vu'\mathrm{d}x = \int v\mathrm{d}u$容易求出,则可利用分部积分公式(4.3.5)求出原来的不定积分$\int uv'\mathrm{d}x$.

例 26　求$\int x\cos x\mathrm{d}x$.

解　解法一　若令 $u=x$,则得

$$\int x\cos x\mathrm{d}x = \int x\mathrm{d}\sin x = x\sin x - \int\sin x\mathrm{d}x = x\sin x+\cos x+C$$

解法二　若令 $u=\cos x$,则得

$$\int x\cos x\mathrm{d}x = \int\cos x\mathrm{d}\frac{x^2}{2} = \frac{x^2}{2}\cos x + \int\frac{x^2}{2}\sin x\mathrm{d}x$$

比较后不难发现，被积函数中的幂次反而升高了，积分难度增大了，这样选择 u、v 不合适，所以在应用分部积分法时，恰当选取 u 和 v 是一个关键，选取一般要考虑以下两点：

(1) v 要容易求得；(2) $\int v\mathrm{d}u$ 比 $\int u\mathrm{d}v$ 容易积出.

注意：一般地，如果被积函数是幂函数和正(余)弦函数(或指数函数)的乘积，可用分部积分法，选幂函数为 u；如果被积函数是幂函数与对数函数(或反三角函数)的乘积，选对数函数(或反三角函数)为 u.

例 27 求下列不定积分：

(1) $\int x\ln x\mathrm{d}x$； (2) $\int \arcsin x\mathrm{d}x$； (3) $\int x^2\mathrm{e}^x\mathrm{d}x$；

解 (1)
$$\int x\ln x\mathrm{d}x = \int \ln x\mathrm{d}\frac{x^2}{2} = \frac{x^2}{2}\ln x - \int \frac{x^2}{2}\cdot\frac{1}{x}\mathrm{d}x$$
$$= \frac{x^2}{2}\ln x - \frac{1}{2}\int x\mathrm{d}x = \frac{x^2}{2}\ln x - \frac{x^2}{4} + C$$

(2)
$$\int \arcsin x\mathrm{d}x = x\arcsin x - \int x\cdot\frac{\mathrm{d}x}{\sqrt{1-x^2}}$$
$$= x\arcsin x + \sqrt{1-x^2} + C$$

(3)
$$\int x^2\mathrm{e}^x\mathrm{d}x = \int x^2\mathrm{d}\mathrm{e}^x = x^2\mathrm{e}^x - \int 2x\mathrm{e}^x\mathrm{d}x$$
$$= x^2\mathrm{e}^x - 2\int x\mathrm{d}\mathrm{e}^x = x^2\mathrm{e}^x - 2x\mathrm{e}^x + 2\int \mathrm{e}^x\mathrm{d}x = (x^2-2x+2)\mathrm{e}^x + C$$

注意：分部积分法的使用远不止上述几种函数乘积的形式. 对它的灵活运用会大大扩充其适用范围.

2. 定积分的分部积分法

设函数 $u(x)$、$v(x)$ 在区间上有连续导数，利用微积分基本公式，相应地有定积分的分部积分公式.

定理 4.3.7 若 $u(x)$，$v(x)$ 在 $[a,b]$ 上有连续的导数，则
$$\int_a^b u(x)v'(x)\mathrm{d}x = u(x)v(x)\Big|_a^b - \int_a^b v(x)u'(x)\mathrm{d}x. \tag{4.3.6}$$

式(4.3.6)称为**定积分的分部积分公式**，可简单地写作
$$\int_a^b u\mathrm{d}v = uv\Big|_a^b - \int_a^b v\mathrm{d}u \tag{4.3.7}$$

例 28 计算下列定积分：

(1) $\int_0^{\frac{1}{2}} \arcsin x\mathrm{d}x$； (2) $\int_{\frac{1}{\mathrm{e}}}^{\mathrm{e}} |\ln x|\mathrm{d}x$； (3) $\int_0^{\frac{\pi}{2}} \mathrm{e}^x\sin x\mathrm{d}x$.

解 (1)
$$\int_0^{\frac{1}{2}} \arcsin x\mathrm{d}x = x\arcsin x\Big|_0^{\frac{1}{2}} - \int_0^{\frac{1}{2}} \frac{x}{\sqrt{1-x^2}}\mathrm{d}x$$
$$= \frac{1}{2}\arcsin\frac{1}{2} + \sqrt{1-x^2}\Big|_0^{\frac{1}{2}} = \frac{\pi}{12} + \frac{\sqrt{3}}{2} - 1$$

(2)
$$\int_{\frac{1}{\mathrm{e}}}^{\mathrm{e}} |\ln x|\mathrm{d}x = \int_{\frac{1}{\mathrm{e}}}^{1} (-\ln x)\mathrm{d}x + \int_1^{\mathrm{e}} \ln x\mathrm{d}x$$

$$= -x\ln x\Big|_{\frac{1}{e}}^{1} + \int_{\frac{1}{e}}^{1}dx + x\ln\Big|_{1}^{e} - \int_{1}^{e}dx = 2\left(1-\frac{1}{e}\right)$$

(3) $$\int_0^{\frac{\pi}{2}} e^x\sin x dx = \int_0^{\frac{\pi}{2}}\sin x de^x = e^x\sin x\Big|_0^{\frac{\pi}{2}} - \int_0^{\frac{\pi}{2}} e^x\cos x dx$$

$$= e^{\frac{\pi}{2}} - \int_0^{\frac{\pi}{2}}\cos x de^x = e^{\frac{\pi}{2}} - e^x\cos x\Big|_0^{\frac{\pi}{2}} - \int_0^{\frac{\pi}{2}} e^x\sin x dx$$

$$= e^{\frac{\pi}{2}} + 1 - \int_0^{\frac{\pi}{2}} e^x\sin x dx$$

所以
$$\int_0^{\frac{\pi}{2}} e^x\sin x dx = \frac{1}{2}(e^{\frac{\pi}{2}} + 1)$$

案例 4[电能]　在电力需求的电涌时期，消耗电能的速度 r 可以近似地表示为 $r = te^{-t}$（单位：h）. 求在前 2 h 内消耗的总电量 E（单位：J）.

解　由变化率求总变量得

$$E = \int_0^2 r dt = \int_0^2 te^{-t}dt = -\int_0^2 t de^{-t}$$

$$= (-te^{-t})\Big|_0^2 - \int_0^2 e^{-t}d(-t) = -2e^{-2} - 0 - (e^{-t})\Big|_0^2 \approx 0.594\ \text{J}$$

案例 5[污染]　某工厂排出大量废气，造成了严重空气污染，于是工厂通过减产来控制废气的排放量，若第 t 年废气的排放量为 $c(t) = \dfrac{20\ln(t+1)}{(t+1)^2}$，求该厂在 $t=0$ 和 $t=5$ 年间排出的废气总量.

解　该厂在 $[t, t+\Delta t]$ 年排出的废气量（废气量微元）为 $dW = \dfrac{20\ln(t+1)}{(t+1)^2}dt$，

因此，该厂在 $t=0$ 和 $t=5$ 年间排出的总废气量为

$$W = \int_0^5 \frac{20\ln(t+1)}{(t+1)^2}dt = 20\int_0^5 \ln(t+1)d\left(-\frac{1}{t+1}\right)$$

$$= \left[-\frac{20}{t+1}\ln(t+1)\right]\Bigg|_0^5 + 20\int_0^5 \frac{1}{t+1}d\ln(t+1)$$

$$= -\frac{20}{6}\ln 6 + 20\int_0^5 \frac{1}{(t+1)^2}dt$$

$$= -\frac{20}{6}\ln 6 - 20\left(\frac{1}{t+1}\right)\Bigg|_0^5$$

$$\approx 10.6941$$

注意：换元积分法和分部积分法是求不定积分和定积分的基本方法，初等函数的积分公式组成基本积分表. “两法一表”是进行积分运算的主要依据.

习　题　4-3

1. 求下列定积分.

(1) $\int_{-1}^{1}(x^3 + x + 1)dx$；　(2) $\int_0^1 (x^2 + 2^x)dx$；　(3) $\int_0^1 \frac{x^4}{1+x^2}dx$；

(4) $\int_0^{\pi} \sin^2 \frac{x}{2} dx$;　　(5) $\int_0^{\frac{\pi}{4}} \tan^2 x dx$;　　(6) $\int_0^3 |2-x| dx$.

2. 求下列不定积分.

(1) $\int \sqrt[3]{1+2x} dx$;　　(2) $\int \frac{x}{x^2+1} dx$;　　(3) $\int \frac{\ln^5 x}{x} dx$;

(4) $\int \frac{1}{\sqrt{4-x^2}} dx$;　　(5) $\int \frac{\sqrt{x}}{1+\sqrt{x}} dx$;　　(6) $\int \frac{1}{x+\sqrt[3]{x^2}} dx$.

3. 求下列不定积分.

(1) $\int \arctan x dx$;　　(2) $\int x^2 \ln x dx$;　　(3) $\int \cos \sqrt{x} dx$.

4. [水箱积水]　设水从储蓄箱的底部以速度 $r(t)=20e^{0.04t}$(r 的单位:L/s^2;t 的单位:s;$0 \leqslant t \leqslant 5$)流出,求在前 10 s 流出的水的总量.

5. [降落问题]　若某人从飞机中跳出,在降落伞没有打开时,跳出时间 t s 时此人下落的速度为 $v(t)=\frac{g}{k}(1-e^{-kt})$,其中 $g=9.8\ m/s^2$,$k=0.25$.

(1)写出时间 t 时此人下落高度的表达式.

(2)如果此人从高出地面 6 000 m 的高空处跳下,且降落伞一直没有打开,问需要多长时间,此人将落到地面?

§4.4　定积分在几何中的应用

由定积分的定义和几何意义知,定积分可用来求曲边梯形的面积. 事实上,定积分被广泛地应用在几何、物理、经济等方面. 德国天文学家开普勒 1615 年发明的“测量酒桶体积的新科学”一文中,应用微元分析法计算出了大量复杂图形的面积和旋转体的体积,本节将用微元法讨论这些几何问题.

4.4.1　微元法

如果从实际问题中产生的量在某区间$[a,b]$上确定,当把$[a,b]$分成若干子区间后,在$[a,b]$上的量 Q 等于各个子区间上所对应的部分量 ΔQ 之和,称量 Q 对**区间$[a,b]$具有可加性**,这样就可以采用“分割、取近似、求和、取极限”的方法,即通过定积分定义将量 Q 求出.

现在来简化这个过程,一般可概括为以下两步:

第一步:分割取近似　将区间$[a,b]$细分成很多小区间,在某一小区间$[x,x+dx]$上任取一点 x,当 x 有增量 Δx($\Delta x=dx$)时,相应地量 $Q=Q(x)$就有增量 ΔQ,它是 Q 分布在子区间$[x,x+dx]$上的部分量 ΔQ,ΔQ 的近似表达式可为

$$\Delta Q \approx f(x) dx$$

$f(x)dx$ 称为所求量 Q **微元**(元素),记为 $dQ=f(x)dx$.

第二步:求和取极限　将所有小区间上的部分量 ΔQ 加起来,则 $Q=\sum \Delta Q$,根据定积分定义,微元 $f(x)dx$ 在区间$[a,b]$上的定积分即为所求量 Q,即

$$Q=\int_a^b f(x) dx$$

这种方法称为**微元法**.

引例 1[由变化率求总改变量]　一般的,假设 $F'(x)$ 是某一相对于自变量 x 的变化率,则在 $[x,x+\Delta x]$ 上,由微分与导数的关系,得微元为 $\mathrm{d}F(x)=F'(x)\mathrm{d}x$,则由微元法得,从 $x=a$ 到 $x=b$ 的总变化量为

$$F(a)-F(b)=\int_a^b F'(x)\mathrm{d}x$$

4.4.2　平面图形的面积

引例 2[曲边梯形的面积]　由定积分的几何意义知道:如果函数 $f(x)$ 在区间 $[a,b]$ 上连续,并且 $f(x)\geqslant 0$. 则由曲线 $y=f(x)$ 及直线 $x=a,x=b,y=0$ 所围成的曲边梯形(见图 4-13)的面积为

$$S=\int_a^b f(x)\mathrm{d}x \tag{4.4.1}$$

设函数 $f(x),g(x)$ 在区间 $[a,b]$ 上连续,且 $f(x)\geqslant g(x)$,求曲线 $y=f(x),y=g(x)$ 及直线 $x=a,x=b$ 所围成的平面图形的面积 S(见图 4-14).

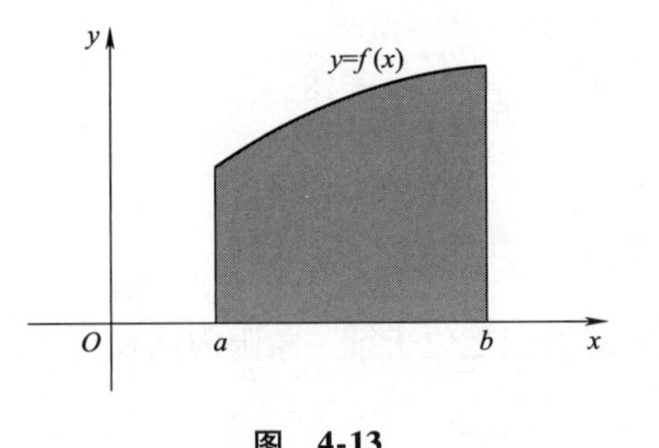

图　4-13

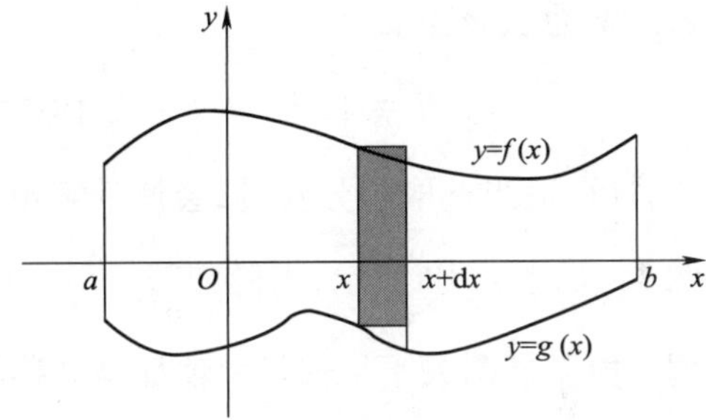

图　4-14

用元素法求它的面积.

(1)取横坐标 x 为积分变量,$x\in[a,b]$.

(2)在区间 $[a,b]$ 上任取一小区间 $[x,x+\mathrm{d}x]$,该区间上的小曲边梯形面积可用高为 $f(x)-g(x)$,底为 $\mathrm{d}x$ 的矩形的面积近似代替. 因此面积元素为 $\mathrm{d}s=[f(x)-g(x)]\mathrm{d}x$.

(3)将 $\mathrm{d}s=[f(x)-g(x)]\mathrm{d}x$ 在区间 $[a,b]$ 上积分,即得所求平面图形的面积

$$S=\int_a^b [f(x)-g(x)]\mathrm{d}x \tag{4.4.2}$$

类似地,由曲线 $x=\varphi(y),x=\psi(y)$,且 $\varphi(y)\geqslant\psi(y)$ 及直线 $y=c,y=d$ 所围成的平面图形(见图 4-15)面积为

$$S=\int_c^d [\varphi(y)-\psi(y)]\mathrm{d}y \tag{4.4.3}$$

特别地,当 $\psi(y)=0$ 时,得到由曲线 $x=\varphi(y)$ 与直线 $y=c,y=d$ 及 y 轴所围成的曲边梯形的面积

$$S=\int_c^d \varphi(y)\mathrm{d}y \tag{4.4.4}$$

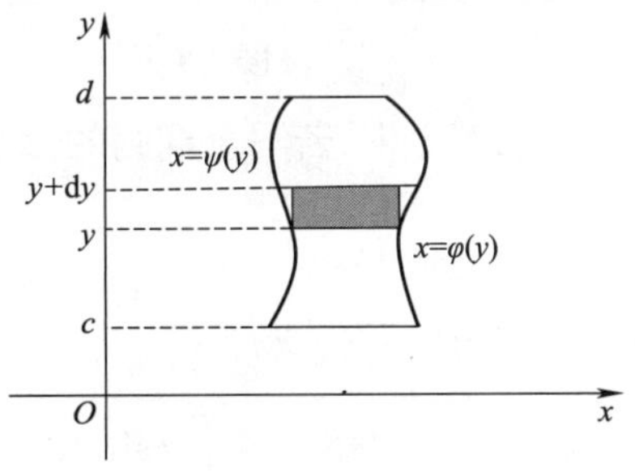

图　4-15

例 1　求由两条抛物线 $y=\sqrt{x},y=x^2$ 所围图形(见图 4-16)的面积.

解 联立

$$\begin{cases} y = \sqrt{x} \\ y = x^2 \end{cases}$$

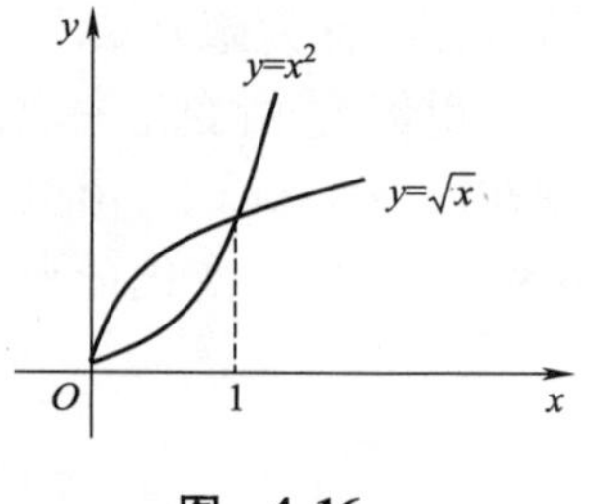

图 4-16

解得 $x=0$ 及 $x=1$.

所围面积为

$$S = \int_0^1 (\sqrt{x} - x^2)\,\mathrm{d}x = \left(\frac{2}{3}x^{\frac{3}{2}} - \frac{1}{3}x^3\right)\Bigg|_0^1 = \frac{1}{3}$$

例 2 求由抛物线 $y^2=2x$ 与直线 $y=x-4$ 所围图形(见图 4-17)的面积.

解 联立方程 $\begin{cases} y^2 = 2x \\ y = x-4 \end{cases}$,解之得曲线与直线的交点 $(2,-2)$ 和 $(8,4)$.

以 x 为积分变量,则所求面积为

$$S = \int_0^2 [\sqrt{2x} - (-\sqrt{2x})]\,\mathrm{d}x + \int_2^8 [\sqrt{2x} - (x-4)]\,\mathrm{d}x$$

$$= 2\sqrt{2}\cdot\frac{2}{3}x^{\frac{3}{2}}\Bigg|_0^2 + \left(\sqrt{2}\,\frac{2}{3}x^{\frac{3}{2}} - \frac{x^2}{2} + 4x\right)\Bigg|_2^8 = 18$$

若以 y 为积分变量,则

$$S = \int_{-2}^4 \left(y + 4 - \frac{y^2}{2}\right)\mathrm{d}y = \left(\frac{y^2}{2} + 4y - \frac{y^3}{6}\right)\Bigg|_{-2}^4 = 18$$

从例 2 看出,适当选取积分变量,会使计算更简便.

例 3 如图 4-18 所示,求椭圆 $\frac{x^2}{a^2} + \frac{y^2}{b^2} = 1$ 的面积.

解 由于椭圆关于 x 轴与 y 轴都是对称的,故它的面积是位于第一象限内面积的 4 倍.

$$S = 4\int_0^a y\,\mathrm{d}x = 4\int_0^a \frac{b}{a}\sqrt{a^2 - x^2}\,\mathrm{d}x$$

$$= \frac{4b}{a}\left(\frac{x}{2}\sqrt{a^2 - x^2} + \frac{a^2}{2}\arcsin\frac{x}{a}\right)\Bigg|_0^a = \pi ab$$

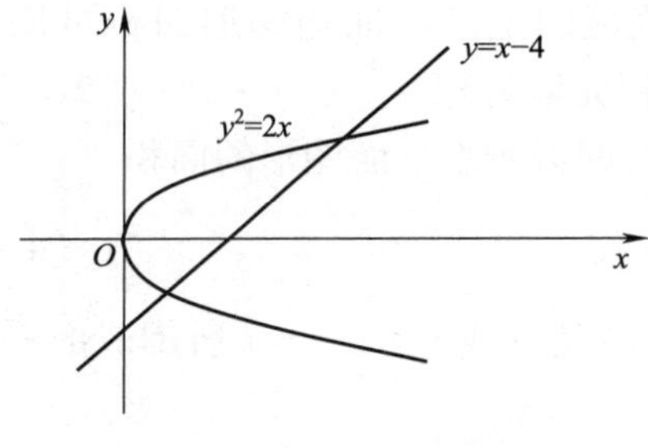

图 4-17

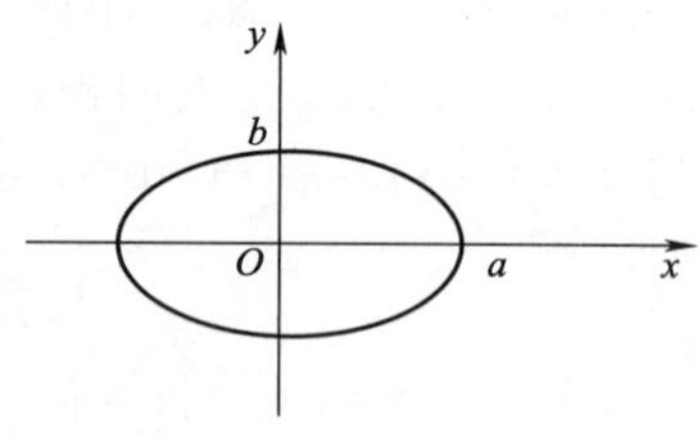

图 4-18

在例 3 中,若写出椭圆的参数方程

$$\begin{cases} x = a\cos t \\ y = b\sin t \end{cases} \quad (0 \leqslant t \leqslant 2\pi)$$

应用换元公式得

$$S = 4\int_{\frac{\pi}{2}}^0 b\sin t(-a\sin t)\,\mathrm{d}t = 4ab\int_0^{\frac{\pi}{2}} \sin^2 t\,\mathrm{d}t = 4ab\cdot\frac{\pi}{4} = \pi ab$$

一般地,若曲线由参数方程

$$\begin{cases} x=\varphi(t) \\ y=\psi(t) \end{cases} \quad (\alpha \leqslant t \leqslant \beta)$$

给出，其中 $\varphi(t)$，$\psi(t)$ 及 $\varphi'(t)$ 在 $[\alpha,\beta]$ 上连续，记 $\varphi(\alpha)=a$，$\varphi(\beta)=b$，则由此曲线与两直线 $x=a$，$x=b$ 及 x 轴所围图形的面积为

$$S=\int_{\alpha}^{\beta}|\psi(t)|\psi'(t)\,\mathrm{d}t$$

例 4[窗户的面积]　某一窗户的顶部设计为弓形，上方曲线为抛物线，下方为直线，如图 4-19 所示，求此窗户上部的面积.

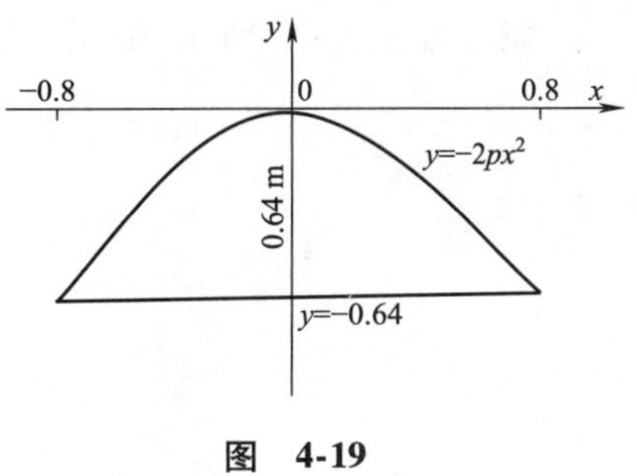

图　4-19

解　建立直角坐标系如图 4-19 所示，即抛物线方程为 $y=-2px^2$，因为它过点 $(0.8,-0.64)$，所以 $p=\dfrac{1}{2}$，即抛物线方程为 $y=-x^2$. 此图形的面积实际上是由曲线 $y=-x^2$ 与直线 $y=-0.64$ 所围成的面积，面积微元为

$$\mathrm{d}S=[-x^2-(-0.64)]\mathrm{d}x$$

$$S=\int_{-0.8}^{0.8}[-x^2-(-0.64)]\mathrm{d}x=\left(-\frac{2}{3}x^3+0.64x\right)\Bigg|_{-0.8}^{0.8}\approx 0.683$$

故窗户上部的面积为 $0.683\ \mathrm{m}^2$.

4.4.3　旋转体的体积

旋转体是由一个平面图形绕该平面内一条直线旋转一周而成的立方体，这条直线称为**旋转轴**. 圆柱、圆锥、圆台、球体等都可以看作旋转体. 生活中的花瓶、盆、碗、桶等都是旋转体.

由连续曲线 $y=f(x)$、直线 $x=a$、$x=b$ 以及 x 轴所围成的曲边梯形绕 x 轴旋转一周而成的旋转体，如图 4-20 所示. 由于过 $x(a\leqslant x\leqslant b)$，且垂直于 x 轴的截面是半径等于 $f(x)$ 的圆，截面面积为

$$S(x)=\pi[f(x)]^2$$

故所求旋转体的体积为

$$V=\pi\int_a^b[f(x)]^2\mathrm{d}x \tag{4.4.5}$$

类似地，由连续曲线 $x=\varphi(y)$、直线 $y=c$、$y=d$ 以及 y 轴所围成曲边梯形绕 y 轴旋转一周而成的旋转体，如图 4-21 所示，其体积为

$$V=\pi\int_c^d[\varphi(y)]^2\mathrm{d}y \tag{4.4.6}$$

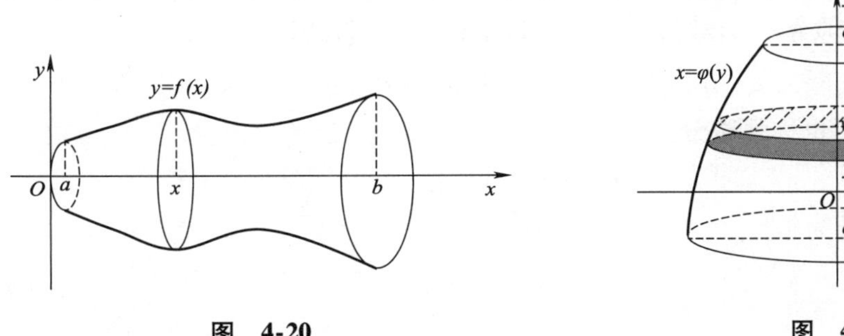

图　4-20

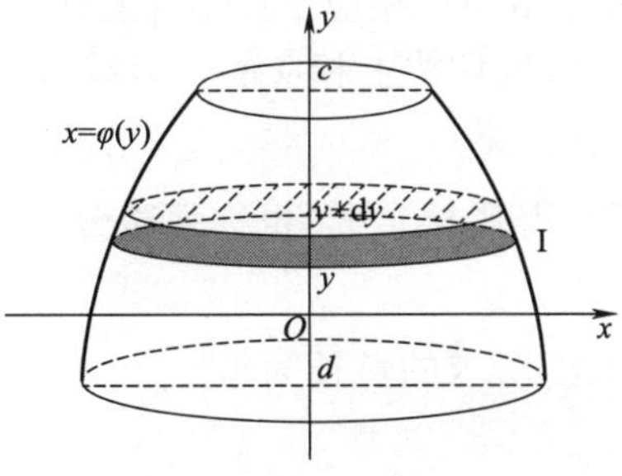

图　4-21

例 5　求底面半径为 r，高为 h 的正圆锥体的体积.

解 该圆锥体可看作由直线 $y=\frac{r}{h}x, x\in[0,h]$ 绕 x 轴旋转一周而成(见图 4-22),

所以体积
$$V=\pi\int_0^h\left(\frac{r}{h}x\right)^2\mathrm{d}x=\frac{\pi r^2}{h^2}\cdot\frac{x^3}{3}\bigg|_0^h=\frac{\pi}{3}r^2h$$

例 6 求由曲线 $y=\sqrt{x}$,直线 $x=1$ 及 x 轴所围成的图形绕 x 轴旋转一周所形成旋转体的体积.

解 如图 4-23 所示,根据求旋转体的体积公式,得
$$V_x=\int_0^1\pi(\sqrt{x})^2\mathrm{d}x=\pi\int_0^1 x\mathrm{d}x=\pi\frac{x^2}{2}\bigg|_0^1=\frac{\pi}{2}$$

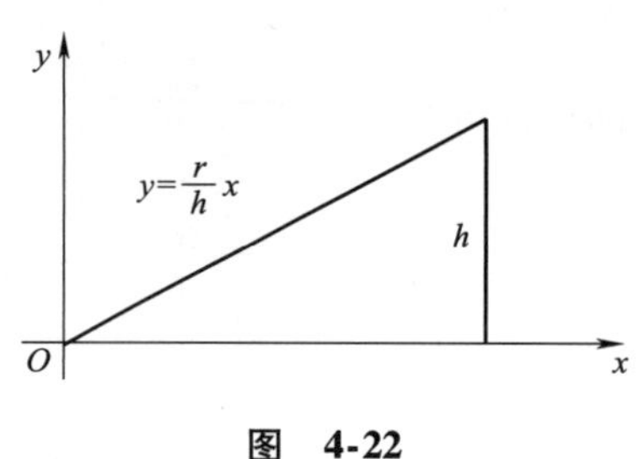

图 4-22

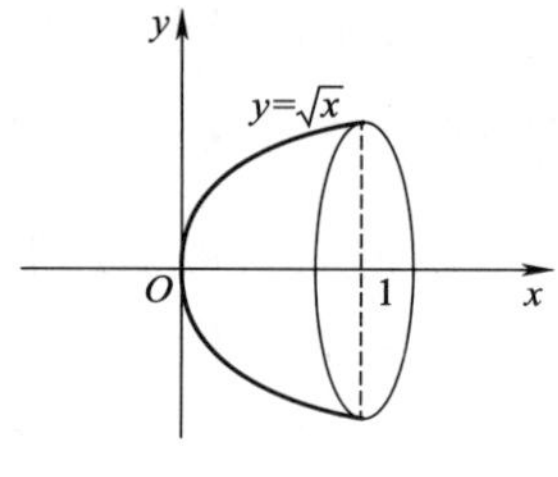

图 4-23

例 7[椭球体的体积] 求由椭圆 $\frac{x^2}{a^2}+\frac{y^2}{b^2}=1$ 绕 x 轴旋转而产生的旋转体的体积.

解 这个旋转椭球体可看作由半个椭圆
$$y=\frac{b}{a}\sqrt{a^2-x^2}$$
绕 x 轴旋转一周而成. 所以它的体积
$$V=\pi\int_{-a}^{a}\left(\frac{b}{a}\sqrt{a^2-x^2}\right)^2\mathrm{d}x=\frac{2\pi b^2}{a^2}\int_0^a(a^2-x^2)\mathrm{d}x=\frac{4}{3}\pi ab^2$$

特别的,当 $a=b=r$ 时,半径为 r 的球体体积 $V_{球}=\frac{4}{3}\pi r^3$.

4.4.4 平面曲线的弧长

设有一曲线弧段 $\widehat{AB}$,它的方程是 $y=f(x), x\in[a,b]$. 如果 $f(x)$ 在 $[a,b]$ 上有连续的导数,则称弧段 $\widehat{AB}$ 是**光滑**的,试求这段光滑曲线的长度.

应用定积分的微元法,来推导出弧长计算公式. 如图 4-24 所示,取 x 为积分变量,其变化区间为 $[a,b]$. 相应于 $[a,b]$ 上任一子区间 $[x,x+\mathrm{d}x]$ 的一段弧的长度,可以用曲线在点 $(x,f(x))$ 处切线上相应的一直线段的长度来近似代替,这直线段的长度为
$$\sqrt{(\mathrm{d}x)^2+(\mathrm{d}y)^2}=\sqrt{1+y'^2}\mathrm{d}x$$
于是得弧长元素(也称**弧微分**)
$$\mathrm{d}s=\sqrt{1+y'^2}\mathrm{d}x$$
因此,所求的弧长为
$$s=\int_a^b\sqrt{1+y'^2}\mathrm{d}x \tag{4.4.7}$$

例 8[悬链线的长度] 图 4-25 所示曲线的函数为 $y=\frac{\mathrm{e}^x+\mathrm{e}^{-x}}{2}$,这一曲线称为悬链线,求

此悬链线从 $x=0$ 到 $x=a$ 一段的弧长.

解　将 $y'=\dfrac{e^x-e^{-x}}{2}$ 代入式(4.4.7),得

$$s=\int_0^a\sqrt{1+y'^2}\,dx=\int_0^a\frac{e^x+e^{-x}}{2}dx=\frac{e^a-e^{-a}}{2}$$

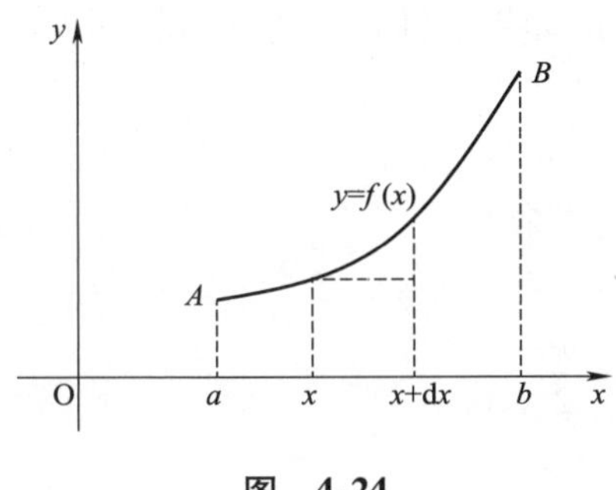

图　4-24

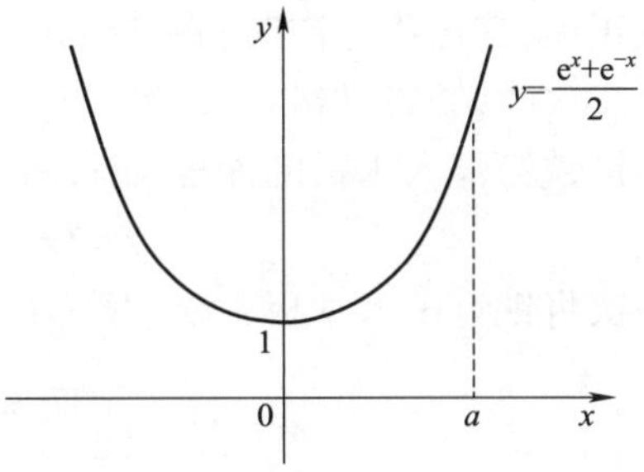

图　4-25

习　题　4-4

1. 求下列曲线所围成的平面图形的面积.

(1) $y=x^2, y=2x$;　(2) $y=\sin x, y=\cos x, x=0, x=\dfrac{\pi}{2}$.

2. [旋转体体积]　求下列曲线所围成的图形按指定的轴旋转所产生的旋转体的体积.

(1) $y=x^2$ 和 x 轴、$x=1$ 所围成的图形,绕 x 轴旋转;

(2) $y=x^2$ 和 x 轴、$x=1$ 所围成的图形,绕 y 轴旋转.

3. [曲线弧长]　计算曲线 $y=\ln x$ 上相应于 $\sqrt{3}\leqslant x\leqslant\sqrt{8}$ 的一段弧的长度.

4. 设曲线 $y=-x-x^2$ 与直线 $y=ax$ 所围成的图形的面积为 $\dfrac{9}{2}$,求 a 的值.

§4.5　定积分在物理中的应用

从物理学知道,若物体在做直线运动的过程中一直受与运动方向一致的常力 F 的作用,则当物体有位移 s 时,力 F 所做的功为

$$W=Fs$$

4.5.1　变力沿直线做功

如果做直线运动的物体在运动的过程中所受的力是变化的,如图 4-26 所示,设物体所受的力 F 与移动的位移 x 之间满足 $F=F(x)$,求此力将物体从 $x=a$ 移动至 $x=b$ 所做的功.

变力 $\boldsymbol{F}$ 在相应于 $[a,b]$ 的任一子区间 $[x,x+dx]$ 上所做的功可视为常力做功,则可以把 $F(x)$ 看作物体经过这一子区间时所受的力. 因此功元素为

$$dW=F(x)\,dx$$

所以当物体沿 x 轴从 $x=a$ 移动至 $x=b$ 时,作用在其上的力 $F=F(x)$ 所做的功为

$$W=\int_a^b F(x)\,dx$$

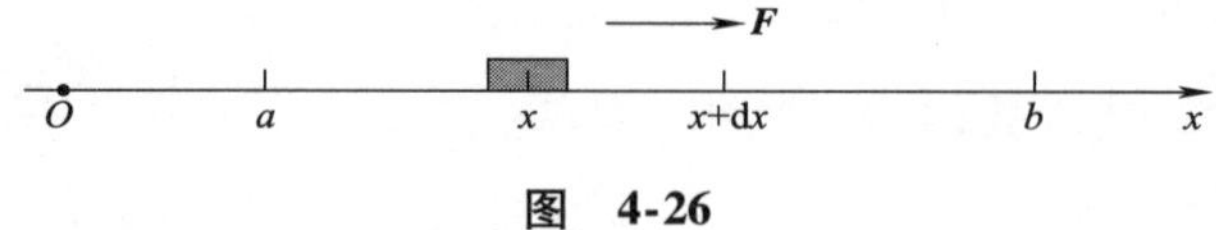

图 4-26

例 1［打击木板做功］ 用铁锤将铁钉击入木板. 设木板对铁钉的阻力与铁钉击入木板的深度成正比，在击第一次时，将铁钉击入木板 1 cm，如果铁锤每次打击铁钉所做的功相等，问锤击第二次时，铁钉又击入多少？

解 设铁钉击入木板的深度为 x，所受阻力

$$f=kx \quad (k \text{ 为比例常数})$$

铁锤第一次将铁钉击入木板 1 cm，所做的功为

$$W=\int_0^1 kx\mathrm{d}x=\frac{k}{2}$$

由于第二次锤击铁钉所做的功与第一次相等，故有

$$\int_1^x kt\mathrm{d}t=\frac{k}{2}$$

其中 $x>1$ 为两锤共将铁钉击入木板的深度. 上式即

$$\frac{k}{2}(x^2-1)=\frac{k}{2}$$

解之得 $x=\sqrt{2}$，所以第二锤将铁钉击入木板的深度为$\sqrt{2}-1$ cm.

4.5.2 压 力

由物理学知道，在液体深处为 h 处的压强为 $p=\rho h$，这里 ρ 是液体的密度，如果有一面积为 S 的平板平行于水面地放置在某液体深为 h 处，那么平板一侧所受的液体的压力为 $F=pS$.

例 2［水闸门所受的压力］ 有一圆柱形大蓄水池，直径为 20 m，高为 30 m，池中盛水半满（即水深 15 m）. 求将水从池口全部抽出所做的功.

解 建立坐标系如图 4-27 所示. 水深区间为［15，30］. 相应于［15，30］的任一子区间［x，$x+\mathrm{d}x$］的水层，其高度为 $\mathrm{d}x$，水的密度为 $\rho=10^3$ kg/m^3，$g=9.8$ N/kg，所以功元素为

$$\mathrm{d}W=\rho g\pi r^2x\mathrm{d}x$$

从而所做的功为

$$W=\int_{15}^{30}\rho g\pi r^2x\mathrm{d}x=\rho g\pi r^2\int_{15}^{30}x\mathrm{d}x$$

$$=10^3\times9.8\pi\times10^2\left(\frac{x^2}{2}\right)\Bigg|_{15}^{30}=1.039\times10^9\text{J}$$

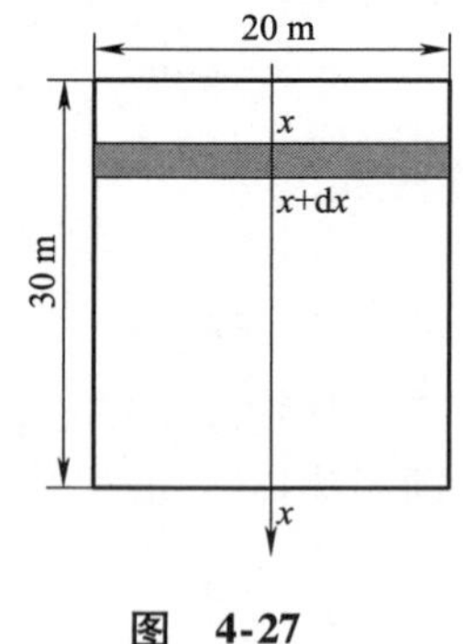

图 4-27

定积分在物理中的应用十分广泛，如在计算物体的质量、静力矩与重心、液体压力、两质点的引力等问题，都可以应用微元法分析处理. 各种实例不胜枚举，重要的是通过学习，能熟练地运用这种方法，以不变应万变.

习 题 4-5

1.［做功］ 由实验知道，弹簧在拉伸过程中，需要的力 F（单位：N）与伸长量（单位：cm）

成正比，即 $F=ks$（k 是比例常数）. 如果把弹簧由原长拉伸 6 cm，计算所做的功.

2. [拉力做功]　一根长 28 m、质量为 20 kg 的匀质链条被悬挂于一建筑物顶部，问需要做多大的功才能把这一条链条全部拉上建筑物顶部？

3. [电烙铁的电能]　一个 220 V、75 W 的电烙铁的电压为 $u(t)=220\sqrt{2}\sin(100\pi t)$ V，求：(1) 电烙铁的电流和平均功率；(2) 电烙铁使用 20 h 消耗的电能.

4. [水压力]　有一等腰梯形的闸门，它的两条底边各长 10 m 和 6 m，较长的底边与水面相齐. 计算闸门的一侧所受的水的压力.

§4.6　定积分在经济中的应用

定积分在经济上有着广泛的应用. 前面介绍了由某一经济函数求它的边际函数是求导运算，在实际应用中也有相反的问题，即已知边际函数，需要考虑对应的经济函数，这就是积分运算.

4.6.1　已知边际函数求总函数

由于总函数（如总成本、总收益、总利润等）的导数就是边际函数（如边际成本、边际收益、边际利润等），当已知初始条件时，即可用定积分求出总量函数. 在经济活动中经常遇到求总量问题，一般有一下几类：

(1) 已知某产品的边际成本为 $C'(x)$（x 表示产量），固定成本为 $C(0)$，则总成本函数为

$$C(x)=\int_0^x C'(x)\,\mathrm{d}x+C(0)$$

累计产量 x 从 a 到 b 的总成本为 $\Delta C=C(b)-C(a)=\int_a^b C'(x)\,\mathrm{d}x$.

(2) 已知某产品的边际收入为 $R'(x)$（x 表示销量），则销售 x 个单位的总收入为函数

$$R(x)=\int_0^x R'(x)\,\mathrm{d}x$$

累计销售量 x 从 a 到 b 的总收入为 $\Delta R=R(b)-R(a)=\int_a^b R'(x)\,\mathrm{d}x$.

(3) 总利润等于总收入减去总成本，记总利润为 $L=L(x)$，则 $L(x)=R(x)-C(x)$，若已知边际收入为 $R'(x)$，边际成本为 $C'(x)$，则

$$L(x)=R(x)-C(x)=\int_0^x[R'(x)-C'(x)]\,\mathrm{d}x-C(0)$$

累计产量 x 从 a 到 b 所获得的总利润为

$$\Delta L=\int_a^b[R'(x)-C'(x)]\,\mathrm{d}x$$

4.6.2　已知边际函数求总函数在区间上的增量

边际成本、边际收入、边际利润以及产量 x 的变化区间 $[a,b]$ 上的增量（改变量）等于各边际函数在区间 $[a,b]$ 上的定积分.

$$\Delta C = C(b) - C(a) = \int_a^b C'(x)\mathrm{d}x$$

$$\Delta R = R(b) - R(a) = \int_a^b R'(x)\mathrm{d}x$$

$$\Delta L = L(b) - L(a) = \int_a^b L'(x)\mathrm{d}x$$

4.6.3 已知边际函数求总函数的最值

设边际收入为 $R'(x)$，边际成本为 $C'(x)$，固定成本为 $C(0)$，则总利润函数为

$$L(x) = R(x) - C(x)$$

当 $L'(x) = 0$，即 $R'(x) = C'(x)$ 时，$x = x_0$，利润最大，且最大利润为

$$L(x_0) = \int_0^{x_0} [R'(x) - C'(x)]\mathrm{d}x - C(0)$$

案例 1[求总函数]　已知生产某种产品 q（单位：百件）的边际成本为 $C'(q) = 2 + \frac{1}{2}q$（万元/百件），边际收益为 $R'(q) = 5 - \frac{1}{4}q$（万元/百件），且固定成本 $C_0 = 2$ 万元，求：

（1）总成本函数 $C(q)$，总收益 $R(q)$，总利润 $L(q)$；

（2）当生产量由 10 百件增加到 15 百件时，平均成本、平均收益、平均利润是多少？

分析： 已知边际成本 $C'(q)$，边际收益 $R'(q)$，如果固定成本记为 C_0，$R(0) = 0$，则总成本和总收益分别为

$$C(q) = \int_0^q C'(t)\mathrm{d}t + C_0$$

$$R(q) = \int_0^q R'(t)\mathrm{d}t$$

因此，总利润函数 $L(q)$ 为

$$L(q) = R(q) - C(q) = \int_0^q [R'(t) - C'(t)]\mathrm{d}t - C_0$$

当 q 由 a 增加到 b 时，总成本和总收益的平均变化率分别为

$$\overline{C}(q) = \frac{1}{b-a}\int_a^b C'(q)\mathrm{d}q$$

$$\overline{R}(q) = \frac{1}{b-a}\int_a^b R'(q)\mathrm{d}q$$

于是，总利润的平均变化率 $\overline{L}(q)$ 为

$$\overline{L}(q) = \frac{1}{b-a}\int_a^b [R'(q) - C'(q)]\mathrm{d}q$$

解　（1）由题意

$$C(q) = \int_0^q \left(2 + \frac{1}{2}t\right)\mathrm{d}t + 2 = \left(2t + \frac{1}{4}t^2\right)\Big|_0^q + 2 = 2q + \frac{1}{4}q^2 + 2\ (\text{万元/百件})$$

$$R(q) = \int_0^q \left(5 - \frac{1}{4}t\right)\mathrm{d}t = \left(5t - \frac{1}{8}t^2\right)\Big|_0^q = 5q - \frac{1}{8}q^2\ (\text{万元/百件})$$

$$L(q) = 5q - \frac{1}{8}q^2 - \left(2q + \frac{1}{4}q^2 + 2\right) = 3q - \frac{3}{8}q^2 - 2\ (\text{万元/百件})$$

(2) $\overline{C}(q) = \frac{1}{15-10}\int_{10}^{15}\left(2+\frac{1}{2}t\right)\mathrm{d}t = \frac{1}{5}\left(2t+\frac{1}{4}t^2\right)\bigg|_{10}^{15} = \frac{33}{4}$ (万元／百件)

$\overline{R}(q) = \frac{1}{15-10}\int_{10}^{15}\left(5-\frac{1}{4}t\right)\mathrm{d}t = \frac{1}{5}\left(5t-\frac{1}{8}t^2\right)\bigg|_{10}^{15} = \frac{15}{8}$ (万元／百件)

案例 2[利润问题]　已知某种产品销售总利润函数 $L(q)$(单位:万元)的变化率为

$$L'(q) = \frac{25}{2} - \frac{q}{80}\quad (q \geqslant 0)$$

求:(1)销售 40 台时的总利润.

(2)销售出 60 台时,前 30 台平均利润和后 30 台的平均利润.

(3)销售多少台时利润最大,最大利润是多少?

解　(1) $L(40) = \int_0^{40}\left(\frac{25}{2}-\frac{q}{80}\right)\mathrm{d}q = \left(\frac{25}{2}q - \frac{q^2}{160}\right)\bigg|_0^{40} = 490$ (万元)

(2)前 30 台平均利润为

$$\overline{L_1}(q) = \frac{1}{30}\int_0^{30}\left(\frac{25}{2}-\frac{q}{80}\right)\mathrm{d}q = \frac{1}{30}\left(\frac{25}{2}q - \frac{q^2}{160}\right)\bigg|_0^{30} = 12.3125 \text{ (万元)}$$

后 30 台平均利润为

$$\overline{L_2}(q) = \frac{1}{30}\int_{30}^{60}\left(\frac{25}{2}-\frac{q}{80}\right)\mathrm{d}q = \frac{1}{30}\left(\frac{25}{2}q - \frac{q^2}{160}\right)\bigg|_{30}^{60} = 11.9375 \text{ (万元)}$$

(3)令 $L'(q) = \frac{25}{2} - \frac{q}{80} = 0$,得 $q = 1\,000$ 台,又

$$L''(q) = -\frac{1}{80} < 0$$

所以当 $q = 1\,000$ 台时利润最大.

最大利润为 $L(q) = \int_0^{1\,000}\left(\frac{25}{2}-\frac{q}{80}\right)\mathrm{d}q = \left(\frac{25}{2}q - \frac{q^2}{160}\right)\bigg|_0^{1\,000} = 6\,250$ (万元)

案例 3[最大利润]　某产品的边际成本函数 $C(x) = 0.5x + 6$(单位:万元/t),固定成本为 $C(0) = 5$(单位:万元),边际收入函数 $R'(x) = 12 - x$(单位:万元/t),求:

(1)产量为多少吨时利润最大? 最大利润是多少?

(2)从利润最大时再生产 1 t,总利润如何变化?

解　(1)总利润函数为 $L(x) = R(x) - C(x)$,欲求最大利润,只需求出 $L(x)$ 的最大值即可. 因为 $L'(x) = R'(x) - C'(x)$,令 $L'(x) = 0$,即 $R'(x) = C'(x)$,即 $12 - x = 0.5x + 6$,解之得唯一驻点为 $x = 4$,因最大利润必定存在且驻点唯一,所以 $x = 4$ 必定是最大值点,因此 $x = 4$ 时利润最大,最大利润为

$$\begin{aligned} L(4) &= R(4) - C(4) = \int_0^4 [R'(x) - C'(x)]\mathrm{d}x - C(0) \\ &= \int_0^4 [(12 - x) - (0.5x + 6)]\mathrm{d}x - 5 \\ &= \int_0^4 (6 - 1.5x)\mathrm{d}x - 5 = 7 \text{ (万元)} \end{aligned}$$

4.6.4　求函数的平均值

引例[耗电量]　设 $C(t)$(单位:°/天)为某城市第 t 天的耗电量,对应于 2001 年 1 月

1 日，则 $\int_0^{365} C(t)\,\mathrm{d}t$ 表示该城市前 365 天的总耗电量，那么 $\frac{1}{365}\int_0^{365} C(t)\,\mathrm{d}t$ 表示前 365 天的日平均耗电量，即前 365 天的日平均耗电量 = 前 365 天的总耗电量/总天数.

定义 4.6.1 数

$$\bar{y} = \frac{1}{b-a}\int_a^b f(x)\,\mathrm{d}t$$

表示连续曲线 $y=f(x)$ 在区间 $[a,b]$ 上的平均高度，即是函数 $y=f(x)$ 在区间 $[a,b]$ 上的平均值.

案例 4［交流电的平均功率］ 在电机、电器上常会标有功率、电流、电压的数字. 如电机上标有功率 2.8 kW，电压 380 V，在灯泡上标有 4 W、220 V 等，这些数字表明交流电在单位时间内所做的功以及交流电压，但是交流电流、电压的大小和方向都随时间做周期性的变化，怎样确定交流电的功率、电流、电压呢？

1. 直流电的平均功率

平均功率又称有功功率（active power），由电工学知，电流在单位时间所做的功称为电流的功率 P，即

$$P=\frac{W}{t}$$

直流电通过电阻 R，消耗在电阻 R 上的功率（即单位时间内消耗在电阻 R 上的功）是

$$P=I^2R$$

其中 I 为电流，因直流电流大小和方向不变，所以 I 是常数，因此功率 P 也是常数，若要计算经过时间 t 消耗在电阻上的功，则有

$$W=Pt=I^2Rt$$

2. 交流电的平均功率

对于交流电，因交流电流 $i=i(t)$ 不是常数，因此通过电阻 R 所消耗的功率 $P(t)=i(t)^2R$ 也随时间而变，由于交流电随时间 t 在不断变化，因此所求的功 W 是一个非均匀分布的量，可以用定积分表示.

交流电虽然在不断变化，但在很短的时间间隔内，可以近似地认为是不变的（即近似地看作直流电），因此在 $\mathrm{d}t$ 时间内对 $i=i(t)$ 以常代变，可得到功微元：

$$\mathrm{d}W=Ri^2(t)\,\mathrm{d}t$$

在时间区间 $[t_0,t]$ 内电阻元件的热量 q，也就是这段时间内吸收（消耗）的电能 W 为

$$W=\int_{t_0}^{t} Ri^2(t)\,\mathrm{d}t=\int_{t_0}^{t}\frac{u^2(t)}{R}\mathrm{d}t$$

在一个周期 T 内消耗的功率为

$$W=\int_0^T Ri^2(t)\,\mathrm{d}t=\int_0^T\frac{u^2(t)}{R}\mathrm{d}t$$

因此，交流电的平均功率为 $\overline{P}=\frac{W}{T}=\frac{1}{T}\int_0^T Ri^2(t)\,\mathrm{d}t=\int_0^T\frac{u^2(t)}{R}\mathrm{d}t$

习 题 4-6

1.［求总函数］ 某产品的产量为 x（单位：百台）时总成本函数 $C(x)$（单位：万元）的边

际成本函数 $C'(x)=0.5x+1$(单位:万台/百台),总收益函数的边际收入函数 $R'(x)=7-0.5x$(单位:万台/百台),固定成本 2 万元(设产量等于销售),求:

(1)总利润函数 $L(x)$ 及最大总利润 L;

(2)从利润最大时再生产 100 台,总利润的改变量.

2. [平均销售量]　一家快餐连锁店在广告后第 t 天销售的快餐数量由下式给出:

$$S(t)=20-10e^{-0.1t}$$

求该快餐连锁店广告后第一周内的日平均销售量.

3. [最大利润]　某产品的产量为 x(单位:百台)时的总成本函数 $C(x)$(单位:万元)的边际成本函数为 $C'(x)=0.5x+1$(单位:万元/百台),总收入函数的边际收入函数为 $R'(x)=7-0.5x$(单位:万元/百台),固定成本为 2 万元(设产量等于销量),求:

(1)总利润函数 $L(x)$ 及最大利润 L;(2)从利润最大时开始再生产 100 台的总利润的改变量.

§4.7　数学建模与数学实验 MATLAB 在积分学中的应用

4.7.1　实验目的

应用 MATLAB 求不定积分和定积分.

4.7.2　主要命令

(1)调用函数:int(f):求表达式 f 关于 x(或最接近的字母 x)的不定积分.

(2)格式:int(f,x)　　　　% 求表达式 f 关于 x 的不定积分.

(3)格式:int(f,x,a,b)　　　% 求表达式 f 关于 x 在区间 $[a,b]$ 上的定积分

4.7.3　实验任务

求不定积分、定积分,用定积分的计算求面积、体积.

例 1　求不定积分

$$\int \frac{1}{\cos^2 x \sin^2 x}dx$$

输入命令:

```
syms x;                          % 生成符号变量 x
y=1/(cos(x))^2* (sin(x))^2;      % 输入目标函数
f=int(y,x)                       % 求不定积分
fplot(f,[ -4,4])                 % 画出不定积分在区间[ -4,4]上的函数图像
```

输出结果:

```
f=-2* cot(2* x) +c
```

积分后的函数图像如图 4-28 所示.

说明:因为

$$\cot(2x)=\frac{1-\tan^2 x}{2\tan x}$$

所以,得到

$$-2\cot(2x)=-2\frac{1-\tan^2 x}{2\tan x}=\frac{\tan^2 x-1}{\tan x}=\tan x-\cot x$$

例 2 计算下列函数的定积分

$$\int_0^2 x\sqrt{4-x^2}\,dx$$

输入命令:

```
syms x;                      % 定义符号变量
f = x* sqrt((4 - x^2));      % 定义目标函数
int(f,x,0,2)                 % 求解函数在[0,2]上的定积分
fplot(f,[ -2,2])             % 函数在[ -2,2]上的图像
```

输出结果:

```
ans = 8/3
```

关于 $f(x)$ 的函数图像如图 4-29 所示.

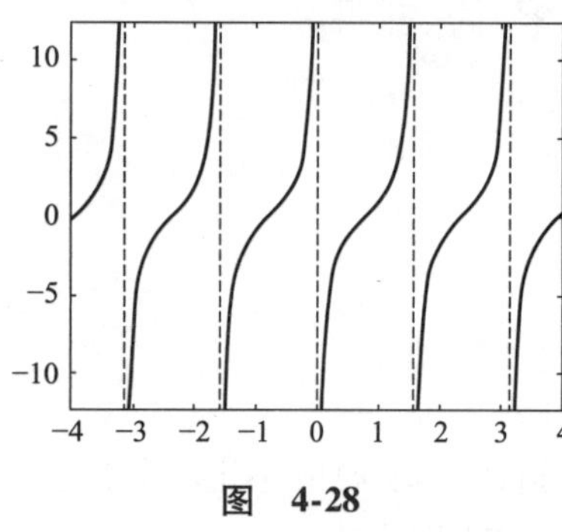

图 4-28

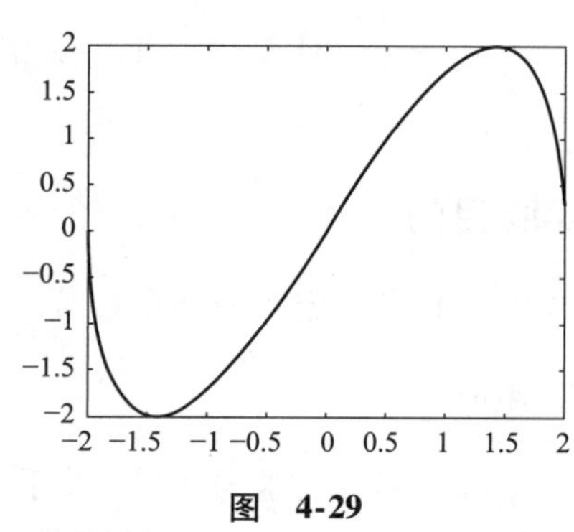

图 4-29

例 3 计算由函数 $f(x)=e^x$ 和函数 $g(x)=\sin x$ 在 $[0,\pi]$ 上所围成的面积.

输入画图命令:

```
x = 1:0.01:pi;               % 定义 x 的取值
f = exp(x);                  % 输入函数 f(x)的表达式
g = sin(x);                  % 输入函数 g(x)的表达式
plot(x, f,x,g)               % 作出 f(x)和 g(x)的函数图像
```

输入求积分命令:

```
syms x;
f = y1 - y2;
res_int = int(f,x,0,pi);
disp(res_int);
```

输出结果:

```
exp(pi) - 3
```

$f(x)$ 和 $g(x)$ 所围成的图形如图 4-30 所示.

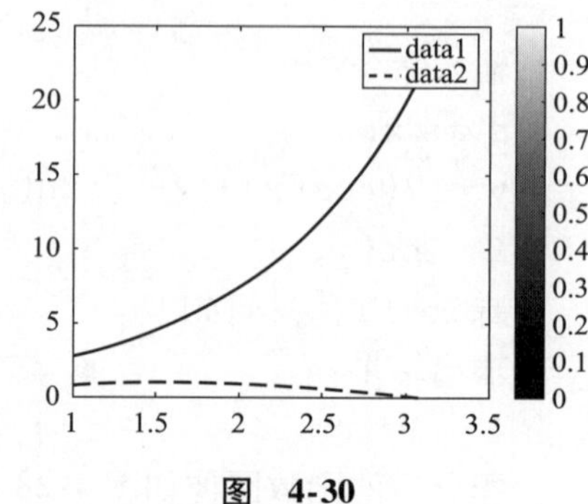

图 4-30

例 4 求由椭圆 $\frac{x^2}{3^2}+\frac{y^2}{2^2}=1$ 绕 x 轴旋转而产生的旋转体的体积.

输入命令：

```
syms x y;
y=(2/3)* sqrt(3^2 -x^2);
f=pi* y^2;
V=int(f,[ -3,3])
```

输出结果：

```
V=16* pi.
```

习　题　4-7

1. 利用 MATLAB 求解下列不定积分.

(1) $\int \frac{(1-x)^2}{\sqrt{x}}\mathrm{d}x$;　　(2) $\int \frac{\mathrm{d}x}{1+\cos x}$.

2. 利用 MATLAB 求解下列定积分.

(1) $\int_0^2 x\sqrt{4-x^2}\,\mathrm{d}x$;　(2) $\int_0^{\sqrt{3}a}\frac{\mathrm{d}x}{a^2+x^2}$　$(a\neq 0)$.

3. 利用 MATLAB 求由两条抛物线 $y^2=x, y=x^2$ 所围图形的面积.

4. 由 $y=x^3, x=2, y=0$ 所围成的平面图形，分别绕 x 轴和 y 轴旋转一周，利用 MATLAB 求所得两个旋转体的体积.

小　　结

1. 基本概念

定积分的概念、原函数的概念、不定积分的概念、定积分的基本性质、不定积分的基本性质、积分变上限函数、牛顿-莱布尼茨公式.

2. 基本知识

1) 微元法建立定积分的步骤

第一步:分割取近似　所求量 Q 分布在子区间 $[x,x+\mathrm{d}x]$ 上的部分量 ΔQ 的近似表达式可为

$$\Delta Q\approx f(x)\,\mathrm{d}x$$

$f(x)\,\mathrm{d}x$ 称为所求量 Q **微元**(元素)，记为 $\mathrm{d}Q=f(x)\,\mathrm{d}x$.

第二步:求和取极限　将所有小区间上的部分量 ΔQ 加起来，则 $Q=\sum\Delta Q$，根据定积分定义，微元 $f(x)\,\mathrm{d}x$ 在区间 $[a,b]$ 上的定积分即为所求量 Q，即

$$Q=\int_a^b f(x)\,\mathrm{d}x$$

2) 微积分基本公式

(1) 变上限函数的定积分. 设函数 $f(x)$ 在区间 $[a,b]$ 上可积，则 $f(x)$ 在 $[a,x]$ 上的定积分 $\int_a^x f(t)\,\mathrm{d}x$ 存在且是上限 x 的函数，记作 $\Phi(x)$，即

$$\Phi(x)=\int_a^x f(t)\,\mathrm{d}t,\quad x\in[a,b]$$

这个积分通常称为变上限积分.

(2)积分变上限函数的导数.设$f(x)$在$[a,b]$上连续,则$\Phi(x) = \int_a^x f(t)\mathrm{d}t$在$[a,b]$上可导,且

$$\Phi'(x) = f(x), \quad x \in [a,b]$$

即是说,$\Phi(x)$是$f(x)$在$[a,b]$上的一个原函数.

(3)牛顿-莱布尼茨公式.设$f(x)$在$[a,b]$上连续,若$F(x)$是$f(x)$在$[a,b]$上的一个原函数,则

$$\int_a^b f(x)\mathrm{d}x = F(b) - F(a)$$

(4)基本积分表.

(5)定积分的基本性质.

①若$f(x)$在$[a,b]$上可积,k为常数,则$kf(x)$在$[a,b]$上可积,且

$$\int_a^b kf(x)\mathrm{d}x = k\int_a^b f(x)\mathrm{d}x$$

②若$f(x),g(x)$在$[a,b]$上可积,则$f(x) \pm g(x)$在$[a,b]$上也可积,且

$$\int_a^b [f(x) \pm g(x)]\mathrm{d}x = \int_a^b f(x)\mathrm{d}x \pm \int_a^b g(x)\mathrm{d}x$$

③设$f(x)$是可积函数,则

$$\int_a^b f(x)\mathrm{d}x = \int_a^c f(x)\mathrm{d}x + \int_c^b f(x)\mathrm{d}x$$

对a,b,c任何顺序都成立.

④若$f(x),g(x)$在$[a,b]$上可积,且$f(x) \leqslant g(x)$,则

$$\int_a^b f(x)\mathrm{d}x \leqslant \int_a^b g(x)\mathrm{d}x$$

⑤若$f(x)$在$[a,b]$上可积,且$f(x) \geqslant 0$,则

$$\int_a^b f(x)\mathrm{d}x \geqslant 0$$

⑥若$f(x)$在$[a,b]$上可积,且存在常数m和M,使对一切$x \in [a,b]$有$m \leqslant f(x) \leqslant M$,则

$$m(b-a) \leqslant \int_a^b f(x)\mathrm{d}x \leqslant M(b-a)$$

⑦若$f(x)$在$[a,b]$上连续,则在$[a,b]$上至少存在一点ξ,使得

$$\int_a^b f(x)\mathrm{d}x = f(\xi)(b-a)$$

3.基本方法

微元法、直接积分法、第一换元积分法、第二换元积分法、分部积分法.

1)不定积分的积分方法

(1)第一类换元法(凑微分法).设$u = \varphi(x)$可导,设$f(u)$有原函数$F(u)$,且$\int f(u)\mathrm{d}u = F(u) + C$存在,则有

$$\int f(\varphi(x))\varphi'(x)\mathrm{d}x = F(\varphi(x)) + C$$

(2)第二类换元法.设函数$x = \varphi(t)$可导,且$\varphi'(t) \neq 0$,并设$f(\varphi(t))\varphi'(t)$有原函数$F(t)$,则$\int f(x)\mathrm{d}x$存在,且

$$\int f(x)\mathrm{d}x = F(\varphi^{-1}(x)) + C$$

(3)分部积分法. 若函数 $u(x)$ 与 $v(x)$ 可导，且不定积分 $\int u'(x)v(x)\mathrm{d}x$ 存在，则 $\int u(x)v'(x)\mathrm{d}x$ 也存在，并有

$$\int u(x)v'(x)\mathrm{d}x = u(x)v(x) - \int u'(x)v(x)\mathrm{d}x$$

2)定积分的积分方法

(1)换元积分法. 设函数 $f(x)$ 在 $[a,b]$ 上连续，函数 $x=\varphi(t)$ 在 $I(I=[\alpha,\beta]$ 或 $[\beta,\alpha])$ 上有连续的导数，并且 $\varphi(\alpha)=a,\varphi(\beta)=b,a\leqslant\varphi(t)\leqslant b(t\in I)$，则

$$\int_a^b f(x)\mathrm{d}x = \int_\alpha^\beta f(\varphi(t))\varphi'(t)\mathrm{d}t$$

(2)分部积分法. 若 $u(x),v(x)$ 在 $[a,b]$ 上有连续的导数，则

$$\int_a^b u(x)v'(x)\mathrm{d}x = u(x)v(x)\Big|_a^b - \int_a^b v(x)u'(x)\mathrm{d}x$$

4. 定积分的应用

(1)在几何上的应用. 定积分可应用于求平面图形的面积、旋转体的体积及平面曲线的弧长.

(2)在物理上的应用. 变力沿直线所做的功、压力、引力等.

5. MATLAB 在积分学中的应用

(1)利用 MATLAB 求解不定积分和定积分.

(2)利用 MATLAB 求解平面图形的面积以及立体体积.

综合训练题 4

一、选择题

1. 下列等式中，正确的是(　　).

A. $\int \mathrm{d}f(x) = f(x) + C$　　B. $\int f'(x)\mathrm{d}x = f(x)$

C. $\frac{\mathrm{d}}{\mathrm{d}x}\int f(x)\mathrm{d}x = f(x) + C$　　D. $\int f(x)\mathrm{d}x = f(x)$

2. $\int f'(\sqrt{x})\mathrm{d}\sqrt{x} =$ (　　).

A. $f(\sqrt{x})$　　B. $f(\sqrt{x})+C$　　C. $f(x)$　　D. $f(x)+C$

3. 设 $f(x)$ 的一个原函数是 $F(x)$，则 $\int f(ax+b)\mathrm{d}x =$ (　　).

A. $F(ax+b)+C$　　B. $aF(ax+b)+C$

C. $\frac{F(ax+b)}{ax+b}+C$　　D. $\frac{1}{a}F(ax+b)+C$

4. 如果 $\int \mathrm{d}f(x) = \int \mathrm{d}g(x)$，则下列各式中不正确的是(　　).

A. $f'(x)=g'(x)$　　B. $\mathrm{d}f(x)=\mathrm{d}g(x)$

C. $f(x)=g(x)$　　D. $\mathrm{d}\left(\int f'(x)\mathrm{d}x\right) = \mathrm{d}\left(\int g'(x)\mathrm{d}x\right)$

5. 设 $f(x)=\mathrm{e}^{-x}$，则 $\int \frac{f(\ln x)}{x}\mathrm{d}x =$ (　　).

A. $\frac{1}{x}+C$　　B. $\ln x+C$　　C. $-\frac{1}{x}+C$　　D. $-\ln x+C$

6. 下列等式不正确的是(　　).

A. $\frac{d}{dx}\left[\int_a^b f(x)dx\right]=f(x)$　　B. $\frac{d}{dx}\left[\int_a^{b(x)} f(t)dt\right]=f(b(x))b'(x)$

C. $\frac{d}{dx}\left[\int_a^x f(x)dx\right]=f(x)$　　D. $\frac{d}{dx}\left[\int_a^x F'(t)dt\right]=F'(x)$

7. 下列积分中,积分值为零的是(　　).

A. $\int_{-1}^{2} x dx$　　B. $\int_{-1}^{1} x\cos x^2 dx$　　C. $\int_{-1}^{1} x\tan x dx$　　D. $\int_{-1}^{1} x^2\cos x^2 dx$

8. $\frac{d}{dx}\int_0^{x^2}\cos t^2 dt=$ (　　).

A. $\cos x^2$　　B. $\sin x^2$　　C. $2x\cos x^4$　　D. $\cos t^2$

9. 设函数$f(x)$的一个原函数为$\sin x$, 则$\int_0^{\frac{\pi}{2}} xf(x)dx=$ (　　).

A. $\frac{\pi}{2}+1$　　B. $\frac{\pi}{2}$　　C. $\frac{\pi}{2}-1$　　D. 0

10. 由曲线$y=x^2$,直线$x=-1, x=1, y=0$所围成平面图形的面积=(　　).

A. $\int_{-1}^{1} x^2 dx$　　B. $\int_0^1 x^2 dx$　　C. $\int_{-1}^{1}\sqrt{y}dy$　　D. $2\int_0^1\sqrt{y}dy$

二、填空题

1. $\int\cos(3x+4)dx=$ ________.

2. 若e^x是函数$f(x)$的一个原函数, 则$\int x^2 f(\ln x)dx=$ ________.

3. 若$\int f(x)dx=F(x)+C$, 而$u=\varphi(x)$,且$\varphi'(x)$连续, 则$\int f(u)du=$ ________.

4. 在计算积分$\int x^2\sqrt[3]{1-x}dx$时, 为把被积函数中的根式化去, 可作的变换是________.

5. 若$\int xf(x)dx=x\sin x-\int\sin x dx$, 则$f(x)=$ ________.

6. $\frac{d}{dx}\int_1^2\frac{\sin x}{x}dx=$ ________.

7. $\lim\limits_{x\to 0}\frac{\int_0^x \sin t dt}{x^2}=$ ________.

8. 函数$f(x)=\sqrt{1-x^2}$在闭区间$[-1,1]$上的平均值为________.

9. $\int_{-10}^{10}\frac{\sin^3 x}{x^2+1}dx=$ ________.

10. 函数$F(x)=\int_1^x\left(3-\frac{1}{\sqrt{t}}\right)dt$　$(x>0)$单调减小的区间为________.

三、计算题

1. 计算不定积分.

(1) $\int \frac{\cos x}{1+\sin^2 x}\mathrm{d}x$;　　(2) $\int \frac{\mathrm{e}^x}{1+\mathrm{e}^x}\mathrm{d}x$;

(3) $\int x^2\cos x\mathrm{d}x$;　　(4) $\int \frac{\ln\ln x}{x}\mathrm{d}x$;

(5) $\int x\cos^2 x\mathrm{d}x$;　　(6) $\int \frac{\mathrm{d}x}{\sqrt{1+\mathrm{e}^x}}$.

2. 计算定积分.

(1) $\int_0^3 \frac{x}{1+\sqrt{1+x}}\mathrm{d}x$;　　(2) $\int_0^1 \mathrm{e}^{\sqrt{x}}\mathrm{d}x$;

(3) $\int_1^{\mathrm{e}} x\ln x\mathrm{d}x$;　　(4) $\int_0^{\frac{\pi}{2}} x\cos 2x\mathrm{d}x$.

3. 求下列导数.

(1) $\frac{\mathrm{d}}{\mathrm{d}x}\int_1^x \sin t^2\mathrm{d}t$;　　(2) $\frac{\mathrm{d}}{\mathrm{d}x}\int_1^{x^2} \mathrm{e}^{-t}\mathrm{d}t$.

四、解答题

1. 求 $y=x^{\frac{3}{2}}$ 与直线 $x=4$、x 轴所围图形绕 y 轴旋转一周而形成的旋转体的体积.

2. 求由抛物线 $y^2=4ax$ 与过焦点的弦所围成的图形面积的最小值.

3. 半径为 r 的球沉入水中,球的上部与水面相切,球的比重与水相同,现将球从水中取出,需做多少功?

4. 一辆汽车沿着直线行驶,其速度(单位:m/s)$v(t)=2-2t^2(t\geqslant 0)$. 假设汽车位置 s 由出发点开始计算,求汽车的位置 s 关于时间 t 的函数.

5. 设导线在时刻 t(单位:秒)电流强度为 $i(t)=\sin\omega t$,求在时间间隔[1,2]内流过导线横截面的电量 $Q(t)$(单位:A).

6. 设生产某产品 Q 个单位,收益 R 的变化率为 $f(Q)=10-\frac{Q}{5}(Q\geqslant 0)$.

(1)求生产 20 个单位产品的总收益;(2)求从生产 20 个单位到 50 个单位产品的总收益.

7. 设每天生产 x 单位的某商品时的固定成本为 200(百元)。边际成本函数为 $C'(x)=2x+10$(百元/单位),求总成本函数 $C(x)$. 如果这种商品销售的单价为 50(百元),且产品全部售出,求总利润函数 $L(x)$,并求每天生产多少单位时才能获得最大利润,此时最大利润是多少?

8. 设某产品需求函数为 $P=D(x)=2\mathrm{e}^{-0.02x}$,其中 x 表示需求量,P 表示价格(美元). 试求在需求区间[0,50]上的平均价格.

9. 设底部半径为 4 m,高为 8 m,且顶点在下方的圆锥形容器内装 6 m 深的水,把容器内的水全部抽出,需做多少功?

10. 一直径为 6 m 的半圆形闸门,铅直地浸入水内,其直径恰位于水表面(水的密度为 103 kg/m^3),求闸门一侧受到水的压力.

应用与提高

积分模型

1. 问题提出

我们在开发某一项目时,总要考虑投资问题、回报问题,即在一定的收入率与一定的期限内要达到某一预期目标,必须投入现值,或在一定的收入率下,投入一定的现值,来达到预期的项目投资回收期等问题.我们通过建立数学模型,对这一动态经济问题加以分析,以便对投资项目有一个了解.

2. 模型假设

(1)假设项目资金的年利率 r 不变,且做连续复利计算.

(2)该项目在 t(年)时的收入率为 $f(t)$(万元),则贴现率为 $f(t)\mathrm{e}^{-rt}$.

(3)项目在投资过程中不考虑其他干扰因素.

3. 模型建立

该项目在时间 $[0,T]$ 内的总收入为

$$R=\int_0^T f(t)\mathrm{e}^{-rt}\mathrm{d}t$$

4. 模型求解

若收入率 $f(x)=A$(A 为常数),称此时为均匀收入率,则总收入为

$$R=\int_0^T A\mathrm{e}^{-rt}\mathrm{d}t=-\frac{A}{r}\mathrm{e}^{-rt}\Big|_0^T=\frac{A}{r}(1-\mathrm{e}^{-rT})$$

若初期的投资额为 a,则该投资的纯收入贴现值为

$$R^*=R-a=\frac{A}{r}(1-\mathrm{e}^{-rT})-a$$

收回投资即为总收入的现值等于投资额:$R=a$,于是收回投资的时间为:

$$T=\frac{1}{r}\ln\frac{A}{A-ar}$$

5. 模型应用

若连续 3 年保持收入率为 200(万元/年)不变,且年利率为 5%,问现值是多少?

由公式,得

$$R=\frac{200}{0.05}(1-\mathrm{e}^{-0.05\times 3})\approx 4\,000(1-\mathrm{e}^{-0.15})=4\,000(1-0.860\,7)=557.2.$$

即其现值为 557.2 万元.

若对某项工程投资 800 万元,年利率为 5%,10 年内的均匀收入率为 200 万元/年,求投资所得的纯收入与投资回收期分别是多少?

由公式,得

$$R=\frac{200}{0.05}(1-\mathrm{e}^{-0.05\times 10})\approx 4\,000(1-\mathrm{e}^{-1})\approx 2\,528.5$$

因此,投资所得纯收入为

$$R^*=R-a=2\,528.5-800=1\,728.5$$

投资回收期为

$$T=\frac{1}{0.05}\ln\frac{200}{200-800\times 0.05}=20\ln 1.25\approx 4.46$$

由此可知,该投资在 10 年中可得纯利润为 1 728.5 万元,投资回收期约为 4.46 年.

拓展阅读　苏步青

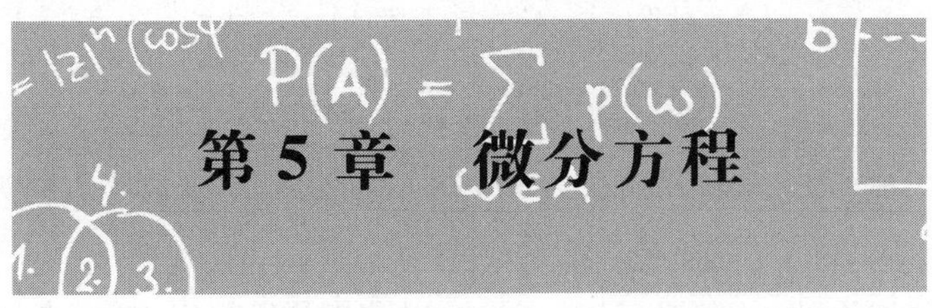

第5章　微分方程

内容导入

在科学技术、工程以及经济研究中,常常需要寻求与问题有关的变量之间的函数关系,这种函数关系有时可以直接建立,有时却只能根据一些基本科学原理,建立所求函数及其变化率之间的关系式,然后从中解出所求函数,这种关系就是本章将学习的微分方程.1676年,伯努利在致牛顿的信中第一次提出了微分方程,直到18世纪中期,微分方程才成为一门独立的学科.微分方程概念建立后,立即成为探索现实世界的重要工具.1846年,数学家与天文学家合作,通过求解微分方程,发现了一颗有名的行星——海王星.1991年,科学家在阿尔卑斯山发现一个肌肉丰满的冰冻住的人,据躯体所含碳原子消失的程度,通过求解微分方程,推断这个人大约遇难于5 000年以前.现实中这样的实例还有很多.

寻求变量之间函数关系是解决问题时常见的重要课题,但是,人们往往并不能直接由所给的条件找到函数关系,却比较容易列出表示未知函数及其导数(或微分)与自变量之间关系的等式,然后再从中解得待求的函数关系.这样的等式称为微分方程.本章主要讨论如何建立简单的微分方程,介绍几种常见类型的微分方程解法.并初步介绍它们在一些实际问题中的应用.

学习目标

知识目标　理解微分方程的基本概念、微分方程的类型和微分方程解的结构;掌握可分离变量微分方程、一阶线性微分方程、二阶常系数齐次线性微分方程等的解法;理解并掌握一阶、二阶常系数非齐次线性微分方程解的结构.

能力目标　会用微分方程解决物理、经济及工程等生产实践和生活实际中的问题;能熟练运用数学软件MATLAB求解微分方程的通解以及特解.

素质目标　能利用微分方程知识解决简单的自然科学、工程技术、经济等实际问题,培养用微分方程解决实际问题的能力.

视频

微分方程的基本概念

§5.1　微分方程的基本概念

应用数学常常是通过建立微分方程来定量地刻画事物、研究解决问题的,那么如何建立微分方程?如何求解微分方程?先看下面的案例.

5.1.1　问题引入

引例1[曲线方程]　一曲线通过点(4,8)且在该曲线上任意点$M(x,y)$处的切线斜率为

$3x^2$,求这条曲线的方程.

解 设所求曲线方程为 $y=f(x)$,由题意有$\frac{dy}{dx}=3x^2$,并且 $y|_{x=4}=8$,于是

$$y=\int 3x^2 dx = x^3+C \tag{5.1.1}$$

将 $y|_{x=4}=8$ 代入上式,得 $8=64+C$,故 $C=-56$,从而得到所求曲线方程为

$$y=x^3-56 \tag{5.1.2}$$

引例 2[自由落体运动] 在真空中,一物体由静止状态自由下落,求物体的运动规律.

解 设物体的运动规律为 $s=s(t)$,由导数的物理意义得$\frac{d^2s}{dt^2}=g$(g 为重力加速度),并且 $s|_{t=0}=0,v|_{t=0}=0$,于是

$$v=\frac{ds}{dt}=\int g dt = gt+C_1 \tag{5.1.3}$$

$$s=\int (gt+C_1) dt = \frac{1}{2}gt^2+C_1t+C_2 \tag{5.1.4}$$

将 $v|_{t=0}=0,s|_{t=0}=0$ 分别代入式(5.1.3)和式(5.1.4),得

$$C_1=C_2=0$$

从而得到该物体的运动规律为

$$s=\frac{1}{2}gt^2 \tag{5.1.5}$$

5.1.2 微分方程的基本概念

1. 微分方程的概念和分类

引例 1 和引例 2 都是从实际问题出发,利用已知条件,建立起含有未知函数的导数的一个等式,利用积分求出未知函数,我们给这种等式下一个定义:

含有未知函数的导数(或微分)的方程,称为**微分方程**;未知函数是一元函数的微分方程,称为**常微分方程**;未知函数是多元函数的微分方程,称为**偏微分方程**.

例如,$\frac{dy}{dx}=2xy,y''+y'-2y=0,\frac{\partial^2 z}{\partial x^2}+\frac{\partial^2 z}{\partial y^2}=0,\frac{d^2y}{dx^2}=\cos x$ 均为微分方程. $\frac{dy}{dx}=2xy,y''+y'-2y=0,\frac{d^2y}{dx^2}=\cos x$ 等均为常微分方程,$\frac{\partial^2 z}{\partial x^2}+\frac{\partial^2 z}{\partial y^2}=0$ 为偏微分方程.

> **注意**:在微分方程中,自变量与未知函数可以不出现,但未知函数的导数或微分必须出现. 本章只讨论常微分方程,并将它简称为微分方程.

2. 微分方程的阶数

微分方程中未知函数的最高阶导数(或微分)的阶数,称为**微分方程的阶数**. 一个微分方程阶数是 n,这个微分方程就是 n 阶微分方程.

例如,显然,微分方程$\frac{dy}{dx}=2xy,y'+xy=e^x,2xy'-x\ln x=0$ 都是一阶微分方程,而微分方程$\frac{d^2y}{dx^2}=\cos x,y''+y'-2y=0$ 是二阶微分方程.

一阶及二阶微分方程的一般形式分别是

$$F(x,y,y')=0,\quad F(x,y,y',y'')=0$$

3. 微分方程的解和解微分方程

若将一个函数代入微分方程中,使该微分方程成为恒等式,那么这个函数就称为**微分方程的解**. 求微分方程解的过程称为**解微分方程**.

例如,在引例 1 和引例 2 中式(5.1.4)和式(5.1.5)都是方程$\frac{d^2s}{dt^2}=g$ 的解,式(5.1.1)和式(5.1.2)都是微分方程$\frac{dy}{dx}=3x^2$ 的解.

4. 微分方程的通解与特解

如果微分方程的解中包含任意常数,并且独立的任意常数的个数与微分方程的阶数相同,这样的解称为**微分方程的通解**,不包含任意常数的解,称为**微分方程的特解**.

例如,函数(5.1.1)和(5.1.4)分别是方程$\frac{dy}{dx}=3x^2$ 和$\frac{d^2s}{dt^2}=g$ 的通解,函数(5.1.2)和(5.1.5)分别是微分方程$\frac{dy}{dx}=3x^2$ 和$\frac{d^2s}{dt^2}=g$ 的特解.

5. 微分方程的初始条件

在给定的微分方程中或从实际生产和科学实验中列出的微分方程,常常事先已知一个或 n 个微分方程中未知函数某个时刻的函数值,这种未知函数的函数值称为微分方程的附加条件,如果微分方程中的附加条件是零时刻的未知函数的函数值,则称这种附加条件为微分方程的初始条件.

例如,引例 1 中的附加条件是 $y|_{x=4}=8$,引例 2 中的初始条件是 $s|_{t=0}=0$,$v|_{t=0}=0$.

上面通过引例说明了微分方程的几个基本概念,同时也可以看到,利用微分方程解决实际问题的一般步骤:

第一步　建立反映实际问题的微分方程;

第二步　按实际问题写出附加条件或初始条件;

第三步　求出微分方程的通解;

第四步　由附加条件或初始条件确定所求微分方程的特解.

案例 1[列车制动]　列车在直线轨道上以 20 m/s 的速度行驶,制动列车获得负加速度 $-0.4\ \mathrm{m/s^2}$,问列车制动后多久才能刹住? 在这一段时间内列车行驶了多远路程?

解　记列车制动的时刻为 $t=0$,设制动 t(单位:s)后列车行驶了 s(单位:m),由题意知,制动后列车行驶的加速度

$$\frac{d^2s}{dt^2}=-0.4 \tag{5.1.6}$$

初始条件为当 $t=0$ 时,$s=0$,$v=\frac{ds}{dt}=20$.

方程(5.1.6)两端同时对 t 积分,得速度方程

$$v(t)=\frac{ds}{dt}=-0.4t+C_1 \tag{5.1.7}$$

式(5.1.7)两端再对 t 积分,得

$$s=-0.2t^2+C_1t+C_2 \tag{5.1.8}$$

其中 C_1,C_2 都是任意常数,把初始条件"当 $t=0$ 时,$v=\frac{ds}{dt}=20$"代入式(5.1.7),得 $C_1=20$,

把“$t=0$ 时，$s=0$”代入式(5.1.8)，得 $C_2=0$. 于是，列车制动后的运动方程为

$$s=-0.2t^2+20t \tag{5.1.9}$$

速度方程为

$$v=\frac{\mathrm{d}s}{\mathrm{d}t}=-0.4t+20 \tag{5.1.10}$$

因为列车刹住时速度为零，在式(5.1.10)中，令 $v=\frac{\mathrm{d}s}{\mathrm{d}t}=0$，得 $0=-0.4t+20$，解之得列车从开始制动到完全刹住所需要的时间为 $t=\frac{20}{0.4}\ \mathrm{s}=50\ \mathrm{s}$，把 $t=50$ 代入式(5.1.9)，得列车制动后行驶的路程为

$$s=-0.2\times 50^2+20\times 50\ \mathrm{m}=500\ \mathrm{m}$$

案例 2 验证函数 $y=C_1\cos 2x+C_2\sin 2x$ 是微分方程 $y''+4y=0$ 的通解，并求满足初始条件 $y|_{x=0}=1$，$y'|_{x=0}=-1$ 的特解.

解 因为

$$y=C_1\cos 2x+C_2\sin 2x \tag{5.1.11}$$

所以

$$y'=-2C_1\sin 2x+2C_2\cos 2x \tag{5.1.12}$$

$$y''=-4C_1\cos 2x-4C_2\sin 2x$$

将 y,y',y'' 代入原方程 $y''+4y=0$ 的左端，得

$$-4C_1\cos 2x-4C_2\sin 2x+4C_1\cos 2x+4C_2\sin 2x=0$$

故已给函数满足方程 $y''+4y=0$，是它的解，又因为这个解中含有两个独立的任意常数，任意常数的个数等于方程 $y''+4y=0$ 的阶数，因此又是它的通解.

将初始条件分别代入式(5.1.11)和式(5.1.12)中，得

$$C_1=1,\quad C_2=-\frac{1}{2}$$

所以 $y''+4y=0$ 满足初始条件的特解是

$$y=\cos 2x-\frac{1}{2}\sin 2x$$

习 题 5-1

1. 下列等式是微分方程吗？如果是，请指明微分方程的阶数.

(1) $xy''-2xy'+\sin x=0$；　(2) $(x+6y)\mathrm{d}x=(3x-2y)\mathrm{d}y$；

(3) $\left(\frac{\mathrm{d}x}{\mathrm{d}y}\right)^2=4$；　(4) $L\frac{\mathrm{d}^2Q}{\mathrm{d}t}+R\frac{\mathrm{d}Q}{\mathrm{d}t}+\frac{1}{C}Q=0$；

(5) $y=(\sin x)'-1$；　(6) $xy'''-4(y')^2+x^6y=0$.

2. 指出下列各题中的函数是否为所给方程的解.

(1) $xy'=2x$，$y=5x^2$；

(2) $y''+9y=0$，$y=2\sin 3x-\cos 3x$；

(3) $y''-2y'+y=0$，$y=\mathrm{e}^x+\mathrm{e}^{-x}$；

(4) $y'=P(x)y$，$y=C\mathrm{e}^{\int P(x)\mathrm{d}x}$（$C$ 为任意常数）.

3. 验证 $y=(C_1+C_2x)\mathrm{e}^{2x}$ 是微分方程 $y''-4y'+4y=0$ 的通解，并求出微分方程满足初始条件 $y|_{x=0}=0$，$y'|_{x=0}=1$ 的特解.

4. [曲线方程] 已知曲线上任意一点 $M(x,y)$ 处的切线斜率为 $\cos x$，且曲线通过点 $(0,1)$，求此曲线的方程.

5. [运动方程] 一物体的运动速度为 $v=3t$ m/s，当 $t=2$ s 时物体经过的路程为 9 m，求此物体的运动方程.

视频

可分离变量的微分方程

§5.2 可分离变量的微分方程

在实际生活中有许多量，它们随时间变化的变化率正比于它的大小. 如放射性元素的衰减率、人口增长率、银行存款利率等. 这类问题可以建立一种特殊的微分方程. 下面首先分析著名的 Malthus 人口模型.

5.2.1 问题引入

引例[人口问题] 尽管人口的增长或减少是离散的，但在人口数量很大的情况下，作为连续量来处理仍能很好地与客观事物吻合. 英国学者马尔萨斯(Malthus，1766—1834)认为人口的增长率为常数，即设 t 时刻的人口数为 $x(t)$，那么人口增长速度$\frac{dx}{dt}$与人口总量 $x(t)$ 成正比，从而建立了 Malthus 人口模型

$$\begin{cases}\frac{dx}{dt}=ax \\ x(t_0)=x_0\end{cases} \quad a>0$$

5.2.2 可分离变量的微分方程

定义 5.2.1 形如

$$\frac{dy}{dx}=f(x)g(y) \tag{5.2.1}$$

的一阶微分方程，称为**可分离变量的微分方程**.

其特点是方程的右端为只含 x 的函数 $f(x)$ 与只含 y 的函数 $g(y)$ 的乘积. 例如$\frac{dy}{dx}=\frac{y}{x^2+4}$，$\sqrt{xy}\frac{dy}{dx}=1$，$xydx+(x^2+1)dy=0$ 等都是可分离变量的微分方程.

可分离变量微分方程的解法是分离变量法，一般可分为两步.

第一步分离变量：
$$\frac{1}{g(y)}dy=f(x)dx \tag{5.2.2}$$
即将微分方程中不同的两个变量分离在等式的两边.

第二步两边积分：
$$\int\frac{1}{g(y)}dy=\int f(x)dx \tag{5.2.3}$$

对式(5.2.2)两端同时积分，设 $G(y)$、$F(x)$ 分别为$\frac{1}{g(y)}$、$f(x)$的一个原函数，则可得微分方程$\frac{dy}{dx}=f(x)f(y)$的通解为 $G(y)=F(x)+C$.

例 1 求微分方程$\frac{dy}{dx}=3x^2y$ 的通解.

解 分离变量，得
$$\frac{1}{y}\mathrm{d}y=3x^2\mathrm{d}x$$
两边分别积分
$$\int\frac{1}{y}\mathrm{d}y=\int 3x^2\mathrm{d}x$$
得
$$\ln|y|=x^3+C_1$$
从而
$$|y|=\mathrm{e}^{x^3+C_1}=\mathrm{e}^{C_1}\mathrm{e}^{x^3}$$
即
$$y=\pm\mathrm{e}^{C_1}\mathrm{e}^{x^3}$$
因 $\pm\mathrm{e}^{C_1}$ 仍为任意常数，把它记作 C，故原方程的通解为 $y=C\mathrm{e}^{x^3}$.

例 2 求微分方程 $\frac{\mathrm{d}y}{\mathrm{d}x}=10^{x+y}$ 的通解.

解 分离变量，得
$$\frac{1}{10^y}\mathrm{d}y=10^x\mathrm{d}x$$
两边分别积分，得
$$\int 10^{-y}\mathrm{d}y=\int 10^x\mathrm{d}x$$
$$-\int 10^{-y}\mathrm{d}(-y)=\int 10^x\mathrm{d}x$$
$$-\frac{10^{-y}}{\ln 10}=\frac{10^x}{\ln 10}+C_1$$
即
$$10^x+10^{-y}=C$$

例 3 求微分方程 $\mathrm{d}x+xy\mathrm{d}y=y^2\mathrm{d}x+y\mathrm{d}y$ 满足初始条件 $y|_{x=0}=2$ 的特解.

解 将方程整理，得
$$y(x-1)\mathrm{d}y=(y^2-1)\mathrm{d}x$$
分离变量，得
$$\frac{y}{y^2-1}\mathrm{d}y=\frac{\mathrm{d}x}{x-1}$$
两边积分，有
$$\frac{1}{2}\ln|y^2-1|=\ln|x-1|+\frac{1}{2}\ln C_1$$
化简，得
$$y^2-1=C(x-1)^2$$
即
$$y^2=C(x-1)^2+1\quad(C=\pm C_1)$$
将初始条件 $y|_{x=0}=2$ 代入上式，解得 $C=3$，所以所求特解为 $y^2=3(x-1)^2+1$.

5.2.3 应用举例

案例 1［第二宇宙速度］ 地球对物体的引力 F 与物体的质量 m 以及物体离地心的距离 s 的关系为 $F=-\frac{mgR^2}{s^2}$，这里 g 是重力加速度，R 为地球半径. 验证：如果物体以 $v_0\geqslant\sqrt{2gR}$ 的初速度发射，则永远不会返回地球.

解 (1)建立微分方程.

由第二牛顿定律 $F=ma$，其中 $a=\frac{\mathrm{d}v}{\mathrm{d}t}$，有
$$F=m\frac{\mathrm{d}v}{\mathrm{d}t}=m\frac{\mathrm{d}v}{\mathrm{d}s}\cdot\frac{\mathrm{d}s}{\mathrm{d}t}=m\frac{\mathrm{d}v}{\mathrm{d}s}\cdot v$$
即
$$mv\frac{\mathrm{d}v}{\mathrm{d}s}=-mg\frac{R^2}{s^2}$$
初始条件为 $s=R$ 时，$v=v_0$.

(2)求通解.

变量分离后为
$$v\mathrm{d}v = -gR^2 s^{-2}\mathrm{d}s$$
两边积分
$$\int v\mathrm{d}v = -gR^2\int s^{-2}\mathrm{d}s$$
得
$$\frac{v^2}{2} = \frac{gR^2}{s} + C$$

(3)求特解.

把 $s=R$ 时,$v=v_0$ 代入通解得 $C=\frac{1}{2}v_0^2-gR$,故有
$$v^2 = \frac{2gR^2}{s} + v_0^2 - 2gR$$

由此可见,当 s 很大时,$\frac{2gR^2}{S}$很小,当 $v_0 \geqslant \sqrt{2gR}$(我们称 $v_0=11.2$ km/s 为第二宇宙速度)时,速度 v 永远大于0,所以物体永远不会返回地面.

案例2[销售量] 在商品销售预测中,t 时刻的销售量用 $x=x(t)$ 表示,如果商品销售量的增长速度$\frac{\mathrm{d}x(t)}{\mathrm{d}t}$与销售量 x 和销售量接近饱和水平程度 $\alpha-x$(α 为饱和水平)之积成正比,求销售量 $x(t)$.

解 由题意,可建立微分方程
$$\frac{\mathrm{d}x}{\mathrm{d}t} = kx(\alpha - x)$$
其中 k 为比例系数,且 $k>0$.

将以上微分方程分离变量,得
$$\frac{\mathrm{d}x}{x(\alpha-x)} = k\mathrm{d}t$$
即
$$\left(\frac{1}{x}+\frac{1}{\alpha-x}\right)\mathrm{d}x = \alpha k\mathrm{d}t$$
两边积分,得
$$\ln x - \ln(\alpha-x) = \alpha kt + \ln C_1$$
化简,得
$$\frac{x}{\alpha-x} = C_1\mathrm{e}^{\alpha kt}$$
从而得到通解为
$$x(t) = \frac{\alpha C_1\mathrm{e}^{\alpha kt}}{1+C_1\mathrm{e}^{\alpha kt}} = \frac{\alpha}{1+C\mathrm{e}^{-\alpha kt}}$$
其中 $C=\frac{1}{C_1}$为任意常数,可由初始条件确定.

习 题 5-2

1. 求下列微分方程的通解.

(1)$xy'-y\ln y=0$; (2)$\sqrt{1-x^2}\,y'=\sqrt{1-y^2}$.

2. [质点运动] 质量1 kg的质点,受外力作用做直线运动,已知力与时间成正比,与质点运动的速度成反比,在 $t=10$ s 时,速度等于50 m/s,外力为4 N,问从运动开始经过1 min后,质点的速度是多少?

3. [冷却问题] 将一个加热到 100 ℃的物体，放在 0 ℃的恒温环境中冷却，若 50 min 时物体的温度是 50 ℃，求物体温度的变化规律.

4. [落体问题] 设跳伞运动员从跳伞塔下落后，所受空气的阻力与速度成正比. 运动员离塔时的速度为零，求运动员下落过程中的速度与时间的函数关系.

5. [环境污染问题] 某水塘原有 50 000 t 清水(不含有害杂质)，从时间 $t=0$ 开始，含有 5% 有害杂质的浊水流入该水塘，流入的速度为 2 t/min，在塘中充分混合(不考虑沉淀)后又以 2 t/min 的速度流出水塘，问经过多长时间后塘中有害物质的浓度达到 4%?

视频

一阶线性微分方程

§5.3 一阶线性微分方程

一阶微分方程是常微分方程中一种较为简单的微分方程，而一阶线性微分方程是解决实际问题最常用的微分方程，它的一般形式为

$$F(x,y,y')=0 \quad 或 \quad y'=f(x,y)$$

5.3.1 问题引入

引例[溶液含盐量] 一容器内盛有 50 L 含盐 10 g 的盐水，现将每升含盐 2 g 的盐水以 5 L/min 的速度注入容器，并不断进行搅拌，使混合液迅速达到均匀，同时混合液以 3 L/min 的速度流出溶液，问任意时刻容器中的含盐量是多少?

分析 设 t 时刻容器中含盐 x(单位:g)，

容器中含盐量的变化率 = 盐流入容器的速度 - 盐流出容器的速度

其中

$$盐流入容器的速度 = 2(\text{g/L})\times 5\ \text{L/min} = 10\ \text{g/min}$$

$$盐流出容器的速度 = \frac{x}{50+2t}\times 3 = \frac{3x}{50+2t}$$

由于每分钟流入容器的溶液比流出的溶液多 2 L，所以在 t 时刻容器中溶液为 $50+2t$，从而此时溶液浓度为$\frac{x}{50+2t}$.

解 设 t 时刻容器中含盐量为 x g，它满足以下方程

$$\frac{\mathrm{d}x}{\mathrm{d}t} = 10 - \frac{3x}{50+2t}$$

即

$$\frac{\mathrm{d}x}{\mathrm{d}t} + \frac{3x}{50+2t} = 10$$

由题意知初始条件为 $x|_{t=0}=10$，此一阶微分方程的特点是：未知函数及其导数都是一次的.

5.3.2 一阶线性微分方程

(1)**定义 5.3.1** 形如

$$\frac{\mathrm{d}y}{\mathrm{d}x} + P(x)y = Q(x) \tag{5.3.1}$$

的微分方程称为**一阶线性微分方程**，其中 $P(x)$，$Q(x)$ 都是自变量 x 的函数，$Q(x)$ 称为自由项，当 $Q(x)\equiv 0$ 时，式(5.3.1)称为齐次微分方程；当 $Q(x)\neq 0$ 时，式(5.3.1)称为非齐次微分方程. 所谓“线性”指式(5.3.1)中的未知函数 y 及其导数 y' 都是一次式.

例如，方程 $y'+\frac{1}{x}y=\mathrm{e}^x$ 是一阶线性非齐次方程，它对应的齐次方程为

$$y' + \frac{1}{x} y = 0$$

(2)一阶线性齐次微分方程的解法.

在式(5.3.1)中,如果 $Q(x) \equiv 0$,则微分方程

$$\frac{dy}{dx} + P(x)y = 0 \tag{5.3.2}$$

称为微分方程(5.3.1)所对应的**一阶线性齐次微分方程**,也是可分离变量的微分方程.

分离变量,得
$$\frac{dy}{y} = -P(x)dx$$

两端积分,得
$$\ln|y| = -\int P(x)dx + C_1$$

整理化简后即得一阶线性齐次微分方程(5.3.2)的解为

$$y = Ce^{-\int P(x)dx} \quad (C = \pm e^{C_1}) \tag{5.3.3}$$

这即是式(5.3.2)的通解.

(3)一阶线性非齐次微分方程的解法.

由于一阶线性非齐次微分方程(5.3.1)和一阶线性齐次微分方程(5.3.2)的左端是一样的,方程右端一个为函数 $Q(x)$,而另一个为0. 于是,设想将方程(5.3.2)的通解(5.3.3)中 C 换为函数 $C(x)$ 时,即

$$y = C(x)e^{-\int P(x)dx} \tag{5.3.4}$$

可能是线性非齐次微分方程(5.3.1)的解,其中 $C(x)$ 需要待定. 对式(5.3.4)两边求导,得

$$\frac{dy}{dx} = C'(x)e^{-\int P(x)dx} - C(x)P(x)e^{-\int P(x)dx}$$

将 y 及$\frac{dy}{dx}$的表达式代入方程(5.3.1),得

$$[C(x)e^{-\int P(x)dx}]' + P(x)C(x)e^{-\int P(x)dx} = Q(x)$$

整理得

$$C'(x) = Q(x)e^{\int P(x)dx}$$

两边积分,得

$$C(x) = \int Q(x)e^{\int P(x)dx}dx + C$$

将上式代入式(5.3.4)中,得线性非齐次微分方程(5.3.1)的通解为

$$y = e^{-\int P(x)dx}\left(\int Q(x)e^{\int P(x)dx}dx + C\right) \tag{5.3.5}$$

上述讨论中所用方法是将方程(5.3.1)所对应的线性齐次微分方程(5.3.2)的解中任意常数 C 变易为待定函数 $C(x)$,然后求出线性非齐次微分方程(5.3.1)的通解,这种方法称为常数变易法.

将通解公式(5.3.5)改写成两项之和为

$$y = \underbrace{Ce^{-\int P(x)dx}}_{\text{齐次微分方程的通解}} + \underbrace{e^{-\int P(x)dx}\int Q(x)e^{\int P(x)dx}dx}_{\text{非齐次微分方程的特解}}. \tag{5.3.6}$$

式(5.3.6)右端第一项是对应的线性齐次微分方程(5.3.2)的通解,第二项是线性非齐次微分方程(5.3.1)的一个特解.由此可知,一阶线性非齐次微分方程的通解等于对应的齐次方程的通解与非齐次方程的一个特解之和.

例1 求微分方程 $2y'-y=e^x$ 的通解.

解 **方法一** 使用常数变易法求解.

将所给的方程改写成下列形式:

$$y'-\frac{1}{2}y=\frac{1}{2}e^x$$

这是一个线性非齐次微分方程,不难求出与它对应的线性齐次微分方程的通解为

$$y=Ce^{\frac{x}{2}}$$

设所给线性非齐次微分方程的解为 $y=C(x)e^{\frac{x}{2}}$,将 y 及 y' 代入该方程,得

$$C'(x)e^{\frac{x}{2}}=\frac{1}{2}e^x$$

于是,有
$$C(x)=\int\frac{1}{2}e^{\frac{x}{2}}dx=e^{\frac{x}{2}}+C$$

因此,原方程的通解为
$$y=C(x)e^{\frac{x}{2}}=Ce^{\frac{x}{2}}+e^x$$

方法二 运用通解公式求解.

将所给方程改写成下列形式:

$$y'-\frac{1}{2}y=\frac{1}{2}e^x$$

则
$$P(x)=-\frac{1}{2},\quad Q(x)=\frac{1}{2}e^x,$$

算出
$$-\int P(x)dx=\int\frac{1}{2}dx=\frac{x}{2},\quad e^{-\int P(x)dx}=e^{\frac{x}{2}}$$

$$\int Q(x)e^{\int P(x)dx}dx=\int\frac{1}{2}e^xe^{-\frac{x}{2}}dx=e^{\frac{x}{2}}$$

代入通解公式,得原方程的通解为

$$y=(C+e^{\frac{x}{2}})e^{\frac{x}{2}}=Ce^{\frac{x}{2}}+e^x$$

例2 求微分方程

$$\frac{dy}{dx}-\frac{2}{x+1}y=(x+1)^3$$

满足初始条件 $y|_{x=0}=1$ 的特解.

解 先求通解,所给是一阶线性非齐次微分方程,先求对应的线性齐次微分方程

$$\frac{dy}{dx}-\frac{2}{x+1}y=0$$

的通解,移项并分离变量,得

$$\frac{dy}{y}=\frac{2}{x+1}dx$$

两端积分,得
$$\ln y=2\ln(x+1)+\ln C$$

化简后,得
$$y=C(x+1)^2$$

再用常数变易法,把上式中的 C 换成待定函数 $C(x)$,即设原线性非齐次微分方程的通解为

$$y=C(x)(x+1)^2$$

则 $$y'=C'(x)(x+1)^2+2C(x)(x+1)$$

把它们代入原方程，得

$$C'(x)(x+1)^2+2C(x)(x+1)-2C(x)(x+1)=(x+1)^3$$

化简，得 $$C'(x)=x+1$$

两边积分，得

$$C(x)=\frac{1}{2}x^2+x+C$$

代入 $y=C(x)(x+1)^2$，即得所求方程的通解为

$$y=\left(\frac{1}{2}x^2+x+C\right)(x+1)^2$$

将所给初始条件 $y|_{x=0}=1$ 代入上面的通解中，得 $C=1$，

故所求特解为 $$y=\left(\frac{1}{2}x^2+x+1\right)(x+1)^2$$

案例1［自由落体运动］　设降落伞从跳伞塔下落，所受空气阻力与速度成正比，降落伞离开塔顶（$t=0$）时的速度为零，求降落伞下落速度 v 与时间 t 的函数关系.

解　设降落伞下落速度为 $v(t)$，它在下落过程中同时受到重力 f 与阻力 R 的作用，重力 $f=mg$，方向与 v 一致，阻力 $R=kv$（$k>0$ 为常数），方向与 v 相反，从而降落伞所受的合力为 $F=f-R=mg-kv$，由牛顿第二定律，即

$$m\frac{\mathrm{d}v}{\mathrm{d}t}=mg-kv$$

变形为 $$\frac{\mathrm{d}v}{\mathrm{d}t}+\frac{k}{m}v=g$$

它为一阶线性非齐次微分方程，$P(x)=\dfrac{k}{m}$，$Q(x)=g$，由通解公式可得通解为

$$v=\mathrm{e}^{-\int\frac{k}{m}\mathrm{d}t}\left[\int g\mathrm{e}^{\int\frac{k}{m}\mathrm{d}t}\mathrm{d}t+C\right]$$

化简求得通解为 $$v=\frac{mg}{k}+C\mathrm{e}^{-\frac{k}{m}t}$$

将初始条件 $v|_{t=0}=0$ 代入上式，得 $C=-\dfrac{mg}{k}$，故所求速度与时间的函数关系为

$$v=\frac{mg}{k}(1-\mathrm{e}^{-\frac{k}{m}t}).$$

由上式可见，当时间 t 越长，速度 v 越接近 $\dfrac{mg}{k}$，因此降落伞从跳伞塔下落的速度是加速运动，以后逐渐趋于匀速运动，其速度为 $v=\dfrac{mg}{k}$.

案例2［RL 电路］　在一个包含电阻 R（单位：Ω），电感 L（单位：H）和电源 E（单位：V）的 RL 串联回路中，由回路电流定律，知电流 I（单位：A）满足以下微分方程

$$\frac{\mathrm{d}I}{\mathrm{d}t}+\frac{R}{L}I=\frac{E}{L}$$

若电路中电源 $E=3\sin 2t$ V、电阻 10 Ω、电感 0.5 H 和初始电流 6 A，求在任意时刻 t 时电路中的电流.

解 (1)建立微分方程.

这里 $E=3\sin 2t, R=10, L=0.5$,将其代入 RL 电路中电流应满足的微分方程,得

$$\frac{\mathrm{d}I}{\mathrm{d}t}+20I=6\sin 2t$$

初始条件为 $I|_{t=0}=6$.

(2)求通解.

方法一 该方程对应的线性齐次微分方程为

$$\frac{\mathrm{d}I}{\mathrm{d}t}+20I=0$$

分离变量,得

$$\frac{\mathrm{d}I}{I}=-20\mathrm{d}t$$

两端积分,得

$$\ln I=-20t+\ln C$$

即

$$I=C\mathrm{e}^{-20t}$$

再将通解中的任意常数 C 换成待定函数 $C(t)$,令 $I=C(t)\mathrm{e}^{-20t}$ 为线性非齐次微分方程的解,将其代入原方程,得

$$C'(t)=6\mathrm{e}^{20t}\sin 2t$$

所以

$$C(t)=\int 6\mathrm{e}^{20t}\sin 2t\mathrm{d}t=\frac{30}{101}\sin 2t\mathrm{e}^{20t}-\frac{3}{101}\cos 2t\mathrm{e}^{20t}+C$$

由 $I=C(t)\mathrm{e}^{-20t}$,得

$$I=C\mathrm{e}^{-20t}+\frac{30}{101}\sin 2t-\frac{3}{101}\cos 2t.$$

方法二 此方程是一阶线性微分方程,将 $P(t)=20, Q(t)=6\sin 2t$ 代入公式(5.3.5),得通解为

$$\begin{aligned} I &= \mathrm{e}^{-\int 20\mathrm{d}t}\left(\int 6\sin 2t\mathrm{e}^{\int 20\mathrm{d}t}\mathrm{d}t+C\right) \\ &= \mathrm{e}^{-20t}\left(\int 6\sin 2t\mathrm{e}^{20t}\mathrm{d}t+C\right) \\ &= C\mathrm{e}^{-20t}+\frac{30}{101}\sin 2t-\frac{3}{101}\cos 2t \end{aligned}$$

(3)求特解.

将 $t=0$ 时,$I=6$ 代入通解,得

$$6=C\mathrm{e}^{-20\times 0}+\frac{30}{101}\sin(2\times 0)-\frac{3}{101}\cos(2\times 0)$$

解之,得

$$C=\frac{609}{101}$$

所以在任意时刻 t 的电流为

$$I=\frac{609}{101}\mathrm{e}^{-20t}+\frac{30}{101}\sin 2t-\frac{3}{101}\cos 2t$$

注意：I 中的$\frac{609}{101}e^{-20t}$称为瞬时电流，因为当 $t\to\infty$ 时，它变为零（“消失”）；$\frac{30}{101}\sin 2t-\frac{3}{101}\cos 2t$ 称为稳态电流，是当 $t\to\infty$ 时，电流趋于稳态电流的值.

例3　引例的求解.

解　（1）求通解.

将 $P(t)=\frac{3}{50+2t}$，$Q(t)=10$ 代入公式（5.3.5），得微分方程的通解

$$\begin{aligned} x &= e^{-\int\frac{3}{50+2t}dt}\left[\int 10e^{\int\frac{3}{50+2t}dt}dt+C\right] \\ &= (50+2t)^{-\frac{3}{2}}\left[10\int(50+2t)^{\frac{3}{2}}dt+C\right] \\ &= C(50+2t)^{-\frac{3}{2}}+2(50+2t) \\ &= C(50+2t)^{-\frac{3}{2}}+4t+100 \end{aligned}$$

（2）求特解.

将初始条件 $x|_{t=0}=10$ 代入通解，得 $C=-90\times50\times5\sqrt{2}=-22\,500\sqrt{2}$. 所以在时刻 t 容器中的含盐量为 $x=100+4t-22\,500\sqrt{2}(50+2t)^{-\frac{3}{2}}$.

5.3.3　一阶微分方程的解法

可分离变量微分方程和一阶线性微分方程的解法见表5-1.

表　5-1

微分方程类型		方　程	解　法
可分离变量方程		$\frac{dy}{dx}=f(x)g(y)$	将不同变量分离到方程两边，然后积分 $\int\frac{dy}{g(y)}=\int f(x)dx$
一阶线性微分方程	齐次方程	$\frac{dy}{dx}+P(x)y=0$	分离变量，两边积分或用公式 $y=Ce^{-\int P(x)dx}$
一阶线性微分方程	非齐次方程	$\frac{dy}{dx}+P(x)y=Q(x)$	用常数变易法或公式法 $y=e^{-\int P(x)dx}\left[\int Q(x)e^{\int P(x)dx}dx+C\right]$

习　题　5-3

1. 求解下列微分方程.

（1）$\frac{dy}{dx}=2xy$；　　（2）$dx+xydy=y^2dx+ydy$；

（3）$y'=\frac{\sqrt{1-y^2}}{\sqrt{1-x^2}}$；　　（4）$(e^{x+y}-e^x)dx+(e^{x+y}+e^y)dy=0$；

（5）$y'-2y=0, y|_{x=0}=2$；　　（6）$xy'-y\ln y=0, y|_{x=1}=e$.

2. 求解下列微分方程.

(1) $\frac{dy}{dx}+y=e^{-x}$; (2) $y'+y\cos x=e^{-\sin x}$;

(3) $y^2dx+(x-2xy-y^2)dy=0$; (4) $(x^2+1)y'+2xy-\cos x=0$;

(5) $xy'-2y=x^3e^x, y|_{x=1}=0$; (6) $(y^2-6x)y'+2y=0, x|_{y=1}=2$.

3. [曲线方程] 已知一曲线通过原点,并且它在点(x,y)处的切线斜率等于$2x+y$,求该曲线的方程.

4. [RL 电路] 在一个电路中,电阻为 12 Ω,感应系数为 4 H,如果电池提供 60 V 的电压,当 $t=0$ 时开关合上,电流初值为 $I(0)=0$,求:

(1) $I(t)$; (2) 1 s 后的电流.

5. [RL 电路中的电流] 在上题中,用发电机代替电池,电阻和电感系数不变,发电机产生的电压为 $E(t)=60\sin 30t$,求 $I(t)$.

6. [RC 回路] 一个 RC 回路中有电源 100 V,电阻 5 Ω,电容 0.02 F 和最初有 5 C 电量的电容,求在任意时刻 t 电容上的电量和电路中的电流.

§5.4 二阶常系数线性微分方程

5.4.1 问题引入

引例 1[弹簧的运动方程] 将一弹簧置于油中,其运动满足以下微分方程:

$$\frac{d^2s}{dt^2}+3\frac{ds}{st}+2s=0$$

此方程为二阶线性微分方程,其特点是:未知函数及其一、二阶导数的幂次都是一次的,且未知函数及其导数的系数均为常数,这种方程称为二阶常系数线性齐次微分方程.

5.4.2 二阶常系数线性齐次微分方程

定义 5.4.1 形如

$$y''+py'+qy=0 \tag{5.4.1}$$

的微分方程称为二阶常系数线性齐次微分方程,其中 y'',y',y 都是一次的,p,q 均为常数.

1. 二阶常系数线性齐次微分方程解的结构

设有两个不恒为零的函数 $y_1(x)$ 和 $y_2(x)$ 在区间(a,b)内有定义,若存在两个不同时为零的常数 C_1,C_2,使 $C_1y_1(x)+C_2y_2(x)\equiv 0$ 在(a,b)内成立,则称 $y_1(x)$ 和 $y_2(x)$ 在(a,b)内线性相关,否则称为线性无关.

即若 $y_1/y_2\equiv$常数,则 y_1 与 y_2 线性相关;若 $y_1/y_2\neq$常数,则 y_1 与 y_2 线性无关.

例如,$y_1=\sin 2x, y_2=\sin x\cos x$,因为$\frac{y_1}{y_2}=\frac{\sin 2x}{\sin x\cos x}=2$,所以 y_1 与 y_2 线性相关.

再如,$y_1=e^x, y_2=e^{2x}$,因为$\frac{y_1}{y_2}=\frac{e^x}{e^{2x}}=e^{-x}\neq$常数,所以 y_1 与 y_2 线性无关.

定理 5.4.1(二阶常系数线性齐次微分方程解的结构定理)

如果函数 $y_1(x)$ 和 $y_2(x)$ 是二阶常系数线性齐次微分方程(5.4.1)的两个解,则

(1)y_1、y_2 的线性组合 $C_1y_1+C_2y_2$(其中 C_1、C_2 是任意常数)也是该方程的解.

(2)若 $y_1/y_2\neq$常数,则 $C_1y_1+C_2y_2$ 是该方程的通解.

例如,$y_1=\sin x$,$y_2=\cos x$ 都是方程 $y''+y=0$ 的解,不难验证

$$y=C_1y_1+C_2y_2=C_1\sin x+C_2\cos x$$

也是方程 $y''+y=0$ 的解.

再如,微分方程 $y''-y=0$,容易验证 $y_1=e^x$ 与 $y_2=e^{-x}$是所给方程的两个特解,且$\dfrac{y_1}{y_2}=\dfrac{e^x}{e^{-x}}=e^{2x}\neq$常数,即它们是线性无关的. 因此,$y=C_1e^x+C_2e^{-x}$就是该方程的通解.

2. 二阶常系数线性齐次微分方程的解法

由指数函数导数的特性,可以猜想方程(5.4.1)具有 $y=e^{rx}$形式的特解,其中 r 为待定系数,将 $y'=re^{rx}$,$y''=r^2e^{rx}$及 $y=e^{rx}$代入方程 $y''+py'+qy=0$,得

$$e^{rx}(r^2+pr+q)=0$$

由于 $e^{rx}\neq0$,因此,只要 r 满足方程

$$r^2+pr+q=0 \tag{5.4.2}$$

即当 r 是一元二次方程(5.4.2)的根时,$y=e^{rx}$就是齐次微分方程(5.4.1)的解. 由此,先引入如下定义:

定义 5.4.2　方程 $r^2+pr+q=0$ 称为微分方程 $y''+py'+qy=0$ 的**特征方程**,特征方程的根称为**特征根**.

根据一元二次方程解的情况知,微分方程 $y''+py'+qy=0$ 的特征方程 $r^2+pr+q=0$ 的解有三种情形,且由二阶常系数线性齐次微分方程解的结构,可以得到不同情形下齐次方程的通解,见表 5-2.

表　5-2

特征方程 $r^2+pr+q=0$	微分方程 $y''+py'+qy=0$ 的通解
两个不等的实根 r_1,r_2	$y=C_1e^{r_1x}+C_2e^{r_2x}$
两个相等的实根 $r_1=r_2=r$	$y=(C_1+C_2x)e^{rx}$
一对共轭复根 $r_{1,2}=\alpha\pm i\beta(\beta>0)$	$y=e^{\alpha x}(C_1\cos\beta x+C_2\sin\beta x)$

综上所述,求二阶常系数齐次线性微分方程

$$y''+py'+qy=0$$

的通解的一般步骤如下:

第一步:写出微分方程 $y''+py'+qy=0$ 的特征方程 $r^2+pr+q=0$.

第二步:求出特征方程的两个特征根 r_1、r_2.

第三步:根据特征方程的两个根的不同情形,按照表 5-2 写出微分方程的通解.

例 1　求微分方程 $y''-3y'-4y=0$ 的通解.

解　所给微分方程的特征方程为

$$r^2-3r-4=0$$

解方程得两个不相等的实根 $r_1=4$,$r_2=-1$,故所给方程的通解为

$$y=C_1e^{4x}+C_2e^{-x}$$

例 2　求微分方程 $4y''-4y'+y=0$ 满足初始条件:$y|_{x=0}=1$,$y'|_{x=0}=3$ 的特解.

解 把所给方程变形为

$$y''-y'+\frac{1}{4}y=0$$

它的特征方程是

$$r^2-r+\frac{1}{4}=0$$

解方程得 $r_1=r_2=\frac{1}{2}$ 是两个相等的实根,因此所给方程的通解为

$$y=(C_1+C_2x)e^{\frac{1}{2}x}$$

为了求满足初始条件的特解,将上式对 x 求导,得

$$y'=\frac{1}{2}(C_1+C_2x)e^{\frac{1}{2}x}+C_2e^{\frac{1}{2}x}$$

将初始条件 $y|_{x=0}=1,y'|_{x=0}=3$ 分别代入上面两式,得

$$C_1=1,\quad C_2=\frac{5}{2}$$

于是所求特解为

$$y=\left(1+\frac{5}{2}x\right)e^{\frac{1}{2}x}$$

例 3 求微分方程 $y''+2y'+5y=0$ 的通解.

解 所给方程的特征方程是

$$r^2+2r+5=0$$

求出其特征根是

$$r_{1,2}=-1\pm 2i$$

它们是一对共轭复根($\alpha=-1,\beta=2$),因此所求方程的通解为

$$y=e^{-x}(C_1\cos 2x+C_2\sin 2x)$$

从上面的讨论可以看出,求解二阶常系数线性齐次微分方程不必通过积分,只用代数的方法求出特征方程的根,就可以写出微分方程的通解.

案例 1[自由振动方程] 质量为 m(单位:kg)的物体悬于弹簧下,假设弹簧重力可以忽略不计,空气阻力与速度成正比,比例系数为 α,在任意时刻 t 物体的位移满足

$$mx''=-\alpha x'-kx+F(t)$$

式中,k 为弹簧弹性系数,$k=\frac{mg}{l}$(l 为弹簧比自然状态伸长的长度).

若质量为 10 kg 的物体悬于弹簧下,使之比自然状态伸长了 0.7 m. 物体以 1 m/s 的初始速度从平衡位置开始向上运动,空气阻力是 $90x'$,取 $g=9.8\ \text{m/s}^2$,则 $k=\frac{mg}{l}=140\ \text{N/m}$,而 $\alpha=90,F(t)=0$(没有压力). 物体在任一时刻 t 的位移满足微分方程

$$x''+9x'+14x=0$$

相应的特征方程为

$$r^2+9r+14=0$$

其特征根为 $r_1=-2,r_2=-7$,通解为

$$x=C_1e^{-2t}+C_2e^{-7t}$$

根据题意,初始条件为 $x(0)=0$(物体从平衡位置开始运动)和 $x'(0)=1$,把初始条件代

入通解中,得 $C_1=-C_2=\frac{1}{5}$. 由于当 $t\to\infty$ 时 $x\to 0$,因此运动是瞬时的.

5.4.3　二阶常系数线性非齐次微分方程

引例 2[学习研究]　心理学家通过实验发现人的学习曲线满足以下微分方程

$$y''+5y'+4y=8,\quad 且\ y(0)=1, y'(0)=1$$

类似这样的二阶微分方程,我们称为二阶常系数线性非齐次微分方程.

定义 5.4.3　形如

$$y''+py'+qy=f(x),\quad f(x)\neq 0 \tag{5.4.3}$$

的微分方程称为二阶常系数线性非齐次微分方程,其中 p,q 是常数, $f(x)$ 是 x 的连续函数且不恒等于零.

定理 5.4.2(二阶常系数线性非齐次微分方程解的结构定理)

如果 $\bar{y}(x)$ 是二阶常系数线性非齐次微分方程(5.4.3)的一个特解, $Y(x)$ 是与方程(5.4.3)对应的齐次方程 $y''+py'+qy=0$ 的通解,则

$$y=Y(x)+\bar{y}(x) \tag{5.4.4}$$

是二阶线性非齐次微分方程(5.4.3)的通解.

例如,方程 $y''+y=x^2$ 是二阶常系数线性非齐次微分方程, $Y=C_1\sin x+C_2\cos x$ 是与其对应的齐次方程 $y''+y=0$ 的通解;容易验证 $\bar{y}=x^2-2$ 是方程 $y''+y=x^2$ 的一个特解,因此, $y=C_1\sin x+C_2\cos x+x^2-2$ 是方程 $y''+y=x^2$ 的通解.

由定理 5.4.2 可知,二阶常系数线性非齐次微分方程 $y''+py'+qy=f(x)$ 的通解是对应的齐次线性方程的通解与其自身的一个特解之和,求二阶常系数线性齐次微分方程的通解前面已解决,因此,求非齐次线性微分方程(5.4.3)的通解关键在于求其一个特解. 下面就自由项 $f(x)$ 的几种特殊类型讨论方程(5.4.3)的特解.

1. 自由项 $f(x)=P_n(x)$[其中 $P_n(x)$ 为 x 的一个 n 次多项式]**型**

这时,方程 $y''+py'+qy=f(x)$ 变成

$$y''+py'+qy=P_n(x) \tag{5.4.5}$$

此方程式右端是多项式,而多项式的一阶导数、二阶导数仍为多项式,所以此方程的特解也应该是多项式,且有以下特征:

(1)若 $q\neq 0$,式(5.4.5)的特解 $\bar{y}$ 与 $P_n(x)$ 是同次多项式,这时 $\bar{y}=Q_n(x)$[与 $P_n(x)$ 是同次多项式];

(2)若 $q=0, p\neq 0$,式(5.4.5)的特解 $\bar{y}$ 的导数 $\bar{y}'$ 与 $P_n(x)$ 是同次多项式,这时可设 $\bar{y}=xQ_n(x)$[比 $P_n(x)$ 高一次];

(3)若 $p=0, q=0$,这时对 $f(x)$ 直接进行两次积分.

例 4　求微分方程 $y''-2y'+3y=3x+1$ 的一个特解.

解　因为 $P_n(x)=3x+1$,而 $q=3\neq 0$,故设

$$\bar{y}=Ax+B$$

于是,

$$\bar{y}'=A,\quad \bar{y}''=0$$

把 $\bar{y},\bar{y}',\bar{y}''$ 代入原方程,得

$$-2A+3Ax+3B=3x+1$$

比较两边的系数,得

$$\begin{cases}3A=3\\-2A+3B=1\end{cases}$$

解得 $A=1,B=1$

所以原方程的一个特解是

$$\bar{y}=x+1$$

例 5 求微分方程 $y''-y'=2x$ 的一个特解.

解 因为 $P_n(x)=2x$ 是一个一次多项式,而 $q=0,p=-1\neq 0$,所以特解应是一个二次多项式,故设

$$\bar{y}=Ax^2+Bx$$

把 $\bar{y}=Ax^2+Bx,\bar{y}'=2Ax+B,\bar{y}''=2A$ 代入原方程,得

$$2A-2Ax-B=2x$$

比较两边系数,得
$$\begin{cases}-2A=2\\2A-B=0\end{cases}$$

解之得,$A=-1,B=-2$,所以原方程的一个特解为

$$\bar{y}=-x^2-2x$$

2. 自由项 $f(x)=Ae^{\alpha x}$ 型

这时,方程 $y''+py'+qy=f(x)$ 变成

$$y''+py'+qy=Ae^{\alpha x} \tag{5.4.6}$$

式中,α,A 均为常数.

由于 p,q 为常数,且指数函数的导数仍为指数函数,因此,可以设式(5.4.6)有特解

$$\bar{y}=Bx^ke^{\alpha x}$$

式中,B 为待定常数. 当 α 不是式(5.4.6)所对应的线性齐次方程的特征方程 $r^2+pr+q=0$ 的根时,取 $k=0$;当 α 是其特征方程单根时,取 $k=1$;当 α 是其特征方程重根时,取 $k=2$.

例 6 求方程 $y''+y'+y=2e^{2x}$ 的特解.

解 $\alpha=2$ 不是特征方程 $r^2+r+1=0$ 的根,取 $k=0$,所以,设特解为

$$\bar{y}=Be^{2x}$$

则

$$\bar{y}'=2Be^{2x},\quad \bar{y}''=4Be^{2x}$$

代入方程,得 $B=\dfrac{2}{7}$.

故原方程的特解为 $\bar{y}=\dfrac{2}{7}e^{2x}$.

例 7 求方程 $y''+2y'-3y=e^x$ 的特解.

解 $\alpha=1$,是特征方程 $r^2+2r-3=0$ 的单根,取 $k=1$,所以,设特解为

$$\bar{y}=Bxe^x$$

则

$$\bar{y}'=Be^x+Bxe^x,\quad \bar{y}''=2Be^x+Bxe^x$$

代入方程,得 $B=\dfrac{1}{4}$,故原方程的特解为 $\bar{y}=\dfrac{1}{4}xe^x$.

3. 自由项 $f(x)=e^{\alpha x}(A\cos\beta x+B\sin\beta x)$ 型

这时,方程 $y''+py'+qy=f(x)$ 变成

$$y''+py'+qy=\mathrm{e}^{\alpha x}(A\cos\beta x+B\sin\beta x) \tag{5.4.7}$$

式中，α,A,B 均为常数.

由于 p,q 为常数，且指数函数的各阶导数仍为指数函数，正弦函数与余弦函数的导数也总是余弦函数与正弦函数，因此，可以设式(5.4.7)有特解

$$\bar{y}=x^k\mathrm{e}^{\alpha x}(C\cos\beta x+D\sin\beta x)$$

式中，C,D 为待定常数，当 $\alpha+\mathrm{i}\beta$ 不是式(5.4.7)所对应的齐次方程的特征方程的根时，取 $k=0$；当 $\alpha+\mathrm{i}\beta$ 是式(5.4.7)所对应的齐次方程的特征方程的根时，取 $k=1$，代入(5.4.7)式，求得 C 及 D.

例8 求方程 $y''+3y'-y=\mathrm{e}^x\cos 2x$ 的一个特解.

解 自由项 $f(x)=\mathrm{e}^x\cos 2x$ 为 $\mathrm{e}^{\alpha x}(A\cos\beta x+B\sin\beta x)$ 型的函数，且 $\alpha+\mathrm{i}\beta=1+2\mathrm{i}$，它不是对应的常系数线性齐次微分方程的特征方程 $r^2+3r-1=0$ 的根，取 $k=0$，则设特解为

$$\bar{y}=\mathrm{e}^x(C\cos 2x+D\sin 2x)$$

则

$$\bar{y}'=\mathrm{e}^x[(C+2D)\cos 2x+(D-2C)\sin 2x]$$
$$\bar{y}''=\mathrm{e}^x[(4D-3C)\cos 2x+(-4C-3D)\sin 2x]$$

代入原方程，得

$$(10D-C)\cos 2x-(D+10C)\sin 2x=\cos 2x$$

比较两端 $\cos 2x$ 与 $\sin 2x$ 的系数，得

$$\begin{cases}10D-C=1\\D+10C=0\end{cases}$$

解此方程组，得

$$C=-1/101,\quad D=10/101$$

故所求特解为

$$\bar{y}=\mathrm{e}^x\left(-\frac{1}{101}\cos 2x+\frac{10}{101}\sin 2x\right)$$

例9 求微分方程 $y''+y=\sin x$ 的通解.

解 自由项 $f(x)=\sin x$ 为 $\mathrm{e}^{\alpha x}(A\cos\beta x+B\sin\beta x)$ 型的函数，且 $\alpha=0,\beta=1,\alpha+\mathrm{i}\beta=\mathrm{i}$ 是特征方程 $r^2+1=0$ 的根，取 $k=1$，所以设特解为

$$\bar{y}=x(C\cos x+D\sin x)$$

则

$$\bar{y}'=C\cos x+D\sin x+x(D\cos x-C\sin x)$$
$$\bar{y}''=2D\cos x-2C\sin x-x(C\cos x+D\sin x)$$

代入原方程，得

$$-2C\sin 2x+2D\cos 2x=\sin x$$

比较两端 $\sin x$ 与 $\cos x$ 的系数，得

$$C=-1/2,\quad D=0$$

故原方程的特解为

$$\bar{y}=-\frac{1}{2}x\cos x$$

而对应齐次方程 $y''+y=0$ 的通解为

$$Y=C_1\cos x+C_2\sin x$$

故原方程的通解为 $$y=\overline{y}+Y=-\frac{1}{2}x\cos x+C_1\cos x+C_2\sin x$$

例 10 求微分方程 $y''+4y=x+1+\sin x$ 的通解.

解 自由项 $f(x)=x+1+\sin x$ 可以看成 $f_1(x)=x+1$ 和 $f_2(x)=\sin x$ 之和,所以分别求方程

$$y''+4y=x+1 \tag{5.4.8}$$

和

$$y''+4y=\sin x \tag{5.4.9}$$

的特解,方程(5.4.9)的特解易求得为 $\overline{y}_1=\frac{1}{4}x+\frac{1}{4}$,设方程(5.4.9)的特解为

$$\overline{y}_2=A\sin x+B\cos x$$

$$\overline{y}_2'=A\cos x-B\sin x$$

$$\overline{y}_2''=-A\sin x-B\cos x$$

代入方程(5.4.9),得

$$3A\sin x=\sin x$$

解之得 $$A=1/3,\quad B=0$$

所以 $$\overline{y}_2=\frac{1}{3}\sin x$$

于是得原方程的特解为

$$\overline{y}=\overline{y}_1+\overline{y}_2=\frac{1}{4}x+\frac{1}{4}+\frac{1}{3}\sin x$$

原方程所对应的线性齐次方程为 $y''+4y=0$,其通解为

$$Y=C_1\cos 2x+C_2\sin 2x$$

故原方程的通解为 $y=\overline{y}+Y=\frac{1}{4}x+\frac{1}{4}+\frac{1}{3}\sin x+C_1\cos 2x+C_2\sin 2x$.

5.4.4 微分方程应用举例

利用微分方程可以解决自然科学、工程技术、社会科学等许多实际问题,利用微分方程可以寻找实际问题中的未知函数.

用微分方程求解实际问题的一般步骤是:

(1)根据题意,建立反映实际问题的微分方程及其相应的初值条件.

(2)求出微分方程的通解或满足附加条件、初始条件的特解.

(3)根据某些实际问题的需要,利用所求得的特解来解释问题的实际意义,或求得其他所需的结果.

下面就几何学、力学、机械学、电学、经济学等方面的实例说明微分方程的应用,初步了解利用微分方程求解实际问题的方法和步骤.

案例 2[曲线方程] 已知一曲线过点(1,1),且曲线上任一点处的切线垂直于此点与原点的连线 OM,求此曲线的方程.

解 设所求曲线方程为 $y=f(x)$,α 为曲线在点 $M(x,y)$ 处切线的倾斜角,β 是直线 OM 的倾斜角,如图 5-1 所示.

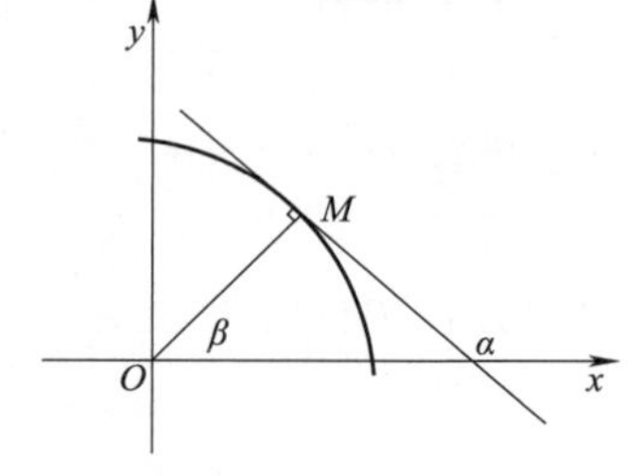

图 5-1

根据导数的几何意义,则切线的斜率为

$$\tan\alpha=\frac{\mathrm{d}y}{\mathrm{d}x}$$

直线 OM 的斜率为

$$\tan\beta=\frac{y}{x}$$

由于切线与直线 OM 垂直,所以

$$\frac{\mathrm{d}y}{\mathrm{d}x}\cdot\frac{y}{x}=-1$$

得方程

$$\frac{\mathrm{d}y}{\mathrm{d}x}=-\frac{x}{y} \tag{5.4.10}$$

式(5.4.10)是可分离变量的微分方程,分离变量为 $y\mathrm{d}y=-x\mathrm{d}x$,再两边积分,得

$$\frac{1}{2}y^2=-\frac{1}{2}x^2+C_1$$

即

$$x^2+y^2=2C_1=C$$

这是微分方程的通解,把初始条件 $y\big|_{x=1}=1$ 代入上式,得 $C=2$,于是所求曲线方程为

$$x^2+y^2=2$$

案例 3[电机温度]　一电动机运转后,每秒温度升高 1 ℃,设室内温度恒为 15 ℃,电动机温度的冷却速率和电动机与室内温差成正比,求电动机的温度与时间的函数关系.

解　设电动机运转时间 t(单位:s)后的温度(单位:℃)为 $T=T(t)$,当时间从 t 增加 $\mathrm{d}t$ 时,电动机的温度也相应地从 $T(t)$ 增加到 $T(t)+\mathrm{d}T$.

由于在 $\mathrm{d}t$ 时间内,电动机温度升高了 $\mathrm{d}T$,同时受室温的影响又下降了 $K(T-15)\mathrm{d}t$,因此,电动机在 $\mathrm{d}t$ 时间内温度实际改变量为

$$\mathrm{d}T=\mathrm{d}t-K(T-15)\mathrm{d}t$$

即

$$\frac{\mathrm{d}T}{\mathrm{d}t}+KT=1+15K \tag{5.4.11}$$

由题设可知,初始条件为 $T\big|_{t=0}=15$.

方程(5.4.11)是一阶线性非齐次微分方程,由一阶线性非齐次微分方程的通解公式,得

$$T(t)=\mathrm{e}^{-\int K\mathrm{d}t}\left[\int(1+15K)\mathrm{e}^{\int K\mathrm{d}t}\mathrm{d}t+C\right]=\mathrm{e}^{-Kt}\left[\frac{(1+15K)\mathrm{e}^{Kt}}{K}+C\right]$$

将初始条件 $T\big|_{t=0}=15$ 代入上式,得 $C=-1/K$.

故经时间 t 后,电动机的实际温度为

$$T(t)=15+\frac{1}{K}(1-\mathrm{e}^{-Kt})$$

由上式可见,电动机运转较长时间后,温度将稳定于 $T=15+1/K$.

案例 4[电路中的电流方程]　设有一个由电阻为 R、自感 L、电容 C 和电源 E 组成的 RLC 串联电路,如图 5-2 所示,其中 R、L 及 C 为常数,电源 E 为交流电动势,$E(t)=E_0\sin\omega t$,

这里 E_0 及 ω 为也是常数，电路在电动势作用下，不断发生振荡，试建立描述电路中点振动的微分方程. 假设在初始时刻 $t=0$，电路中没有电流，电容上没有电量，若 $L=\frac{1}{2}H, C=0.01\ F, R=10\ \Omega$ 和 $E(t)=200\cos 100t$，求此电路中的电流所满足的微分方程.

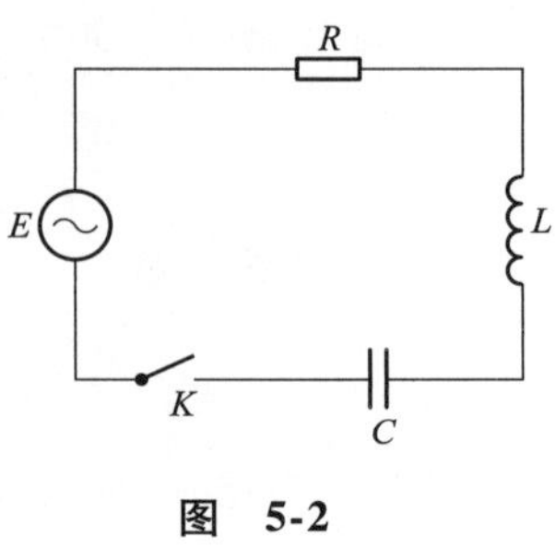

图 5-2

解 设电路中的电流为 $I=I(t)$，电容器极板上的电量为 $q=q(t)$，自感电动势为 $E(t)$，由基尔霍夫定律：在闭合回路中，所有支路上的电压的代数和等于零. 已知经过电阻、电容和电感的电压分别为 $RI, \frac{q}{C}, L\frac{\mathrm{d}I}{\mathrm{d}t}$，其中 q 是电容上的电量，通过电源的电压降是 $-E$，于是，由基尔霍夫定律有

$$E(t)-L\frac{\mathrm{d}I}{\mathrm{d}t}-\frac{q}{C}-RI=0 \tag{5.4.12}$$

上式两边关于 t 求导，得

$$\frac{\mathrm{d}^2I}{\mathrm{d}t^2}+\frac{R}{L}\frac{\mathrm{d}I}{\mathrm{d}t}+\frac{1}{LC}I=\frac{1}{L}\frac{\mathrm{d}E(t)}{\mathrm{d}t} \tag{5.4.13}$$

第一初始条件为 $I(0)=0$，第二初始条件由式(5.4.13)通过解$\frac{\mathrm{d}I}{\mathrm{d}t}$，再令 $t=0$，得

$$\left.\frac{\mathrm{d}I}{\mathrm{d}t}\right|_{t=0}=\frac{1}{L}E(0)-\frac{R}{L}I_0-\frac{1}{LC}q_0$$

现将已知条件 $L=\frac{1}{2}H, C=0.01\ F, R=10\ \Omega$ 和 $E(t)=200\cos 100t$ 代入式(5.4.13)，得电流 $I(t)$ 所满足的微分方程为

$$\frac{\mathrm{d}^2I}{\mathrm{d}t^2}+20\frac{\mathrm{d}I}{\mathrm{d}t}+200I=40\,000\sin 100t$$

初始条件为 $I(0)=0, \left.\frac{\mathrm{d}I}{\mathrm{d}t}\right|_{t=0}=2E(0)-20I_0-200q_0=0$.

案例 5[电振动] 在 RLC 电路中(见图 5-2)接有电源 E，交流电动势为 $E_0\sin\omega t$，不断地供给能量，当开关 K 合上后，电路在电动势作用下，不断产生振荡，试建立描述电路中电振动的微分方程.

解 设电容器上电量 $Q=Q(t)$，则电流 $I=\frac{\mathrm{d}Q}{\mathrm{d}t}$，由回路电压定律，有

$$-L\frac{\mathrm{d}I}{\mathrm{d}t}+E_0\sin\omega t=IR+\frac{Q}{C}$$

于是，得电量 Q 满足的微分方程为

$$L\frac{\mathrm{d}^2Q}{\mathrm{d}t^2}+R\frac{\mathrm{d}Q}{\mathrm{d}t}+\frac{Q}{C}=E_0\sin\omega t$$

它是一个关于未知函数 $Q(t)$ 的二阶常系数线性非齐次方程，它描述了在交流电压的作用下，RLC 电路中的电振荡，这种振荡称为强迫振荡.

不难运用解常系数线性非齐次微分方程的方法解上述微分方程，读者可自行解之.

习　题　5-4

1. 求下列微分方程的通解.

(1) $y''+y=\sin x$;　　(2) $y''-y'-2y=0$;

(3) $y''+2y'=-x+3$;　　(4) $y''-2y'+2y=\mathrm{e}^{-x}\sin x$.

2. 求下列微分方程满足所给初始条件的特解.

(1) $y''-5y'+6y=0, y|_{x=0}=1, y'|_{x=0}=2$;

(2) $4y''+16y'+15y=4\mathrm{e}^{-3x/2}, y|_{x=0}=3, y'|_{x=0}=-11/2$;

(3) $2y''+5y'=29\cos x, y|_{x=0}=0, y'|_{x=0}=1$;

(4) $y''-3y'+2y=5, y|_{x=0}=1, y'|_{x=0}=2$.

3. [弹簧的运动方程]　设一弹簧放于油中,由静止状态开始运动,其运动满足以下微分方程

$$\frac{\mathrm{d}^2 s}{\mathrm{d}t^2}+5\frac{\mathrm{d}s}{\mathrm{d}t}+6s=0$$

求此弹簧在任意时刻 t 的位移 $s(t)$.

4. [运动方程]　快艇以匀速 $v_0=5$ m/s 在静水上前进,当停止发动机后 5 s,速度减至 3 m/s,已知阻力与运动速度成正比. 试求船随时间的变化规律.

5. [水温变化]　一块温度为 100 ℃的物体放在室温为 20 ℃的水中,10 s 后温度降到 60 ℃,要使温度降到 25 ℃,需要多少时间?

6. [RLC 回路]　设某一 RLC 回路中,$C=400\ \mu\mathrm{F}, L=1\ \mathrm{H}, R=10\ \Omega, E=500\sin 100t$,求电量所满足的微分方程.

§5.5　数学建模与数学实验
MATLAB 在微分方程中的应用

5.5.1　实验目的

应用 MATLAB 求解微分方程.

5.5.2　主要命令

调用函数:dsolve

命令格式:dsolve('微分方程 1','微分方程 2',,,'微分方程 n','初始条件','自变量')　% Dy 表示求微分,D2y、D3y 表示求高阶微分,D 后面所跟字母为因变量,自变量可以指定或者由系统默认为变量 t,d2y/dx^2 =0 应表示为:D2y =0.

5.5.3　实验任务

求微分方程的通解与特解.

例 1 求微分方程$\frac{dy}{dx}=3x^2y$的通解.

输入命令:

```
y = dsolve('Dy = 3* x^2* y','x')      % Dy 表示一阶微分
```

输出结果:

```
y =
C1* exp(x^3)
```

例 2 求微分方程 $2y'-y=e^x$ 的通解.

输入命令:

```
y1 = dsolve('Dy - 1/2* y - 1/2* exp(x) = 0','x')
% 将一阶微分前的系数变成 1,且保证等式右侧为 0
```

输出结果:

```
y1 =
exp(x) + C2* exp(x/2).
```

例 3 求微分方程 $4y''-4y'+y=0$ 满足初始条件:$y|_{x=0}=1, y'|_{x=0}=3$ 的特解.

输入命令:

```
yy2 = dsolve('D2y - Dy + 1/4* y = 0','y(0) = 1,Dy(0) = 3','x')
fplot(yy2,[ -10,10])
```

输出结果:

```
yy2 =
exp(x/2) + (5* x* exp(x/2))/2
```

特解的图像如图 5-3 所示.

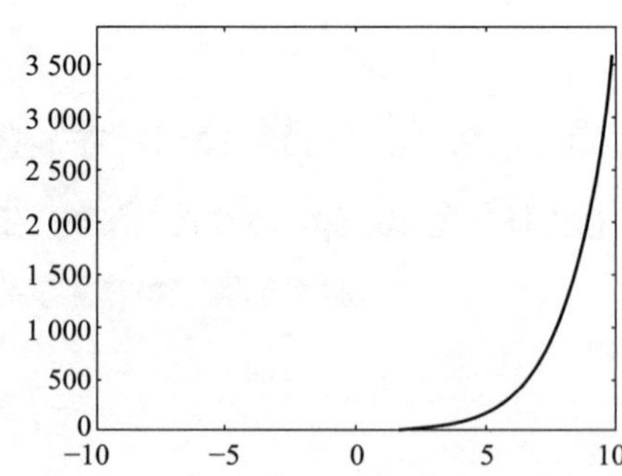

图 5-3 关于微分方程特解的图像

习 题 5-5

1. 利用 MATLAB 求解下列微分方程.

(1)$\frac{dy}{dx}=2xy$;

(2)$y'-2y=0, y|_{x=0}=2$.

2. 利用 MATLAB 求解下列微分方程.

(1) $(x^2+1)y'+2xy-\cos x=0$;

(2) $xy'-2y=x^3e^x, y|_{x=1}=0$.

3. 利用 MATLAB 求下列微分方程的通解及特解.

(1) $y''-5y'+6y=0, y|_{x=0}=1, y'|_{x=0}=2$;

(2) $2y''+5y'=29\cos x, y|_{x=0}=0, y'|_{x=0}=1$.

小　　结

1. 基本概念

微分方程、常微分方程、微分方程的阶、微分方程的解、通解与特解、微分方程的初始条件.

(1)微分方程　含有未知函数的导数(或微分)的方程,称为微分方程.

(2)常微分方程　未知函数是一元函数的微分方程,称为常微分方程. 在微分方程中,未知函数的导数或微分必须出现.

(3)微分方程的阶　在微分方程中,未知函数的导数或微分的最高阶数.

(4)微分方程的解　若将一个函数代入微分方程中,使该微分方程成为恒等式,那么这个函数称为微分方程的解.

(5)通解与特解　如果微分方程的解中包含任意常数,并且独立的任意常数的个数与微分方程的阶数相同,这样的解称为微分方程的通解. 不包含任意常数的解称为微分方程的特解.

(6)微分方程的初始条件　通解中用以确定特解的条件称为微分方程的初始条件.

2. 基本知识

1)一阶微分方程及其解法

(1)微分方程的一般形式:$F(x,y,y')=0$ 或 $y'=f(x,y)$.

(2)可分离变量的微分方程:$\frac{dy}{dx}=f(x)g(y)$,先分离变量,$\frac{dy}{g(y)}=f(x)dx$,然后在等式两端分别积分 $\int\frac{dy}{g(y)}=\int f(x)dx$ 即可.

(3)一阶线性微分方程.

①一阶线性齐次微分方程.

一般形式:
$$\frac{dy}{dx}+P(x)y=0$$

采用变量分离法,得通解为
$$y=Ce^{-\int P(x)dx}$$

②一阶线性非齐次微分方程.

一般形式:
$$\frac{dy}{dx}+P(x)y=Q(x)$$

采用常数变易法,得通解为 $y=e^{-\int P(x)dx}\left[\int Q(x)e^{\int P(x)dx}dx+C\right]$.

2)二阶微分方程及其解法

(1)形如 $y''+py'+qy=0$ 可直接积分两次.

(2)二阶常系数线性齐次微分方程.

①一般形式：$y''+py'+qy=0$.

②通解的各种情况如下：

特征方程 $\lambda^2+p\lambda+q=0$	微分方程 $y''+py'+qy=0$ 的通解
(1)两个不等的实根 r_1,r_2	$y=C_1e^{r_1x}+C_2e^{r_2x}$
(2)两个相等的实根 $r_1=r_2=r$	$y=(C_1+C_2x)e^{rx}$
(3)一对共轭复根 $r_{1,2}=\alpha\pm i\beta\quad(\beta>0)$	$y=e^{\alpha x}(C_1\cos\beta x+C_2\sin\beta x)$

(3)二阶常系数线性非齐次微分方程.

一般形式：$y''+py'+qy=f(x)$，其解法为通解 $y=Y+\bar{y}$，Y 为相应齐次微分方程的通解，$\bar{y}$ 为非齐次微分方程的特解.

①对于 $f(x)=P_n(x)$，则有：当 $q\neq0$ 时，$\bar{y}=Q_n(x)$；当 $q=0,p\neq0$ 时，$\bar{y}=Q_{n+1}(x)$；当 $p=q=0$ 时，$\bar{y}=Q_{n+2}(x)$.

②对于 $f(x)=Ae^{\alpha x}$，则有 $\bar{y}=Bx^ke^{\alpha k}$；当 α 不是特征根时，$k=0$；当 α 是特征根时，$k=1$. 当 α 是特征重根时，$k=2$.

③对于 $f(x)=e^{\alpha x}(A\cos\beta x+B\sin\beta x)$，有 $\bar{y}=x^ke^{\alpha x}(C\cos\beta x+D\sin\beta x)$；当 $\alpha+i\beta$ 不是特征根时，$k=0$；当 $\alpha+i\beta$ 是特征根时，$k=1$.

3. 基本方法

分析实际问题建立相应微分方程的方法，分离变量法、常数变易法、特征方程法.

4. 微分方程的简单应用

本章从几何学、力学、机械学、电学、经济学等方面的实例说明了微分方程的应用，如求曲线方程、电动机的温度与时间的关系、销售量以及电路振动等问题，初步了解利用微分方程求解实际问题的方法和步骤. 微分方程的应用主要是列微分方程解决实际问题. 列微分方程首先要有正确的思维方法，善于将具体问题变成一个数学问题(建立数学模型)；其次是能把问题中的关系联系起来，找到关系间的桥梁，特别是要找到函数的变化率与未知函数的联系.

综合训练题 5

一、选择题(每小题只有一个正确答案)

1. 微分方程 $x(y')^2-3xy'+xy^3=0$ 的阶数是(　　).

A. 1　　B. 2　　C. 3　　D. 4

2. 下列函数中，可以是微分方程 $y''+y=0$ 的解的函数是(　　).

A. $y=\cos x$　　B. $y=x$　　C. $y=\ln x$　　D. $y=e^x$

3. 下列微分方程是一阶线性微分方程的是(　　).

A. $\dfrac{d^2y}{dx^2}=\dfrac{y^2}{1-2xy}$　　B. $(y-3)\ln x dx-xdy=0$

C. $xy'=y^2+x^2\sin x$　　D. $y''+y'-2y=0$

4. 曲线族 $y=C_1e^x+C_2$ 中满足 $y(0)=1,y'(0)=-2$ 的曲线方程是(　　).

A. $y=-2e^x+1$　　B. $y=3e^x-2$　　C. $y=-2e^x+3$　　D. $y=-3e^x+2$

5. 微分方程 $y''-4y=0$ 的通解为(　　).

A. $y=C_1e^{4x}+C_2$　　B. $y=C_1e^{-2x}+C_2e^{2x}$

C. $y=C_1e^{2x}+C_2$　　D. $y=C_1e^{-2x}+C_2$

6. 微分方程 $y\mathrm{d}x-x\mathrm{d}y=0$ 的通解为(　　).

A. $y=\frac{C}{x}$　　B. $y=C+x$　　C. $y=Cx$　　D. $y=\frac{x}{C}$

7. 下列微分方程中,其通解为 $y=C_1\cos x+C_2\sin x$ 的是(　　).

A. $y''-y'=0$　　B. $y''+y'=0$　　C. $y''+y=0$　　D. $y''-y=0$

8. 微分方程 $y''-4y'+4y=0$ 满足初始条件 $y(0)=1,y'(0)=4$ 的特解为(　　).

A. $y=(1+2x)e^x$　　B. $y=(1+x)e^{2x}$

C. $y=(1+x)e^x$　　D. $y=(1+2x)e^{2x}$

9. 用待定系数法求微分方程 $y''+3y'+2y=x^2$ 的一个特解时,应设特解的形式为(　　).

A. ax^2　　B. ax^2+bx+c

C. $x(ax^2+bx+c)$　　D. $x^2(ax^2+bx+c)$

10. 用待定系数法求微分方程 $y''-3y'+2y=\sin x$ 的一个特解时,应设特解的形式为(　　).

A. $b\sin x$　　B. $a\cos x$

C. $a\cos x+b\sin x$　　D. $x(a\cos x+b\sin x)$

二、填空题

1. 微分方程 $x\frac{\mathrm{d}y}{\mathrm{d}x}=y+x^2\sin x$ 的通解是________;

2. 微分方程 $y''+3y=0$ 的通解是________;

3. 微分方程 $y''+4y'+5y=0$ 的通解是________;

4. 以 $y=C_1xe^x+C_2e^x$ 为通解的二阶常系数线性齐次微分方程为________;

5. 微分方程 $y''+4y'+y=0$ 满足初始条件 $y|_{x=0}=2,y'|_{x=0}=0$ 的特解是________;

6. 微分方程 $y''-4y'+5y=0$ 的特征根是________;

7. 用待定系数法求微分方程 $y''+2y'=2x^2-1$ 的一个特解时,应设特解的形式为________;

8. 已知 $y_1=e^{x^2},y_1=xe^{x^2}$ 都是微分方程 $y''-4xy'+(4x^2-2)y=0$ 的解,则此方程的通解为________.

三、计算题

1. 求微分方程 $e^xy'-1=0$ 的通解.

2. 求微分方程 $y'=e^{x-2y}$的通解.

3. 求微分方程 $xy'-2y=x^3\cos x$ 满足初始条件 $y|_{x=\frac{\pi}{2}}=0$ 的特解.

4. 求微分方程 $y''-6y'+9y=0$ 满足初始条件 $y|_{x=0}=0,y'|_{x=0}=1$ 的特解.

四、应用题

1. [曲线方程]　已知一平面曲线上任一点的切线斜率等于该点横坐标的二倍,且该曲线过原点,求该曲线方程.

2. [运动方程]　一质量为 m 的物体,从高度为 y_0 的某高楼顶层以初速度 v_0 自由下落,试建立下落过程中高度 y 与时间 t 满足的微分方程.

3. [马尔萨斯人口模型]　如果设时刻 t 世界人口总数为 $x(t)$,并假设人口的相对增长率 $k>0$,那么马尔萨斯人口模型为$\frac{\mathrm{d}x}{\mathrm{d}t}=kx$,且 $x(0)=x_0$,求时刻 t 世界人口总数 $x(t)$.

4. [体内药物分析] 给某一病人静脉注射某药物，一次性注射43.2 mg，目的是减轻病人强烈的气喘，你可以想象药物是进入了一个容积为35 000 mL的分隔区间（这一容积就是人体内药物可以达到的空间的总体积），药物离开病人身体的速度与体内药量成正比，比例常数为0.082，又假设病人身体内最初不含这种药物. 试建立药物浓度$c(t)$所满足的微分方程.

5. [运动方程] 一个单位质量的质点在直线上运动，影响运动的力F与运动方向相反，与时间t的关系是$F=-16\cos 2t$，当$t=0$时，质点与一个定点的距离$s=7$，其导数$s'=6$，求质点运动的距离与时间的关系.

应用与提高

单种群模型与人口问题

1. 问题提出

动植物种群本身是离散变量，但由于突然增加或减少的只是单一个体或少数几个个体，与全体数量相比，这种增量是很小的，所以可以近似地假设大规模种群随时间是连续地甚至可微地变化，进而可以应用微分方程这一数学工具来研究.

2. 问题分析与假设

17世纪末，英国人口学家马尔萨斯(Malthus)认为人口的相对增长率为常数，即单位时间内人口增长量与人口总量成正比，设在时间t，人口总数为$P=P(t)$，则有马尔萨斯人口模型

$$\begin{cases}\dfrac{\mathrm{d}P}{\mathrm{d}t}=aP\\ P(t_0)=P_0\end{cases}\quad (a\text{ 为大于等于零的常数})$$

这个初值问题显然是变量可分离的，很容易求解，其解为

$$P=P_0\mathrm{e}^{a(t-t_0)}$$

式中，P_0为初始时刻的人口数. 它表明人口按指数曲线增长，这一理论已被实践证明是错误的.

3. 模型建立

1837年，荷兰生物数学专家弗胡斯特(Verhulst)考虑了单种群成员间的冲突乃至残害现象，得出容易理解的下述单种群数学期望

$$\begin{cases}\dfrac{\mathrm{d}P}{\mathrm{d}t}=(a-bP)P\\ P(t_0)=P_0\end{cases}$$

其中正常数a和b称为生命系数.

4. 模型求解

此初值问题也是可分离变量的微分方程，解此初值问题，得

$$P=\frac{aP_0\mathrm{e}^{a(t-t_0)}}{a-bP_0+bP_0\mathrm{e}^{a(t-t_0)}}$$

一些生态学家测得a的自然值为0.029，而b的值取决于各国的社会经济条件，根据文

献记载，美国和法国曾用这个公式预报过人口的变化，结果相当符合实际.

5. 模型应用

现应用此公式分析某市人口总数的变化趋势，根据某市统计局统计的数字，某市人口总数在 1992 年底为 206.12 万人，假设当时的人口增长率为 0.832%，则 $a-bP_0=0.008\,32$，在公式中取 $t_0=1\,992$，$P_0=2.061\,2\times10^6$，对某市人口做出估算，将其中一部分结果与统计局最近几年公布的某市人口总数列表对照如下：

年	1992	1995	1996	1998	2020	2050	2100
估算人口/万人	206.12	211.30	212.81	216.01	245.24	268.96	284.00
市局统计人口/万人	206.12	211.27	212.59	215.10	244.81		

从表中看出，上述估算有一定的可信度，按照这个估计，到 2050 年底将接近 269 万人，而最终趋势为 $\lim\limits_{t\to\infty}P(t)=\dfrac{a}{b}\approx289.05$（万人）.

拓展阅读　陈省身

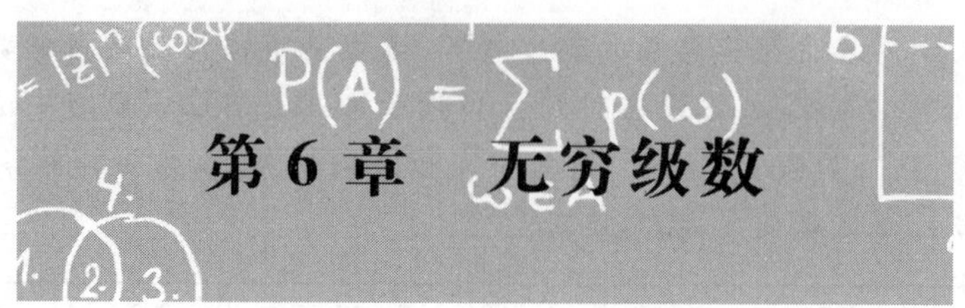

第6章 无穷级数

内容导入

无穷级数是研究有次序的无穷个函数的和的收敛性及其极限值的方法,理论以数项级数为基础,数项级数有发散性和收敛性的区别.无穷级数收敛时有一个唯一的和;发散的无穷级数没有极限值,但有其他的求和方法,如欧拉和、切萨罗和、博雷尔和等,算术的加法可以对有限个数求和,但无法对无限个数求和,有些数列可以用无穷级数方法求和.可用无穷级数方法求和的包括:数项级数、函数项级数(幂级数、傅里叶级数);复变函数中的泰勒级数、洛朗级数.

学习目标

知识目标 理解无穷级数的概念和性质,理解级数的审敛法,掌握判断数项级数敛散性的审敛法,掌握幂级数的和函数概念,掌握 MATLAB 在级数中的应用.

能力目标 会求幂级数收敛域、收敛半径,能求简单幂级数的和函数.

素质目标 能运用 MATLAB 软件求解问题,在问题的解决过程中,培养综合应用能力.

视频

常数项级数

§6.1 常数项级数

我们知道,e 和 π 都是无限不循环小数,如何确定无理数 e 和 π 的值?特别地,如何得到满足一定精度要求的 e 和 π 的值呢?下面利用数列引入无穷级数的概念.

6.1.1 常数项级数的基本概念

引例1[弹球路程] 一只球从 100 m 的高空落下,每次弹回的高度为上次高度的$\frac{2}{3}$,这样运动下去,小球运动的总路程为

$$\left(100+100\times\frac{2}{3}\right)+\left[100\times\frac{2}{3}+100\times\left(\frac{2}{3}\right)^2\right]+\cdots+\left[100\times\left(\frac{2}{3}\right)^{n-1}+100\times\left(\frac{2}{3}\right)^n\right]+\cdots$$

$$=100\left[1+2\times\frac{2}{3}+2\times\left(\frac{2}{3}\right)^2+\cdots+2\times\left(\frac{2}{3}\right)^{n-1}+2\times\left(\frac{2}{3}\right)^n+\cdots\right]$$

该式是无穷项之和.

定义 6.1.1 设有数列 $u_1,u_2,\cdots,u_n,\cdots$,则

$$u_1+u_2+\cdots+u_n+\cdots \tag{6.1.1}$$

称为常数项无穷级数(简称数项级数),记作$\sum\limits_{n=1}^{\infty} u_n$,即

$$\sum_{n=1}^{\infty} u_n = u_1 + u_2 + \cdots + u_n + \cdots \tag{6.1.2}$$

式中,u_1 叫作级数的第1项(也称首项);u_2 叫作级数的第2项;……;第 n 项 u_n 叫作级数的一般项(或通项).

例如,$1+\frac{1}{2}+\frac{1}{3}+\cdots+\frac{1}{n}+\cdots$为一个常数项级数.

如果级数(6.1.2)中的各项是变量 x 的函数,则称级数(6.1.2)为**函数项级数**.

例如,$1+x+x^2+x^3+\cdots+x^n+\cdots$为一个函数项级数.

定义 6.1.2 级数的前 n 项(有限项)和 $u_1+u_2+u_3+\cdots+u_n$,称为级数的部分和 s_n,即

$$s_n = \sum_{k=1}^{n} u_k = u_1 + u_2 + u_3 + \cdots + u_n$$

当 n 依次取1,2,3,…时,级数的部分和 s_n 构成一个新的数列

$$s_1 = u_1$$
$$s_2 = u_1 + u_2$$
$$s_3 = u_1 + u_2 + u_3$$
$$\cdots\cdots$$
$$s_n = u_1 + u_2 + \cdots + u_n$$

数列$\{s_n\}$称为级数 $\sum\limits_{n=1}^{\infty} u_n$ 的部分和数列.

定义 6.1.3 当 $n\to\infty$ 时,如果级数(6.1.2)的部分和数列 s_n 存在极限,即$\lim\limits_{n\to\infty} s_n = s$,则称级数(6.1.2)**收敛**,极限值 s 称为级数(6.1.2)的和. 记作 $s=u_1+u_2+\cdots+u_n+\cdots$;如果级数(6.1.2)的部分和数列 s_n 没有极限,则称级数(6.1.2)**发散**,这时级数(6.1.2)没有和.

当级数 $\sum\limits_{n=1}^{\infty} u_n$ 收敛时, 其部分和 s_n 是级数的和 s 的近似值,称 $s-s_n$ 为级数的**余项**,记为 r_n,即

$$r_n = s - s_n = u_{n+1} + u_{n+2} + \cdots$$

由此定义可知,级数与其部分和数列有着紧密的联系,即级数的收敛与发散(简称敛散性)是用级数的部分和数列是否有极限来定义的.

例 1 讨论**几何级数**(等比级数) $\sum\limits_{n=1}^{\infty} aq^{n-1} = a + aq + aq^2 + \cdots + aq^{n-1} + \cdots$(其中 q 是公比,$a\neq0$)的敛散性.

解 如果 $q\neq1$,则部分和

$$s_n = a + aq + aq^2 + \cdots + aq^{n-1} = \frac{a-aq^n}{1-q} = \frac{a}{1-q} - \frac{aq^n}{1-q}$$

当$|q|<1$ 时,由于$\lim\limits_{n\to\infty} q^n = 0$,所以$\lim\limits_{n\to\infty} s_n = \frac{a}{1-q}$,则级数收敛;

当$|q|>1$ 时,由于$\lim\limits_{n\to\infty} q^n = \infty$,所以$\lim\limits_{n\to\infty} s_n = \infty$,则级数发散;

当 $q=1$ 时,$s_n = na$,所以$\lim\limits_{n\to\infty} s_n = \infty$,则级数发散;

当 $q=-1$ 时,此时级数为 $a-a+a-a+a-\cdots$,即其部分和

$$s_n=\begin{cases}0 & n\text{为偶数}\\ a & n\text{为奇数}\end{cases}$$

所以 s_n 的极限不存在，因此，当 $q=-1$ 时级数发散.

综上所述，当 $|q|<1$ 时，等比级数 $\sum\limits_{n=1}^{\infty} aq^{n-1}$ 收敛，其和为 $\dfrac{a}{1-q}$；

当 $|q|\geqslant 1$ 时，等比级数 $\sum\limits_{n=1}^{\infty} aq^{n-1}$ 发散.

例 2 讨论级数 $\sum\limits_{n=1}^{\infty}\dfrac{1}{n(n+1)}=\dfrac{1}{1\times 2}+\dfrac{1}{2\times 3}+\cdots+\dfrac{1}{n\times(n+1)}+\cdots$ 的敛散性.

解 级数的前 n 项和

$$s_n=\frac{1}{1\times 2}+\frac{1}{2\times 3}+\cdots+\frac{1}{n\times(n+1)}=\left(1-\frac{1}{2}\right)+\left(\frac{1}{2}-\frac{1}{3}\right)+\cdots+\left(\frac{1}{n}-\frac{1}{n+1}\right)$$
$$=1-\frac{1}{n+1}$$

由于 $\lim\limits_{n\to\infty}s_n=\lim\limits_{n\to\infty}\left(1-\dfrac{1}{n+1}\right)=1$，所以级数收敛，且其和为 1.

6.1.2 收敛级数的基本性质

根据无穷级数收敛、发散以及和的概念，可以得出收敛级数的几个基本性质.

性质 1 如果级数 $\sum\limits_{n=1}^{\infty}u_n$ 收敛于和 s，则级数 $\sum\limits_{n=1}^{\infty}Cu_n$ 收敛且其和为 Cs（C 为非零常数）.

性质 2 如果级数 $\sum\limits_{n=1}^{\infty}u_n$、$\sum\limits_{n=1}^{\infty}v_n$ 分别收敛于 s、σ，则级数 $\sum\limits_{n=1}^{\infty}(u_n\pm v_n)$ 也收敛，且 $\sum\limits_{n=1}^{\infty}(u_n\pm v_n)=s\pm\sigma$.

性质 3 在级数中增加、减少或改变有限项，不会改变级数的收敛性. 但对于收敛的级数，其和一般要改变.

性质 4 如果级数 $\sum\limits_{n=1}^{\infty}u_n$ 收敛，对该级数的项任意加括号后所形成的新级数仍收敛，且其和不变.

推论 如果加括号后所形成的级数发散，则原级数也发散.

性质 5（级数收敛的必要条件） 如果级数 $\sum\limits_{n=1}^{\infty}u_n$ 收敛，则它的一般项 u_n 趋于零，即

$$\lim_{n\to\infty}u_n=0$$

由性质 5 知：**如果级数的一般项不趋于零，则该级数必发散.**

注意： 级数的一般项趋于零并不是级数收敛的充分条件，有些级数虽然一般项趋于零，但仍然是发散的.

例如，**调和级数** $\sum\limits_{n=1}^{\infty}\dfrac{1}{n}=1+\dfrac{1}{2}+\dfrac{1}{3}+\cdots+\dfrac{1}{n}+\cdots$ 显然有 $\lim\limits_{n\to\infty}u_n=\lim\limits_{n\to\infty}\dfrac{1}{n}=0$，但级数 $\sum\limits_{n=1}^{\infty}\dfrac{1}{n}$ 是发散的.

假设调和级数 $\sum_{n=1}^{\infty}\frac{1}{n}$ 收敛，设它的部分和为 s_n，且 $s_n\to s(n\to\infty)$。显然，对调和级数的部分和 s_{2n}，也有 $s_{2n}\to s(n\to\infty)$，于是

$$s_{2n}-s_n\to s-s=0\quad(n\to\infty)$$

但另一方面

$$s_{2n}-s_n=\frac{1}{n+1}+\frac{1}{n+2}+\cdots+\frac{1}{2n}>\frac{1}{2n}+\frac{1}{2n}+\frac{1}{2n}+\cdots+\frac{1}{2n}=\frac{1}{2}$$

故 $s_{2n}-s_n$ 不趋于零，与假设调和级数 $\sum_{n=1}^{\infty}\frac{1}{n}$ 收敛矛盾，这说明级数 $\sum_{n=1}^{\infty}\frac{1}{n}$ 必发散.

案例［重复用药］　设某病人每天服用阿莫西林的剂量为：每次 250 mg，一天四次（每隔 6 h 服用一次），已知在服药 6 h 后，大约有 4% 的药还留在体内，问服用 10 次后体内的药物量有多少？服用 40 次后呢？并分析长期服药后体内药量有多少？

解　设第 n 次服药后，体内阿莫西林的含量为 Q mg，则

$$\begin{aligned}
Q_1&=250\\
Q_2&=250\times0.04+250\\
Q_3&=0.04Q_2+250=0.04\times(250\times0.04+250)+250\\
&=250\times0.04^2+250\times0.04+250\\
Q_4&=0.04Q_3+250=0.04\times(250\times0.04^2+250\times0.04+250)+250\\
&=250\times0.04^3+250\times0.04^2+250\times0.04+250
\end{aligned}$$

同理可得

$$\begin{aligned}
Q_n&=250\times0.04^{n-1}+250\times0.04^{n-2}+\cdots+250\times0.04^2+250\times0.04+250\\
&=250\times(0.04^{n-1}+0.04^{n-2}+\cdots+0.04^2+0.04+1)\\
&=\frac{250(1-0.04^n)}{1-0.04}=\frac{250(1-0.04^n)}{0.96}
\end{aligned}$$

因此

$$Q_{10}=\frac{250(1-0.04^{10})}{1-0.04}\approx260.42$$

$$Q=\lim_{n\to\infty}Q_n=\lim_{n\to\infty}\frac{250(1-0.04^n)}{0.96}\text{ mg}\approx260.42$$

故长期服药后体内的药物量为 260.42 mg.

习　题　6-1

1. 写出下列级数的一般项.

(1) $1+\frac{1}{3}+\frac{1}{5}+\frac{1}{7}+\cdots$;

(2) $\frac{2}{1}-\frac{3}{2}+\frac{4}{3}-\frac{5}{4}+\frac{6}{5}-\cdots$;

(3) $\frac{\sqrt{x}}{2}+\frac{x}{2\cdot4}+\frac{x\sqrt{x}}{2\cdot4\cdot6}+\frac{x^2}{2\cdot4\cdot6\cdot8}+\cdots$;

(4) $\frac{a^2}{3}-\frac{a^3}{5}+\frac{a^4}{7}-\frac{a^5}{9}+\cdots$.

2. 根据级数收敛与发散的定义判断下列级数的收敛性.

(1) $\sum_{n=1}^{\infty}(\sqrt{n+1}-\sqrt{n})$;

(2) $\frac{1}{1\times 3}+\frac{1}{3\times 5}+\frac{1}{5\times 7}+\cdots+\frac{1}{(2n-1)(2n+1)}+\cdots$;

(3) $\sin\frac{\pi}{6}+\sin\frac{2\pi}{6}+\cdots+\sin\frac{n\pi}{6}+\cdots$.

3. 判断下列级数的收敛性.

(1) $-\frac{8}{9}+\frac{8^2}{9^2}-\frac{8^3}{9^3}+\cdots+(-1)^n\frac{8^n}{9^n}+\cdots$;

(2) $\frac{1}{3}+\frac{1}{6}+\frac{1}{9}+\cdots+\frac{1}{3n}+\cdots$;

(3) $\frac{1}{3}+\frac{1}{\sqrt{3}}+\frac{1}{\sqrt[3]{3}}+\cdots+\frac{1}{\sqrt[n]{3}}+\cdots$;

(4) $\frac{3}{2}+\frac{3^2}{2^2}+\frac{3^3}{2^3}+\cdots+\frac{3^n}{2^n}+\cdots$;

(5) $\left(\frac{1}{2}+\frac{1}{3}\right)+\left(\frac{1}{2^2}+\frac{1}{3^2}\right)+\left(\frac{1}{2^3}+\frac{1}{3^3}\right)+\cdots+\left(\frac{1}{2^n}+\frac{1}{3^n}\right)+\cdots$.

视频

正项级数

§6.2 正项级数与交错级数

6.2.1 正项级数

1. 定义 6.2.1 如果级数 $\sum_{n=1}^{\infty}u_n$，其中 $u_n\geqslant 0(n=1,2,3,\cdots)$，则称级数 $\sum_{n=1}^{\infty}u_n$ 为**正项级数**；如果 $u_n\leqslant 0,(n=1,2,3,\cdots)$，则称级数 $\sum_{n=1}^{\infty}u_n$ 为**负项级数**. 将负项级数每项乘以 -1，负项级数就变成了正项级数.

由于**正项级数与负项级数具有相同的敛散性**. 于是负项级数可以归结为正项级数来研究，因此只需讨论正项级数的敛散性.

2. 正项级数收敛的充要条件

定理 6.2.1 正项级数 $\sum_{n=1}^{\infty}u_n$ 收敛的充要条件是：它的部分和数列 $\{s_n\}$ 有界. 即存在某正数 M，对一切自然数 n，$s_n=\sum_{k=1}^{n}u_k\leqslant M$ 成立.

如果部分和数列 $\{s_n\}$ 无界，单调增加的无界数列 $\{s_n\}$ 必发散，故级数 $\sum_{n=1}^{\infty}u_n$ 发散.

定理 6.2.1 表明判断正项级数的收敛性问题，可化为判断该级数的部分和数列 $\{s_n\}$ 是否有界的问题.

例 1 证明级数 $\sum_{n=1}^{\infty}\frac{1}{n(n+1)}$ 是收敛的.

证明　因为 $s_n=\frac{1}{1\times2}+\frac{1}{2\times3}+\cdots+\frac{1}{n\times(n+1)}=\left(1-\frac{1}{2}\right)+\left(\frac{1}{2}-\frac{1}{3}\right)+\cdots+\left(\frac{1}{n}-\frac{1}{n+1}\right)$

$$=1-\frac{1}{n+1}<1$$

对一切自然数 n 都成立，

即该正项级数的部分和数列有界，因此，该级数 $\sum\limits_{n=1}^{\infty}\frac{1}{n(n+1)}$ 是收敛的.

例 2　讨论正项级数 $\sum\limits_{n=1}^{\infty}\frac{1}{n!}=\frac{1}{1!}+\frac{1}{2!}+\cdots+\frac{1}{n!}+\cdots$ 的敛散性.

解　因为
$$\frac{1}{n!}\leqslant\frac{1}{2^{n-1}}\quad(n=1,2,\cdots)$$

于是
$$s_n=\frac{1}{1!}+\frac{1}{2!}+\cdots+\frac{1}{n!}\leqslant1+\frac{1}{2}+\frac{1}{2^2}+\cdots+\frac{1}{2^{n-1}}$$
$$=1+\frac{\frac{1}{2}\left(1-\frac{1}{2^{n-1}}\right)}{1-\frac{1}{2}}=2-\frac{1}{2^{n-1}}<2$$

即对一切自然数 n 都有 $s_n<2$. 因此，该正项级数的部分和数列有界，故级数 $\sum\limits_{n=1}^{\infty}\frac{1}{n!}$ 收敛.

通常情况下，判断 s_n 有界并不容易，一般不直接利用定理 6.2.1 来判断正项级数的敛散性，而是常用正项级数的比较判别法来判断正项级数的收敛性.

6.2.2　正项级数敛散性判别法

1. 比较判别法

定理 6.2.2　设 $\sum\limits_{n=1}^{\infty}u_n$ 和 $\sum\limits_{n=1}^{\infty}v_n$ 都是正项级数，且 $u_n\leqslant v_n(n=1,2,\cdots)$，

(1) 若级数 $\sum\limits_{n=1}^{\infty}v_n$ 收敛，则级数 $\sum\limits_{n=1}^{\infty}u_n$ 也收敛；

(2) 若级数 $\sum\limits_{n=1}^{\infty}u_n$ 发散，则级数 $\sum\limits_{n=1}^{\infty}v_n$ 也发散.

例 3　证明级数 $1+\frac{1}{3}+\frac{1}{5}+\frac{1}{7}+\cdots+\frac{1}{2n-1}+\cdots$ 是发散的.

证明　因为级数的一般项 $u_n=\frac{1}{2n-1}>\frac{1}{2n}>0$，而级数 $\sum\limits_{n=1}^{\infty}\frac{1}{2n}$ 与级数 $\sum\limits_{n=1}^{\infty}\frac{1}{n}$ 有相同的敛散性，因调和级数 $\sum\limits_{n=1}^{\infty}\frac{1}{n}$ 是发散的，即级数 $\sum\limits_{n=1}^{\infty}\frac{1}{2n}$ 亦发散，由正项级数的比较判别法，知级数 $\sum\limits_{n=1}^{\infty}\frac{1}{2n-1}$ 也发散.

例 4　证明级数 $\frac{1}{2+a}+\frac{1}{2^2+a}+\frac{1}{2^3+a}+\cdots+\frac{1}{2^n+a}+\cdots(a>0)$ 收敛.

证　因为级数的一般项 $0<u_n=\frac{1}{2^n+a}<\frac{1}{2^n}$，而等比级数 $\sum\limits_{n=1}^{\infty}\frac{1}{2^n}$ 是收敛的，故由正项级数

的比较判别法，得级数 $\sum_{n=1}^{\infty}\frac{1}{2^n+a}$ 亦收敛.

例 5 讨论 ***p*-级数** $\sum_{n=1}^{\infty}\frac{1}{n^p}=1+\frac{1}{2^p}+\frac{1}{3^p}+\cdots+\frac{1}{n^p}+\cdots(p>0)$ 的敛散性.

解 当 $p\leqslant1$ 时，$\frac{1}{n^p}\geqslant\frac{1}{n}$，由于调和级数是发散的，根据比较判别法，当 $p\leqslant1$ 时，***p*-级数**是发散的；

当 $p>1$ 时，按顺序把所给级数一项、两项、四项、八项等括在一起，得

$$\begin{aligned}\sum_{n=1}^{\infty}\frac{1}{n^p}&=1+\frac{1}{2^p}+\frac{1}{3^p}+\cdots+\frac{1}{n^p}+\cdots\\&=1+\left(\frac{1}{2^p}+\frac{1}{3^p}\right)+\left(\frac{1}{4^p}+\frac{1}{5^p}+\frac{1}{6^p}+\frac{1}{7^p}\right)+\left(\frac{1}{8^p}+\cdots+\frac{1}{15^p}\right)+\cdots\\&<1+\left(\frac{1}{2^p}+\frac{1}{2^p}\right)+\left(\frac{1}{4^p}+\frac{1}{4^p}+\frac{1}{4^p}+\frac{1}{4^p}\right)+\left(\frac{1}{8^p}+\frac{1}{8^p}+\cdots+\frac{1}{8^p}\right)+\cdots\\&=1+\left(\frac{1}{2^{p-1}}\right)+\left(\frac{1}{2^{p-1}}\right)^2+\left(\frac{1}{2^{p-1}}\right)^3+\cdots\end{aligned}$$

上式最后一个级数是等比级数，其公比 $q=\frac{1}{2^{p-1}}<1$，所以收敛. 于是，当 $p>1$ 时，***p*-级数**收敛.

综上所述：***p*-级数** $\sum_{n=1}^{\infty}\frac{1}{n^p}$，**当** $p\leqslant1$ **时发散；当** $p>1$ **时收敛**.

例如，级数 $1+\frac{1}{\sqrt{2}}+\frac{1}{\sqrt{3}}+\frac{1}{\sqrt{4}}\cdots+\frac{1}{\sqrt{n}}+\cdots=1+\frac{1}{2^{\frac{1}{2}}}+\frac{1}{3^{\frac{1}{2}}}+\frac{1}{4^{\frac{1}{2}}}\cdots+\frac{1}{n^{\frac{1}{2}}}+\cdots$ 为 ***p*-级数**，因为其中 $p=\frac{1}{2}<1$，故该级数发散.

又如，级数 $1+\frac{1}{2^2}+\frac{1}{3^2}+\cdots+\frac{1}{n^2}+\cdots$ 为 ***p*-级数**，因为其中 $p=2>1$，故该级数收敛.

应用比较判别法的关键在于，把所要判定的正项级数与一个已知敛散性的正项级数做比较. 一般把**几何级数**、**调和级数**、***p*-级数**作为已知比较级数.

2. 比值判别法

定理 6.2.3 比值判别法（达朗贝尔比值判别法）

设正项级数 $\sum_{n=1}^{\infty}u_n$ 之后项与前项的比值的极限等于 ρ，即

$$\lim_{n\to\infty}\frac{u_{n+1}}{u_n}=\rho$$

则（1）当 $\rho<1$ 时，级数收敛；

（2）当 $\rho>1\left(\text{或}\lim_{n\to\infty}\frac{u_{n+1}}{u_n}=\infty\right)$ 时，级数发散；

（3）当 $\rho=1$ 时，级数可能收敛也可能发散.

例 6 判别级数 $1+\frac{1}{1}+\frac{1}{1\times2}+\frac{1}{1\times2\times3}+\cdots+\frac{1}{1\times2\times3\times\cdots\times(n-1)}+\cdots$ 的敛散性.

解 第 n 项为 $u_n=\frac{1}{1\times2\times3\times\cdots\times(n-1)}$

于是得
$$\frac{u_{n+1}}{u_n}=\frac{\dfrac{1}{1\times2\times3\times\cdots\times n}}{\dfrac{1}{1\times2\times3\times\cdots\times(n-1)}}=\frac{1}{n}$$

因为$\lim\limits_{n\to\infty}\dfrac{u_{n+1}}{u_n}=\lim\limits_{n\to\infty}\dfrac{1}{n}=0<1$,根据比值判别法,该级数收敛.

例 7　判别级数$5+\dfrac{5^2}{2^5}+\dfrac{5^3}{3^5}+\cdots+\dfrac{5^n}{n^5}+\cdots$的敛散性.

解　第 n 项为 $u_n=\dfrac{5^n}{n^5}$,于是得
$$\frac{u_{n+1}}{u_n}=\frac{\dfrac{5^{n+1}}{(n+1)^5}}{\dfrac{5^n}{n^5}}=\frac{5n^5}{(n+1)^5}$$

因为
$$\lim_{n\to\infty}\frac{u_{n+1}}{u_n}==\lim_{n\to\infty}\frac{5n^5}{(n+1)^5}=5>1$$

根据比值判别法,级数发散.

例 8　判别级数$\dfrac{1}{1\times2}+\dfrac{1}{3\times4}+\dfrac{1}{5\times6}+\cdots$的敛散性.

解　第 n 项为 $u_n=\dfrac{1}{(2n-1)\times(2n)}$

于是
$$\frac{u_{n+1}}{u_n}=\frac{1}{(2n+1)\times(2n+2)}\times\frac{(2n-1)\times(2n)}{1}$$
$$=\frac{n\times(2n-1)}{(n+1)\times(2n+1)}$$

因此
$$\lim_{x\to\infty}\frac{u_{n+1}}{u_n}=\lim_{n\to\infty}\frac{n\times(2n-1)}{(n+1)\times(2n+1)}=1$$

此时,$\rho=1$,比值判别法失效,必须用其他方法判别级数的敛散性.

3. 根值判别法(柯西判别法)

定理 6.2.4　设正项级数的一般项 u_n 的 n 次方根的极限等于 L,即
$$\lim_{n\to\infty}\sqrt[n]{u_n}=L$$

则(1)当 $L<1$ 时,级数收敛;

(2)当 $L>1$ 时,级数发散;

(3)当 $L=1$ 时,级数可能收敛也可能发散.

例 9　判别级数 $\sum\limits_{n=1}^{\infty}\left(\dfrac{n}{2n+1}\right)^n$ 的敛散性.

解　因为$\lim\limits_{n\to\infty}\sqrt[n]{u_n}=\lim\limits_{n\to\infty}\dfrac{n}{2n+1}=\dfrac{1}{2}<1$,

由根值判别法知, 级数 $\sum\limits_{n=1}^{\infty}\left(\dfrac{n}{2n+1}\right)^n$ 是收敛的.

6.2.3　交错级数

定义 6.2.2　级数的各项是正、负交错的级数,称为交错级数,即

$$\sum_{n=1}^{\infty}(-1)^{n-1}u_n = u_1 - u_2 + u_3 - u_4 + \cdots + (-1)^{n-1}u_n + \cdots \quad (u_n \geqslant 0, n = 1,2,3,\cdots)$$

或 $\sum\limits_{n=1}^{\infty}(-1)^{n}u_n = -u_1 + u_2 - u_3 + u_4 - \cdots + (-1)^{n}u_n + \cdots \quad (u_n \geqslant 0, n = 1,2,3,\cdots)$

对于交错级数的收敛性有下面的判别方法.

定理 6.2.5(莱布尼茨判别法) 若交错级数

$$\sum_{n=1}^{\infty}(-1)^{n-1}u_n = u_1 - u_2 + u_3 - u_4 + \cdots + (-1)^{n-1}u_n + \cdots \quad (u_n \geqslant 0, n=1,2,3,\cdots)$$

满足下面两个条件:

(1) $u_n \geqslant u_{n+1} \quad (n=1,2,3,\cdots)$; (2) $\lim\limits_{n\to\infty} u_n = 0$.

则交错级数 $\sum\limits_{n=1}^{\infty}(-1)^{n-1}u_n$ 收敛,其和 $s \leqslant u_1$,其余项 R_n 的绝对值 $|R_n| \leqslant u_{n+1}$.

例 10 判断交错级数 $\sum\limits_{n=1}^{\infty}\dfrac{(-1)^{n-1}}{n}$ 的敛散性.

解 因为

$$u_n = \frac{1}{n} > \frac{1}{n+1} = u_{n+1}, \quad \lim_{n\to\infty} u_n = \lim_{n\to\infty}\frac{1}{n} = 0$$

由交错级数的莱布尼茨判别法可知,该级数收敛.

6.2.4 绝对收敛与条件收敛

定义 6.2.3 如果级数 $\sum\limits_{n=1}^{\infty}u_n = u_1 + u_2 + \cdots + u_n + \cdots$ [其中 $u_n(n=1,2,\cdots)$ 可正,可负]的每一项的绝对值所构成的级数

$$\sum_{n=1}^{\infty}|u_n| = |u_1| + |u_2| + \cdots + |u_n| + \cdots$$

收敛,则称原级数**绝对收敛**.

例 11 判断级数 $\sum\limits_{n=1}^{\infty}(-1)^{n-1}\dfrac{1}{n^2}$ 是否绝对收敛.

解 因为 $\sum\limits_{n=1}^{\infty}\left|(-1)^{n-1}\dfrac{1}{n^2}\right| = \sum\limits_{n=1}^{\infty}\dfrac{1}{n^2}$,此级数为 p-级数($p=2>1$)是收敛的,所以原级数是绝对收敛的.

定义 6.2.4 如果级数 $\sum\limits_{n=1}^{\infty}u_n = u_1 + u_2 + \cdots + u_n + \cdots$ 收敛,而级数 $\sum\limits_{n=1}^{\infty}|u_n| = |u_1| + |u_2| + \cdots + |u_n| + \cdots$ 发散,则称级数 $\sum\limits_{n=1}^{\infty}u_n = u_1 + u_2 + \cdots + u_n + \cdots$ 为**条件收敛**.

例 12 判断级数 $\sum\limits_{n=1}^{\infty}(-1)^{n-1}\dfrac{1}{n}$ 是否条件收敛.

解 因为级数 $\sum\limits_{n=1}^{\infty}(-1)^{n-1}\dfrac{1}{n}$ 是交错级数,满足莱布尼茨判别法条件,所以它是收敛的.但 $\sum\limits_{n=1}^{\infty}\left|(-1)^{n-1}\dfrac{1}{n}\right| = \sum\limits_{n=1}^{\infty}\dfrac{1}{n}$ 是调和级数,是发散的,故原级数 $\sum\limits_{n=1}^{\infty}(-1)^{n-1}\dfrac{1}{n}$ 为条件收敛.

定理 6.2.6 如果级数 $\sum_{n=1}^{\infty} u_n$ 绝对收敛,则级数 $\sum_{n=1}^{\infty} u_n$ 必定收敛.

由该定理知:对于一般的级数 $\sum_{n=1}^{\infty} u_n$,如果能够用正项级数的收敛性判断方法判定级数 $\sum_{n=1}^{\infty} |u_n|$ 收敛,则级数 $\sum_{n=1}^{\infty} u_n$ 收敛,这使得一大类级数的收敛性判定问题转化成为正项级数的收敛性判定问题.

例 13 判定级数 $\sum_{n=1}^{\infty} \frac{\sin n\alpha}{n^2}$ 的收敛性.

解 因为 $\left|\frac{\sin n\alpha}{n^2}\right| \leqslant \frac{1}{n^2}$, 而级数 $\sum_{n=1}^{\infty} \frac{1}{n^2}$ 收敛, 所以级数 $\sum_{n=1}^{\infty} \left|\frac{\sin n\alpha}{n^2}\right|$ 也收敛, 由定理 6.2.6 知,级数 $\sum_{n=1}^{\infty} \frac{\sin n\alpha}{n^2}$ 收敛.

习 题 6-2

1. 用比较判别法判定下列各级数的敛散性.

(1) $\sum_{n=1}^{\infty} \frac{1}{n^2+1}$;　　(2) $\sum_{n=1}^{\infty} \frac{1}{(2n-1)^2}$;

(3) $\sum_{n=1}^{\infty} \frac{(\sin n)^2}{4^n}$;　　(4) $\sum_{n=1}^{\infty} 2^n \sin \frac{1}{3^n}$.

2. 用比值判别法判定下列各级数的敛散性.

(1) $\sum_{n=1}^{\infty} \frac{1}{(2n+1)!}$;　　(2) $\sum_{n=1}^{\infty} \frac{5^n \times n!}{n^n}$;

(3) $\sum_{n=1}^{\infty} n\sin \frac{1}{2^n}$;　　(4) $\sum_{n=1}^{\infty} \frac{(1\,000)^n}{n!}$.

3. 用根值判别法判定下列各级数的敛散性.

(1) $\sum_{n=1}^{\infty} \left(\frac{n}{3n+1}\right)^n$;　　(2) $\sum_{n=1}^{\infty} \frac{1}{[\ln(n+1)]^n}$;

(3) $\sum_{n=1}^{\infty} \frac{\left(\frac{n+1}{n}\right)^{n^2}}{2^n}$;　　(4) $\sum_{n=1}^{\infty} \frac{3^n}{1+e^n}$.

4. 判断下列级数是否收敛,如果是收敛的,是绝对收敛还是条件收敛?

(1) $1-\frac{1}{3^2}+\frac{1}{5^2}-\frac{1}{7^2}+\cdots$;

(2) $1-\frac{1}{\sqrt{2}}+\frac{1}{\sqrt{3}}-\frac{1}{\sqrt{4}}+\cdots$;

(3) $1-\frac{1}{3}+\frac{1}{5}-\frac{1}{7}+\cdots+(-1)^{n+1}\frac{1}{2n-1}+\cdots$;

(4) $\frac{1}{2-\ln 2}-\frac{1}{3-\ln 3}+\frac{1}{4-\ln 4}-\frac{1}{5-\ln 5}+\cdots$;

(5) $\sum_{n=1}^{\infty}(-1)^{n-1}\frac{1}{n\times 2^n}$;

(6) $\sum_{n=1}^{\infty}(-1)^n\frac{1}{\pi^n}\sin\frac{\pi}{n}$.

§6.3 幂级数

6.3.1 函数项级数的概念

引例1［数据拟合］ 假设有两组数据

x:	0	0.2	0.3	0.52	0.64	0.7	1.0
y:	0.3	0.45	0.47	0.50	0.38	0.33	0.24

为了寻找它们之间的变化规律，我们常用多项式对这些数据进行拟合，如四次多项式拟合为

$$y=5.3792x^4-9.1052x^3+3.3565x^2+0.3072x+0.3019$$

对于一般函数 $f(x)$，当它在点 x_0 附近满足一定条件时，也可以用 $x-x_0$ 的多项式近似计算.

定义 6.3.1 设 $u_n(x)(n=1,2,\cdots)$ 是定义在区间 I 上的一个函数，则由函数列构成的表达式

$$u_1(x)+u_2(x)+u_3(x)+\cdots+u_n(x)+\cdots \tag{6.3.1}$$

称为定义在区间 I 上的**函数项**无穷级数，简称**函数项**级数.

对于每一个确定的值 $x_0\in I$，函数项级数(6.3.1)称为常数项级数

$$u_1(x_0)+u_2(x_0)+u_3(x_0)+\cdots+u_n(x_0)+\cdots \tag{6.3.2}$$

级数(6.3.2)可能收敛也可能发散. 如果级数(6.3.2)收敛，称点 x_0 是函数项级数(6.3.1)的**收敛点**；如果级数(6.3.2)发散，称点 x_0 是函数项级数(6.3.1)的**发散点**. 函数项级数(6.3.1)的所有收敛点的全体称为它的**收敛域**，所有发散点的全体称为它的**发散域**.

对于收敛域内的任意一个数 x，函数项级数收敛于一确定的和、显然，函数项级数的和是 x 的函数 $s(x)$，通常称 $s(x)$ 为函数项级数的和函数，该函数的定义域即是级数的收敛域，并写成

$$s(x)=\sum_{n=1}^{\infty}u_n(x)=u_1(x)+u_2(x)+u_3(x)+\cdots+u_n(x)+\cdots$$

把函数项级数(6.3.1)的前 n 项的部分和记作 $s_n(x)$，则在该收敛域上有

$$\lim_{n\to\infty}s_n(x)=s(x)$$

我们仍把 $r_n(x)=s(x)-s_n(x)$ 称为函数项级数的余项［当然，只有 x 在收敛域上，$r_n(x)$ 才有意义］，于是有

$$\lim_{n\to\infty}r_n(x)=0$$

6.3.2 幂级数的概念及其收敛性

1. 幂级数的概念

定义 6.3.2 各项都是幂函数的函数项级数称为幂级数，它的形式为

$$\sum_{n=0}^{\infty}a_n(x-x_0)^n=a_0+a_1(x-x_0)+a_2(x-x_0)^2+\cdots+a_n(x-x_0)^n+\cdots \tag{6.3.3}$$

特别地，当 $x_0=0$ 时，就有如下形式

$$\sum_{n=0}^{\infty} a_n x^n = a_0 + a_1 x + a_2 x^2 + \cdots + a_n x^n + \cdots \tag{6.3.4}$$

其中常数 $a_0,a_1,a_2,\cdots,a_n,\cdots$ 称为幂级数的系数. 今后我们主要讨论形如(6.3.4)的幂级数，例如

$$1+x+x^2+x^3+\cdots+x^n+\cdots$$

$$1+x+\frac{1}{2!}x^2+\frac{1}{3!}x^3+\cdots+\frac{1}{n!}x^n+\cdots$$

都是常见的幂级数.

2. 幂级数的收敛性

对于一个给定的幂级数，它的收敛域与发散域是怎样的？x 取数轴上哪些点时幂级数收敛，取哪些点时幂级数发散？这即是幂级数的收敛性问题.

先看一个例子，考察幂级数

$$1+x+x^2+x^3+\cdots+x^n+\cdots$$

的收敛性. 当 $|x|<1$ 时，该级数收敛于和 $\frac{1}{1-x}$；当 $|x|\geqslant 1$ 时，该级数发散. 因此，该级数的收敛域是开区间 $(-1,1)$，发散域是 $(-\infty,-1]$ 及 $[1,+\infty)$. 如果 x 在区间 $(-1,1)$ 内取值，则

$$\frac{1}{1-x}=1+x+x^2+x^3+\cdots+x^n+\cdots \quad (-1<x<1)$$

可以看到，这个幂级数的收敛域是一个区间. 事实上，此结论对于一般的幂级数也是成立的.

定理 6.3.1(阿贝尔定理)　如果幂级数 $\sum\limits_{n=0}^{\infty} a_n x^n$ 当 $x=x_0\ (x_0\neq 0)$ 时收敛，则适合不等式 $|x|<|x_0|$ 的一切 x 使这个幂级数**绝对收敛**；反之，如果幂级数 $\sum\limits_{n=0}^{\infty} a_n x^n$ 当 $x=x_0$ 时发散，则适合不等式 $|x|>|x_0|$ 的一切 x 使这个幂级数**发散**.

定理 6.3.1 表明如果幂级数在点 $x=x_0$ 处收敛，则对于开区间 $(-|x_0|,|x_0|)$ 内的任何 x，幂级数都收敛；如果幂级数在点 $x=x_0$ 处发散，则对于闭区间 $[-|x_0|,|x_0|]$ 外的任何 x，幂级数都发散.

由定理 6.3.1 可以得到如下重要的推论：

推论　如果幂级数 $\sum\limits_{n=0}^{\infty} a_n x^n$ 不是仅在 $x=0$ 一点收敛，也不是在整个数轴上都收敛，则必有一个确定的正数 R 存在，使得

(1) 当 $|x|<R$ 时，幂级数绝对收敛；

(2) 当 $|x|>R$ 时，幂级数发散；

(3) 当 $x=R$ 与 $x=-R$ 时，幂级数可能收敛也可能发散.

正数 R 通常称为该幂级数的收敛半径. 开区间 $(-R,R)$ 称为该幂级数的收敛区间. 再由幂级数在 $x=\pm R$ 处的收敛性可以判断它的收敛域是 $(-R,R)$、$[-R,R)$、$(-R,R]$ 或 $[-R,R]$ 这四个区间之一.

如果幂级数 $\sum\limits_{n=0}^{\infty} a_n x^n$ 只在 $x=0$ 处收敛，这时收敛域只有一点 $x=0$，规定此时收敛半径

$R=0$；如果幂级数 $\sum\limits_{n=0}^{\infty}a_nx^n$ 对一切实数 x 收敛，则规定此时收敛半径 $R=+\infty$，这时收敛域是 $(-\infty,+\infty)$.

3. 幂级数的收敛半径的求法

关于幂级数的收敛半径的求法，有下面的定理：

定理 6.3.2 如果

$$\lim_{n\to\infty}\left|\frac{a_{n+1}}{a_n}\right|=\rho$$

式中，a_n、a_{n+1} 是幂级数 $\sum\limits_{n=0}^{\infty}a_nx^n$ 的相邻两项的系数，那么该幂级数的收敛半径

$$R=\begin{cases}0 & \rho=+\infty\\ +\infty & \rho=0\\ 1/\rho & \rho\neq 0\end{cases}$$

例 1 求幂级数 $1+x+\frac{x^2}{2}+\frac{x^3}{3}+\cdots+\frac{x^n}{n}+\cdots$ 的收敛半径和收敛域.

解 因为

$$\rho=\lim_{n\to\infty}\left|\frac{a_{n+1}}{a_n}\right|=\lim_{n\to\infty}\left|\frac{\frac{1}{n+1}}{\frac{1}{n}}\right|=\lim_{n\to\infty}\left|\frac{n}{n+1}\right|=1$$

所以收敛半径 $R=\frac{1}{\rho}=1$.

对于端点 $x=1$，这时级数除去第一项就成为调和级数

$$1+\frac{1}{2}+\frac{1}{3}+\cdots+\frac{1}{n}+\cdots$$

调和级数 $\sum\limits_{n=1}^{\infty}\frac{1}{n}$ 发散，所以级数在 $x=1$ 处发散.

对于端点 $x=-1$，这时级数除去第一项就成为交错级数

$$-1+\frac{1}{2}-\frac{1}{3}+\cdots+(-1)^n\frac{1}{n}+\cdots$$

级数 $\sum\limits_{n=1}^{\infty}(-1)^n\frac{1}{n}$ 收敛，所以级数在 $x=-1$ 处收敛，故原幂级数的收敛域是 $[-1,1)$.

例 2 求幂级数 $1+x+\frac{1}{2!}x^2+\cdots+\frac{1}{n!}x^n+\cdots$ 的收敛域.

解 因为

$$\rho=\lim_{n\to\infty}\left|\frac{a_{n+1}}{a_n}\right|=\lim_{n\to\infty}\frac{\frac{1}{(n+1)!}}{\frac{1}{n!}}=\lim_{n\to\infty}\frac{1}{n+1}=0$$

所以收敛半径 $R=+\infty$，从而原幂级数的收敛域是 $(-\infty,+\infty)$.

例 3 求幂级数 $\sum\limits_{n=0}^{\infty}n!x^n$ 的收敛半径（规定 $0!=1$）.

解 因为

$$\rho = \lim_{n\to\infty}\left|\frac{a_{n+1}}{a_n}\right| = \lim_{n\to\infty}\frac{(n+1)!}{n!} = +\infty$$

所以收敛半径 $R=0$,即原幂级数仅在 $x=0$ 处收敛.

例 4　求幂级数 $\sum\limits_{n=1}^{\infty}\dfrac{(x-1)^n}{2^n\cdot n}$ 的收敛半径和收敛域.

解　令 $t=x-1$,则上述级数变为

$$\sum_{n=1}^{\infty}\frac{t^n}{2^n\cdot n}$$

因为
$$\rho = \lim_{n\to\infty}\left|\frac{a_{n+1}}{a_n}\right| = \lim_{n\to\infty}\frac{2^n\cdot n}{2^{n+1}\cdot(n+1)} = \frac{1}{2}$$

所以收敛半径 $R=2$,收敛区间为 $|t|<2$,即 $-1<x<3$.

当 $x=3$ 时,级数成为调和级数 $\sum\limits_{n=1}^{\infty}\dfrac{1}{n}$, 该级数发散;当 $x=-1$ 时,级数成为交错级数 $\sum\limits_{n=1}^{\infty}\dfrac{(-1)^n}{n}$, 该级数收敛. 因此原幂级数的收敛域为 $[-1,3)$.

6.3.3　幂级数的运算

设有两幂级数

$$\sum_{n=0}^{\infty}a_nx^n = a_0 + a_1x + a_2x^2 + \cdots + a_nx^n + \cdots$$

及
$$\sum_{n=0}^{\infty}b_nx^n = b_0 + b_1x + b_2x^2 + \cdots + b_nx^n + \cdots$$

其和函数分别为 $s_1(x)$、$s_2(x)$,收敛半径分别为 R_1、R_2,记 $R=\min(R_1,R_2)$,则在 $(-R,R)$ 内可以进行下列运算.

1. 加(或减)法运算

$$\sum_{n=0}^{\infty}a_nx^n \pm \sum_{n=0}^{\infty}b_nx^n = \sum_{n=0}^{\infty}(a_n \pm b_n)x^n = s_1(x) \pm s_2(x)$$

即两个收敛的幂级数至少在 $(-R,R)$ 中可以求和(或差),其和(或差)也是幂级数,其系数为原幂级数的系数的和(或差),其和函数为原两幂级数的和函数的和(或差).

2. 乘法运算

$$\begin{aligned}\sum_{n=0}^{\infty}a_nx^n \times \sum_{n=0}^{\infty}b_nx^n &= (a_0 + a_1x + a_2x^2 + \cdots + a_nx^n + \cdots)(b_0 + b_1x + b_2x^2 + \cdots + b_nx^n + \cdots)\\ &= (a_0 + b_0) + (a_0b_1 + a_1b_0)x + (a_0b_2 + a_1b_1 + a_2b_0)x^2 + \cdots +\\ &\quad \sum_{i=0}^{n}a_ib_{n-i}x^n + \cdots.\end{aligned}$$

这是两个幂级数的柯西乘积. 可以看出,在区间 $(-R,R)$ 中,两收敛的幂级数的乘积也是一个幂级数,其 x^n 的系数由 $n+1$ 项形如 $a_ib_j(i+j=n)$ 之和构成.

除了上述四则运算外,关于幂级数的和函数有下列重要性质.

3. 幂级数的和函数的性质

性质 1　幂级数 $\sum\limits_{n=0}^{\infty}a_nx^n$ 的和函数 $s(x)$ 在其收敛域 l 上连续.

性质 2 幂级数 $\sum\limits_{n=0}^{\infty} a_n x^n$ 的和函数 $s(x)$ 在其收敛域 l 上可积，且有以下逐项积分公式：

$$\int_0^x s(t)\,\mathrm{d}t = \int_0^x \left(\sum_{n=0}^{\infty} a_n t^n\right)\mathrm{d}t = \sum_{n=0}^{\infty}\int_0^x a_n t^n\,\mathrm{d}t = \sum_{n=0}^{\infty}\frac{a_n}{n+1}x^{n+1} \quad (x \in l)$$

逐项积分后得到的幂级数和原幂级数有相同的收敛半径，和函数为原幂级数的和函数在相应区间上的积分.

性质 3 幂级数 $\sum\limits_{n=0}^{\infty} a_n x^n$ 的和函数 $s(x)$ 在其收敛区间 $(-R,R)$ 内可求导，且有逐项求导公式

$$s'(x) = \left(\sum_{n=0}^{\infty} a_n x^n\right)' = \sum_{n=0}^{\infty}(a_n x^n)' = \sum_{n=0}^{\infty} n a_n x^{n-1} \quad x \in (-R,R)$$

逐项求导后得到的幂级数和原幂级数有相同的收敛半径，其和函数为原幂级数的和函数的导数.

例 5 求幂级数 $\sum\limits_{n=0}^{\infty}\frac{x^n}{n+1}$ 的和函数.

解 先求收敛域，由

$$\rho = \lim_{n\to\infty}\left|\frac{a_{n+1}}{a_n}\right| = \lim_{n\to\infty}\frac{n+1}{n+2} = 1$$

得收敛半径 $R=1$.

在端点 $x=-1$ 处，幂级数成为 $\sum\limits_{n=0}^{\infty}\frac{(-1)^n}{n+1}$，是收敛的交错级数；在端点 $x=1$ 处，幂级数成为 $\sum\limits_{n=0}^{\infty}\frac{1}{n+1}$，是发散的调和级数. 因此级数的收敛域为 $[-1,1)$.

设和函数为 $s(x)$，即

$$s(x) = \sum_{n=0}^{\infty}\frac{x^n}{n+1} \quad x \in [-1,1)$$

于是

$$xs(x) = \sum_{n=0}^{\infty}\frac{x^{n+1}}{n+1}$$

由幂级数的逐项可导性质，并由

$$\frac{1}{1-x} = 1 + x + x^2 + x^3 + \cdots + x^n + \cdots \quad (-1<x<1)$$

得

$$[xs(x)]' = \sum_{n=0}^{\infty}\left(\frac{x^{n+1}}{n+1}\right)' = \sum_{n=0}^{\infty} x^n = \frac{1}{1-x} \quad (|x|<1)$$

对上式从 0 到 x 积分得

$$xs(x) = \int_0^x \frac{1}{1-t}\,\mathrm{d}t = -\ln(1-x) \quad (-1<x<1)$$

于是，当 $x\neq 0$ 时，有 $s(x) = -\frac{1}{x}\ln(1-x)$，而 $s(0)$ 可由 $s(0)=a_0=1$ 得出，也可以由和函数的连续性得到

$$s(0) = \lim_{x\to 0} s(x) = \lim_{x\to 0}\left[-\frac{1}{x}\ln(1-x)\right] = 1$$

故
$$s(x)=\begin{cases}-\frac{1}{x}\ln(1-x) & x\in[-1,0)\cup(0,1)\\ 1 & x=0\end{cases}$$

习　题　6-3

1. 求下列幂级数的收敛域.

(1) $x+2x^2+3x^3+\cdots+nx^n+\cdots$;

(2) $1-x+\frac{x^2}{2^2}+\cdots+(-1)^n\frac{x^2}{n^2}+\cdots$;

(3) $\frac{x}{2}+\frac{x^2}{2\cdot 4}+\frac{x^3}{2\cdot 4\cdot 6}+\cdots+\frac{x^n}{2\cdot 4\cdot 6\cdot\cdots\cdot 2n}+\cdots$;

(4) $\frac{x}{1\cdot 3}+\frac{x^2}{2\cdot 3^2}+\frac{x^3}{3\cdot 3^3}+\cdots+\frac{x^n}{n\cdot 3^n}+\cdots$;

(5) $\frac{2}{2}x+\frac{2^2}{5}x^2+\frac{2^3}{10}x^3+\cdots+\frac{2^n}{n^2+1}x^n+\cdots$;

(6) $\sum\limits_{n=1}^{\infty}\frac{(x-5)^n}{\sqrt{n}}$.

2. 利用逐项求导或逐项积分,求下列级数的和函数.

(1) $\sum\limits_{n=1}^{\infty}nx^{n-1}$;　(2) $\sum\limits_{n=1}^{\infty}\frac{x^{4n+1}}{4n+1}$;　(3) $x+\frac{x^3}{3}+\frac{x^5}{5}+\cdots+\frac{x^{2n-1}}{2n-1}+\cdots$.

3. 求级数 $\sum\limits_{n=0}^{\infty}\frac{1}{2n+1}x^{2n+1}$ 在收敛区间$(-1,1)$内的和函数,并求$\sum\limits_{n=0}^{\infty}\frac{1}{2n+1}\left(\frac{1}{2}\right)^{2n}$.

§6.4　数学建模与数学实验 MATLAB 在级数中的应用

6.4.1　实验目的

(1)应用 MATLAB 判别级数的敛散性.

(2)应用 MATLAB 求解幂级数的和.

6.4.2　主要命令

命令的一般形式:symsum(级数的通项,求和变量,初始项数,截止项数(一般用 n)).

(1) symsum(s,a,b):求表达式 s 默认变量从 a 到 b 的和;

(2) symsum(s,x,a,b):求表达式 s 中变量 x 从 a 到 b 的和.

6.4.3　实验任务

判别级数的敛散性,求幂级数的和.

例 1 讨论级数 $\sum_{n=1}^{\infty}\frac{1}{n(n+1)}=\frac{1}{1\times2}+\frac{1}{2\times3}+\cdots+\frac{1}{n\times(n+1)}$ 的敛散性.

运用 MATLAB 可以有两种求法,第一种是直接求和,第二种是利用级数收敛的充要条件,先求出其部分和,再求极限进行判断.

输入命令 1:

```
syms n
f =1/(n* (n +1));
a = symsum(f,n,1,inf)
```

输出结果:

```
a =
1
```

输入命令 2:

```
syms n
f =1/(n* (n +1));
a = symsum(f,n,1,n);
b = limit(a,n,inf)
```

输出结果:

```
b =
1
```

例 2(正项级数敛散性判别) 判别级数 $5+\frac{5^2}{2^5}+\frac{5^3}{3^5}+\cdots+\frac{5^n}{n^5}+\cdots$ 的敛散性.

输入命令:

```
syms n
f =5^n/n^5;
b = symsum(f,n,1,inf)
```

输出结果:

```
b =
NaN
```

注:MATLAB 中“NaN”表示不存在。

例 3 已知级数 $\sum_{n=0}^{\infty}n^2$, (1)求它的前 n 项和;(2)求第 0 项到第 10 项的和.

输入命令:

```
syms  n
symsum(n^2)
ans =
1/3* n^3 -1/2* n^2 +1/6* n
symsum(n^2,0,10)
```

输出结果:

```
ans =
385.
```

习　题　6-4

利用 MATLAB 判别下列各级数的敛散性.

(1) $\sum\limits_{n=1}^{\infty}\frac{1}{(2n+1)!}$;　　(2) $\sum\limits_{n=1}^{\infty}\frac{3^n}{1+e^n}$.

小　　结

1. 基本概念

无穷级数、正项级数、部分和、交错级数、绝对收敛、条件收敛、幂级数、函数项级数.

2. 基本知识

1) 收敛级数的性质

(1) 如果级数 $\sum\limits_{n=1}^{\infty}u_n$ 收敛于和 s,则级数 $\sum\limits_{n=1}^{\infty}ku_n$($k$ 为非零常数) 收敛,且其和为 ks.

(2) 如果级数 $\sum\limits_{n=1}^{\infty}u_n$、$\sum\limits_{n=1}^{\infty}v_n$ 分别收敛于 s,σ,则级数 $\sum\limits_{n=1}^{\infty}(u_n\pm v_n)$ 也收敛,且其和为 $s\pm\sigma$.

(3) 在级数中去掉、加上或改变有限项,不会改变级数的收敛性,其和一般会改变.

(4) 如果级数 $\sum\limits_{n=1}^{\infty}u_n$ 收敛,则对该级数的项任意加括号后所成的新级数仍收敛,且其和不变.

(5) (级数收敛的必要条件) 如果级数 $\sum\limits_{n=1}^{\infty}u_n$ 收敛,则它的一般项 u_n 趋于零,即

$$\lim_{n\to\infty}u_n=0$$

2) 正项级数

(1) 定义:如果级数 $\sum\limits_{n=1}^{\infty}u_n(n=1,2,3,\cdots)$ 的每一项都大于等于 0,则称级数 $\sum\limits_{n=1}^{\infty}u_n$ 为正项级数.

(2) 正项级数收敛的判别方法.

①正项级数收敛的充要条件. 对于正项级数 $\sum\limits_{n=1}^{\infty}u_n$,若其部分和数列 $\{s_n\}$ 有界,则其收敛.

②比较判别法. 设 $\sum\limits_{n=1}^{\infty}u_n$ 和 $\sum\limits_{n=1}^{\infty}v_n$ 都是正项级数,且 $u_n\leqslant v_n(n=1,2,\cdots)$.

若级数 $\sum\limits_{n=1}^{\infty}v_n$ 收敛,则级数 $\sum\limits_{n=1}^{\infty}u_n$ 也收敛;若级数 $\sum\limits_{n=1}^{\infty}u_n$ 发散,则级数 $\sum\limits_{n=1}^{\infty}v_n$ 也发散.

③比值判别法. 设正项级数 $\sum\limits_{n=1}^{\infty}u_n$ 之后项与前项的比值的极限等于 ρ,设

$$\lim_{n\to\infty}\frac{u_{n+1}}{u_n}=\rho$$

当 $\rho<1$ 时,级数收敛;当 $\rho>1\left(\text{或}\lim\limits_{n\to\infty}\frac{u_{n+1}}{u_n}=\infty\right)$时,级数发散;当 $\rho=1$ 时,级数可能收敛

也可能发散.

④根值判别法. 设正项级数的一般项 u_n 的 n 次方根的极限等于 L,即

$$\lim_{n\to\infty}\sqrt[n]{u_n}=L$$

当 $L<1$ 时,级数收敛;当 $L>1$ 时,级数发散;当 $L=1$ 时,级数可能收敛也可能发散.

3)交错级数

(1)交错级数:各项正、负交错的级数,称为交错级数.

(2)莱布尼茨判别法.

若交错级数满足下面两个条件:

①$u_n \geqslant u_{n+1}\quad (n=1,2,3,\cdots)$; ②$\lim\limits_{n\to\infty} u_n=0$.

即若其一般项 u_n 单调递减趋于0,则该交错级数收敛.

4)绝对收敛与条件收敛

(1)绝对收敛:如果级数 $\sum\limits_{n=1}^{\infty}u_n=u_1+u_2+\cdots+u_n+\cdots$ 的每一项绝对值构成的级数收敛,则称其绝对收敛.

(2)条件收敛:若级数 $\sum\limits_{n=1}^{\infty}u_n=u_1+u_2+\cdots+u_n+\cdots$ 收敛,而其每一项绝对值构成的级数发散,则称其条件收敛.

绝对收敛与条件收敛的关系:绝对收敛一定条件收敛,而条件收敛不一定绝对收敛.

5)幂级数

(1)幂级数的定义

形如 $\sum\limits_{n=0}^{\infty}a_n(x-x_0)^n=a_0+a_1(x-x_0)+a_2(x-x_0)^2+\cdots+a_n(x-x_0)^n+\cdots$ 的级数称为幂级数. 本章主要讨论当 $x_0=0$ 时的形式.

(2)幂级数的收敛半径

如果 $\lim\limits_{n\to\infty}\left|\dfrac{a_{n+1}}{a_n}\right|=\rho$,其中 a_n、a_{n+1} 是幂级数 $\sum\limits_{n=1}^{\infty}a_nx^n$ 的相邻两项的系数,则该幂级数的收敛半径

$$R=\begin{cases}0 & \rho=+\infty\\ +\infty & \rho=0\\ 1/\rho & \rho\neq 0\end{cases}$$

(3)幂级数的运算

①加(或减)法运算. $\sum\limits_{n=0}^{\infty}a_nx^n\pm\sum\limits_{n=0}^{\infty}b_nx^n=\sum\limits_{n=0}^{\infty}(a_n\pm b_n)x^n$.

②乘法运算.

$$\begin{aligned}\sum_{n=0}^{\infty}a_nx^n\times\sum_{n=0}^{\infty}b_nx^n &=(a_0+a_1x+a_2x^2+\cdots+a_nx^n+\cdots)(b_0+b_1x+b_2x^2+\cdots+b_nx^n+\cdots)\\ &=(a_0+b_0)+(a_0b_1+a_1b_0)x+(a_0b_2+a_1b_1+a_2b_0)x^2+\cdots+\\ &\quad\sum_{i=0}^{n}a_ib_{n-i}x^n+\cdots\end{aligned}$$

③微分运算. 收敛幂级数可以逐项微分,得到的仍是幂级数,且其收敛半径不变,即设

$\sum_{n=0}^{\infty} a_n x^n = s(x)$，收敛半径为 R，则对在 $(-R,R)$ 内任意一点 x，有

$$\left(\sum_{n=0}^{\infty} a_n x^n\right)' = \sum_{n=0}^{\infty}(a_n x^n)' = \sum_{n=0}^{\infty} n a_n x^{n-1} = s'(x) \quad x \in (-R,R)$$

④积分运算. 收敛幂级数可以逐项积分，得到的仍是幂级数，且其收敛半径不变. 即设 $\sum_{n=0}^{\infty} a_n x^n = s(x)$，收敛半径为 R，则对在 $(-R,R)$ 内任意一点 x，有

$$\int_0^x \left(\sum_{n=0}^{\infty} a_n x^n\right) dx = \sum_{n=0}^{\infty} \int_o^x a_n x^n dx = \sum_{n=0}^{\infty} \frac{a_n}{n+1} x^{n+1} = \int_0^x s(t)\,dt.$$

综合训练题 6

一、选择题

1. 若 $\lim\limits_{n \leftarrow \infty} u_n \neq 0$，则级数 $\sum_{n=1}^{\infty} u_n$ (　　).

A. 收敛　　B. 发散　　C. 难以确定

2. $\frac{1}{1+x} = 1 - x + x^2 - x^3 + \cdots (-1)^{n-1} x^n + \cdots$ 成立的区间为(　　).

A. $[-1,1]$　　B. $(-1,1)$　　C. $[-1,1)$

3. 求级数 $\sum_{n=1}^{\infty} \frac{1}{3^n}$ 的和(　　).

A. 1　　B. $\frac{1}{3}$　　C. $\frac{1}{2}$

4. 判断级数 $\sum_{n=1}^{\infty} 2^{\frac{1}{n}}$ 是否收敛，(　　).

A. 收敛　　B. 发散　　C. 难以确定

二、填空题

1. 对级数 $\sum_{n=1}^{\infty} u_n$，$\lim\limits_{n \to \infty} u_n = 0$ 是它收敛的________条件，不是它收敛的________条件.

2. 部分和数列 $\{s_n\}$ 有界是正项级数 $\sum_{n=1}^{\infty} u_n$ 收敛的________条件.

3. 若级数 $\sum_{n=1}^{\infty} u_n$ 绝对收敛，则级数 $\sum_{n=1}^{\infty} u_n$ 必定________；若级数 $\sum_{n=1}^{\infty} u_n$ 条件收敛，则级数 $\sum_{n=1}^{\infty} |u_n|$ 必定________.

三、计算题

1. 判断下列级数的收敛性.

(1) $\sum_{n=1}^{\infty} \frac{1}{n \sqrt[n]{n}}$；　　(2) $\sum_{n=1}^{\infty} \frac{(n!)^2}{2n^2}$；

(3) $\sum_{n=1}^{\infty} \frac{n \cos^2 \frac{n\pi}{3}}{2^n}$；　　(4) $\sum_{n=1}^{\infty} \frac{1}{\ln^{10} n}$；

(5) $\sum_{n=1}^{\infty} \frac{a^n}{n^s} \quad (a > 0, s > 0)$.

2. 讨论下列级数的绝对收敛与条件收敛.

(1) $\sum_{n=1}^{\infty} (-1)^n \frac{1}{n^p}$;　　(2) $\sum_{n=1}^{\infty} (-1)^{n+1} \frac{\sin \frac{\pi}{n+1}}{\pi^{n+1}}$;

(3) $\sum_{n=1}^{\infty} (-1)^n \ln \frac{n+1}{n}$;　　(4) $\sum_{n=1}^{\infty} (-1)^n \frac{(n+1)!}{n^{n+1}}$.

3. 求下列幂级数的收敛域.

(1) $\sum_{n=1}^{\infty} \frac{3^n + 5^n}{n} x^n$;　　(2) $\sum_{n=1}^{\infty} \left(1 + \frac{1}{n}\right)^{n^2} x^n$;

(3) $\sum_{n=1}^{\infty} n(x+1)^n$;　　(4) $\sum_{n=1}^{\infty} \frac{n}{2^n} x^{2n}$.

4. 求下列幂级数的和函数.

(1) $\sum_{n=1}^{\infty} \frac{2n-1}{2^n} x^{2(n-1)}$;　　(2) $\sum_{n=1}^{\infty} \frac{(-1)^{n-1}}{2n-1} x^{2n-1}$;

(3) $\sum_{n=1}^{\infty} n(x-1)^n$;　　(4) $\sum_{n=1}^{\infty} \frac{x^n}{n(n+1)}$.

5. 求下列数项级数的和.

(1) $\sum_{n=1}^{\infty} \frac{n^2}{n!}$;　　(2) $\sum_{n=0}^{\infty} (-1)^n \frac{n+1}{(2n+1)!}$.

应用与提高

巴塞尔问题

1. 问题提出

巴塞尔问题是一个著名的级数问题，这个问题首先由皮耶特罗·门戈利在 1644 年提出，由莱昂哈德·欧拉在 1735 年解决. 巴赛尔问题是指求整数倒数的平方和问题，即

$$\frac{1}{1^2} + \frac{1}{2^2} + \frac{1}{3^2} + \frac{1}{4^2} + \cdots + \frac{1}{k^2} + \cdots$$

欧拉在数学领域获得的第一个令人瞩目的成绩就是在 1735 年解决了巴赛尔问题，其由法国数学家门戈利在 1644 年提出，后来这个问题被雅各布·伯努利于 1689 年收录在一本名为《没有结论的无穷级数》的书中，并引起了数学家们的广泛关注. 许多数学家都进行过探讨，虽然大家试图考察这类级数的收敛性，但都没有给出级数和的精确值，均以失败告终，其中包括奥雷姆、莱布尼茨、彼得罗·门戈利、雅各布·伯努利和约翰·伯努利.

2. 问题分析模型建立

1731 年，24 岁的欧拉从他的老师约翰·伯努利那里听说了这个难题，经过一年的反复研究，发现了解开这个谜的钥匙，他兴奋地写道："完全意想不到，我发现了基于 π 的一个绝妙公式". 欧拉共用四种不同的方法来解决巴赛尔问题，最著名的是第三种方法.

欧拉的方法是从正弦函数的泰勒级数展开式开始：

$$\sin x = x - \frac{x^3}{3!} + \frac{x^5}{5!} - \frac{x^7}{7!} + \cdots$$

等式两边同时除以 x 得到

$$\frac{\sin x}{x} = 1 - \frac{x^2}{3!} + \frac{x^4}{5!} - \frac{x^6}{7!} + \cdots \tag{1}$$

显然，$\frac{\sin x}{x}$的根出现在 $x = n\pi$，其中 $n = \pm 1, \pm 2, \pm 3, \pm 4, \cdots$，假设把这个无穷级数表示为线性因子的乘积，类似于多项式因式分解，则有

$$\begin{aligned}\frac{\sin x}{x} &= \left(1 - \frac{x}{\pi}\right)\left(1 + \frac{x}{\pi}\right)\left(1 - \frac{x}{2\pi}\right)\left(1 + \frac{x}{2\pi}\right)\left(1 - \frac{x}{3\pi}\right)\left(1 + \frac{x}{3\pi}\right)\left(1 - \frac{x}{4\pi}\right)\left(1 + \frac{x}{4\pi}\right)\cdots \\ &= \left(1 - \frac{x^2}{\pi^2}\right)\left(1 - \frac{x^2}{4\pi^2}\right)\left(1 - \frac{x^2}{9\pi^2}\right)\left(1 - \frac{x^2}{16\pi^2}\right)\cdots \end{aligned} \tag{2}$$

3. 模型求解

由(2)式可知，$\frac{\sin x}{x}$的二次项系数为

$$-\left(\frac{1}{\pi^2} + \frac{1}{4\pi^2} + \frac{1}{9\pi^2} + \frac{1}{16\pi^2} + \cdots\right)$$

由(1)式可知，x^2 的系数为 $-\frac{1}{3!}$，所以有

$$-\left(\frac{1}{\pi^2} + \frac{1}{4\pi^2} + \frac{1}{9\pi^2} + \frac{1}{16\pi^2} + \cdots\right) = -\frac{1}{6}$$

整理得到

$$\frac{1}{1^2} + \frac{1}{2^2} + \frac{1}{3^2} + \frac{1}{4^2} + \cdots + \frac{1}{k^2} + \cdots = \frac{\pi^2}{6}$$

4. 模型解释

欧拉解决这个难题的两个重要环节是：利用正弦函数的泰勒展开，把正弦函数表达为无穷多项式；研究一般的代数有限多项式的性质，将其推广应用到无穷多项式，即将其形式化处理. 在这个过程中，明显能够看出欧拉处理级数的形式化方案，通过这两个重要环节相结合使用，欧拉发现了其他数学家几十年未能发现的结论.

拓展阅读　熊庆来

第7章 行列式 矩阵 线性规划初步

内容导入

由著名德国数学家莱布尼茨(1646—1716)和瑞士数学家克拉默(1704—1752)等创立和发展起来的线性代数学科,起源于线性方程组问题. 本章将首先介绍线性代数学中的行列式、矩阵和线性方程组的基础知识,并以行列式和矩阵为工具,围绕线性方程组的求解问题展开. 最后介绍一些初步的线性规划问题.

学习目标

知识目标 理解行列式的定义和性质;掌握计算行列式的方法;掌握用克莱姆法则求解线性方程组的知识;理解矩阵的概念,掌握矩阵的运算;了解线性规划基本知识.

能力目标 会利用矩阵的秩判断线性方程组解的结构,会建立线性规划模型并求解;能够运用行列式、矩阵、线性规划初步知识解决实际应用问题;能够熟练运用数学软件MATLAB、LINGO计算行列式、求逆矩阵、解线性方程组.

素质目标 能利用线性规划模型求实际问题的最优解. 培养解决实际问题的能力,培养数学建模思想与能力.

视频

行列式及其性质

§7.1 行列式及其性质

7.1.1 行列式的定义

引例1[二元一次方程组] 二元一次线性方程组的一般形式为

$$\begin{cases} a_{11}x_1 + a_{12}x_2 = b_1 \\ a_{21}x_1 + a_{22}x_2 = b_2 \end{cases}$$

用加减消元法求得其解为

$$x_1 = \frac{b_1a_{22} - b_2a_{12}}{a_{11}a_{22} - a_{21}a_{12}}, \quad x_2 = \frac{b_2a_{11} - a_{21}b_1}{a_{11}a_{22} - a_{21}a_{12}}$$

引例2[三元一次方程组] 三元一次线性方程组一般形式

$$\begin{cases} a_{11}x_1 + a_{12}x_2 + a_{13}x_3 = b_1 \\ a_{21}x_1 + a_{22}x_2 + a_{23}x_3 = b_2 \\ a_{31}x_1 + a_{32}x_2 + a_{33}x_3 = b_3 \end{cases}$$

用加减消元法求得其解

$$x_1=\frac{b_1a_{22}a_{33}+a_{12}a_{23}b_3+a_{13}b_2a_{32}-b_3a_{22}a_{13}-a_{32}a_{23}b_1-a_{33}a_{12}b_2}{a_{11}a_{22}a_{33}+a_{12}a_{23}a_{31}+a_{13}a_{21}a_{32}-a_{31}a_{22}a_{13}-a_{32}a_{23}a_{11}-a_{33}a_{12}a_{11}}$$

$$x_2=\frac{a_{11}b_2a_{33}+a_{12}a_{23}b_1+a_{13}b_3a_{21}-a_{31}b_2a_{13}-b_3a_{23}a_{11}-a_{33}a_{21}b_1}{a_{11}a_{22}a_{33}+a_{12}a_{23}a_{31}+a_{13}a_{21}a_{32}-a_{31}a_{22}a_{13}-a_{32}a_{23}a_{11}-a_{33}a_{12}a_{11}}$$

$$x_3=\frac{a_{11}a_{22}b_3+a_{12}a_{31}b_2+b_1a_{21}a_{32}-b_1a_{22}a_{31}-a_{32}a_{11}b_2-a_{21}a_{12}b_3}{a_{11}a_{22}a_{33}+a_{12}a_{23}a_{31}+a_{13}a_{21}a_{32}-a_{31}a_{22}a_{13}-a_{32}a_{23}a_{11}-a_{33}a_{12}a_{11}}$$

为了求解线性方程组的方便,引进行列式的概念.

定义 7.1.1[二阶行列式]

设 2×2 个数排成两行两列的数表

$$\begin{matrix}a_{11} & a_{12}\\ a_{21} & a_{22}\end{matrix}\tag{7.1.1}$$

表达式 $a_{11}a_{22}-a_{21}a_{12}$ 称为式(7.1.1)所确定的**二阶行列式**,记作 $\begin{vmatrix}a_{11} & a_{12}\\ a_{21} & a_{22}\end{vmatrix}$. 即

$$D=\begin{vmatrix}a_{11} & a_{12}\\ a_{21} & a_{22}\end{vmatrix}=a_{11}a_{22}-a_{21}a_{12}\tag{7.1.2}$$

若记 $D_1=\begin{vmatrix}b_1 & a_{12}\\ b_2 & a_{22}\end{vmatrix}$, $D_2=\begin{vmatrix}a_{11} & b_1\\ a_{21} & b_2\end{vmatrix}$,则**引例 1** 的解可表示为:$x_1=\dfrac{D_1}{D}$, $x_2=\dfrac{D_2}{D}$.

定义 7.1.2(三阶行列式)

设有 3×3 个数排成 3 行 3 列的数表

$$\begin{matrix}a_{11} & a_{12} & a_{13}\\ a_{21} & a_{22} & a_{23}\\ a_{31} & a_{32} & a_{33}\end{matrix}\tag{7.1.3}$$

记

$$\begin{vmatrix}a_{11} & a_{12} & a_{13}\\ a_{21} & a_{22} & a_{23}\\ a_{31} & a_{32} & a_{33}\end{vmatrix}=a_{11}a_{22}a_{33}+a_{12}a_{23}a_{31}+a_{13}a_{21}a_{32}-a_{13}a_{22}a_{31}-a_{12}a_{21}a_{33}-a_{11}a_{23}a_{32}\tag{7.1.4}$$

称式(7.1.4)为三阶行列式,且

$$\begin{vmatrix}a_{11} & a_{12} & a_{13}\\ a_{21} & a_{22} & a_{23}\\ a_{31} & a_{32} & a_{33}\end{vmatrix}=a_{11}\begin{vmatrix}a_{22} & a_{23}\\ a_{32} & a_{33}\end{vmatrix}-a_{12}\begin{vmatrix}a_{21} & a_{23}\\ a_{31} & a_{33}\end{vmatrix}+a_{13}\begin{vmatrix}a_{21} & a_{22}\\ a_{31} & a_{32}\end{vmatrix}$$

记:$D=\begin{vmatrix}a_{11} & a_{12} & a_{13}\\ a_{21} & a_{22} & a_{23}\\ a_{31} & a_{32} & a_{33}\end{vmatrix}$, $D_1=\begin{vmatrix}b_1 & a_{12} & a_{13}\\ b_2 & a_{22} & a_{23}\\ b_3 & a_{32} & a_{33}\end{vmatrix}$, $D_2=\begin{vmatrix}a_{11} & b_1 & a_{13}\\ a_{21} & b_2 & a_{23}\\ a_{31} & b_3 & a_{33}\end{vmatrix}$, $D_3=\begin{vmatrix}a_{11} & a_{12} & b_1\\ a_{21} & a_{22} & b_2\\ a_{31} & a_{32} & b_3\end{vmatrix}$

则**引例 2** 的解可表示为:

$$x_1=\frac{D_1}{D},\quad x_2=\frac{D_2}{D},\quad x_3=\frac{D_3}{D}$$

例 1　计算三阶行列式 $D=\begin{vmatrix}1 & 2 & 1\\ 0 & 1 & -1\\ 1 & -1 & 0\end{vmatrix}$.

解 由三阶行列式定义,有

$$D=1\times1\times0+2\times(-1)\times1+1\times0\times(-1)-1\times1\times1-1\times(-1)\times(-1)-2\times0\times0$$
$$=0-2+0-1-1-0=-4$$

定义 7.1.3[n 阶行列式] 形为 $D_n=\begin{vmatrix} a_{11} & a_{12} & \cdots & a_{1n} \\ a_{21} & a_{22} & \cdots & a_{2n} \\ \vdots & \vdots & & \vdots \\ a_{n1} & a_{n2} & \cdots & a_{nn} \end{vmatrix}$的式子,称为 n 阶行列式,并规定

$$\begin{vmatrix} a_{11} & a_{12} & \cdots & a_{1n} \\ a_{21} & a_{22} & \cdots & a_{2n} \\ \vdots & \vdots & & \vdots \\ a_{n1} & a_{n2} & \cdots & a_{nn} \end{vmatrix}=(-1)^{1+1}a_{11}M_{11}+(-1)^{1+2}a_{12}M_{12}+\cdots+(-1)^{1+n}a_{1n}M_{1n}$$

其中 $M_{1j}(j=1,2\cdots n)$是 D_n 中去掉第 1 行第 j 列元素后剩下的元素组成的一个 $n-1$ 阶行列式.

定义 7.1.4 在 n 阶行列式 $D_n=\begin{vmatrix} a_{11} & a_{12} & \cdots & a_{1n} \\ a_{21} & a_{22} & \cdots & a_{2n} \\ \vdots & \vdots & & \vdots \\ a_{n1} & a_{n2} & \cdots & a_{nn} \end{vmatrix}$中,把元素 a_{ij}所在的第 i 行第 j 列划去后,余下的元素按原来的位置不变所排成的 $n-1$ 阶行列式,称为元素 a_{ij}的**余子式**,记作 M_{ij},称 $A_{ij}=(-1)^{i+j}M_{ij}$为元素 a_{ij}的**代数余子式**.

例 2 计算三阶行列式$\begin{vmatrix} -1 & 6 & 7 \\ 4 & 0 & 9 \\ 2 & 1 & 5 \end{vmatrix}$.

解 $\begin{vmatrix} -1 & 6 & 7 \\ 4 & 0 & 9 \\ 2 & 1 & 5 \end{vmatrix}=-1\times\begin{vmatrix} 0 & 9 \\ 1 & 5 \end{vmatrix}-6\times\begin{vmatrix} 4 & 9 \\ 2 & 5 \end{vmatrix}+7\times\begin{vmatrix} 4 & 0 \\ 2 & 1 \end{vmatrix}$

$$=-1\times(0\times5-1\times9)-6\times(4\times5-2\times9)+7\times(4\times1-2\times0)$$
$$=25$$

例 3 设 $D=\begin{vmatrix} 1 & -2 & -1 \\ 3 & -1 & 1 \\ 0 & 1 & 2 \end{vmatrix}$,求 $M_{23},A_{23},M_{33},A_{33}$.

解 $M_{23}=\begin{vmatrix} 1 & -2 \\ 0 & 1 \end{vmatrix}=1$, $A_{23}=(-1)^{2+3}M_{23}=-1$,

$M_{33}=\begin{vmatrix} 1 & -2 \\ 3 & -1 \end{vmatrix}=5$, $A_{33}=(-1)^{3+3}M_{33}=5$.

例 4 解方程组$\begin{cases} x_1+2x_2+x_3=2 \\ -2x_1+x_2-x_3=-1 \\ x_1+3x_2-x_3=-2 \end{cases}$.

解 $D=\begin{vmatrix}1&2&1\\-2&1&-1\\1&3&-1\end{vmatrix}=1\times\begin{vmatrix}1&-1\\3&-1\end{vmatrix}-2\times\begin{vmatrix}-2&-1\\1&-1\end{vmatrix}+1\times\begin{vmatrix}-2&1\\1&3\end{vmatrix}=-11.$

$$D_1=\begin{vmatrix}2&2&1\\-1&1&-1\\-2&3&-1\end{vmatrix}=5,\quad D_2=\begin{vmatrix}1&2&1\\-2&-1&-1\\1&-2&-1\end{vmatrix}=-2,\quad D_3=\begin{vmatrix}1&2&2\\-2&1&-1\\1&3&-2\end{vmatrix}=-23.$$

$$x_1=\frac{D_1}{D}=-\frac{5}{11},\quad x_2=\frac{D_2}{D}=\frac{2}{11},\quad x_3=\frac{D_3}{D}=\frac{23}{11}.$$

7.1.2　行列式的性质

定义 7.1.5　将行列式 D 中行、列互换得到的新行列式称为 D 的**转置行列式**,记为 D'(或 D^{T}).

性质 1　行列式与它的转置行列式的值相等.

如 $\begin{vmatrix}a_{11}&a_{12}\\a_{21}&a_{22}\end{vmatrix}=a_{11}a_{22}-a_{21}a_{12}$,$\begin{vmatrix}a_{11}&a_{12}\\a_{21}&a_{22}\end{vmatrix}'=\begin{vmatrix}a_{11}&a_{21}\\a_{12}&a_{22}\end{vmatrix}=a_{11}a_{22}-a_{21}a_{12}$,可以看出:

$$\begin{vmatrix}a_{11}&a_{12}\\a_{21}&a_{22}\end{vmatrix}'=\begin{vmatrix}a_{11}&a_{21}\\a_{12}&a_{22}\end{vmatrix}$$

性质 2　互换行列式的两行(列),行列式的值改变符号.

如 $\begin{vmatrix}a_{11}&a_{21}\\a_{12}&a_{22}\end{vmatrix}=a_{11}a_{22}-a_{12}a_{21}$,$\begin{vmatrix}a_{12}&a_{22}\\a_{11}&a_{21}\end{vmatrix}=a_{12}a_{21}-a_{11}a_{22}$,可以看出

$$\begin{vmatrix}a_{11}&a_{12}\\a_{21}&a_{22}\end{vmatrix}=-\begin{vmatrix}a_{21}&a_{22}\\a_{11}&a_{12}\end{vmatrix}$$

性质 3　将行列式的某一行(列)中所有元素都乘以数 λ,等于用 λ 乘以行列式.

如 $\begin{vmatrix}a_{11}&a_{12}\\\lambda a_{21}&\lambda a_{22}\end{vmatrix}=\lambda\begin{vmatrix}a_{11}&a_{12}\\a_{21}&a_{22}\end{vmatrix}$.

推论 1　行列式中某行(列)所有元素的公因子可以提到行列式符号的外面.

推论 2　如果行列式的某行(列)的所有元素全为零,那么此行列式的值为零.

推论 3　如果行列式中某两行(列)对应元素成比例,那么行列式的值为零.

性质 4　如果行列式中的某一行(列)的所有元素都是两项之和,则这个行列式可以表示成两个行列式的和.

如 $\begin{vmatrix}a_{11}+b_1&a_{12}+b_2\\a_{21}&a_{22}\end{vmatrix}=\begin{vmatrix}a_{11}&a_{12}\\a_{21}&a_{22}\end{vmatrix}+\begin{vmatrix}b_1&b_2\\a_{21}&a_{22}\end{vmatrix}$.

性质 5(倍加性质)　把行列式的某行(列)的元素同乘以数 k 加到另一行(列)对应元素上去,行列式的值不变.

如 $\begin{vmatrix}a_{11}&a_{12}\\a_{21}&a_{22}\end{vmatrix}=\begin{vmatrix}a_{11}&a_{12}\\a_{21}+ka_{11}&a_{22}+ka_{12}\end{vmatrix}$.

性质 6(行列式展开性质)　n 阶行列式 D_n 等于它的任意一行(或列)的各元素与其对应的代数余子式的乘积之和。即

$$D_n = a_{i1}A_{i1} + a_{i2}A_{i2} + \cdots + a_{in}A_{in} \quad (\text{按第 } i \text{ 行展开})$$

$$D_n = a_{1j}A_{1j} + a_{2j}A_{2j} + \cdots + a_{nj}A_{nj} \quad (\text{按第 } j \text{ 列展开})$$

注意:计算高阶行列式时,可以利用以上行列式的性质,减少计算量,计算同一个行列式的方法多种多样,有时需要多种方法结合使用,一般常用的计算方法主要有以下两种:

(1)利用行列式的性质2($r_i \leftrightarrow r_j$ 或 $c_i \leftrightarrow c_j$)、性质3(kr_i 或 kc_i)及性质5($kr_i + r_j$ 或 $kc_i + c_j$)把行列式化为上三角行列式,从而计算出行列式的值(简称:三角化法).

(2)利用行列式的性质2($r_i \leftrightarrow r_j$ 或 $c_i \leftrightarrow c_j$)、性质3(kr_i 或 kc_i)及性质5($kr_i + r_j$ 或 $kc_i + c_j$)把行列式的某一行(列)的元素化为尽量多的零,然后按该行(列)展开降阶,从而计算出行列式的值(简称:降阶法).

计算行列式的方法有很多,除了上面所讲的方法外,还有升阶(加边)法、递推法及数学归纳法等.

例 5 计算行列式 $D_4 = \begin{vmatrix} 1 & \frac{1}{2} & \frac{1}{2} & \frac{1}{2} \\ \frac{1}{2} & 1 & \frac{1}{2} & \frac{1}{2} \\ \frac{1}{2} & \frac{1}{2} & 1 & \frac{1}{2} \\ \frac{1}{2} & \frac{1}{2} & \frac{1}{2} & 1 \end{vmatrix}$.

解 $D_4 = \left(\frac{1}{2}\right)^4 \begin{vmatrix} 2 & 1 & 1 & 1 \\ 1 & 2 & 1 & 1 \\ 1 & 1 & 2 & 1 \\ 1 & 1 & 1 & 2 \end{vmatrix} = \left(\frac{1}{2}\right)^4 \begin{vmatrix} 5 & 5 & 5 & 5 \\ 1 & 2 & 1 & 1 \\ 1 & 1 & 2 & 1 \\ 1 & 1 & 1 & 2 \end{vmatrix} = \frac{5}{16} \begin{vmatrix} 1 & 1 & 1 & 1 \\ 1 & 2 & 1 & 1 \\ 1 & 1 & 2 & 1 \\ 1 & 1 & 1 & 2 \end{vmatrix}$

$= \frac{5}{16} \begin{vmatrix} 0 & -1 & 0 & 0 \\ 1 & 2 & 1 & 1 \\ 1 & 1 & 2 & 1 \\ 1 & 1 & 1 & 2 \end{vmatrix} = \frac{5}{16} \times (-1)^{1+2} \begin{vmatrix} 1 & 1 & 1 \\ 1 & 2 & 1 \\ 1 & 1 & 2 \end{vmatrix} = -\frac{5}{16} \begin{vmatrix} 0 & -1 & 0 \\ 1 & 2 & 1 \\ 1 & 1 & 2 \end{vmatrix}$

$= \frac{5}{16} \begin{vmatrix} 1 & 1 \\ 1 & 2 \end{vmatrix} = \frac{5}{16}.$

例 6 计算 $D_5 = \begin{vmatrix} 3 & 2 & 0 & 0 & 0 \\ 1 & 3 & 2 & 0 & 0 \\ 0 & 1 & 3 & 2 & 0 \\ 0 & 0 & 1 & 3 & 2 \\ 0 & 0 & 0 & 1 & 3 \end{vmatrix}$.

解 观察 D_5 中的元素具有某种规律性,将 D_5 按第一行展开

$$D_5 = 3 \begin{vmatrix} 3 & 2 & 0 & 0 \\ 1 & 3 & 2 & 0 \\ 0 & 1 & 3 & 2 \\ 0 & 0 & 1 & 3 \end{vmatrix} - 2 \begin{vmatrix} 1 & 2 & 0 & 0 \\ 0 & 3 & 2 & 0 \\ 0 & 1 & 3 & 2 \\ 0 & 0 & 1 & 3 \end{vmatrix} = 3 \begin{vmatrix} 3 & 2 & 0 & 0 \\ 1 & 3 & 2 & 0 \\ 0 & 1 & 3 & 2 \\ 0 & 0 & 1 & 3 \end{vmatrix} - 2 \begin{vmatrix} 3 & 2 & 0 \\ 1 & 3 & 2 \\ 0 & 1 & 3 \end{vmatrix}$$

由此得递推公式：$D_5=3D_4-2D_3$，反复应用此公式得：

$$D_5=3(3D_3-2D_2)-2(3D_2-2D_1)=9(3D_2-2D_1)-6D_2-6D_2+4D_1$$
$$=15D_2-14D_1=15\times\begin{vmatrix}3&2\\1&3\end{vmatrix}-14\times3=63$$

7.1.3　克莱姆法则

由引例1及引例2知，二阶行列式、三阶行列式来源于解二元、三元线性方程组，那么 n 阶行列式能否用来解 n 个未知数，n 个方程构成的线性方程组呢？这是即将介绍的克莱姆法则.

定理7.1.1（克莱姆法则）　如果含有 n 个未知数 n 个方程的 n 元线性方程组

$$\begin{cases}a_{11}x_1+a_{12}x_2+\cdots+a_{1n}x_n=b_1\\a_{21}x_1+a_{22}x_2+\cdots+a_{2n}x_n=b_2\\\cdots\cdots\\a_{n1}x_1+a_{n2}x_2+\cdots+a_{nn}x_n=b_n\end{cases}\tag{7.1.5}$$

的系数行列式 $D\neq0$，则此方程组有唯一解，且其解为：$x_i=\dfrac{D_i}{D}$，$(i=1,2,\cdots,n)$，其中 D_i 为 D 中第 i 列换为 $b_1,b_2,\cdots,b_n$（证明略）.

例7　解线性方程组 $\begin{cases}x_1-x_2+2x_4=-5\\3x_1+2x_2-x_3-2x_4=6\\4x_1+3x_2-x_3-x_4=0\\2x_1-x_3=0\end{cases}$.

解　计算该方程组的系数行列式

$$D=\begin{vmatrix}1&-1&0&2\\3&2&-1&-2\\4&3&-1&-1\\2&0&-1&0\end{vmatrix}=\begin{vmatrix}1&-1&0&2\\1&2&-1&-2\\2&3&-1&-1\\0&0&-1&0\end{vmatrix}=\begin{vmatrix}1&-1&2\\1&2&-2\\2&3&-1\end{vmatrix}=\begin{vmatrix}1&-1&2\\0&3&-4\\0&5&-5\end{vmatrix}=5$$

同理可得

$$D_1=\begin{vmatrix}-5&-1&0&2\\6&2&-1&-2\\0&3&-1&-1\\0&0&-1&0\end{vmatrix}=10,\quad D_2=\begin{vmatrix}1&-5&0&2\\3&6&-1&-2\\4&0&-1&-1\\2&0&-1&0\end{vmatrix}=-15$$

$$D_3=\begin{vmatrix}1&-1&-5&2\\3&2&6&-2\\4&3&0&-1\\2&0&0&0\end{vmatrix}=20,\quad D_4=\begin{vmatrix}1&-1&0&-5\\3&2&-1&6\\4&3&-1&0\\2&0&-1&0\end{vmatrix}=-25$$

所以，方程组的解为：

$$x_1=\frac{D_1}{D}=2,\quad x_2=\frac{D_2}{D}=-3,\quad x_3=\frac{D_3}{D}=4,\quad x_4=\frac{D_4}{D}=-5$$

$n\times n$ 线性方程组(7.1.5)右端的常数项 $b_1=b_2=\cdots=b_n=0$ 时，方程组(7.1.5)称为齐

次线性方程组,即为

$$\begin{cases} a_{11}x_1 + a_{12}x_2 + \cdots a_{1n}x_n = 0 \\ a_{21}x_1 + a_{22}x_2 + \cdots a_{2n}x_n = 0 \\ \cdots\cdots \\ a_{n1}x_1 + a_{n2}x_2 + \cdots a_{nn}x_n = 0 \end{cases} \tag{7.1.6}$$

$n \times n$ 线性方程组(7.1.5)右端的常数项 $b_1, b_2, \cdots, b_n$ 不全为 0 时,方程组(7.1.5)称为非齐次线性方程组.

由克拉默法则,不难得到如下关于齐次线性方程组解的定理:

定理 7.1.2 若 $n \times n$ 齐次线性方程组(7.1.6)的系数行列式 $D \neq 0$ 时,则齐次线性方程组(7.1.6)有唯一零解.

定理 7.1.3 若 $n \times n$ 齐次线性方程组(7.1.6)有非零解,则齐次线性方程组的系数行列式 $D = 0$.

案例 1[产品数量] 一工厂有 1 000 h 用于生产、维修和检验,各工序的工作时间分别为 P, M, I,且满足 $P + M + I = 1\,000$, $P = I - 100$, $P + I = M + 100$,求各工序所用的时间分别为多少?

解 由题意得

$$\begin{cases} P + M + I = 1\,000 \\ P - I = -100 \\ P - M + I = 100 \end{cases}$$

先求该方程组的系数行列式:

$$D = \begin{vmatrix} 1 & 1 & 1 \\ 1 & 0 & -1 \\ 1 & -1 & 1 \end{vmatrix} = \begin{vmatrix} 1 & 0 & 0 \\ 1 & -1 & -2 \\ 1 & -2 & 0 \end{vmatrix} = \begin{vmatrix} -1 & -2 \\ -2 & 0 \end{vmatrix} = -4$$

类似地求出其他行列式:

$$D_1 = \begin{vmatrix} 1\,000 & 1 & 1 \\ -100 & 0 & -1 \\ 100 & -1 & 1 \end{vmatrix} = -900, \quad D_2 = \begin{vmatrix} 1 & 1\,000 & 1 \\ 1 & -100 & -1 \\ 1 & 100 & 1 \end{vmatrix} = -1\,800,$$

$$D_3 = \begin{vmatrix} 1 & 1 & 1\,000 \\ 1 & 0 & -100 \\ 1 & -1 & 100 \end{vmatrix} = -1\,300$$

所以方程组的解为

$$P = \frac{D_1}{D} = 225, \quad M = \frac{D_2}{D} = 450, \quad I = \frac{D_3}{D} = 325$$

因此生产、维修和检验三工序所用时间分别为 225 h、450 h、325 h.

案例 2[T 恤衫销量] 一大型商场出售四种型号的 T 恤衫:小号、中号、大号和加大号,每种型号的售价分别为:22 元、24 元、26 元、30 元,若商场某周共售出了 13 万件 T 恤衫,毛收入 320 万元. 并已知大号的销量为小号和加大号的总和,大号的销售收入(毛收入)也为小号和加大号收入(毛收入)的总和,问各种型号的 T 恤衫各售出多少件?

解 设该商场一周销售 T 恤衫小号、中号、大号、加大号的销量分别为 x_1, x_2, x_3, x_4 万件,由题意知

$$\begin{cases} x_1+x_2+x_3+x_4=13 \\ 22x_1+24x_2+26x_3+30x_4=320 \\ x_1-x_3+x_4=0 \\ 22x_1-26x_3+30x_4=0 \end{cases}$$

先求该方程组的系数行列式

$$D=\begin{vmatrix} 1 & 1 & 1 & 1 \\ 22 & 24 & 26 & 30 \\ 1 & 0 & -1 & 1 \\ 22 & 0 & -26 & 30 \end{vmatrix}=\begin{vmatrix} 1 & 0 & 0 & 0 \\ 22 & 2 & 4 & 8 \\ 1 & -1 & -2 & 0 \\ 22 & -22 & -48 & 8 \end{vmatrix}=\begin{vmatrix} 2 & 4 & 8 \\ -1 & -2 & 0 \\ -22 & -48 & 8 \end{vmatrix}=32$$

类似地求出其他行列式：$D_1=32$，　$D_2=288$，　$D_3=64$，　$D_4=32$.

所以方程组的解为：$x_1=\dfrac{D_1}{D}=1$，　$x_2=\dfrac{D_2}{D}=9$，　$x_3=\dfrac{D_3}{D}=2$，　$x_4=\dfrac{D_4}{D}=1$.

因此小号、中号、大号、加大号型 T 恤衫的销量分别为 1 万件、9 万件、2 万件、1 万件.

习　题　7-1

1. 计算下列行列式.

(1) $\begin{vmatrix} 2 & -1 \\ 1 & 2 \end{vmatrix}$；　(2) $\begin{vmatrix} \cos\alpha & \sin\alpha \\ \sin\alpha & -\cos\alpha \end{vmatrix}$；　(3) $\begin{vmatrix} a & a^2 \\ b & ab \end{vmatrix}$；

(4) $\begin{vmatrix} 2 & 0 & 0 \\ 3 & 1 & 0 \\ 18 & 5 & 1 \end{vmatrix}$；　(5) $\begin{vmatrix} 3 & 14 & 3 \\ 1 & 10 & 0 \\ 2 & 4 & 1 \end{vmatrix}$；　(6) $\begin{vmatrix} x & y & z & k \\ y & x & k & z \\ y & x & z & k \\ x & y & k & z \end{vmatrix}$；

(7) $\begin{vmatrix} 1 & 2 & 3 & 4 \\ 2 & 3 & 4 & 1 \\ 3 & 4 & 1 & 2 \\ 4 & 1 & 2 & 2 \end{vmatrix}$；　(8) $\begin{vmatrix} 1 & 2 & 2 & 2 \\ 2 & 2 & 2 & 2 \\ 2 & 2 & 3 & 2 \\ 2 & 2 & 2 & 4 \end{vmatrix}$；　(9) $\begin{vmatrix} 0 & a_{12} & 0 & 0 \\ 0 & 0 & 0 & a_{24} \\ a_{31} & 0 & 0 & 0 \\ 0 & 0 & a_{43} & 0 \end{vmatrix}$.

2. 用克莱姆法则解下列线性方程组.

(1) $\begin{cases} x_1-x_2+x_3-2x_4=2 \\ 2x_1-x_3+4x_4=4 \\ 3x_1+2x_2+x_3=-1 \\ -x_1+2x_2-x_3+2x_4=-4 \end{cases}$；　(2) $\begin{cases} x_1+x_2+x_3=5 \\ 2x_1+x_2-x_3+x_4=1 \\ x_1+2x_2-x_3+x_4=2 \\ x_2+2x_3+3x_4=3 \end{cases}$.

§7.2　矩阵及其运算

视频

矩阵及其运算

7.2.1　矩阵的概念

引例 1［物资调运方案］　某货物从两个产地运往三个销地，调运方案见表 7-1.

表 7-1

产地	1 地销量	2 地销量	3 地销量
1	17	25	20
2	26	32	23

这个调运方案可以写成一个 2 行 3 列的数表

$$\begin{pmatrix} 17 & 25 & 20 \\ 26 & 32 & 23 \end{pmatrix}$$

其中第 $i(i=1,2)$ 行第 $j(j=1,2,3)$ 列的数表示从第 i 个产地到第 j 个销地的运量.

引例 2[线性方程组] 已知二元线性方程组 $\begin{cases} a_{11}x_1+a_{12}x_2=b_1 \\ a_{21}x_1+a_{22}x_2=b_2 \end{cases}$,将其未知量系数与常数项按照原来的次序组成一个矩形表:

$$\begin{pmatrix} a_{11} & a_{12} & b_1 \\ a_{21} & a_{22} & b_2 \end{pmatrix}$$

在实际问题的研究中,还有许多地方用到这样的数表,如单位职工的工资,学生各科成绩,超市的价格表,工厂统计原材料及产销地等. 为此,引入如下定义:

定义 7.2.1 由 $m\times n$ 个数 $a_{ij}(i=1,2,\cdots m;j=1,2,\cdots n)$ 排成的 m 行 n 列的数表

$$\begin{pmatrix} a_{11} & a_{12} & \cdots & a_{1n} \\ a_{21} & a_{22} & \cdots & a_{2n} \\ \vdots & \vdots & & \vdots \\ a_{m1} & a_{m2} & \cdots & a_{mn} \end{pmatrix}$$

称为 **m 行 n 列矩阵**,简称 **$m\times n$ 矩阵**,其中 a_{ij} 表示第 i 行第 j 列的**元素**,i 称为 a_{ij} 的**行标**,j 称为 a_{ij} 的**列标**,通常用大写字母 $\boldsymbol{A},\boldsymbol{B},\boldsymbol{C}$ 或 (a_{ij}),(b_{ij}) 等表示矩阵,有时为了标明矩阵的行数和列数,常记作 $\boldsymbol{A}_{m\times n}$ 或 $(a_{ij})_{m\times n}$.

方阵:行数与列数相等的矩阵称为方阵. 方阵的左上角到右下角称为**主对角线**. 主对角线上的元素称为**主对角元**.

零矩阵:元素都为零的矩阵,记作 0.

行矩阵:只有一行元素的矩阵.

列矩阵:只有一列元素的矩阵.

对角矩阵:除主对角线上元素外,其他元素全为零的方阵为对角矩阵. 为了方便,记为:

$$\begin{pmatrix} a_{11} & & & \\ & a_{22} & & \\ & & \ddots & \\ & & & a_{nn} \end{pmatrix}$$

单位矩阵:主对角线上元素全为 1,其他元素全为零的方阵. 记作 $\boldsymbol{I}$ 或 $\boldsymbol{I}_n$. 即

$$\boldsymbol{I}_n=\begin{pmatrix} 1 & & & \\ & 1 & & \\ & & \ddots & \\ & & & 1 \end{pmatrix}$$

上(下)三角矩阵:主对角线以下(上)的元素全为零的方阵,即:

上三角方阵 $$\begin{pmatrix} a_{11} & a_{12} & \cdots & a_{1n} \\ 0 & a_{22} & \cdots & a_{2n} \\ \vdots & \vdots & & \vdots \\ 0 & 0 & \cdots & a_{nn} \end{pmatrix}$$

下三角方阵 $$\begin{pmatrix} a_{11} & 0 & \cdots & 0 \\ a_{21} & a_{22} & \cdots & 0 \\ \vdots & \vdots & & \vdots \\ a_{n1} & a_{n2} & \cdots & a_{nn} \end{pmatrix}$$

案例1[药品库存] 某医院甲乙两种药品的库存量见表7-2.

表 7-2

药品品种	库存数量		
	瓶装100片	瓶装200片	瓶装300片
甲	560	300	15
乙	400	98	55

用矩阵表示为 $$\begin{pmatrix} 560 & 300 & 15 \\ 400 & 98 & 55 \end{pmatrix}$$

7.2.2 矩阵的运算

引例3[受力分析] 作用在一静止物体上的力如图7-1所示,将物体所受的力沿水平方向和铅直方向分解,得到如下关系:

$$F_2\cos 30° - F_1\cos 30° = 8, F_1\sin 30° + F_2\sin 30° = 3.5$$

用矩阵表示为 $$\begin{pmatrix} F_2\cos 30° - F_1\cos 30° \\ F_2\sin 30° + F_1\sin 30° \end{pmatrix} = \begin{pmatrix} 8 \\ 3.5 \end{pmatrix}$$

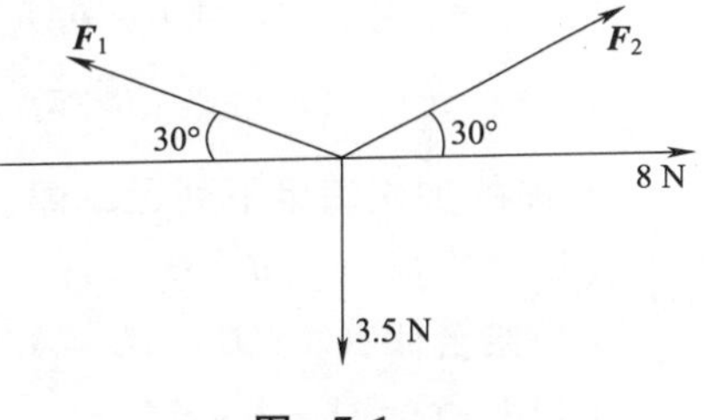

图 7-1

1. 矩阵的相等

定义7.2.2 若矩阵 $\boldsymbol{A},\boldsymbol{B}$ 具有相同的行数和相同的列数,则称矩阵 $\boldsymbol{A},\boldsymbol{B}$ 是**同型矩阵**.

定义7.2.3 设 $\boldsymbol{A}=(a_{ij})_{m\times n}$,$\boldsymbol{B}=(b_{ij})_{m\times n}$,若 $a_{ij}=b_{ij}(i=1,2,\cdots m;j=1,2,\cdots n)$,则称两矩阵 $\boldsymbol{A}$ 与 $\boldsymbol{B}$ 相等,记作 $\boldsymbol{A}=\boldsymbol{B}$.

例1 设矩阵 $\boldsymbol{A}=\begin{pmatrix} 1 & 0 & a & 5 \\ 3 & b & -1 & 9 \end{pmatrix}$,$\boldsymbol{B}=\begin{pmatrix} c & 0 & 6 & 5 \\ 3 & 2 & -1 & d \end{pmatrix}$,求元素 a,b,c,d 的值.

解 由矩阵相等的定义可知:$a=6,b=2,c=1,d=9$.

案例2[商品的销售额] 某商场四个品牌的三个系列的商品在上半年、下半年的销售额(单位:十万元)统计见表7-3.

表 7-3

品牌	系列Ⅰ		系列Ⅱ		系列Ⅲ	
	上半年	下半年	上半年	下半年	上半年	下半年
a	10	15	12	13	20	25

续表

品牌	系列Ⅰ		系列Ⅱ		系列Ⅲ	
	上半年	下半年	上半年	下半年	上半年	下半年
b	9	12	15	11	18	16
c	12	15	9	8	15	10
d	8	10	10	12	15	18

解 四个品牌各系列商品上、下半年的销售额可以用矩阵 $\boldsymbol{A}$、$\boldsymbol{B}$ 表示

$$\boldsymbol{A}=\begin{pmatrix}10&12&20\\9&15&18\\12&9&15\\8&10&15\end{pmatrix},\quad \boldsymbol{B}=\begin{pmatrix}15&13&25\\12&11&16\\15&6&10\\10&12&18\end{pmatrix}$$

则四个品牌各系列商品全年的销售额可表示为：

$$\boldsymbol{C}=\begin{pmatrix}10+15&12+13&20+25\\9+12&15+11&18+16\\12+15&9+6&15+10\\8+10&10+12&15+18\end{pmatrix}=\begin{pmatrix}25&25&45\\21&26&34\\27&15&25\\18&22&33\end{pmatrix}$$

上式新矩阵 $\boldsymbol{C}$ 是由矩阵 $\boldsymbol{A}$ 与矩阵 $\boldsymbol{B}$ 对应元素相加得到的.

2. 矩阵的加法运算

定义 7.2.4 设矩阵 $\boldsymbol{A}=(a_{ij})_{m\times n}$，$\boldsymbol{B}=(b_{ij})_{m\times n}$ 的对应元素相加（减）得到的新的 $m\times n$ 矩阵 $\boldsymbol{C}=(a_{ij}+b_{ij})_{m\times n}$（$\boldsymbol{C}=(a_{ij}-b_{ij})_{m\times n}$）称为矩阵 $\boldsymbol{A}$ 与 $\boldsymbol{B}$ 的和（差），记作 $\boldsymbol{C}=\boldsymbol{A}+\boldsymbol{B}$（$\boldsymbol{C}=\boldsymbol{A}-\boldsymbol{B}$）.

注意：矩阵的加法就是将两个同型矩阵对应位置的元素进行相加.

矩阵的加法满足下列运算律（设 $\boldsymbol{A},\boldsymbol{B},\boldsymbol{C}$ 都是 $m\times n$ 同型矩阵）：

(1) **交换律**：$\boldsymbol{A}+\boldsymbol{B}=\boldsymbol{B}+\boldsymbol{A}$；

(2) **结合律**：$(\boldsymbol{A}+\boldsymbol{B})+\boldsymbol{C}=\boldsymbol{A}+(\boldsymbol{B}+\boldsymbol{C})$；

(3) $\boldsymbol{A}+\boldsymbol{O}=\boldsymbol{O}+\boldsymbol{A}=\boldsymbol{A}$；

(4) $\boldsymbol{A}+(-\boldsymbol{A})=\boldsymbol{O}$.

案例 3［调运方案］ 设某种物资由 3 个产地运往 4 个销地，两次调运方案分别见表 7-4 和表 7-5，求两次从各产地调运物资到各销地的运量总和.

解 若分别用矩阵 $\boldsymbol{A}$ 和 $\boldsymbol{B}$ 表示各次的调运量，则有

$$\boldsymbol{A}=\begin{pmatrix}3&7&5&2\\0&2&1&7\\5&2&1&4\end{pmatrix},\quad \boldsymbol{B}=\begin{pmatrix}1&2&4&2\\3&2&0&1\\1&3&5&6\end{pmatrix}$$

则各产地到各销地的运量之和为：

表 7-4

产地	销地 A	销地 B	销地 C	销地 D
Ⅰ	3	7	5	2
Ⅱ	0	2	1	7
Ⅲ	5	2	1	4

表 7-5

产地	销地 A	销地 B	销地 C	销地 D
Ⅰ	1	2	4	2
Ⅱ	3	2	0	1
Ⅲ	1	3	5	6

$$\boldsymbol{C}=\boldsymbol{A}+\boldsymbol{B}=\begin{pmatrix}3+1&7+2&5+4&2+2\\0+3&2+2&1+0&7+1\\5+1&2+3&1+5&4+6\end{pmatrix}=\begin{pmatrix}4&9&9&4\\3&4&1&8\\6&5&6&10\end{pmatrix}$$

案例 4[库存清单]　矩阵 $\boldsymbol{S}$ 给出了某家具店二月份各种沙发、椅子、餐桌的订货量，从生产车间运到商店的家具有三种款式：古式、普通、现代，矩阵 $\boldsymbol{T}$ 给出了一月末仓库中家具数量清单：

$$\boldsymbol{S}=\begin{matrix}&\text{古式}&\text{普通}&\text{现代}\\\text{沙发}\\\text{椅子}\\\text{餐桌}\end{matrix}\begin{pmatrix}2&0&1\\10&2&4\\2&4&6\end{pmatrix}\qquad \boldsymbol{T}=\begin{matrix}&\text{古式}&\text{普通}&\text{现代}\\\text{沙发}\\\text{椅子}\\\text{餐桌}\end{matrix}\begin{pmatrix}12&10&15\\40&15&17\\17&42&18\end{pmatrix}$$

（1）矩阵 $\boldsymbol{S}$ 中 10 代表什么意思？

（2）计算 $\boldsymbol{T}-\boldsymbol{S}$，并解释其实际意义？

解　（1）$\boldsymbol{S}$ 中的数 10 表示二月份古式椅子的订货量为 10 张；

（2）$\boldsymbol{T}-\boldsymbol{S}=\begin{pmatrix}10&10&14\\30&13&13\\15&38&12\end{pmatrix}$表示二月末仓库中家具的库存量.

案例 5[库存清单]　一药品供应公司的存货清单上显示瓶装维生素 C 和瓶装维生素 E 的数量为：

维生素 C：25 箱瓶装 100 片的，10 箱瓶装 250 片的，32 箱瓶装 500 片的；

维生素 E：30 箱瓶装 100 片的，18 箱瓶装 250 片的，40 箱瓶装 500 片的.

现用矩阵 $\boldsymbol{A}$ 表示这一库存，若公司组织两次货运以减少库存，每次运输的数量用矩阵 $\boldsymbol{B}$ 表示，问最后公司维生素 C 和 E 的库存量为多少？

$$\boldsymbol{A}=\begin{pmatrix}25&10&32\\30&18&40\end{pmatrix},\quad \boldsymbol{B}=\begin{pmatrix}10&5&6\\12&4&8\end{pmatrix}$$

解　最后公司维生素 C 和 E 的库存量为：

$$\boldsymbol{A}-2\boldsymbol{B}=\begin{pmatrix}25&10&32\\30&18&40\end{pmatrix}-2\begin{pmatrix}10&5&6\\12&4&8\end{pmatrix}=\begin{pmatrix}5&0&20\\6&10&24\end{pmatrix}$$

3. 矩阵的数乘运算

定义 7.2.5　一个数 k 乘以矩阵 $\boldsymbol{A}$ 是将数 k 乘以矩阵的每个元素，所得到的新矩阵 $\boldsymbol{C}$ 称为**矩阵的数乘**. 记作 $\boldsymbol{C}=k\boldsymbol{A}$. 当 $k=-1$ 时，称 $(-1)\times\boldsymbol{A}=-\boldsymbol{A}$ 为 $\boldsymbol{A}$ 的负矩阵.

规定 $\boldsymbol{A}-\boldsymbol{B}=\boldsymbol{A}+(-\boldsymbol{B})$.

矩阵的数乘满足下列运算律：

（1）$k(\boldsymbol{A}+\boldsymbol{B})=k\boldsymbol{A}+k\boldsymbol{B}$；　　（2）$(k+l)\boldsymbol{A}=k\boldsymbol{A}+l\boldsymbol{A}$；

（3）$(kl)\boldsymbol{A}=k(l\boldsymbol{A})$.

矩阵的加法运算与数乘运算统称为**矩阵的线性运算**.

案例 6[房屋开发计划] 某房屋开发商在开发一小区时设计了 A、B、C、D 四种不同类型的房屋,每种类型的房屋又有三种不同的设计:无车库,一个车库,两个车库,各种户型的数量见表 7-6.

表 7-6

类型	户型数量			
	A	B	C	D
无车库	8	6	0	0
一个车库	5	4	3	0
两个车库	0	3	5	6

如果开发商另有两个与之同样的开发计划,请用矩阵的运算给出开发商将开发的各种户型的总量.

解 房屋开发商要开发的一个小区的户型可用矩阵表示为

$$\boldsymbol{A}=\begin{pmatrix}8&6&0&0\\5&4&3&0\\0&3&5&6\end{pmatrix}$$

因为该开发商还有两个与之一样的开发计划,所以该开发商将开发的各种房屋的总量可用矩阵表示为:

$$\boldsymbol{B}=3\boldsymbol{A}=3\begin{pmatrix}8&6&0&0\\5&4&3&0\\0&3&5&6\end{pmatrix}=\begin{pmatrix}24&18&0&0\\15&12&9&0\\0&9&15&18\end{pmatrix}$$

案例 7[库存量] 若甲仓库的三类商品 4 种型号的库存数量用矩阵 $\boldsymbol{A}$ 表示,乙仓库的三类商品 4 种型号的库存数量用矩阵 $\boldsymbol{B}$ 表示,

$$\boldsymbol{A}=\begin{pmatrix}1&2&1&5\\3&4&8&7\\2&5&2&3\end{pmatrix},\quad \boldsymbol{B}=\begin{pmatrix}3&5&2&1\\2&1&8&7\\3&5&5&6\end{pmatrix}$$

已知甲仓库每件商品的保管费为 3 元/件,乙仓库每件商品的保管费为 4 元/件,求甲、乙两个仓库同类且同一种型号的商品保管费之和.

解 甲、乙两个仓库同类且同一种型号的商品保管费之和为:

$$\boldsymbol{F}=3\boldsymbol{A}+4\boldsymbol{B}=3\begin{pmatrix}1&2&1&5\\3&4&8&7\\2&5&2&3\end{pmatrix}+4\begin{pmatrix}3&5&2&1\\2&1&8&7\\3&5&5&6\end{pmatrix}$$

$$=\begin{pmatrix}3&6&3&15\\9&12&24&21\\6&15&6&9\end{pmatrix}+\begin{pmatrix}12&20&8&4\\8&4&32&28\\12&20&20&24\end{pmatrix}=\begin{pmatrix}15&26&11&19\\17&16&56&49\\18&35&26&33\end{pmatrix}$$

视 频

矩阵的乘法

4. 矩阵的乘法运算

引例 4[奶粉销售] 现有两家连锁超市出售三种奶粉,某日销量(单位:包)见表 7-7,每种奶粉的单价和利润见表 7-8,求各超市奶粉的总收入和总利润.

表　7-7

超市	奶粉Ⅰ单价/元	奶粉Ⅱ单价/元	奶粉Ⅲ单价/元
甲	23	4	15
乙	20	8	9

表　7-8

货类	单价/元	利润/元
奶粉Ⅰ	30	8
奶粉Ⅱ	45	12
奶粉Ⅲ	55	18

解　先列表分析,见表 7-9.

表　7-9

超市	总收入/元	总利润/元
甲	$23\times30+4\times45+15\times55$	$23\times8+4\times12+15\times8$
乙	$23\times30+8\times45+9\times55$	$20\times8+8\times12+9\times18$

设 $\boldsymbol{A}=\begin{pmatrix}23 & 4 & 15\\20 & 8 & 9\end{pmatrix}$,　$\boldsymbol{B}=\begin{pmatrix}30 & 8\\45 & 12\\55 & 18\end{pmatrix}$,$\boldsymbol{C}$ 为各超市出售奶粉的总收入和总利润,

则
$$\boldsymbol{C}=\begin{pmatrix}23\times30+4\times45+15\times55 & 23\times8+4\times12+15\times18\\20\times30+8\times45+9\times55 & 20\times8+8\times12+9\times18\end{pmatrix}=\begin{pmatrix}1\,695 & 502\\1\,455 & 418\end{pmatrix}$$

矩阵 $\boldsymbol{C}$ 中第一行第一列的元素等于矩阵 $\boldsymbol{A}$ 中第一行的元素与矩阵 $\boldsymbol{B}$ 中第一列的对应元素相乘再相加得到,同样,矩阵 $\boldsymbol{C}$ 中其他元素都是矩阵 $\boldsymbol{A}$ 中相应的行与矩阵 $\boldsymbol{B}$ 中相应的列对应元素相乘再相加而得到,由此引入矩阵乘法的概念.

定义 7.2.6　设有矩阵 $\boldsymbol{A}=(a_{ij})_{m\times n}$ 和矩阵 $\boldsymbol{B}=(b_{ij})_{n\times s}$,则由元素
$$c_{ij}=a_{i1}b_{1j}+a_{i2}b_{2j}+\cdots a_{in}b_{nj}\quad(i=1,2,\cdots m;j=1,2,\cdots s)$$
构成的 $m\times s$ 矩阵称为**矩阵 $\boldsymbol{A}$ 与 $\boldsymbol{B}$ 的乘积**,记作 $\boldsymbol{C}=\boldsymbol{AB}$.

由矩阵乘法的定义可知:

(1)矩阵 $\boldsymbol{A}$ 的列数必须等于矩阵 $\boldsymbol{B}$ 的行数,两矩阵才能相乘;

(2)矩阵 $\boldsymbol{C}$ 的行数等于矩阵 $\boldsymbol{A}$ 的行数,矩阵 $\boldsymbol{C}$ 的列数等于矩阵 $\boldsymbol{B}$ 的列数;

(3)矩阵 $\boldsymbol{C}$ 中第 i 行第 j 列的元素 c_{ij} 等于矩阵 $\boldsymbol{A}$ 中第 i 行的元素与矩阵 $\boldsymbol{B}$ 中第 j 列对应元素相乘再相加而得到.

矩阵乘法满足下列运算律:

(1)结合律:$(\boldsymbol{AB})\boldsymbol{C}=\boldsymbol{A}(\boldsymbol{BC})$;

(2)数乘结合律:$(k\boldsymbol{A})\boldsymbol{B}=\boldsymbol{A}(k\boldsymbol{B})=k(\boldsymbol{AB})$;

(3)分配律:$\boldsymbol{A}(\boldsymbol{B}+\boldsymbol{C})=\boldsymbol{AB}+\boldsymbol{AC}$;$(\boldsymbol{A}+\boldsymbol{B})\boldsymbol{C}=\boldsymbol{AC}+\boldsymbol{BC}$.

案例 8[商场税收]　若用矩阵 $\boldsymbol{A}$ 表示某商场两个分场营业额,用矩阵 $\boldsymbol{B}$ 表示两种商品的国税率,地税率,即设:

$$\boldsymbol{A}=\begin{pmatrix}a_{11} & a_{12}\\a_{21} & a_{22}\end{pmatrix}\begin{matrix}\text{一分场}\\\text{二分场}\end{matrix}\qquad \boldsymbol{B}=\begin{pmatrix}b_{11} & b_{12}\\b_{21} & b_{22}\end{pmatrix}\begin{matrix}\text{家电}\\\text{服装}\end{matrix}$$

家电　服装　　　　　　国税率　地税率

求两个分场应该向国家财政和地方财政上交的税费.

解

$$C = AB = \begin{pmatrix} a_{11}b_{11} + a_{12}b_{21} & a_{11}b_{12} + a_{12}b_{22} \\ a_{21}b_{11} + a_{22}b_{21} & a_{21}b_{12} + a_{22}b_{22} \end{pmatrix}\begin{matrix} \text{一分场} \\ \text{二分场} \end{matrix}$$

国税　　　　地税

案例 9[网络参数矩阵]　已知两个网络参数矩阵

$$A = \begin{pmatrix} 1 & 0 & 3 & 1 \\ 2 & 1 & 0 & 2 \end{pmatrix}, \quad B = \begin{pmatrix} 4 & 1 & 2 \\ 1 & 1 & 1 \\ 2 & 2 & 4 \\ 1 & 1 & 5 \end{pmatrix}$$

链式连接的参数为 AB,计算 AB,问 BA 是否存在?

解　$$AB = \begin{pmatrix} 1 & 0 & 3 & 1 \\ 2 & 1 & 0 & 2 \end{pmatrix}\begin{pmatrix} 4 & 1 & 2 \\ 1 & 1 & 1 \\ 2 & 2 & 4 \\ 1 & 1 & 5 \end{pmatrix} = \begin{pmatrix} 11 & 8 & 19 \\ 11 & 5 & 15 \end{pmatrix}.$$

因为矩阵 B 的列数为 3,矩阵 A 的行数为 2,它们不相等,所以 BA 不存在.

例 2[线性方程组的矩阵表示]　对于 n 元线性方程组:

$$\begin{cases} a_{11}x_1 + a_{12}x_2 + \cdots + a_{1n}x_n = b_1 \\ a_{21}x_1 + a_{22}x_2 + \cdots + a_{2n}x_n = b_2 \\ \cdots\cdots \\ a_{n1}x_1 + a_{n2}x_2 + \cdots + a_{nn}x_n = b_n \end{cases}$$

设 $A = \begin{pmatrix} a_{11} & a_{12} & \cdots & a_{1n} \\ a_{21} & a_{22} & \cdots & a_{2n} \\ \vdots & \vdots & & \vdots \\ a_{n1} & a_{n2} & \cdots & a_{nn} \end{pmatrix}$, $X = \begin{pmatrix} x_1 \\ x_2 \\ \vdots \\ x_n \end{pmatrix}$, $B = \begin{pmatrix} b_1 \\ b_2 \\ \vdots \\ b_n \end{pmatrix}$,则线性方程组可用矩阵的乘法表示为:

$$\begin{pmatrix} a_{11} & a_{12} & \cdots & a_{1n} \\ a_{21} & a_{22} & \cdots & a_{2n} \\ \vdots & \vdots & & \vdots \\ a_{n1} & a_{n2} & \cdots & a_{nn} \end{pmatrix}\begin{pmatrix} x_1 \\ x_2 \\ \vdots \\ x_n \end{pmatrix} = \begin{pmatrix} b_1 \\ b_2 \\ \vdots \\ b_n \end{pmatrix}, \text{即 } AX = B.$$

例 3　设 $A = \begin{pmatrix} 3 & 2 & -1 \\ 2 & 3 & 5 \end{pmatrix}$, $B = \begin{pmatrix} 1 & 3 \\ -5 & 4 \\ 3 & 6 \end{pmatrix}$,求 AB 和 BA.

解
$$AB = \begin{pmatrix} 3 & 2 & -1 \\ 2 & 3 & 5 \end{pmatrix}\begin{pmatrix} 1 & 3 \\ -5 & 4 \\ 3 & 6 \end{pmatrix} = \begin{pmatrix} -10 & 11 \\ 2 & 48 \end{pmatrix}$$

$$BA = \begin{pmatrix} 1 & 3 \\ -5 & 4 \\ 3 & 6 \end{pmatrix}\begin{pmatrix} 3 & 2 & -1 \\ 2 & 3 & 5 \end{pmatrix} = \begin{pmatrix} 9 & 11 & 14 \\ -7 & 2 & 25 \\ 21 & 24 & 27 \end{pmatrix}$$

从上例可以看出:$AB \neq BA$,即矩阵的乘法不满足交换律.

5. 矩阵的转置

案例 10［汽车销售利润］　某一汽车销售公司有甲乙两个销售部，矩阵 $\boldsymbol{S}$ 给出了两个汽车销售部三种汽车的销量，矩阵 $\boldsymbol{P}$ 给出了三种汽车的销售利润.

$$\boldsymbol{S}=\begin{pmatrix}18 & 15\\24 & 17\\16 & 20\end{pmatrix}\begin{matrix}\text{大型}\\\text{中型}\\\text{小型}\end{matrix}\quad(\text{列：甲、乙})\qquad \boldsymbol{P}=\begin{pmatrix}400\\650\\900\end{pmatrix}\begin{matrix}\text{大型}\\\text{中型}\\\text{小型}\end{matrix}$$

求两个销售部的总利润各为多少？

解　两个销售部的利润与矩阵的乘积有关，但矩阵 $\boldsymbol{S}$ 是 3×2 矩阵，矩阵 $\boldsymbol{P}$ 是 3×1 矩阵，它们不能相乘，将矩阵 $\boldsymbol{P}$ 的行列互换后得到新的矩阵可以与矩阵 $\boldsymbol{S}$ 相乘，这个新的矩阵就是 $\boldsymbol{P}$ 的转置矩阵. 即两销售部的总利润为：

$$(400\quad 650\quad 900)\begin{pmatrix}18 & 15\\24 & 17\\16 & 20\end{pmatrix}=(37\,200\quad 35\,050)$$

定义 7.2.7　把 $m\times n$ 矩阵 $\boldsymbol{A}$ 的行与列互换得到新的 $n\times m$ 矩阵，称为矩阵 $\boldsymbol{A}$ 的**转置矩阵**，记作 $\boldsymbol{A}^{\mathrm{T}}$. 即

如果

$$\boldsymbol{A}=\begin{pmatrix}a_{11} & a_{12} & \cdots & a_{1n}\\a_{21} & a_{22} & \cdots & a_{2n}\\\vdots & \vdots & & \vdots\\a_{m1} & a_{m2} & \cdots & a_{mn}\end{pmatrix},\text{则 }\boldsymbol{A}^{\mathrm{T}}=\begin{pmatrix}a_{11} & a_{21} & \cdots & a_{m1}\\a_{12} & a_{22} & \cdots & a_{m2}\\\vdots & \vdots & & \vdots\\a_{1n} & a_{2n} & \cdots & a_{mn}\end{pmatrix}$$

例如：$\boldsymbol{A}=\begin{pmatrix}1 & 2 & 4 & 3\\2 & 5 & 7 & 0\end{pmatrix}$，则 $\boldsymbol{A}^{\mathrm{T}}=\begin{pmatrix}1 & 2\\2 & 5\\4 & 7\\3 & 0\end{pmatrix}$.

矩阵的转置满足下列运算规律：

(1) $(\boldsymbol{A}^{\mathrm{T}})^{\mathrm{T}}=\boldsymbol{A}$；　　(2) $(\boldsymbol{A}+\boldsymbol{B})^{\mathrm{T}}=\boldsymbol{A}^{\mathrm{T}}+\boldsymbol{B}^{\mathrm{T}}$；

(3) $(k\boldsymbol{A})^{\mathrm{T}}=k\boldsymbol{A}^{\mathrm{T}}$；　　(4) $(\boldsymbol{AB})^{\mathrm{T}}=\boldsymbol{B}^{\mathrm{T}}\boldsymbol{A}^{\mathrm{T}}$.

例 4　设 $\boldsymbol{A}=\begin{pmatrix}2 & 0 & -1\\1 & 3 & 2\end{pmatrix}$，$\boldsymbol{B}=\begin{pmatrix}1 & 7 & -1\\4 & 2 & 3\\2 & 0 & 1\end{pmatrix}$，求 $(\boldsymbol{AB})^{\mathrm{T}}$，$\boldsymbol{B}^{\mathrm{T}}\boldsymbol{A}^{\mathrm{T}}$.

解

$$(\boldsymbol{AB})^{\mathrm{T}}=\left(\begin{pmatrix}2 & 0 & -1\\1 & 3 & 2\end{pmatrix}\begin{pmatrix}1 & 7 & -1\\4 & 2 & 3\\2 & 0 & 1\end{pmatrix}\right)^{\mathrm{T}}=\begin{pmatrix}0 & 14 & -3\\17 & 13 & 10\end{pmatrix}^{\mathrm{T}}=\begin{pmatrix}0 & 17\\14 & 13\\-3 & 10\end{pmatrix}$$

$$\boldsymbol{B}^{\mathrm{T}}\boldsymbol{A}^{\mathrm{T}}=\begin{pmatrix}1 & 7 & -1\\4 & 2 & 3\\2 & 0 & 1\end{pmatrix}^{\mathrm{T}}\begin{pmatrix}2 & 0 & -1\\1 & 3 & 2\end{pmatrix}^{\mathrm{T}}=\begin{pmatrix}1 & 4 & 2\\7 & 2 & 0\\-1 & 3 & 1\end{pmatrix}\begin{pmatrix}2 & 1\\0 & 3\\-1 & 2\end{pmatrix}=\begin{pmatrix}0 & 17\\14 & 13\\-3 & 10\end{pmatrix}$$

从此例看出 $(\boldsymbol{AB})^{\mathrm{T}}=\boldsymbol{B}^{\mathrm{T}}\boldsymbol{A}^{\mathrm{T}}$.

案例 11［生产安排］　一工厂生产三种型号的机器零件，每天的产量由矩阵 $\boldsymbol{A}$ 给出，生

产各种型号单位产品所需要的材料和工作时间由矩阵 $\boldsymbol{B}$ 给出，请用矩阵的运算给出该厂生产所有机器零件所需要的总材料和总工作时间.

$$\boldsymbol{A}=\begin{pmatrix}40\\50\\80\end{pmatrix}\begin{matrix}\text{X 型}\\\text{Y 型}\\\text{Z 型}\end{matrix}\qquad \boldsymbol{B}=\begin{matrix} & \text{材料} & \text{工作时间} \\ & \end{matrix}\begin{pmatrix}4&1\\5&2\\3&2\end{pmatrix}\begin{matrix}\text{X 型}\\\text{Y 型}\\\text{Z 型}\end{matrix}$$

解　由矩阵的乘法得，该厂生产所有机器零件所需要的总材料和总工作时间为：

$$\boldsymbol{C}=\boldsymbol{A}^{\mathrm{T}}\boldsymbol{B}=(40\quad 50\quad 80)\begin{pmatrix}4&1\\5&2\\3&2\end{pmatrix}=(650\quad 300)$$

6. 方阵的行列式

定义 7.2.8　由 n 阶方阵 $\boldsymbol{A}$ 的元素(按原来的位置)构成的行列式称为方阵 $\boldsymbol{A}$ 的行列式，记作 $|\boldsymbol{A}|$.

定义 7.2.9　若 n 阶方阵 $\boldsymbol{A}$ 的行列式 $|\boldsymbol{A}|\neq 0$，则称方阵 $\boldsymbol{A}$ 为非奇异矩阵；反之，若 $|\boldsymbol{A}|=0$，则称方阵 $\boldsymbol{A}$ 为奇异矩阵.

设 $\boldsymbol{A},\boldsymbol{B}$ 都是 n 阶方阵，λ 为实常数，k 为正整数，则

(1) $|\boldsymbol{A}^{\mathrm{T}}|=|\boldsymbol{A}|$；　(2) $|\lambda\boldsymbol{A}|=\lambda^{n}|\boldsymbol{A}|$；　(3) $|\boldsymbol{AB}|=|\boldsymbol{BA}|=|\boldsymbol{A}||\boldsymbol{B}|$；　(4) $|\boldsymbol{A}^{K}|=|\boldsymbol{A}|^{K}$.

例 5　设 $\boldsymbol{A}=\begin{pmatrix}1&3&2\\0&1&-1\\0&0&-3\end{pmatrix},\boldsymbol{B}=\begin{pmatrix}2&1&-2\\0&2&3\\0&0&4\end{pmatrix}$，求 $|\boldsymbol{AB}|,|3\boldsymbol{A}|,|\boldsymbol{A}^{\mathrm{T}}|$.

解　$\boldsymbol{AB}=\begin{pmatrix}1&3&2\\0&1&-1\\0&0&-3\end{pmatrix}\begin{pmatrix}2&1&-2\\0&2&3\\0&0&4\end{pmatrix}=\begin{pmatrix}2&7&15\\0&2&-1\\0&0&-12\end{pmatrix}$，　$|\boldsymbol{AB}|=\begin{vmatrix}2&7&15\\0&2&-1\\0&0&-12\end{vmatrix}=-48$

$|3\boldsymbol{A}|=\begin{vmatrix}3&9&6\\0&3&-3\\0&0&-9\end{vmatrix}=-81$，　$|\boldsymbol{A}^{\mathrm{T}}|=\begin{vmatrix}1&0&0\\3&1&0\\2&-1&-3\end{vmatrix}=-3$.

视频

逆矩阵

7.2.3　逆 矩 阵

在数的乘法过程中，对任意的非零实数 a，则有 $aa^{-1}=a^{-1}a=1$ 成立. 类似地，在矩阵的乘法基础上引入逆矩阵 $\boldsymbol{A}^{-1}$ 的概念.

定义 7.2.10　对于 n 阶方阵 $\boldsymbol{A}$，如果存在一个 n 阶方阵 $\boldsymbol{B}$，使 $\boldsymbol{AB}=\boldsymbol{BA}=\boldsymbol{I}$，则称方阵 $\boldsymbol{A}$ 是**可逆的**，并称 $\boldsymbol{B}$ 是 $\boldsymbol{A}$ 的**逆矩阵**，记作 $\boldsymbol{A}^{-1}=\boldsymbol{B}$，即 $\boldsymbol{A}^{-1}\boldsymbol{A}=\boldsymbol{AA}^{-1}=\boldsymbol{I}$.

例如二阶方阵

$$\boldsymbol{A}=\begin{pmatrix}1&2\\4&0\end{pmatrix},\quad \boldsymbol{B}=\begin{pmatrix}0&\frac{1}{4}\\\frac{1}{2}&-\frac{1}{8}\end{pmatrix}$$

容易验证 $\boldsymbol{AB}=\boldsymbol{BA}=\boldsymbol{I}$，所以 $\boldsymbol{B}$ 是 $\boldsymbol{A}$ 的逆矩阵，同样 $\boldsymbol{A}$ 也是 $\boldsymbol{B}$ 的逆矩阵，它们是互逆的.

设 $\boldsymbol{A}$、$\boldsymbol{B}$ 均为 n 阶可逆方阵，方阵的逆运算有下列运算规律：

(1) $(\boldsymbol{A}^{-1})^{-1}=\boldsymbol{A}$;

(2) $(\lambda\boldsymbol{A})^{-1}=\frac{1}{\lambda}\boldsymbol{A}^{-1}$, $(\lambda\neq0)$;

(3) $(\boldsymbol{AB})^{-1}=\boldsymbol{B}^{-1}\boldsymbol{A}^{-1}$;

(4) $(\boldsymbol{A}^{\mathrm{T}})^{-1}=(\boldsymbol{A}^{-1})^{\mathrm{T}}$;

(5) $|\boldsymbol{A}^{-1}|=|\boldsymbol{A}|^{-1}=\frac{1}{|\boldsymbol{A}|}$.

定义 7.2.11 设 $\boldsymbol{A}$ 是一个 n 阶方阵:$\boldsymbol{A}=\begin{pmatrix} a_{11} & a_{12} & \cdots & a_{1n} \\ a_{21} & a_{22} & \cdots & a_{2n} \\ \vdots & \vdots & & \vdots \\ a_{n1} & a_{n2} & \cdots & a_{nn} \end{pmatrix}$

由 n 阶方阵 $\boldsymbol{A}$ 的行列式 $|\boldsymbol{A}|$ 中元素 a_{ij} 的代数余子式 $\boldsymbol{A}_{ij}(i,j=1,2,3,\cdots,n)$ 构成的 n 阶矩阵

$$\begin{pmatrix} \boldsymbol{A}_{11} & \boldsymbol{A}_{21} & \cdots & \boldsymbol{A}_{n1} \\ \boldsymbol{A}_{12} & \boldsymbol{A}_{22} & \cdots & \boldsymbol{A}_{n2} \\ \vdots & \vdots & & \vdots \\ \boldsymbol{A}_{1n} & \boldsymbol{A}_{2n} & \cdots & \boldsymbol{A}_{nn} \end{pmatrix}$$

称为矩阵 $\boldsymbol{A}$ 的伴随矩阵,记作 $\boldsymbol{A}^*$.

定理 7.2.1 n 阶方阵 $\boldsymbol{A}$ 可逆的充要条件:$\boldsymbol{A}$ 的行列式 $|\boldsymbol{A}|\neq0$,且 $\boldsymbol{A}^{-1}=\frac{1}{|\boldsymbol{A}|}\boldsymbol{A}^*$.

例 6 已知 $\boldsymbol{A}=\begin{pmatrix} 2 & -1 \\ -3 & 3 \end{pmatrix}$,求 $\boldsymbol{A}^{-1}$.

解 方法1 设 $\boldsymbol{A}^{-1}=\begin{pmatrix} b_{11} & b_{12} \\ b_{21} & b_{22} \end{pmatrix}$,由定义有 $\boldsymbol{AA}^{-1}=\boldsymbol{I}$,即 $\begin{pmatrix} 2 & -1 \\ -3 & 3 \end{pmatrix}\begin{pmatrix} b_{11} & b_{12} \\ b_{21} & b_{22} \end{pmatrix}=\begin{pmatrix} 1 & 0 \\ 0 & 1 \end{pmatrix}$

由矩阵的相等有

$$\begin{cases} 2b_{11}-b_{21}=1 \\ 2b_{12}-b_{22}=0 \\ -3b_{11}+3b_{21}=0 \\ -3b_{12}+3b_{22}=1 \end{cases}$$

解得 $b_{11}=1, b_{12}=\frac{1}{3}, b_{21}=1, b_{22}=\frac{2}{3}$.

故所求逆矩阵为

$$\boldsymbol{A}^{-1}=\begin{pmatrix} 1 & \frac{1}{3} \\ 1 & \frac{2}{3} \end{pmatrix}$$

方法2 $|\boldsymbol{A}|=\begin{vmatrix} 2 & -1 \\ -3 & 3 \end{vmatrix}=2\times3-(-1)\times(-3)=3$

所有元素的代数余子式为 $\boldsymbol{A}_{11}=(-1)^{1+1}\times3=3$, $\boldsymbol{A}_{12}=(-1)^{1+2}\times(-3)=3$

$\boldsymbol{A}_{21}=(-1)^{2+1}\times(-1)=1$, $\boldsymbol{A}_{22}=(-1)^{2+2}\times2=2$

$$A^{*}=\begin{pmatrix}A_{11} & A_{21}\\ A_{12} & A_{22}\end{pmatrix}=\begin{pmatrix}3 & 1\\ 3 & 2\end{pmatrix}$$

故所求逆矩阵为

$$A^{-1}=\frac{1}{|A|}A^{*}=\frac{1}{3}\begin{pmatrix}3 & 1\\ 3 & 2\end{pmatrix}=\begin{pmatrix}1 & \frac{1}{3}\\ 1 & \frac{2}{3}\end{pmatrix}$$

案例 12［汽车销量］ 某一汽车销售公司有两个销售部，矩阵 S 给出了两个汽车销售部的两种汽车的销量

$$\begin{matrix} & 一 & 二 & \\ S= & \begin{pmatrix}18 & 15\\ 24 & 17\end{pmatrix} & \begin{matrix}大\\ 小\end{matrix}\end{matrix}$$

月末盘点时统计得到两个销售部的利润，用矩阵表示为 $W=(37\,200 \quad 35\,050)$. 设两种车的销售利润为矩阵 $P=(a \quad b)$，则有 $PS=W$，问如何从 $PS=W$ 中得到两种车的销售利润 P?

解 由 $PS=W$ 得 $P=WS^{-1}$，先求出 S^{-1}，再用矩阵的乘法即可得到 P. 设 $S^{-1}=\begin{pmatrix}a_{11} & a_{12}\\ a_{21} & a_{22}\end{pmatrix}$，由 $SS^{-1}=I$，即$\begin{pmatrix}18 & 15\\ 24 & 17\end{pmatrix}\begin{pmatrix}a_{11} & a_{12}\\ a_{21} & a_{22}\end{pmatrix}=\begin{pmatrix}1 & 0\\ 0 & 1\end{pmatrix}$

得

$$\begin{cases}18a_{11}+15a_{21}=1\\ 18a_{12}+15a_{22}=0\\ 24a_{11}+17a_{21}=0\\ 24a_{12}+17a_{22}=1\end{cases}\Rightarrow\begin{cases}a_{11}=-17/54\\ a_{21}=24/54\\ a_{12}=15/54\\ a_{22}=-18/54\end{cases}$$

故有

$$P=WS^{-1}=(37\,200 \quad 35\,050)\begin{pmatrix}-17/54 & 15/54\\ 24/54 & -18/54\end{pmatrix}=(3\,866.7 \quad -1\,350)$$

从矩阵 P 中可以看到两种汽车的销售利润：大型车是 3 866. 7 货币单位，小型车是 -1 350 货币单位.

习 题 7-2

1. 将下列问题用矩阵表示，并用矩阵运算求解各题.

(1)［合金成分］ 现有甲乙两种合金各重 30 t、20 t，它们含有 A、B、C 三种金属成分，见表 7-10.

表 7-10

合金	金属 A 占比	金属 B 占比	金属 C 占比
甲	0. 8	0. 1	0. 1
乙	0. 4	0. 3	0. 3

求在甲乙两种合金中，这三种金属的含量各为多少?

(2)［机床订购］ 某工厂生产甲、乙、丙三种规格的机床，其价格和成本见表 7-11.

表 7-11

机床类型	单价/万元	成本/万元
甲	7	6
乙	6	4.5
丙	5	4

北京、上海和广东三地订购数量见表7-12.

表 7-12

机床类型	订购数量		
	北京	上海	广东
甲	4	5	7
乙	5	6	8
丙	3	4	9

求各地订购三种机床的总价值、总成本、总利润各是多少?

2.[运输费用] 已知甲、乙两地的产品要运销到三个不同的地区,两产地到三销地的距离(单位:km)用矩阵 $\boldsymbol{A}$ 表示

$$\boldsymbol{A}=\begin{pmatrix}5&6&7\\4&3&1\end{pmatrix}$$

运费为5元/km,求甲乙两地的产品运销到三个不同的地区的费用各是多少?

3.[空调销售量] 一空调店销售三种功率的空调:1P、1.5P、3P.商店有两个分店,六月份第一分店售出了以上型号的空调数量分别为48台、56台、20台;六月份第二分店售出了以上型号的空调数量分别为32台、38台、14台.

(1)用一个销售矩阵 $\boldsymbol{A}$ 表示这一信息;

(2)若在五月份,第一分店售出了以上型号的空调数量分别为:42台、46台、15台;第二分店出售了以上型号的空调数量分别为:34台、40台、12台,用与 $\boldsymbol{A}$ 相同类型的矩阵 $\boldsymbol{B}$ 表示这一信息;

(3)求 $\boldsymbol{A}+\boldsymbol{B}$ 并说明实际意义?

4.[彩色冲印] 在彩色照片的复制技术中,用到如下方程

$$\begin{pmatrix}X\\Y\\Z\end{pmatrix}=\begin{pmatrix}1.0&0.1&0\\0.5&1.0&0.1\\0.3&0.4&1.0\end{pmatrix}\begin{pmatrix}x\\y\\z\end{pmatrix}$$

其中 X,Y,Z 为冲印后照片中红、黄、绿的浓度,x,y,z 为原件中红、黄、绿的浓度,试给出 X、Y、Z 与 x,y,z 之间的关系式.

5.[分段计费] 为节约资源,避开高峰用电,我国许多地方采用鼓励夜间用电、分时段计费的用电政策.某地白天(AM 8:00—PM 11:00)与夜间(AM 11:00—PM 8:00)的电费标准为(0.546 0.32),若某栋楼三户人家某月的用电情况如下:

$$\begin{array}{c}\\1\\2\\3\end{array}\begin{array}{c}\text{白}\quad\text{夜}\\\begin{pmatrix}121&35\\135&25\\142&44\end{pmatrix}\end{array}$$

求这三家该月的电费.

6. 求下列矩阵的逆矩阵.

(1)$A=\begin{pmatrix}1&2\\2&5\end{pmatrix}$;　　(2)$A=\begin{pmatrix}1&3\\0&-5\end{pmatrix}$.

7. 设 A,B 是两个三阶方阵,且 $|A|=-2$, $|B|=-1$,求 $|-2A^2B^{-1}|$.

8. 已知 $A=\begin{pmatrix}1&2&-1\\0&0&1\\1&1&0\end{pmatrix}$,试判断矩阵 A 是否可逆,若可逆,求出其逆矩阵.

9. 已知 $A=\begin{pmatrix}1&2&3\\1&3&4\\1&4&4\end{pmatrix}$, $C=\begin{pmatrix}1&3\\2&0\\3&1\end{pmatrix}$,求矩阵 X,使其满足 $AX=C$.

§7.3　用初等变换求解线性方程组

7.3.1　矩阵的初等变换

引例1[投资组合]　某人用60万元投资 A、B 两个项目,其中项目 A 的收益率为7%,项目 B 的收益率为12%,最终总收益为5.6万元. 问他在 A、B 项目上各投资了多少万元?

解　设他在 A、B 两项目上各投资了 x_1,x_2 万元,根据题意,建立如下线性方程组

$$\begin{cases}0.07x_1+0.12x_2=5.6\\x_1+x_2=60\end{cases}$$

下面用高斯消元法求解此方程组,把方程组消元的过程列在表7-13的左栏,系数与常数项组成的矩阵(称为**增广矩阵**)的变换过程列在表7-13右栏.

表 7-13

方程组消元过程	增广矩阵变换过程
$\begin{cases}0.07x_1+0.12x_2=5.6 & (1)\\x_1+x_2=60 & (2)\end{cases}$ (1),(2)互换	$\begin{pmatrix}0.07&0.12&5.6\\1&1&60\end{pmatrix}$ 第一行与第二行互换
$\begin{cases}x_1+x_2=60 & (1)\\0.07x_1+0.12x_2=5.6 & (2)\end{cases}$ 100×(2)	$\begin{pmatrix}1&1&60\\0.07&0.12&5.6\end{pmatrix}$ 100乘以第二行
$\begin{cases}x_1+x_2=60 & (1)\\7x_1+12x_2=560 & (2)\end{cases}$ (2)-(1)×7	$\begin{pmatrix}1&1&60\\7&12&560\end{pmatrix}$ 第一行乘以(-7),加到第二行
$\begin{cases}x_1+x_2=60 & (1)\\5x_2=140 & (2)\end{cases}$ (2)式两边除5	$\begin{pmatrix}1&1&60\\0&5&140\end{pmatrix}$ 第二行乘以1/5
$\begin{cases}x_1+x_2=60 & (1)\\x_2=28 & (2)\end{cases}$ (1)-(2)	$\begin{pmatrix}1&1&60\\0&1&28\end{pmatrix}$ 第一行乘以(-1),加到第二行
$\begin{cases}x_1=32 & (1)\\x_2=28 & (2)\end{cases}$	$\begin{pmatrix}1&0&32\\0&1&28\end{pmatrix}$

分析**引例 1** 求解过程,可以看出,利用高斯消元法求解线性方程组的过程实际上是对方程组不断地进行以下几种运算:交换某两个方程的位置;某个方程乘以不为零的常数 k;某个方程乘以数 k 加到另一个方程上去.

对应的增广矩阵(系数列及方程组右端常数列构成的矩阵)经过了相应的三种变换:互换矩阵的两行;用一个非零的数乘以矩阵的某行;将矩阵的某行乘以数 k 加到另一行. 这三种变换通常称为矩阵的初等行(列)变换.

定义 7.3.1　设矩阵 $\boldsymbol{A}=(a_{ij})_{m\times n}$,满足下列三个条件之一的变换,称为矩阵 $\boldsymbol{A}$ 的初等行变换.

(1) 互换矩阵 $\boldsymbol{A}$ 的第 i 行与第 j 行对应元素位置,记作 $r_i \leftrightarrow r_j$;

(2) 将矩阵 $\boldsymbol{A}$ 的第 i 行所有元素乘以非零数 k,记作 $k\times r_i$;

(3) 将矩阵 $\boldsymbol{A}$ 的第 i 行所有元素乘以数 k 后加到第 j 行的所有元素上,记作 r_j+kr_i.

矩阵的三种初等行变换(1)、(2)、(3)分别称为**互换变换**、**倍乘变换**和**倍加变换**.

定义 7.3.1 中矩阵的"行"换成"列"即可得矩阵的**初等列变换**. 因此,矩阵的初等列变换也有三种,分别记作 $c_i \leftrightarrow c_j, k\times c_i, c_j+kc_i$. 矩阵的初等行变换与初等列变换统称为矩阵的**初等变换**.

注意:一个矩阵 $\boldsymbol{A}$ 经过有限次初等变换变成另一个不同的矩阵 $\boldsymbol{B}$,这一过程通常记为 $\boldsymbol{A}\to\boldsymbol{B}$,为了方便看清楚矩阵的变换过程,往往在箭头记号上下加上初等变换说明.

例如,将矩阵 $\boldsymbol{A}=\begin{pmatrix}1&2&0\\1&1&3\\0&-2&2\end{pmatrix}$ 的第 1 行乘以 2 加到第 2 行对应元素上去,有

$$\boldsymbol{A}=\begin{pmatrix}1&2&0\\1&1&3\\0&-2&2\end{pmatrix}\xrightarrow{2r_1+r_2}\begin{pmatrix}1&2&0\\3&5&3\\0&-2&2\end{pmatrix}=\boldsymbol{B}$$

7.3.2　用初等变换解线性方程组

案例 1[密码学]　在军事通信中,常将字符(信号)与数字对应,如

a	b	c	d	e	f	g	$\cdots$	x	y	z
1	2	3	4	5	6	7	$\cdots$	24	25	26

例如 *are* 对应一矩阵 $\boldsymbol{B}=(1\quad 18\quad 5)$,但如果按这种方式传输,则很容易被敌方破译,于是必须采用加密,即用一个约定的加密矩阵 $\boldsymbol{A}$ 乘以原信号 $\boldsymbol{B}$,传输信号为 $\boldsymbol{C}=\boldsymbol{AB}$,收到信号的一方再将信号还原(破译)为 $\boldsymbol{B}=\boldsymbol{A}^{-1}\boldsymbol{C}$,如果敌方不知道加密矩阵,则很难破译,设收到信号为 $\boldsymbol{C}=(21\quad 27\quad 31)$,加密矩阵为

$$\boldsymbol{A}=\begin{pmatrix}-1&0&1\\0&1&1\\1&1&1\end{pmatrix}$$

问原信号是什么?

解　设原信号是 $\boldsymbol{B}=(x_1\quad x_2\quad x_3)^{\mathrm{T}}$,由已知条件知:$\begin{pmatrix}-1&0&1\\0&1&1\\1&1&1\end{pmatrix}\begin{pmatrix}x_1\\x_2\\x_3\end{pmatrix}=\begin{pmatrix}21\\27\\31\end{pmatrix}$

该线性方程组对应的增广矩阵为: $\begin{pmatrix} -1 & 0 & 1 & 21 \\ 0 & 1 & 1 & 27 \\ 1 & 1 & 1 & 31 \end{pmatrix}$

对该增广矩阵实行初等行变换得:

$$\begin{pmatrix} -1 & 0 & 1 & 21 \\ 0 & 1 & 1 & 27 \\ 1 & 1 & 1 & 31 \end{pmatrix} \xrightarrow{r_1\times(-1)} \begin{pmatrix} 1 & 0 & -1 & -21 \\ 0 & 1 & 1 & 27 \\ 1 & 1 & 1 & 31 \end{pmatrix} \xrightarrow{r_1\times(-1)+r_3} \begin{pmatrix} 1 & 0 & -1 & -21 \\ 0 & 1 & 1 & 27 \\ 0 & 1 & 2 & 52 \end{pmatrix} \xrightarrow{r_2\times(-1)+r_3}$$

$$\begin{pmatrix} 1 & 0 & -1 & -21 \\ 0 & 1 & 1 & 27 \\ 0 & 0 & 1 & 25 \end{pmatrix} \xrightarrow{r_3\times(-1)+r_2} \begin{pmatrix} 1 & 0 & -1 & -21 \\ 0 & 1 & 0 & 2 \\ 0 & 0 & 1 & 25 \end{pmatrix} \xrightarrow{r_3\times 1+r_1} \begin{pmatrix} 1 & 0 & 0 & 4 \\ 0 & 1 & 0 & 2 \\ 0 & 0 & 1 & 25 \end{pmatrix}$$

故原信号为 $\boldsymbol{B}=(4 \quad 2 \quad 25)^{\mathrm{T}}$.

从上述解线性方程组的求解过程可以看到:一个矩阵对应一个线性方程组,对线性方程组实行同解变形,即对矩阵实行初等行变换,通过对矩阵实行初等行变换,使最后一个矩阵变为每个非零行的第一个非零元素全为1,而它所在列的元素全为零,这种矩阵称为**行最简阶梯形矩阵**,然后通过该矩阵写出原线性方程组的解.

1. 矩阵的秩

引例 2 观察方程组

$$\begin{cases} x_1+2x_2-x_3=2 & (1) \\ 2x_1-x_2+3x_3=-1 & (2) \\ 4x_1+3x_2+x_3=3 & (3) \end{cases}$$

不难发现方程(1)×2+(2)=(3),所以方程(3)式是多余的,称(3)为不独立方程,为了去掉方程组中多余的方程,引入**矩阵的"秩"**的概念.

定义 7.3.2 对给定的 $m\times n$ 矩阵 $\boldsymbol{A}$ 实施初等行变换而得到的**行阶梯形矩阵**(**行阶梯形矩阵**是指每一行中第一个非零元素前零的个数随行数的增加而增加)中,非零元素的行数 r 称为**矩阵 $\boldsymbol{A}$ 的秩**,记作 $r(\boldsymbol{A})$. 如案例 1 中增广矩阵的秩为 3.

再如 $\begin{pmatrix} 1 & 2 & -1 & 2 \\ 2 & -1 & 3 & -1 \\ 4 & 3 & 1 & 3 \end{pmatrix} \xrightarrow[r_1\times(-4)+r_3]{r_1\times(-2)+r_2} \begin{pmatrix} 1 & 2 & -1 & 2 \\ 0 & -5 & 5 & -5 \\ 0 & -5 & 5 & -5 \end{pmatrix} \xrightarrow{r_2\times(-1)+r_3} \begin{pmatrix} 1 & 2 & -1 & 2 \\ 0 & -5 & 5 & -5 \\ 0 & 0 & 0 & 0 \end{pmatrix}$

所以,矩阵 $\begin{pmatrix} 1 & 2 & -1 & 2 \\ 2 & -1 & 3 & -1 \\ 4 & 3 & 1 & 3 \end{pmatrix}$ 的秩为 2.

2. 用初等变换解线性方程组

定理 7.3.1(线性方程组有解的判定定理) 线性方程组

$$\begin{cases} a_{11}x_1+a_{12}x_2+\cdots+a_{1n}x_n=b_1 \\ a_{21}x_1+a_{22}x_2+\cdots+a_{2n}x_n=b_2 \\ \cdots\cdots \\ a_{m1}x_1+a_{m2}x_2+\cdots+a_{mn}x_n=b_m \end{cases}$$

有解的充分必要条件是:$r(\boldsymbol{A})=r(\overline{\boldsymbol{A}})$. 其中

$$A=\begin{pmatrix} a_{11} & a_{12} & \cdots & a_{1n} \\ a_{21} & a_{22} & \cdots & a_{2n} \\ \vdots & \vdots & & \vdots \\ a_{m1} & a_{m2} & \cdots & a_{mn} \end{pmatrix},\quad \overline{A}=\begin{pmatrix} a_{11} & a_{12} & \cdots & a_{1n} & b_1 \\ a_{21} & a_{22} & \cdots & a_{2n} & b_2 \\ \vdots & \vdots & & \vdots & \vdots \\ a_{m1} & a_{m2} & \cdots & a_{mn} & b_m \end{pmatrix}$$

(1) $r(\boldsymbol{A})=r(\overline{\boldsymbol{A}})=n$ 时,方程组有唯一的解;

(2) $r(\boldsymbol{A})=r(\overline{\boldsymbol{A}})<n$ 时,方程组有无穷多组解;

(3) $r(\boldsymbol{A})\neq r(\overline{\boldsymbol{A}})$ 时,方程组无解.

由以上定理知,用初等变换解线性方程组时,一般分两步进行:

(1)将方程组的增广矩阵用初等行变换变为阶梯形矩阵,判断方程组是否有解;即看 $r(\boldsymbol{A})$ 是否等于 $r(\overline{\boldsymbol{A}})$,相等有解,否则无解.

(2)用初等行变换进一步将**行阶梯形矩阵**化为每个非零行第一个非零元素为1,其对应列位置其余元素全为零的**行最简阶梯形矩阵**,根据**行最简阶梯形矩阵**写出方程组的解.

例如 $\begin{pmatrix} 1 & 0 & 2 & 3 \\ 0 & 1 & 1 & 2 \\ 0 & 0 & 0 & 0 \end{pmatrix}$,$\begin{pmatrix} 1 & 0 & 2 & 0 \\ 0 & 1 & 0 & 0 \\ 0 & 0 & 0 & 1 \\ 0 & 0 & 0 & 0 \end{pmatrix}$ 是**行最简阶梯形矩阵**.

而 $\boldsymbol{A}=\begin{pmatrix} 1 & 2 & 2 \\ 0 & 1 & -1 \\ 0 & 0 & 0 \end{pmatrix}$,$\boldsymbol{B}=\begin{pmatrix} 1 & 0 & 2 & 0 \\ 0 & 1 & 1 & 0 \\ 0 & 0 & 0 & 2 \end{pmatrix}$,$\boldsymbol{C}=\begin{pmatrix} 1 & 0 & 2 & 0 \\ 0 & 1 & 0 & 0 \\ 0 & 0 & 0 & 1 \\ 0 & 0 & 1 & 0 \end{pmatrix}$ 不是**行最简阶梯形矩阵**.

类似地,可定义**列最简阶梯形矩阵**(略).

案例2[打印行数] 有三台打印机同时工作,一分钟共打印8 200行字,如果第一台打印机工作2 min,第二台打印机工作3 min,共打印12 200行字;如果第一台打印机工作1 min,第二台打印机工作2 min,第三台打印机工作3 min,共可打印17 600行字,问每台打印机每分钟可打印多少行字?

解 设第 i 台打印机每分钟打印字的行数分别为 $x_i(i=1,2,3)$,由题意得

$$\begin{cases} x_1+x_2+x_3=8\,200 \\ 2x_1+3x_2=12\,200 \\ x_1+2x_2+3x_3=17\,600 \end{cases}$$

该方程组的增广矩阵为 $\begin{pmatrix} 1 & 1 & 1 & 8\,200 \\ 2 & 3 & 0 & 12\,200 \\ 1 & 2 & 3 & 17\,600 \end{pmatrix}$

将该方程组的求解转化对增广矩阵实行初等行变换

$$\begin{pmatrix} 1 & 1 & 1 & 8\,200 \\ 2 & 3 & 0 & 12\,200 \\ 1 & 2 & 3 & 17\,600 \end{pmatrix} \xrightarrow[r_1\times(-1)+r_3]{r_1\times(-2)+r_2} \begin{pmatrix} 1 & 1 & 1 & 8\,200 \\ 0 & 1 & -2 & -4\,200 \\ 0 & 1 & 2 & 9\,400 \end{pmatrix} \xrightarrow{r_2\times(-1)+r_3} \begin{pmatrix} 1 & 1 & 1 & 8\,200 \\ 0 & 1 & -2 & -4\,200 \\ 0 & 0 & 4 & 13\,600 \end{pmatrix}$$

$$\xrightarrow{\frac{1}{4}r_3} \begin{pmatrix} 1 & 1 & 1 & 8\,200 \\ 0 & 1 & -2 & -4\,200 \\ 0 & 0 & 1 & 3\,400 \end{pmatrix} \xrightarrow[r_3\times(-1)+r_1]{r_3\times2+r_2} \begin{pmatrix} 1 & 1 & 0 & 4\,800 \\ 0 & 1 & 0 & 2\,600 \\ 0 & 0 & 1 & 3\,400 \end{pmatrix} \xrightarrow{r_2\times(-1)+r_1} \begin{pmatrix} 1 & 0 & 0 & 2\,200 \\ 0 & 1 & 0 & 2\,600 \\ 0 & 0 & 1 & 3\,400 \end{pmatrix}$$

从最后一个矩阵中可以看出:第一台打印机每分钟打字 2 200 行,第二台打印机每分钟打字 2 600 行,第三台打印机每分钟打字 3 400 行.

案例 3[建筑师的设计方案] 假使你是一个设计师,某小区要建设一栋公寓. 现有一个模块构造计划方案需要设计,根据基本建筑面积每个楼层可以有三种设计户型的方案,见表 7-14,如果要设计出含有 136 套一居室,74 套二居室,66 套三居室的公寓,是否可行? 设计方案是否唯一?

表 7-14

方案	一居室/套	二居室/套	三居室/套
A	8	7	3
B	8	4	4
C	9	3	5

解 为简单起见,假设每层楼只用一种设计方案. 有 x_1 层采用方案 A,有 x_2 层采用方案 B,有 x_3 层采用方案 C,根据条件可得

$$\begin{cases}8x_1+8x_2+9x_3=136\\7x_1+4x_2+3x_3=74\\3x_1+4x_2+5x_3=66\end{cases}$$

对该方程组的增广矩阵实行初等行变换得

$$\overline{A}=\begin{pmatrix}8&8&9&136\\7&4&3&74\\3&4&5&66\end{pmatrix}\to\begin{pmatrix}1&4&6&62\\7&4&3&74\\3&4&5&66\end{pmatrix}\to\begin{pmatrix}1&4&6&62\\0&-24&-39&-360\\0&-8&-13&-120\end{pmatrix}$$

$$\to\begin{pmatrix}1&4&6&62\\0&1&13/8&15\\0&0&0&0\end{pmatrix}\to\begin{pmatrix}1&0&-1/2&2\\0&1&13/8&15\\0&0&0&0\end{pmatrix}$$

由于 $r(\boldsymbol{A})=r(\overline{\boldsymbol{A}})=2<3$,所以方程组有无穷多组解. 由最后一个矩阵得方程组的解

$$\begin{cases}x_1-\dfrac{1}{2}x_3=2\\x_2+\dfrac{13}{8}x_3=15\end{cases}\to\begin{cases}x_1=2+\dfrac{1}{2}x_3\\x_2=15-\dfrac{13}{8}x_3\end{cases}$$

又由于 x_1,x_2,x_3 都是非负整数,则方程组有唯一解 $x_1=6,x_2=2,x_3=8$. 所以设计方案可行且唯一,设计方案为 6 层采用方案 A,2 层采用方案 B,8 层采用方案 C.

例 1 当 λ 取何值时,线性方程 $\begin{cases}\lambda x+y+z=1\\x+\lambda y+z=1\\x+y+\lambda z=1\end{cases}$ 无解? 有唯一解? 有无穷多解?

解 对线性方程组的增广矩阵实行初等行变换

$$\overline{\boldsymbol{A}}=\begin{pmatrix}\lambda&1&1&1\\1&\lambda&1&1\\1&1&\lambda&1\end{pmatrix}\to\begin{pmatrix}1&1&\lambda&1\\1&\lambda&1&1\\\lambda&1&1&1\end{pmatrix}\to\begin{pmatrix}1&1&\lambda&1\\0&\lambda-1&1-\lambda&0\\0&1-\lambda&1-\lambda^2&1-\lambda\end{pmatrix}$$

$$\to\begin{pmatrix}1&1&\lambda&1\\0&\lambda-1&1-\lambda&0\\0&0&(2+\lambda)(1-\lambda)&1-\lambda\end{pmatrix}$$

由最后一个矩阵可知，$\lambda=-2$ 时方程组无解；$\lambda\neq-2,\lambda\neq1$ 时方程组有唯一一组解；$\lambda=1$ 时方程组有无穷多组解.

例 2　解线性方程组$\begin{cases}x_1+x_2+2x_3=0\\-x_1+x_3=0\\2x_1+x_2-x_3=0\end{cases}$

解　该方程组的常数部分全为零，这样的方程组称为**齐次线性方程组**，它一定有零解. 现对其系数矩阵实行初等行变换

$$\boldsymbol{A}=\begin{pmatrix}1&1&2\\-1&0&1\\2&1&-1\end{pmatrix}\to\begin{pmatrix}1&1&2\\0&1&3\\0&-1&-5\end{pmatrix}\to\begin{pmatrix}1&1&2\\0&1&3\\0&0&-2\end{pmatrix}\to\begin{pmatrix}1&1&2\\0&1&3\\0&0&1\end{pmatrix}\to\begin{pmatrix}1&0&0\\0&1&0\\0&0&1\end{pmatrix}$$

从最后一个矩阵中可以看出，该方程组的系数矩阵的秩 $r(\boldsymbol{A})=3$，方程有唯一一组解：$x_1=0,x_2=0,x_3=0$.

例 3　解线性齐次方程组$\begin{cases}x_1+2x_2+2x_3+x_4=0\\2x_1+x_2-2x_3-2x_4=0.\\x_1-x_2-4x_3-3x_4=0\end{cases}$

解　对该线性齐次方程组的系数矩阵变形得

$$\boldsymbol{A}=\begin{pmatrix}1&2&2&1\\2&1&-2&-2\\1&-1&-4&-3\end{pmatrix}\to\begin{pmatrix}1&2&2&1\\0&-3&-6&-4\\0&-3&-6&-4\end{pmatrix}\to\begin{pmatrix}1&2&2&1\\0&-3&-6&-4\\0&0&0&0\end{pmatrix}$$

$$\to\begin{pmatrix}1&2&2&1\\0&1&2&\frac{4}{3}\\0&0&0&0\end{pmatrix}\to\begin{pmatrix}1&0&-2&-\frac{5}{3}\\0&1&2&\frac{4}{3}\\0&0&0&0\end{pmatrix}$$

得到原方程组的同解方程组

$$\begin{cases}x_1=2x_3+\frac{5}{3}x_4\\x_2=-2x_3-\frac{4}{3}x_4\end{cases}$$

其中 x_3,x_4 为自由变量，设其分别取任意常数 C_1,C_2，于是原方程组的解为：

$$x_1=2C_1+\frac{5}{3}C_2,\quad x_2=-2C_1-\frac{4}{3}C_2,\quad x_3=C_1,\quad x_4=C_2$$

事实上，对齐次方程组而言，它一定有零解，当它的系数矩阵的秩小于未知数的个数时才有非零解.

习　题　7-3

1. 解下列线性方程组.

(1)$\begin{cases}x_1+x_2+4x_3=0\\2x_1+x_2-2x_3=0;\\x_1+x_2+x_3=0\end{cases}$　　(2)$\begin{cases}x_1+x_2+4x_3=3\\2x_1+x_2-2x_3=1;\\x_1+x_2+x_3=2\end{cases}$

(3) $\begin{cases}4x_1+x_2+6x_3+5x_4=10\\x_1+x_2+x_3+x_4=2\\2x_1+5x_2+x_4=2\end{cases}$;　　(4) $\begin{cases}2x_1+x_2-x_3+x_4=1\\3x_1-x_2+2x_3-3x_4=2\\3x_1+x_4=-2\\x_1+x_2-x_3+4x_4=-6\end{cases}$.

2. [飞行速度]　一架飞机以 x_1(单位:km/h)的速度飞行,风速为 x_2(单位:km/h),若飞机顺风飞行时相对于地面的速度为 300 km/h,逆风飞行时相对于地面的速度为 220 km/h,求飞机的飞行速度和风速.

3. [交通流量]　图 7-2 所示是某地区的交通网络图,设所有道路均为单行道,且道路边不能停车,图中的箭头标识了交通的方向,标识的数字为高峰期每小时进出道路网络的车辆数. 设进出道路网络的车辆相同,总数各有 800 辆,若进入每个交叉点的车辆数等于离开该点的车辆数,则交通流量平衡条件得到满足,交通就不会出现堵塞. 求各支路交通流量为多少时,此交通网络流量达到平衡.

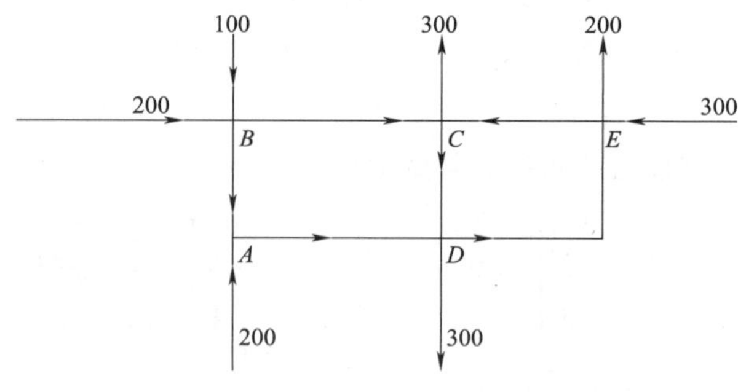

图　7-2

4. [空气成分]　一次对空气抽样的环境检测中发现空气中含有四种有毒物质:SO_2, NO,NO_2,CO,在空气中体积分数之和为 6×10^{-6},其中 CO 的含量为 SO_2 的 10 倍,而与 NO 和 NO_2 的总量相同,SO_2 和 NO 的体积分数之和为 0.8×10^{-6},问此空气中这四种物质的含量各为多少?

5. [化肥成分]　有三种化肥,具体见表 7-15.

表　7-15

种类	钾质量分数/%	氮质量分数/%	磷质量分数/%
A	20	30	50
B	10	20	70
C	0	30	70

现要得到 200 kg 含钾 12%,氮 25%,磷 63% 的化肥,需要以上三种化肥的量各是多少?

视频
线性规划的基本概念及图解法

§7.4　线性规划的基本概念及图解法

7.4.1　线性规划的数学模型

线性规划问题属于运筹学的范畴,运筹学是用数学方法研究各种系统最优化问题的学科. 其目的是制定一个合理利用人、财、物的最佳方案,发挥和提高系统的效能及效益,为决策者提供科学决策的依据. 应用运筹学处理问题的步骤可概括为:提出问题,建立模型,优化求解,评价分析及决策支持. 随着科学技术的不断进步及新的系统问题的不断出现,运筹学在经济管理、工业、农业、商业、国防、科技等领域发挥着越来越重要的作用. 先看下面几个问题.

案例1[钢板截取]　要将两种大小不同的钢板截成 A、B、C 三种规格,每张钢板可同时截得三种规格小钢板的块数见表7-16. 今需要 A、B、C 三种规格的钢板各12、15、27块,问需要两种规格的钢板最少多少张?

表　7-16

钢板类型	规格 A	规格 B	规格 C
第一种钢板	2	1	1
第二种钢板	1	2	3

解　设需要第一种规格的钢板 x_1 张,第二种规格的钢板 x_2 张,由已知条件得

$$\min z = x_1 + x_2$$

$$\text{s. t}\begin{cases}2x_1 + x_2 \geqslant 12\\ x_1 + 2x_2 \geqslant 15\\ x_1 + 3x_2 \geqslant 27\\ x_1 \geqslant 0, x_2 \geqslant 0\end{cases}$$

案例2[生产安排]　某厂生产 A、B 两种产品,生产 1 t 产品所需的煤、电耗及利润见表7-17.

表　7-17

产品种类	煤/t	电/kW	利润/(万元 · t^{-1})
A	4	3	3
B	5	10	5

现因条件限制,煤每周只有360 t,供电局每周只供电300 kW,试问,该厂如何安排周生产计划可使利润最大?

解　设生产 A 产品 x_1,生产 B 产品 x_2,由已知条件得

$$\max z = 3x_1 + 5x_2$$

$$\text{s. t}\begin{cases}4x_1 + 5x_2 \leqslant 360\\ 3x_1 + 10x_2 \leqslant 300\\ x_1 \geqslant 0, x_2 \geqslant 0\end{cases}$$

案例3[运输问题]　设有某种物资要从 A_1, A_2, A_3 三个仓库运往四个销售点 B_1, B_2, B_3, B_4. 各发货点(仓库)的发货量、各收货点(销售点)的收货量以及 A_i 到 B_j 的单位运费见表7-18,问如何组织运输才能使总运费最少?

表　7-18

发点	单位运费				
	收点 B_1	收点 B_2	收点 B_3	收点 B_4	发货量
A_1	9元	18元	1元	10元	9

续表

发点	单位运费				
	收点 B_1	收点 B_2	收点 B_3	收点 B_4	发货量
A_2	11 元	6 元	8 元	18 元	10
A_3	14 元	12 元	2 元	16 元	6
收货量	4	9	7	5	

解　设 $x_{ij}(i=1,2,3;j=1,2,3,4)$ 表示从产地 A_i 运往销地 B_j 的运输量，例如，x_{12} 表示由产地 A_1 运往销地 B_2 的数量，等等. 那么满足产地的供应量约束为

$$\begin{cases}x_{11}+x_{12}+x_{13}+x_{14}=9\\x_{21}+x_{22}+x_{23}+x_{24}=10\\x_{31}+x_{32}+x_{33}+x_{34}=6\end{cases}$$

满足销地的需求量约束为

$$\begin{cases}x_{11}+x_{21}+x_{31}=4\\x_{12}+x_{22}+x_{32}=9\\x_{13}+x_{23}+x_{33}=7\\x_{14}+x_{24}+x_{34}=5\end{cases}$$

所以最佳调运量就是求一组变量 $x_{ij}(i=1,2,3;j=1,2,3,4)$，使它满足上述约束条件并使总运费

$$z=9x_{11}+18x_{12}+x_{13}+10x_{14}+11x_{21}+6x_{22}+8x_{23}+18x_{24}+14x_{31}+12x_{32}+2x_{33}+16x_{34}$$

最小.

再加上变量的非负约束 $x_{ij}(i=1,2,3;j=1,2,3,4)$，就得到解决这个问题的数学模型：

$$\min z=\sum_{i=1}^{3}\sum_{j=1}^{4}c_{ij}x_{ij}$$

$$\sum_{i=1}^{3}x_{ij}=b_j,\quad j=1,2,3,4$$

$$\sum_{j=1}^{4}x_{ij}=a_i,\quad i=1,2,3$$

其中 c_{ij} 为第 i 个仓库向第 j 个销地的单位运费，如 $c_{12}=18$ 表示第一个仓库向第二个销地的单位运费为 18；$a_i(i=1,2,3)$ 表示第 i 个仓库的发货量；$b_j(j=1,2,3,4)$ 表示第 j 个销地的收货量.

上述各例具有下列共同特征：

(1) 存在一组变量 $x_1,x_2,\cdots,x_n$，通常称为**决策变量**，用决策变量表达某一方案或解决某一实际问题时，通常要求这些变量的取值是非负的；

(2) 存在若干**约束条件**，可以用一组线性等式或线性不等式来描述；

(3) 存在一个线性**目标函数**，按实际问题求最大值或最小值.

具有以上特征的问题称为线性规划. 它的数学表达式，即**线性规划问题数学模型**（简称**线性规划模型**）的一般形式为

$$\max(\min)z=c_1x_1+c_2x_2+c_3x_3+\cdots+c_nx_n$$

$$\begin{cases}a_{11}x_1+a_{12}x_2+\cdots+a_{1n}x_n\leqslant(=,\geqslant)b_1\\a_{21}x_1+a_{22}x_2+\cdots+a_{2n}x_n\leqslant(=,\geqslant)b_2\\\cdots\cdots\\a_{m1}x_1+a_{m2}x_2+\cdots+a_{mn}x_n\leqslant(=,\geqslant)b_m\\x_1,x_2,\cdots,x_n\geqslant0\end{cases}$$

式中,max 表示求最大值;min 表示求最小值;c_j、b_i、a_{ij}是由实际问题所确定的常数. $c_j(j=1,2,\cdots,n)$为**利润系数或成本系数**;$b_i(i=1,2,\cdots,m)$称为**限定系数或常数项**;$a_{ij}(i=1,2,\cdots,m;j=1,2,\cdots,n)$称为**结构系数或消耗系数**;$x_j(j=1,2,\cdots,n)$为决策变量;每一个约束条件只有一种符号(≤或=或≥). 也可以写成如下标准形式

$$\max z=\sum_{j=1}^{n}c_jx_j$$

$$\begin{cases}\sum\limits_{j=1}^{n}a_{ij}x_j\leqslant b_i & i=1,2,\cdots m\\x_j\geqslant0 & j=1,2,\cdots n\end{cases}$$

有时也写成矩阵形式

$$\min z=\boldsymbol{cx}$$

$$\text{s.t}\quad \boldsymbol{Ax}\leqslant\boldsymbol{B}$$

$$\boldsymbol{c}^{\mathrm{T}}=(c_1\quad c_2\quad\cdots\quad c_n),\quad \boldsymbol{x}=(x_1\quad x_2\quad\cdots\quad x_n)^{\mathrm{T}}$$

其中
$$\boldsymbol{A}=\begin{pmatrix}a_{11}&a_{12}&\cdots&a_{1n}\\a_{21}&a_{22}&\cdots&a_{2n}\\\vdots&\vdots&&\vdots\\a_{m1}&a_{m2}&\cdots&a_{mn}\end{pmatrix},\quad \boldsymbol{b}=(b_1\quad b_2\quad\cdots\quad b_m)^{\mathrm{T}}$$

7.4.2 线性规划问题的图解法

线性规划问题一般用单纯形法或数学软件求解,但当决策变量只有两个时,可以用图解法求解. 先看上述案例 1 的求解.

例 1 在案例 1 钢板的截取中,我们得到了线性规划模型:

$$\min z=x_1+x_2$$

$$\text{s.t}\begin{cases}2x_1+x_2\geqslant14 & (1)\\x_1+2x_2\geqslant15 & (2)\\x_1+3x_2\geqslant27 & (3)\\x_1\geqslant0,x_2\geqslant0\end{cases}$$

求解该模型.

解 首先在平面直角坐标系中画出约束条件对应的平面区域(称为**可行域**,图 7-3 阴影部分),以 x_1 为横坐标,x_2 为纵坐标,由于 $x_1>0,x_2\geqslant0$,所以只考虑第一象限的情形.

其次,找出可行域中使目标函数取得最小值的点(可行域内每一个点称为**可行解**,在所有的可行解中使目标函数达到最优的解称为**最优解**). 目标函数 $z=x_1+x_2$ 在坐标平面可以表示成以 z 为参数的一簇平行直线,即 $x_2=z-x_1$,其斜率为 -1,截距为 z,位于该直线上的点

具有相同的目标函数值 z，因而称其为**等值线**. 对于不同的目标值 z，可以得到一簇平行的等值线，只要将等值线在可行域内平移，就可以得到一条使目标函数的 z 值在可行域内为最小的等值线，本题的等值线在点 A 处在 x_2 轴上的截距最小，因此目标函数的最小值在点 A 处取得，该点为两直线 $2x_1+x_2=14$，$x_1+3x_2=27$ 的交点，其坐标为(3,8)，即可得 $x_1=3$，$x_2=8$，$\min z=11$(最少需要两种钢板 11 张).

例 2 求解案例 2 生产计划安排问题.

解 案例 2 的线性规划模型为

$$\max z=3x_1+5x_2$$

$$\text{s.t}\begin{cases}4x_1+5x_2\leqslant 360 & (1)\\3x_1+10x_2\leqslant 300 & (2)\\x_1\geqslant 0,x_2\geqslant 0\end{cases}$$

第一步确定可行域. 画出该规划模型中约束条件对应的平面区域，如图 7-4 阴影所示. 第二步画出等值线 $x_2=-\frac{3}{5}x_1+\frac{z}{5}$. 此等值线在两直线交点 A 处取值时截距最大，此时 $x_1=84$，$x_2=4.8$，$\max z=276$.

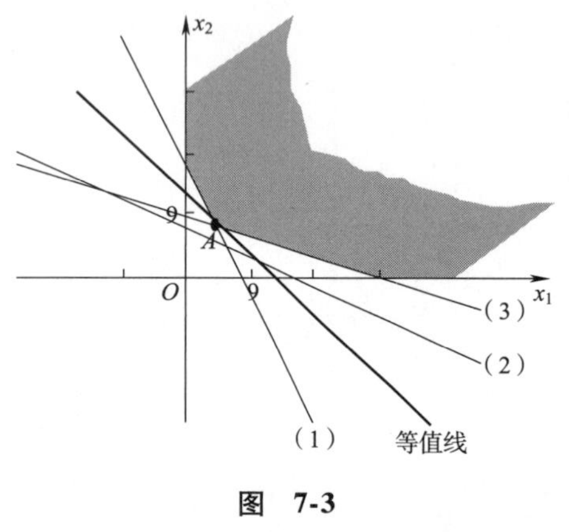

图 7-3

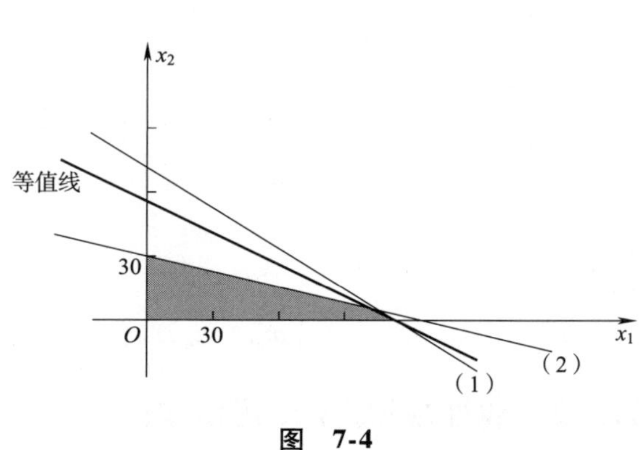

图 7-4

例 3 用图解法求下列线性规划问题

$$\max z=3x_1+x_2$$

$$(1)\begin{cases}2x_1+3x_2\leqslant 4\\3x_1+x_2\leqslant 5\\x_1\geqslant 0,x_2\geqslant 0\end{cases};$$

$$\min z=70x_1+120x_2$$

$$(2)\begin{cases}9x_1+4x_2\geqslant 3\,600\\4x_1+5x_2\geqslant 2\,000\\x_1\geqslant 0,x_2\geqslant 0\end{cases}.$$

解 (1)首先画出约束条件对应的平面区域(图 7-5 阴影部分)，然后画出等值线 $z=3x_1+x_2$，此等值线是以 z 为纵截距的一族平行直线，这族平行直线在可行域内点 A 处纵截距为最大值，此时

$$x_1=11/7,\quad x_2=2/7,\quad \max z=5$$

(2)首先画出约束条件对应的平面区域(图 7-6 阴影部分)，然后画出等值线 $z=70x_1+120x_2$，此等值线以纵截距 $\frac{z}{120}$ 为参数，对应着一族平行直线，这族平行直线在可行域内点 A 处取得最小值，此时

$$x_1=10\,000/29,\quad x_2=3\,600/29,\quad \min z=39\,034$$

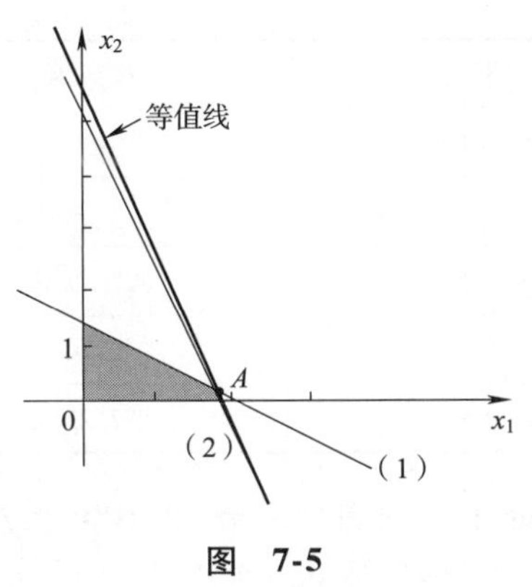

图 7-5

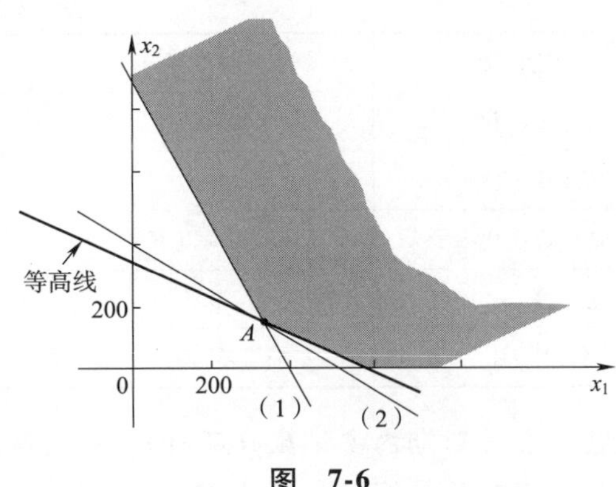

图 7-6

由此,图解法求解线性规划问题一般分为三步:

(1)建立直角坐标系;

(2)找出所有约束条件所构成的公共区域,即可行域;

(3)改变目标函数值 z,使等值线平行移动,当移动到可行域上的某一点时,如果再移动就将脱离可行域,则该点使目标函数达到极值,该点坐标则为最优解.

习 题 7-4

1. 用平面区域表示下列不等式的解集.

(1) $\begin{cases} x+3y\leqslant 15 \\ 2x+y<15; \\ x\geqslant 0, y\geqslant 0 \end{cases}$ (2) $\begin{cases} x-y+5\geqslant 0 \\ x+y\geqslant 0 \\ x\leqslant 3 \end{cases}$.

2. 写出下述问题的数学模型.

(1)某公司要从 A1 地调出蔬菜 2 000 t,从 A2 地调出蔬菜 1 100 t,对口供应 B1 城 1 700 t、B2 城 1 100 t、B3 城 200 t、B4 城 100 t. 已知从产地到各城间单位运费(元/t)见表 7-19,如何调运,才能使运费最省?

表 7-19

产地	单位运费/(元 · t^{-1})			
	B1	B2	B3	B4
A1	21	25	7	15
A2	51	51	37	15

(2)现要截取 2.9 m、2.1 m 和 1.5 m 的钢材各 100 根,已知原材料的长度是 7.4 m,问应如何下料,才能使消耗的原材料最省?试构造此问题的数学模型.

(3)某糖果厂用原料 A、B、C 加工成三种不同牌号的糖果甲、乙、丙. A、B、C 三种原料的单位成本分别为 2.00 元、1.5 元、1.00 元,三种原料每月的限制用量分别为 20 000 kg、2 500 kg、1 200 kg. 已知各种牌号糖果中 A、B、C 三种原料的含量要求、三种牌号糖果的单位加工费及售价见表 7-20,问该厂每月生产这三种牌号糖果各多少千克,才能使该厂获利最大?

表 7-20

类别	糖果甲	糖果乙	糖果丙
原料 A 占比	60% 以上	15% 以上	—
原料 B 占比	—	—	—
原料 C 占比	20% 以下	60% 以下	50% 以下
加工费/元	0.5	0.40	0.30
售价/元	3.40	2.85	2.25

3. 某厂在计划期内安排生产两种产品,这两种产品的单位利润分别为 50,100. 生产所需资源及单位产品原料消耗由表 7-21 给出,问如何安排生产计划,使总利润最大?

表 7-21

类别	甲	乙	资源限制
设备	1	1	300 台 · h
原料 A	2	1	400 kg
原料 B	0	1	250 kg

4. 某汽车厂生产大轿车和载重汽车,所需资源、资源可用量和产品价格见表 7-22,问如何组织生产才能使工厂获利最大?

表 7-22

类别	大轿车	载重汽车	资源可用量
钢材/t	2	2	1 600
工时/h	5	2.5	2 500
生产量	—	—	400
获利/(千元 · 辆$^{-1}$)	4	3	—

5. 现有 A、B 两类制剂,所需原料分别为 2 和 3 个单位,需要的工时为 4 和 2 个单位,在计划期内可以使用的原料为 100、工时为 120 个单位,这两类制剂的利润分别为 6 和 4 个单位,求获利最大的方案.

6. 农场每天使用 800 斤特殊饲料,这种饲料是由玉米和大豆粉配置而成,玉米和大豆粉中蛋白质、纤维含量及其价格见表 7-23.

表 7-23

饲料	蛋白质(每斤饲料含)	纤维(每斤饲料含)	费用/(元 · 斤$^{-1}$)
玉米	0.09	0.02	2.00
大豆粉	0.60	0.06	6.00

特殊饲料的要求是至少要有 30% 的蛋白质和至多 5% 的纤维,求农场希望每天成本最小的饲料配方.

§7.5　数学建模与数学实验　MATLAB在行列式与矩阵计算中的应用及LINGO在线性规划中的应用

7.5.1　实验目的

(1)应用 MATLAB 计算行列式.

(2)应用 MATLAB 进行矩阵运算.

(3)应用 MATLAB 解线性方程组.

(4)应用 LINGO 解线性规划问题.

7.5.2　主要命令

(1)$\boldsymbol{A} \pm \boldsymbol{B}$:两个同型矩阵相加减;

(2)$k\boldsymbol{A}$:数乘矩阵;

(3)$\boldsymbol{A} * \boldsymbol{B}$:两个矩阵相乘;

(4)$\boldsymbol{A}$^n:方阵的 n 次幂;

(5)$\boldsymbol{A} \backslash \boldsymbol{B}$:矩阵右除,计算 $\boldsymbol{A}^{-1}\boldsymbol{B}$;

(6)$\boldsymbol{A}/\boldsymbol{B}$:矩阵左除,计算 $\boldsymbol{A}\boldsymbol{B}^{-1}$;

(7)det($\boldsymbol{A}$):求矩阵 $\boldsymbol{A}$ 的行列式;

(8)$\boldsymbol{A}$^(-1)或 inv($\boldsymbol{A}$):求矩阵 $\boldsymbol{A}$ 的逆矩阵;

(9)$\boldsymbol{A}'$或 transpose($\boldsymbol{A}$):求矩阵 $\boldsymbol{A}$ 的转置矩阵;

(10)rank($\boldsymbol{A}$):求矩阵 $\boldsymbol{A}$ 的秩;

(11)rref($\boldsymbol{A}$):求矩阵 $\boldsymbol{A}$ 的行简化阶梯形矩阵形式.

7.5.3　实验任务

任务1　计算行列式

例1　求行列式 $D_5 = \begin{vmatrix} 3 & 2 & 0 & 0 & 0 \\ 1 & 3 & 2 & 0 & 0 \\ 0 & 1 & 3 & 2 & 0 \\ 0 & 0 & 1 & 3 & 2 \\ 0 & 0 & 0 & 1 & 3 \end{vmatrix}$ 的值.

输入命令:

```
A = [3 2 0 0 0;1 3 2 0 0;0 1 3 2 0;0 0 1 3 2;0 0 0 1 3];
a = det(A)
a
```

输出结果:

```
a =
    63
```

任务 2　矩阵运算

例 2　已知 $\boldsymbol{A}=\begin{pmatrix}10 & 12 & 20\\ 9 & 15 & 18\\ 12 & 9 & 15\\ 8 & 10 & 15\end{pmatrix}$，$\boldsymbol{B}=\begin{pmatrix}15 & 13 & 25\\ 12 & 11 & 16\\ 15 & 6 & 10\\ 10 & 12 & 18\end{pmatrix}$，求 $\boldsymbol{C}=\boldsymbol{A}+\boldsymbol{B}$，$\boldsymbol{D}=3\boldsymbol{A}$，$\boldsymbol{E}=5\boldsymbol{B}$.

输入命令：

```
A = [10 12 20;9 15 18;12 9 15;8 10 15];
B = [15 13 25;12 11 16;15 6 10;10 12 18];
C = A + B
D = 3* A
E = 5* B
```

输出结果：

```
C =
    25    25    45
    21    26    34
    27    15    25
    18    22    33
D =
    30    36    60
    27    45    54
    36    27    45
    24    30    45
E =
    75    65   125
    60    55    80
    75    30    50
    50    60    90
```

例 3　设 $\boldsymbol{A}=\begin{pmatrix}3 & 2 & -1\\ 2 & 3 & 5\end{pmatrix}$，$\boldsymbol{B}=\begin{pmatrix}1 & 3\\ -5 & 4\\ 3 & 6\end{pmatrix}$，求 $\boldsymbol{AB}$ 和 $\boldsymbol{BA}$.

输入命令：

```
A = [3 2  -1;2 3 5];
B = [1 3; -5 4;3 6];
AB = A* B
BA = B* A
```

输出结果：

```
AB =
   -10    11
     2    48
BA =
```

```
   9     11    14
  -7      2    25
  21     24    27
```

例 4　已知 $\boldsymbol{A}=\begin{pmatrix}2 & -1\\ -3 & 3\end{pmatrix}$，求 $\boldsymbol{A}^{-1}$.

输入命令：

```
format rat                    % 表示输出结果为分数
A=[2 -1; -3 3];
B=A^-1
```

输出结果：

```
B=
     1              1/3
     1              2/3
```

任务 3　解线性方程组

例 5　求解线性方程组

$$\begin{cases}x_1+x_2+x_3=8\,200\\ 2x_1+3x_2=12\,200\\ x_1+2x_2+3x_3=17\,600\end{cases}.$$

输入命令：

```
A=[1 1 1 8200;2 3 0 12200;1 2 3 17600];
r=rank(A)   % rank(A)表示求矩阵 A 的秩
B=rref(A)   % reef(A)表示求矩阵 A 的行最简
```

输出结果：

```
r=
     3
B=
     1          0          0          2200
     0          1          0          2600
     0          0          1          3400
```

任务 4　运用 LINGO 求解线性规划问题

例 6　求解下列线性规划问题

$$\min z=70x_1+120x_2$$

$$\begin{cases}9x_1+4x_2\geqslant 3\,600\\ 4x_1+5x_2\geqslant 2\,000\\ x_1\geqslant 0,x_2\geqslant 0\end{cases}$$

输入命令：

```
model:
    min=70*x1+120*x2;   !目标函数
    9*x1+4*x2>=3600;
```

```
    4*x1 +5*x2 >=2000;
    x1 >=0;
    x2 >=0;              !约束条件
end
```

输出结果:

```
Global optimal solution found.
Objective value:                    35000.00
Infeasibilities:                    0.000000
Total solver iterations:            1
Elapsed runtime seconds:            0.07
Variable            Value          Reduced Cost
    X1            500.0000          0.000000
    X2            0.000000          32.50000
```

由上可知 $x_1=500, x_2=32.5, \min z=35\ 000$.

例 7[生产安排] 某厂生产 A、B 两种产品,生产 1 t 产品所需的煤、电耗及利润见表 7-24.

表 7-24

产品各类	煤/t	电/kW	利润/(万元·t^{-1})
A	4	3	3
B	5	10	5

现因条件限制,煤每周只有 360 t,供电局每周只供电 300 kW,问该厂如何安排周生产计划使利润最大?

输入命令:

```
model:
    max =3*x1 +5*x2;     !目标函数
    4*x1 +5*x2 <=360;
    3*x1 +10*x2 <=300;
    x1 >=0;
    x2 >=0;              !约束条件
end
```

输出结果:

```
Global optimal solution found.
Objective value:                    276.0000
Infeasibilities:                    0.000000
Total solver iterations:            2
Elapsed runtime seconds:            0.08
Variable            Value          Reduced Cost
    X1            84.00000          0.000000
    X2            4.800000          0.000000
```

由上述结果可知 $x_1=84, x_2=4.8, \max z=276$.

习　题　7-5

1. 利用 MATLAB 求解下列行列式.

(1) $\begin{vmatrix} 3 & 14 & 3 \\ 1 & 10 & 0 \\ 2 & 4 & 1 \end{vmatrix}$;　　(2) $\begin{vmatrix} 1 & 2 & 2 & 2 \\ 2 & 2 & 2 & 2 \\ 2 & 2 & 3 & 2 \\ 2 & 2 & 2 & 4 \end{vmatrix}$.

2. 已知 $\boldsymbol{A}=\begin{pmatrix} 1 & 2 \\ 2 & 5 \end{pmatrix}, \boldsymbol{B}=\begin{pmatrix} 1 & 3 \\ 0 & -5 \end{pmatrix}$,利用 MATLAB 求 $3\boldsymbol{A}-2\boldsymbol{B}, \boldsymbol{AB}$ 和 $\boldsymbol{BA}$.

3. 已知 $\boldsymbol{A}=\begin{pmatrix} 1 & 2 & -1 \\ 0 & 0 & 1 \\ 1 & 1 & 0 \end{pmatrix}$,试用 MATLAB 判断矩阵 $\boldsymbol{A}$ 是否可逆,若可逆,求出其逆矩阵.

4. 利用 MATLAB 求解下列线性方程组.

(1) $\begin{cases} x_1+x_2+4x_3=3 \\ 2x_1+x_2-2x_3=1 \\ x_1+x_2+x_3=2 \end{cases}$;　　(2) $\begin{cases} 2x_1+x_2-x_3+x_4=1 \\ 3x_1-x_2+2x_3-3x_4=2 \\ 3x_1+x_4=-2 \\ x_1+x_2-x_3+4x_4=-6 \end{cases}$.

5. 利用 LINGO 软件求解下列线性规划问题.

$$\max z=3x_1+x_2$$

$$\begin{cases} 2x_1+3x_2\leqslant 4 \\ 3x_1+x_2\leqslant 5 \\ x_1\geqslant 0, x_2\geqslant 0 \end{cases}$$

6. 已知某厂在计划期内安排生产两种产品,这两种产品的单位利润分别为 50,100. 生产所需资源及单位产品原料消耗由表 7-25 给出,问如何安排生产计划,使总利润最大? 试用 LINGO 进行求解.

表　7-25

项目	甲	乙	资源限制
设备	1 台	1 台	300 台时
原料 A	2 kg	1 kg	400 kg
原料 B	0 kg	1 kg	250 kg

小　　结

1. 基本概念

(1) 二阶、三阶、n 阶行列式的定义、克莱姆法则.

(2) 矩阵、矩阵的加法运算、数乘运算、矩阵与矩阵相乘、矩阵的转置、矩阵的初等变换、逆矩阵、矩阵的秩、阶梯形矩阵、行简化矩阵.

(3)线性规划模型、可行域、可行解、最优解、等值线.

2. 基本知识

(1)行列式及其性质

①n 阶行列式是用 n^2 个元素 $a_{ij}(i,j=1,2,\cdots n)$组成的记号

$$\begin{pmatrix} a_{11} & a_{12} & \cdots & a_{1n} \\ a_{21} & a_{22} & \cdots & a_{2n} \\ \vdots & \vdots & & \vdots \\ a_{n1} & a_{n2} & \cdots & a_{nn} \end{pmatrix}$$

②行列式的性质:

行列式与它的转置行列式的值相等;

行列式中任意两行(列)互换后,行列式的值仅改变符号;

以数 k 乘以行列式的某行(列)中所有的元素,就等于用数 k 去乘此行列式;

若行列式的某一行(列)的元素都是两数之和,则这个行列式等于两个行列式之和;

若在行列式的某一行(列)元素上加上另一行(列)对应元素的 k 倍,则这个行列式的值不变.

(2)矩阵

矩阵的概念:矩阵是由 $m\times n$ 个元素组成的一个 m 行 n 列的一个数表.

矩阵的运算:

①矩阵的加减运算:两个矩阵相加减只能是它们具有相同的行数和列数;

②矩阵的数乘:数 k 乘以矩阵是将数 k 乘以矩阵中的每一个元素;

③矩阵的乘法:两个矩阵相乘时,前一个矩阵的列数必须等于后一个矩阵的行数,否则两矩阵不能相乘,矩阵的乘法不满足交换律;

逆矩阵:若 $\boldsymbol{A},\boldsymbol{B}$ 均为 $n\times n$ 方阵且 $\boldsymbol{AB}=\boldsymbol{BA}=\boldsymbol{I}$,则称 $\boldsymbol{B}$ 是 $\boldsymbol{A}$ 的逆矩阵.

矩阵的初等变换:

对矩阵施以下列 3 种变换,称为矩阵的初等变换.

①互换矩阵的任意两行(列);

②以一个非零的数 k 乘矩阵的某一行(列);

③把矩阵的某一行(列)的 k 倍加到另一行(列)对应元素上去.

初等变换解线性方程组:先将线性方程组对应的增广矩阵实行初等行变换化成阶梯形矩阵,判断其是否有解,若有解,再将其变为简化矩阵写出其解.

(3)线性规划及其图解法

线性规划模型是由一组决策变量组成的具有一个(也可能有多个)线性目标函数和一系列线性约束条件的数学式子. 其求解方法一般用单纯形法或数学软件,当它只有两个变量时可以用图解法求解.

3. 基本方法

(1)行列式的计算一般用行列式的性质,行列式常用于解线性方程组(克莱姆法则).

(2)矩阵表示实际量的方法、矩阵的运算方法、用初等行变换解线性方程组.

(3)线性规划问题的图解法.

综合训练题 7

一、选择题

1. 设 $\boldsymbol{A},\boldsymbol{B}$ 均为 n 阶方阵，则必有（　　）.

A. $|\boldsymbol{A}+\boldsymbol{B}|=|\boldsymbol{A}|+|\boldsymbol{B}|$　　B. $\boldsymbol{AB}=\boldsymbol{BA}$

C. $|\boldsymbol{AB}|=|\boldsymbol{BA}|$　　D. $(\boldsymbol{A}+\boldsymbol{B})^{-1}=\boldsymbol{A}^{-1}+\boldsymbol{B}^{-1}$

2. 设 n 阶方阵满足 $\boldsymbol{ABC}=\boldsymbol{I}$，则必有（　　）.

A. $\boldsymbol{ABC}=\boldsymbol{I}$　　B. $\boldsymbol{CBA}=\boldsymbol{I}$　　C. $\boldsymbol{BAC}=\boldsymbol{I}$　　D. $\boldsymbol{BCA}=\boldsymbol{I}$

3. 设 $\boldsymbol{A}$ 是 n 阶可逆矩阵，则（　　）.

A. $|\boldsymbol{A}^*|=|\boldsymbol{A}|^{n-1}$　　B. $|\boldsymbol{A}^*|=|\boldsymbol{A}|$

C. $|\boldsymbol{A}^*|=|\boldsymbol{A}|^{n}$　　D. $|\boldsymbol{A}^*|=|\boldsymbol{A}^{-1}|$

4. 设 $\boldsymbol{A},\boldsymbol{B}$ 均为 n 阶方阵，且 $\boldsymbol{AB}=\boldsymbol{O}$，则必有（　　）.

A. $\boldsymbol{A}=\boldsymbol{O}$ 或 $\boldsymbol{B}=\boldsymbol{O}$　　B. $\boldsymbol{A}+\boldsymbol{B}=\boldsymbol{O}$

C. $|\boldsymbol{A}|=\boldsymbol{O}$ 或 $|\boldsymbol{B}|=\boldsymbol{O}$　　D. $|\boldsymbol{A}|+|\boldsymbol{B}|=\boldsymbol{O}$

5. 设 n 阶方阵 $\boldsymbol{A},\boldsymbol{B}$ 都可逆，则下列等式中成立的是（　　）.

A. $|(\boldsymbol{AB})^{-1}|=|\boldsymbol{A}^{-1}||\boldsymbol{B}^{-1}|$　　B. $|(\boldsymbol{AB})^{-1}|=\dfrac{1}{|\boldsymbol{A}^{-1}|}\cdot\dfrac{1}{|\boldsymbol{B}^{-1}|}$

C. $|(\boldsymbol{AB})^{-1}|=|\boldsymbol{A}|^{-1}|\boldsymbol{B}|^{-1}$　　D. $|(\boldsymbol{AB})^{-1}|=\dfrac{1}{|\boldsymbol{AB}|}$

二、计算题

1. 计算行列式的值.

(1) $\begin{vmatrix}1 & b & b\\ b & 1 & b\\ b & b & 1\end{vmatrix}$；　　(2) $\begin{vmatrix}0 & 0 & 0 & a\\ 0 & 0 & b & 0\\ 0 & c & 0 & 0\\ d & 0 & 0 & 0\end{vmatrix}$.

2. 已知矩阵 $\begin{pmatrix}1 & 4\\ 0 & 1\end{pmatrix}\boldsymbol{X}\begin{pmatrix}2 & 1\\ 3 & 2\end{pmatrix}=\boldsymbol{I}$，求矩阵 $\boldsymbol{X}$.

3. 求下列矩阵的秩.

(1) $\begin{pmatrix}1 & -1\\ -1 & 1\end{pmatrix}$；　　(2) $\begin{pmatrix}1 & 0 & 0\\ 0 & 1 & 0\\ 1 & 0 & 2\\ 0 & 1 & 3\\ 1 & 0 & 4\end{pmatrix}$；　　(3) $\begin{pmatrix}-2 & 2 & 1 & -1 & 0\\ 0 & 2 & 3 & 1 & -4\\ 3 & 2 & 6 & 4 & -10\\ 1 & 0 & 1 & 1 & -2\end{pmatrix}$.

4. 解下列线性方程组.

(1) $\begin{cases}3x_2-3x_3-2x_4=0\\ x_1-2x_2+x_3+x_4=1\\ 3x_1-3x_3-x_4=3\end{cases}$；　　(2) $\begin{cases}3x_1+4x_2+5x_3+5x_4=0\\ 3x_1+2x_2+x_3+x_4=0\\ 4x_1+3x_2+2x_3+2x_4=1\\ 5x_1+4x_2+3x_3+3x_4=2\end{cases}$.

5. 设有线性方程组$\begin{cases}x_1+2x_2-x_3-2x_4=0\\2x_1-x_2-x_3+x_4=1\\3x_1+x_2-2x_3-x_4=\lambda\end{cases}$. 问当 λ 取何值时，此方程组有解，并求出此解.

6. 某厂生产甲、乙两种产品，要消耗 A、B、C 三种资源，已知每生产单位产品甲需要的 A、B、C 资源分别是 3、2、0，生产单位产品乙需要的 A、B、C 资源分别是 2、1、3，资源 A、B、C 的现有量分别是 65、40、75，甲、乙两种产品的单位利润分别是 1 500、2 500，问如何安排生产计划，使得既能充分利用现有资源又使总利润最大？

应用与提高

列昂惕夫投入产出模型

一、问题提出

设某国的经济体系分为 n 个部门，这些部门生产商品和服务. 设 x 为 R^n 中产出向量，它列出了每一部门一年中的产出；同时，设经济体系的另一部分(称为开放部门)不生产产品或服务，仅仅消费商品和服务，d 为最终需求量，它列出经济体系中的各种非生产部门所需求的商品或服务，此向量代表消费者需求、政府消费、超额生产、出口或其他外部需求.

二、问题分析

各部门生产商品是以满足消费者需求为目的的，而生产者需要一些产品作为生产部门的投入，这本身创造了中间需求，且部门之间的关系也很复杂，生产和最后需求之间的联系也不清楚，列昂惕夫思考是否存在某一生产水平 x(x 称为供给)恰好满足这一生产水平的总需求，那么

$$[\text{总产出}]=[\text{中间需求}]+[\text{最终需求 } d] \tag{1}$$

式(1)即为列昂惕夫投入产出模型，列昂惕夫投入产出模型的基本假设是：对每个部门有一个单位消费向量，它列出了该部门的单位产出所需的投入，所有的投入与产出都以百万美元作为单位，而不是用具体的单位，如吨等(假设商品和服务的价格为常数).

三、模型建立

列举一个简单的例子：设经济体系由三个部门(制作业、农业和服务业)组成，单位消费向量分别为 c_1, c_2, c_3，见表 7-26.

表 7-26 列昂惕夫投入产出模型举例

购买自	制造业 c_1	农业 c_2	服务业 c_3
制造业	0.5	0.4	0.2
农业	0.2	0.3	0.1
服务业	0.1	0.1	0.3

如果制造业决定生产 100 单位产品，它将消费多少产品？

由表 7-26 可得

$$100c_1=100\begin{pmatrix}0.5\\0.2\\0.1\end{pmatrix}=\begin{pmatrix}50\\20\\10\end{pmatrix}$$

可见,为生产 100 单位产品,制造业需要消费其他部门的 50 单位产品,20 单位农业产品,10 单位服务业产品.

若制造业决定生产 x_1 单位产出,则在生产的过程中消费掉的中间需求是 x_1c_1,类似地,若 x_2,x_3 分别表示农业和服务业的计划产出,则 x_2c_2,x_3c_3 就为它们的中间需求,三个部门的中间需求为

$$[\text{中间需求}]=x_1c_1+x_2c_2+x_3c_3=\boldsymbol{CX} \tag{2}$$

这里 $\boldsymbol{C}$ 是消耗矩阵(c_1,c_2,c_3),即

$$\boldsymbol{C}=\begin{pmatrix}0.5 & 0.4 & 0.2\\ 0.2 & 0.3 & 0.1\\ 0.1 & 0.1 & 0.3\end{pmatrix} \tag{3}$$

于是,产生列昂惕夫投入产出模型或生产方程为

$$\text{总产出}=\text{中间需求}+\text{最终需求}$$

即

$$x=\boldsymbol{C}x+d \tag{4}$$

将总产出 x 写出 $\boldsymbol{E}x$,由 $\boldsymbol{E}x-\boldsymbol{C}x=d$,即

$$(\boldsymbol{E}-\boldsymbol{C})x=d \tag{5}$$

四、模型求解与应用

考虑消耗矩阵为式(3)的情况,假设最终需求是制造业 50 单位,农业 30 单位,服务业 20 单位,求生产水平 X.

矩阵(5)中系数矩阵为

$$E-C=\begin{pmatrix}1 & 0 & 0\\ 0 & 1 & 0\\ 0 & 0 & 1\end{pmatrix}-\begin{pmatrix}0.5 & 0.4 & 0.2\\ 0.2 & 0.3 & 0.1\\ 0.1 & 0.1 & 0.3\end{pmatrix}=\begin{pmatrix}0.5 & -0.4 & -0.2\\ -0.2 & 0.7 & -0.1\\ -0.1 & -0.1 & 0.7\end{pmatrix}$$

对式(5)的增广矩阵作初等行变换:

$$\begin{pmatrix}0.5 & -0.4 & -0.2 & 50\\ -0.2 & 0.7 & -0.1 & 30\\ -0.1 & -0.1 & 0.7 & 20\end{pmatrix}\to\begin{pmatrix}1 & 0 & 0 & 226\\ 0 & 1 & 0 & 119\\ 0 & 0 & 1 & 78\end{pmatrix}$$

将最后一列四舍五入到整数,制造业需生产约 226 单位,农业需 119 单位,服务业 78 单位.

拓展阅读　行列式的发展史

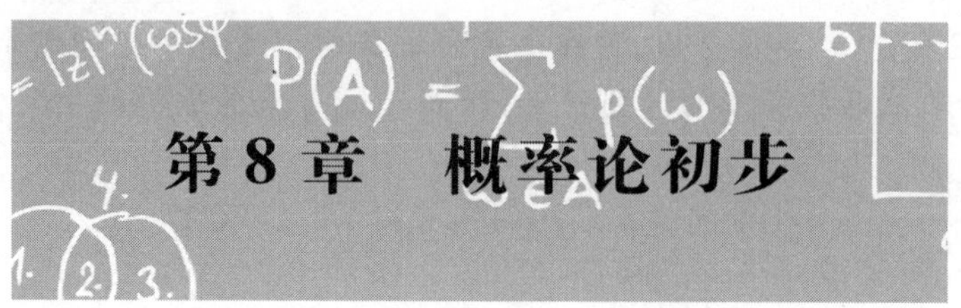

第 8 章　概率论初步

内容导入

概率论是一门研究和探索客观世界随机现象规律的数学学科.它以随机现象为研究对象,是数学的分支学科.在金融、保险、经济与企业管理、工农业生产、医学、地质学、气象与自然灾害预报等方面都起到非常重要的作用.随着计算机科学的发展以及功能强大的统计软件和数学软件的开发,这门学科得到了蓬勃的发展,它不仅形成了结构宏大的理论,而且在自然科学和社会科学的各个领域应用越来越广泛.概率论是根据大量同类的随机现象的统计规律,对随机现象中出现某一结果的可能性做出一种客观的科学判断,并对这种出现的可能性大小做出数量上的描述,比较这种可能性的大小,研究它们之间的联系,从而形成一套完整的数学理论和方法.本章内容主要研究随机事件及其概率,随机变量及其概率分布,随机变量的数学期望和方差等.

学习目标

知识目标　理解概率论有关的基本概念;掌握事件的关系及运算;掌握概率的基本公式与计算;掌握离散型和连续型随机变量及其分布;掌握随机变量的期望与方差的概念.

能力目标　会求随机事件的概率,会求随机变量的数学期望和方差,能够运用概率、期望、方差解决实际应用问题,能够熟练运用数学软件 MATLAB、LINGO 计算事件的概率和随机变量的期望和方差.

素质目标　使学生了解生活中的概率和自然界中事件发生的可能性大小,培养运用概率知识分析和解决实际问题的能力.

§8.1　随机事件

8.1.1　必然现象与随机现象

在自然界和人类生活中,存在两类不同的现象,一类是必然现象(或称为确定性现象),一类是随机现象(或称为偶然现象).

引例 1[航天飞行]　1986 年 1 月 28 日,美国肯尼迪航天中心发射的挑战者号航天飞机在升空 12 s 后突然爆炸,7 名宇航员全部遇难.这一悲惨事件造成了至少 12 亿美元的损失,并使得美国航天局在一年之内无法进行新的航天飞机试验,这一事件的发生虽然有技术上的原因,但不能不说它带有一定的偶然性.

必然现象:是指在一定的条件下必然发生某种结果的现象. 例如,在标准大气压下,纯水加热到 100 ℃,水必然会沸腾;上抛物体一定下落.

随机现象:是指人们在一定的条件下对它加以观察和进行试验时,观察和试验的结果是多个可能结果中的某一个,且在每次试验和观察前都无法确定某结果的现象. 例如,抛一枚硬币,可能正面朝上也可能反面朝上;掷一枚骰子,可能出现 1,2,3,4,5,6 中的任意一点.

8.1.2　随机试验与随机事件

1. 随机试验

为了揭示随机现象的统计规律性,可以在相同的条件下对随机现象进行大量的重复试验(或观察),这一观察的过程称为试验,满足下列条件的试验称为**随机试验**(简称试验).

(1)**重复性**:试验可以或原则上可以在相同的条件下重复地进行.

(2)**确定性**:试验的可能结果不止一个,但能确定所有可能结果.

(3)**随机性**:每次试验之前不能确定哪一个结果会出现,但试验的结果必是所有可能结果中的一个.

例如:(1)抛一枚硬币,观察正反面(有数字的面称为正面,有国徽的面称为反面)朝上的情况.

(2)掷一枚骰子,观察出现的点数.

(3)某电话交换台 1 min 内接到的呼唤次数.

(4)某日光灯管的使用寿命.

以上这些都可以看作**随机试验**.

2. 随机事件

案例 1[试验的结果]

(1)抛一枚硬币,出现“正面”

(2)掷一枚骰子,出现“0”点.

(3)抛一石块,下落.

(4)导体通电时,发热.

(5)在常温下,焊锡熔化.

(6)某人射击一次,中靶.

以上各事件的发生与否,各有什么特点?

可以看到事件(3)、(4)是必然要发生的,事件(2)、(5)是不可能发生的,而事件(1)、(6)是可能发生、也可能不发生的.

定义 8.1.1　随机试验的结果称为**随机事件**. 在某次试验中,必然要发生的事件,称为**必然事件**,用 Ω 表示;可能发生也可能不发生的事件称为**随机事件**,常用大写字母 A、B、C 等表示,不可能发生的事件,称为**不可能事件**,用 $\varnothing$ 表示.

在案例 1 中,(3)、(4)是必然事件;(2)、(5)是不可能事件;(1)、(6)是随机事件.

随机试验的每一个可能结果,称为一个**基本事件**,**基本事件**是不能再分解的事件,由两个或两个以上的基本事件组成的事件称为**复合事件**. 如果把基本事件看作集合的一个元素,则全体基本事件的集合称为全集 Ω(或样本空间),由于 Ω 包含了所有的基本事件,试验结果

一定在 Ω 中,因此 Ω 是必然事件. 而随机试验所考查的任一事件均可看作 Ω 的子集. 所以把事件与集合联系起来可以使问题更加直观.

案例 2[掷骰子] 掷一枚骰子,则"出现 i 点($i=1,2,3,4,5,6$)"是随机事件;"出现小于 3 点",即出现 1 点或 2 点,也是随机事件. 这里"出现小于 3 点"这一事件由"出现 1 点"和"出现 2 点"组成,是一个复合事件. "不小于 3 点"也是一个复合事件. 在掷一枚骰子的试验中,若用 e_i 表示"出现 i 点"($i=1,2,\cdots,6$),则 $\Omega=\{e_1,e_2,e_3,e_4,e_5,e_6\}$

案例 3[抛硬币] 在抛一枚硬币的试验中,a_0 表示"出现正面",a_1 表示"出现反面",则 $\Omega=\{a_0,a_1\}$.

8.1.3 事件的关系及运算

由于事件可看作随机试验中基本事件的集合,因此事件的关系与运算同集合类似.

1. 事件的包含与相等

事件的包含关系:如果事件 A 发生必然导致事件 B 发生,则称事件 B 包含事件 A(或 A 包含于 B),记作 $B\supset A$ 或 $A\subset B$.

事件相等:如果事件 $A\subset B$ 且 $B\subset A$,则称事件 A 与事件 B 相等,记作 $A=B$.

案例 4[射击] 在一次射击中,事件 A 表示"命中 8 环",事件 B 表示"命中至少 5 环". 显然事件 A 发生时,B 一定发生. 即 $A\subset B$.

案例 5[掷骰子] 在掷一枚骰子的试验中,A 表示"出现奇数点",B 表示"出现 1、3、5 点",显然,A 包含了 B 且 B 包含了 A. 所以 $A=B$.

2. 事件的和(并)

事件的和(并):如果事件 A 与事件 B 至少有一个发生,称为事件 A 与 B 的和(并),记作 $A\cup B$. (或 $A+B$)

案例 6[射击] 甲、乙两人向同一目标射击,如果 A 表示"甲击中目标",B 表示"乙击中目标",C 表示"击中目标",那么 C 发生,就是 A 与 B 中至少一个发生;反之,A 与 B 中至少有一个发生,则 C 发生. 所以 $C=A+B$.

3. 事件的积(交)

事件的积(交):如果事件 A 与事件 B 同时发生,称为事件 A 与事件 B 的积(交),记作 $A\cap B$(或 AB).

案例 7[取球] 袋中有 10 个同规格的球,将它们分别标上 1 至 10 的号码,从袋中任取一球,记

A 表示"取到号码在 2 至 5 之间的球",即 $A=\{2,3,4,5\}$,

B 表示"取到号码在 3 至 7 之间的球",即 $B=\{3,4,5,6,7\}$,

C 表示"取到号码在 3 至 5 之间的球",

则 $A\cup B=\{2,3,4,5,6,7\}$,$C=AB=\{3,4,5\}$.

4. 事件的互斥(互不相容)

互斥事件(互不相容):如果事件 A 与事件 B 不能同时发生,那么称事件 A 与事件 B 互斥(或互不相容),记作 $AB=\varnothing$ 或 $A\cap B=\varnothing$.

如果一组事件中,任意两个事件都互斥,称为**两两互斥**.

案例 8[掷骰子] 掷一颗骰子,事件 A 表示"出现 1 点",事件 B 表示"出现的点数不小于 2",显然 A 与 B 是互不相容的事件.

5. 事件的对立(互逆)

对立事件(互逆事件):如果事件 A 与事件 B 不能同时发生,但其中必有一个发生,即 $AB=\varnothing$ 且 $A\cup B=\Omega$,则称事件 A 与事件 B 对立(或互逆),记作 $A=\overline{B}$ 或 $B=\overline{A}$,也称 $\overline{A}$ 是 A 的逆事件.

案例 9[抛硬币]　抛一枚硬币一次,如果 A 表示"出现正面",B 表示"出现反面",那么 A 与 B 不可能同时发生,但其中必有一个发生. 所以事件 A 与事件 B 是对立(或互逆)事件,即 $B=\overline{A}$.

6. 事件的差

把"事件 A 发生而事件 B 不发生"这一事件称为事件 A 与 B 的差,记作 $A-B$.

图 8-1(文氏图)直观地表示了上述关于事件的各种关系及运算.

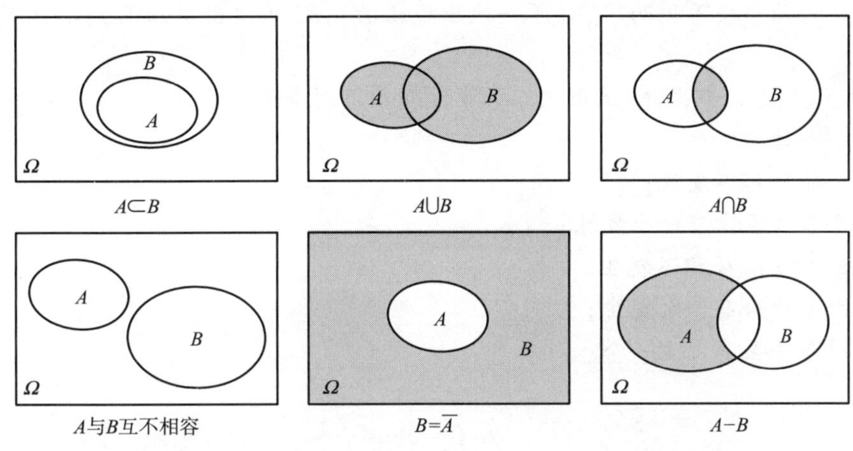

图　8-1

由事件的关系与运算的定义,有下列运算规律:

(1)交换律　$A\cup B=B\cup A, AB=BA$;

(2)结合律　$A\cup(B\cup C)=(A\cup B)\cup C, A(BC)=(AB)C$;

(3)分配律　$A(B\cup C)=(AB)\cup(AC), A\cup(BC)=(A\cup B)(A\cup C)$;

(4)吸收律　若 $A\subset B$,则 $A\cup B=B$ 且 $AB=A$;

(5)德 · 摩根律　$\overline{A\cup B}=\overline{A}\cap\overline{B}, \overline{A\cap B}=\overline{A}\cup\overline{B}$.

案例 10[产品检验]　从一批产品中每次抽取 1 个产品进行检验(每次取出的产品不放回),事件 A_i 表示第 i 次取到合格品($i=1,2,3$). 试用事件 $A_i(i=1,2,3)$ 表示下列事件:

(1)3 次都取到了合格品;

(2)3 次中至少有一次取到合格品;

(3)3 次中恰有两次取到合格品;

(4)解释$\overline{A_1A_2}\cup\overline{A_1A_3}\cup\overline{A_2A_3}$表示什么事件?

解　(1)3 次都取到合格品:$A_1A_2A_3$;

(2)3 次中至少有一次取到合格品:$A_1\cup A_2\cup A_3$;

(3)3 次中恰有两次取到合格品:$A_1A_2\overline{A_3}\cup A_1\overline{A_2}A_3\cup\overline{A_1}A_2A_3$;

(4)$\overline{A_1A_2}\cup\overline{A_1A_3}\cup\overline{A_2A_3}$表示三次中最多有一次取到合格品.

习　题　8-1

1. 指出下列事件是必然事件、不可能事件，还是随机事件.

(1)如果 a,b 都是实数，那么 $a+b=b+a$；

(2)从分别标有号数1，2，3，…，10的10张号签中任取一张得到6号签；

(3)没有水分，种子发芽；

(4)某电话总机在60 s内接到至少15次呼唤.

2. 写出下列随机试验的样本空间及下列事件包含的基本事件.

(1)掷一枚骰子，A(出现偶数点)；

(2)将一枚均匀硬币抛两次，A(第一次出现正面)；B(两次出现正面)；C(至少一次出现正面).

3. 若 A,B,C 是三个事件，试用这三个事件表示下列事件.

(1)三个事件都发生；

(2)三个事件都不发生；

(3)三个事件至少有一个发生；

(4)A 发生而 B,C 都不发生；

(5)三个事件恰有一个发生；

(6)三个事件至多发生一个.

视频

事件的概率与古典概型

§8.2　事件的概率与古典概型

8.2.1　概率的概念

引例1[抛硬币]　连续抛一枚硬币 n 次，记录出现正面的次数，表8-1列出了历史上一些科学家试验的结果.

表　8-1

试验者	抛掷次数	正面向上的次数(m)	正面出现的频率$\left(\frac{m}{n}\right)$
D. Moivre	2 048	1 061	0.518
L. Buffon	4 040	2 048	0.506 9
K. Person	12 000	6 019	0.501 6
k. person	24 000	12 012	0.500 5
Wiener	30 000	14 994	0.499 8

从上表可以看到，当抛掷硬币的次数很多时，出现正面频率值是稳定的，接近于常数0.5，在它附近摆动，并且稳定在0.5.

引例2[乒乓球检验]　检验各批次乒乓球，记录优等品的个数，检验结果见表8-2.

表 8-2

抽取球数 n	50	100	200	500	1 000	2 000
优等品数 m	45	92	194	470	954	1 902
优等品频率$\frac{m}{n}$	0.9	0.92	0.97	0.94	0.954	0.951

从表 8-2 看到,当抽查的球数很多时,抽到优等品的频率$\frac{m}{n}$接近于常数 0.95,在它附近摆动.

定义 8.2.1　在 n 次试验中,若事件 A 发生的次数为 m,则称 $F_n(A)=\frac{m}{n}$为事件 A 在 n 次试验中发生的**频率**,m 称为事件 A 在 n 次试验的**频数**.

定义 8.2.2　随机事件 A 发生的可能性大小,称为事件 A 的**概率**,记作 $P(A)$.

定义 8.2.3(概率的统计定义)　在大量重复进行同一试验时,事件 A 发生的频率$\frac{m}{n}$总是接近于某个常数 p,在它附近摆动,这时就把这个常数 p 称为事件 A 的概率,记作 $P(A)$,即 $P(A)=p$.

由此可知,抛掷硬币出现正面的概率为 $P(A)=0.5$,是指出现"正面向上"的可能性是 50%;任取一个乒乓球得到优等品的概率是 $P(A)=0.95$,是指得到优等品的可能性是 95%.

上面有关概率的定义,实际上也是求一个事件的概率的基本方法:进行大量重复试验,用这个事件发生的频率近似地作为它的概率.

8.2.2　概率的性质

由概率的统计定义知频率与概率之间的关系是非常密切的. 也正因为如此,它们具有一些相同的性质. 记随机事件 A 在 n 次试验中发生了 m 次,那么有

$$0\leqslant m\leqslant n,\quad 0\leqslant\frac{m}{n}\leqslant 1$$

而对不可能事件,必有 $m=0$,对必然事件一定有 $m=n$,可知它们的频率为

$$F_n(\varnothing)=0,\quad F_n(\Omega)=1$$

于是可得 $0\leqslant P(A)\leqslant 1$ 及 $P(\varnothing)=0,P(\Omega)=1$.

案例 1[抛硬币]　抛一枚硬币,出现的结果有两种,即"出现正面"和"出现反面",由概率的统计定义可知:出现正、反面的概率均为 0.5.

案例 2[抽奖券]　外观完全一致的 10 张奖券,其中一等奖的奖券 1 张,二等奖的奖券 2 张,三等奖的奖券 3 张. 现从中任抽一张,抽到一等奖奖券的概率为$\frac{1}{10}$.

案例 1 和案例 2 有两个共同特点:(1)每次试验的可能结果是有限个;(2)每个试验可能结果的出现是等可能的.

8.2.3　古典概型(等可能概型)

引例 3[抛硬币]　抛一枚硬币,可能出现正面与反面两种结果,并且这两种结果出现的可能性是相同的.

引例 4[产品检验]　200 个同型号产品有 6 个废品,从中每次抽取 3 个进行检验,共有

C_{200}^3种不同可能的抽取结果,并且任意 3 个产品被抽到的机会相同.

这两个试验都具有两个共同的特点:

(1)每次试验的可能结果只有有限个,即样本空间是有限的,可记为 $\Omega=\{\omega_1,\omega_2,\cdots,\omega_n\}$,其中 $\omega_i(i=1,2,\cdots,n)$为基本事件;

(2)每个试验结果的出现是等可能的,即事件 $\omega_1,\omega_2,\cdots,\omega_n$ 的发生是等可能的,它们出现的概率都一样,$P(\omega_1)=P(\omega_2)=\cdots=P(\omega_n)=\dfrac{1}{n}$.

具有以上两个特征的随机试验称为**古典概型**(等可能概型).

定义 8.2.4(概率的古典定义) 在古典概型中,如果一个随机试验的样本空间 Ω 包含 n 个基本事件,事件 A 包含的基本事件个数为 m,那么事件 A 发生的概率为

$$P(A)=\frac{m}{n}$$

容易理解,在等可能的条件下,概率的古典定义确实反映了随机事件发生的可能性大小.

案例 3[取球] 一个盒中有号码为 1、2、3 的三个白球,号码为 1、2 的两个红球,现从盒中任取一球,(1)写出所有的基本事件,并求出基本事件总数;(2)求"取的是红球"的概率.

解 (1)设 A_i 表示"取到 i 号白球"$(i=1,2,3)$,B_i 表示"取到 i 号红球"$(i=1,2)$,则所有基本事件为 A_1,A_2,A_3,B_1,B_2,样本空间 $\Omega=\{A_1,A_2,A_3,B_1,B_2\}$,基本事件总数 $n=5$.

(2)设 B 表示"取的是红球",事件 $B=\{B_1,B_2\}$,$m=2$,则 $P(B)=\dfrac{2}{5}$.

案例 4[掷骰子] 将骰子先后掷 2 次,计算:

(1)一共有多少种不同的结果?

(2)其中向上的点数之和是 5 的结果有多少种?

(3)向上的点数之和是 5 的概率是多少?

解 (1)将骰子抛掷 1 次,它落地时向上的点数有 1,2,3,4,5,6 这 6 种结果. 根据分步计数原理,先后将骰子抛掷 2 次,一共有

$$6\times6=36$$

种不同的结果,即样本空间包含的基本事件总数 $n=36$. 先后抛掷 2 次向上的点数情形结果可用表 8-3 表示.

表 8-3

点数	1	2	3	4	5	6
1	(1,1)	(1,2)	(1,3)	**(1,4)**	(1,5)	(1,6)
2	(2,1)	(2,2)	**(2,3)**	(2,4)	(2,5)	(2,6)
3	(3,1)	**(3,2)**	(3,3)	(3,4)	(3,5)	(3,6)
4	**(4,1)**	(4,2)	(4,3)	(4,4)	(4,5)	(4,6)
5	(5,1)	(5,2)	(5,3)	(5,4)	(5,5)	(5,6)
6	(6,1)	(6,2)	(6,3)	(6,4)	(6,5)	(6,6)

(2)设 A 表示"向上的点数之和是 5",在(1)所有结果中向上的点数之和为 5 的有(1,4)、(2,3)、(3,2)、(4,1)4 种,其中括弧内的前、后 2 个数分别为第 1、2 次抛掷后向上的点数.

(3)由于骰子是均匀的,将它抛掷 2 次所得的 36 种结果是等可能出现的. 其中向上的点

数之和是 5 的结果有 4 种，用 A 表示向上的点数之和是 5，即

$$A=\{(1,4),(2,3),(3,2),(4,1)\}$$

因此，所求的概率

$$P(A)=\frac{4}{36}=\frac{1}{9}$$

案例 5［次品率］　1 000 个微处理器中有 20 个次品，从中随机抽到 5 个，求没有次品的概率.

解　设 A 表示“没有次品”，从 1 000 个微处理器中抽取 5 个，共有 $C_{1\,000}^{5}$ 种抽法，即 $n=C_{1\,000}^{5}$，合格品为 $1\,000-20=980$，不含次品的抽法有 C_{980}^{5} 种，即 $m=C_{980}^{5}$，所以

$$P(A)=\frac{C_{980}^{5}}{C_{1\,000}^{5}}=\frac{980\times979\times978\times977\times976}{1\,000\times999\times998\times997\times996}=0.904$$

习　题　8-2

1.［年龄分布］　某公司有员工 1 000 人，各年龄段的人数见表 8-4，现从公司任选一人，问此人年龄在 35～44 的概率.

表　8-4

员工的年龄段	频数	频率
20～24 岁	54	0.054
25～34 岁	366	0.366
35～44 岁	233	0.233
45～54 岁	180	0.18
55～64 岁	125	0.125
65 岁以上	42	0.042

2.［抽球概率］　已知某个盒中有红球 90 个，白球 3 个，不放回地从袋中抽到两次，每次取 1 个球，求下列事件的概率.

(1) A 表示“第一次取到红球，第二次取到白球”；

(2) B 表示“取到一个红球，一个白球”.

3.［密码问题］　储蓄卡上的密码是一种四位数字号码，每位上的数字可在 0 到 9 这 10 个数字中选取.

(1) 使用储蓄卡时如果随意按下一个四位数字号码，正好按对这张储蓄卡的密码的概率只有多少？

(2) 某人未记准储蓄卡密码的最后一位数字，他在使用这张储蓄卡时如果前三位仍按本卡密码，而随意按下密码的最后一位数字，正好按对的概率是多少？

4.［产品检验］　一批产品共有 200 个，有 6 个废品，求以下概率.

(1) 这批产品的废品率；

(2) 任取 3 个恰有 1 个是废品的概率；

(3) 任取 3 个全是正品的概率.

§8.3 概率的基本公式

8.3.1 加法公式

引例 1[掷骰子] 掷一枚骰子,求出现不大于 2 点或不小于 4 点的概率.

解 设 e_i 表示"出现 i 点"($i=1,2,3,4,5,6$),A 表示"出现不大于 2 点",B 表示"出现不小于 4 点",C 表示"出现不大于 2 点或不小于 4 点". 则

$$\Omega=\{e_1,e_2,e_3,e_4,e_5,e_6\},\quad A=\{e_1,e_2\},\quad B=\{e_4,e_5,e_6\},$$
$$C=A\cup B=\{e_1,e_2,e_4,e_5,e_6\}$$

所以
$$P(A)=\frac{2}{6},\quad P(B)=\frac{3}{6},\quad P(C)=\frac{5}{6}$$

这里
$$P(C)=P(A\cup B)=\frac{5}{6}=P(A)+P(B)$$

由引例 1 可以看出,当事件 A 与事件 B 互斥时,有 $P(A\cup B)=P(A)+P(B)$.

1. 互斥事件概率的加法公式

如果事件 A、B 为两个互斥事件,即 $AB=\varnothing$,那么

$$P(A\cup B)=P(A)+P(B)$$

即如果事件 A、B 互斥,那么事件 $A\cup B$ 发生的概率等于事件 A、B 分别发生的概率的和.

一般地,如果事件 $A_1,A_2,\cdots,A_n$ 两两互斥,那么

$$P(A_1\cup A_2\cup\cdots\cup A_n)=P(A_1)+P(A_2)+\cdots+P(A_n)$$

即如果事件 $A_1,A_2,\cdots,A_n$ 彼此互斥,那么事件 $A_1\cup A_2\cup\cdots\cup A_n$ 发生的概率,等于这 n 个事件分别发生的概率的和.

特别地,事件 A 与其对立事件 $\overline{A}$ 的和为必然事件,即 $A+\overline{A}=\Omega$,所以

$$P(A)+P(\overline{A})=P(A+\overline{A})=1$$

即对立事件的概率和等于 1,从而有

$$P(\overline{A})=1-P(A)$$

案例 1[次品率] 一批产品共有 50 个,其中 45 个是合格品,5 个是次品,从这批产品中任取 3 个,求其中有次品的概率.

解法一 设 A_i 表示"取出的 3 个产品中恰有 i 个次品"($i=1,2,3$),A 表示"取出的 3 个产品中有次品". 由题设知 A_1,A_2,A_3 两两互斥,且 $A=A_1\cup A_2\cup A_3$,

$$P(A_1)=\frac{C_5^1\cdot C_{45}^2}{C_{50}^3}=0.2525,\quad P(A_2)=\frac{C_5^2\cdot C_{45}^1}{C_{50}^3}=0.0230,\quad P(A_3)=\frac{C_5^3}{C_{50}^3}=0.0005$$

所以
$$P(A)=P(A_1)+P(A_2)+P(A_3)=0.2760$$

解法二 如解法一所设,则 A 的对立事件 $\overline{A}$ 表示"取出的 3 个产品全是合格品",事件 $\overline{A}$ 包含的基本事件数为 C_{45}^3,所以

$$P(\overline{A})=\frac{C_{45}^3}{C_{50}^3}=0.7240$$

于是
$$P(A)=1-P(\overline{A})=1-0.7240=0.2760$$

案例 2[掷骰子] 掷红、蓝两颗骰子各一次,事件 $A=\{$红骰子的点数大于 3$\}$,事件 $B=$

{蓝骰子的点数大于3},求事件 $A\cup B=$ {至少有一颗骰子点数大于3} 发生的概率.

解　显然,事件 A 与事件 B 不是互斥的,如红骰子出现 5 点时,蓝骰子也有可能出现 5 点,用 x 表示红骰子出现的点数,y 表示蓝骰子出现的点数,则基本空间

$$\Omega=\{P(x,y)\mid 1\leqslant x\leqslant 6,1\leqslant y\leqslant 6,x\in N,y\in N\}$$

基本事件总数 $N=36$,事件 A 包含的基本事件数 $m_A=18$,事件 B 包含的基本事件数 $m_b=18$,事件 AB 包含的基本事件数为 $m_{AB}=9$,从而,事件 $A\cup B$ 包含的基本事件数为 $m_A+m_B-m_{AB}$,根据古典概率公式得

$$P(A\cup B)=\frac{m_A+m_B-m_{AB}}{N}=\frac{18+18-9}{36}=\frac{18}{36}+\frac{18}{36}-\frac{9}{36}$$
$$=P(A)+P(B)-P(AB)$$

2. 任意事件概率的加法公式

对于任意两个事件 A 与 B,有

$$P(A\cup B)=P(A)+P(B)-P(AB)$$

案例 3[电路分析]　一个电路上装有甲、乙两根保险丝,甲熔断的概率为 0.85,乙熔断的概率为 0.74,两根同时熔断的概率为 0.63,问至少有一根熔断的概率是多少?

解　设 $A=$ {甲保险丝熔断},$B=$ {乙保险丝熔断},甲、乙两根保险丝至少有一根熔断为事件 $A\cup B$,所以

$$P(A\cup B)=P(A)+P(B)-P(AB)=0.85+0.74-0.63=0.96$$

案例 4[比赛]　某大学英语系一年级有 50 名同学,在参加学校的一次篮球和乒乓球比赛中,有 30 人报名参加篮球比赛,有 15 人报名参加乒乓球比赛,有 10 人报名既参加篮球比赛又参加乒乓球比赛,现从该班任选一名同学,问该同学参加篮球或乒乓球比赛的概率.

解　设 A 表示参加篮球比赛的同学,B 表示参加乒乓球比赛的同学,则 $A\cup B$ 表示参加篮球或乒乓球比赛的同学,且 A 包含的人数为 30 人,B 包含的人数为 15 人,AB 包含的人数为 10 人,所以

$$P(A\cup B)=P(A)+P(B)-P(AB)=\frac{30}{50}+\frac{15}{50}-\frac{10}{50}=0.7$$

8.3.2　条件概率与乘法公式

引例 2[抽签选房]　某单位一次分房过程中,按职工工龄、职称、学历进行积分排序选房,但选到最后一套住房时,甲乙两人处于同一选房积分,于是决定由 2 人抽签,确定选房资格.

设 A 表示"甲抽中",B 表示"乙抽中",则事件 A 发生必然影响事件 B 发生的概率,同样事件 B 发生必然影响事件 A 发生的概率.

定义 8.3.1　在事件 A 已经发生的条件下,事件 B 发生的概率称为事件 B 在事件 A 下的**条件概率**,记作 $P(B|A)$. 简称 B 对 A 的**条件概率**. 同样在事件 B 发生的条件下,事件 A 发生的概率也称为**条件概率**,记作 $P(A|B)$.

在以上引例 2 中,$P(B|A)=0,P(A|B)=0$.

案例 5[中奖率]　10 张奖券中有 3 张中奖券,其余为欢迎惠顾. 某人随机抽取三次,设 A_i 表示"第 i 次抽中"$(i=1,2,3)$. 试问:

(1)第一次抽中的概率;

(2)在第一次未抽中的情况下,第二次抽中的概率;

(3)在第一、二次均未抽中的情况下,第三次抽中的概率.

解 根据古典概率公式,有

(1)$P(A_1)=\frac{C_3^1}{C_{10}^1}=\frac{3}{10}$; (2)$P(A_2|\overline{A_1})=\frac{C_3^1}{C_9^1}=\frac{1}{3}$; (3)$P(A_3|\overline{A_1}\,\overline{A_2})=\frac{C_3^1}{C_8^1}=\frac{3}{8}$.

案例6[选工人] 益趣玩具厂有职工500人,男女各半,男女职工中非熟练工人分别有40人与10人.现从该企业中任选一名职工,试问:若已知选出的是女职工,她是非熟练工人的概率又是多少?

解 用A表示"选出一名女职工",B表示"选出的一名职工为非熟练工人".既然已知选出的是女职工,那么男职工就可以排除在考虑范围之外,因此,"A发生条件下的事件B"就相当于在全部女职工中任选一人,并选出了非熟练工人,从而基本事件总数就是全部女职工的人数250,而上述事件所包含的基本事件数就是女职工中的非熟练工人数10,因此所求为

$$P(B|A)=\frac{10}{250}$$

可见附加信息对分子项与分母项都产生影响,为导出一般的计算公式,将分子、分母都用给定的总人数去除,可得

$$P(B|A)=\frac{10}{250}=\frac{10/500}{250/500}=\frac{P(AB)}{P(A)}$$

条件概率的计算公式:设A、B为两个事件,且事件A的概率$P(A)>0$,则在事件A发生的条件下,事件B发生的概率为

$$P(B|A)=\frac{P(AB)}{P(A)}$$

案例7[产品检验] 某仓库中有一批产品200件,它是由甲、乙两厂共同生产的,其中甲厂的产品中有正品100件,次品20件,乙厂的产品中有正品65件,现从这批产品中任取一件,设A表示"取到乙厂产品",B表示"取到正品".试求$P(A)$,$P(AB)$,$P(B|A)$.

解 这一批200件产品的组成情况见表8-5.

表 8-5

分类	正品	次品	总数
甲厂	100	20	120
乙厂	65	15	80
总数	165	35	200

根据古典概率公式,得

$$P(A)=\frac{80}{200},\quad P(AB)=\frac{65}{200}$$

根据条件概率计算公式得

$$P(B|A)=\frac{P(AB)}{P(A)}=\frac{65/200}{80/200}=\frac{65}{80}=\frac{13}{16}$$

案例8[射击] 甲、乙二人各进行一次射击,如果两人击中目标的概率都是0.8,那么如

何计算两人都击中目标的概率呢?

解　设 A 表示"甲击中目标",B 表示"乙击中目标",C 表示"两人都击中目标",则 $C=AB$. 此问题实际上是求 $P(AB)$.

由条件概率公式 $P(B|A)=\dfrac{P(AB)}{P(A)}$,得

$$P(AB)=P(A)P(B|A) \qquad [P(A)>0]$$

同理

$$P(AB)=P(B)P(A|B) \qquad [P(B)>0]$$

上述两式称为**概率的乘法公式**,它可推广到多个事件的乘积,即

$$P(A_1A_2\cdots A_n)=P(A_1)P(A_2|A_1)P(A_3|A_1A_2)\cdots P(A_n|A_1A_2\cdots A_{n-1})$$

案例 9[射击]　甲、乙二人各进行一次射击,如果两人击中目标的概率都是 0.8,求:

(1)两人都击中目标的概率;

(2)恰有一人击中目标的概率;

(3)至少有一人击中目标的概率.

解　设 A 表示"甲击中目标",B 表示"乙击中目标". 甲(或乙)是否击中,对乙(或甲)击中的概率是没有影响的. 于是得

$$P(A)=0.8,\quad P(B)=0.8,\quad P(B|A)=P(B),$$
$$P(\overline{B}|A)=P(\overline{B}),\quad P(\overline{A}|B)=P(\overline{A})$$

(1)"两人都击中目标"为事件 AB,由乘法公式,有

$$P(AB)=P(A)P(B|A)=P(A)P(B)=0.8\times0.8=0.64$$

(2)"恰有一人击中目标"为事件 $A\overline{B}\cup\overline{A}B$,所以

$$\begin{aligned}P(A\overline{B}\cup\overline{A}B)&=P(A\overline{B})+P(\overline{A}B)=P(A)P(\overline{B}|A)+P(\overline{A})P(B|\overline{A})\\&=P(A)P(\overline{B})+P(\overline{A})P(B)=0.8\times(1-0.8)+(1-0.8)\times0.8=0.32\end{aligned}$$

(3)**解法一**　"至少有一人击中目标"为事件 $A\cup B$,所以

$$P(A\cup B)=P(A)+P(B)-P(AB)=0.8+0.8-0.64=0.96$$

解法二　事件"至少有一人击中目标"$A\cup B$ 可表示为$(AB)\cup(A\overline{B})\cup(\overline{A}B)$,

$$P(A\cup B)=P(AB)+[P(A\overline{B})+P(\overline{A}B)]=0.64+0.32=0.96$$

解法三　事件"两人都没有击中目标"为$\overline{AB}$,"两人都没有击中目标"的概率为

$$\begin{aligned}P(\overline{AB})&=P(\overline{A})P(\overline{B}|\overline{A})=P(\overline{A})P(\overline{B})\\&=(1-0.8)\times(1-0.8)=0.04\end{aligned}$$

根据德·摩根律,得

$$\begin{aligned}P(A\cup B)&=1-P(\overline{A\cup B})=1-P(\overline{AB})=1-(1-0.8)\times(1-0.8)\\&=1-0.04=0.96\end{aligned}$$

案例 10[电路分析]　在一段线路中并联着三个自动控制的常开开关,只要其中有一个开关能够闭合,线路就能正常工作,假定在某段时间内每个开关能够闭合的概率都是 0.7,计算在这段时间内线路正常工作的概率.

解　三个开关中至少有一个闭合,则线路能够正常工作. 设这段时间内线路能正常工作为事件 A,三个开关 J_1、J_2、J_3 能够闭合为事件 A_1、A_2、A_3,则 $A=A_1\cup A_2\cup A_3$。由题设三个开关是否闭合互不影响. 所以

$$P(\overline{A}_2|\overline{A}_1)=P(\overline{A}_2),\quad P(\overline{A}_3|\overline{A}_1\overline{A}_2)=P(\overline{A}_3)$$

根据乘法公式得

$$P(\overline{A}_1\overline{A}_2\overline{A}_3)=P(\overline{A}_1)P(\overline{A}_2|\overline{A}_1)P(\overline{A}_3|\overline{A}_1\overline{A}_2)=P(\overline{A}_1)P(\overline{A}_2)P(\overline{A}_3)$$

故
$$\begin{aligned}P(A)&=1-P(\overline{A})=1-P(\overline{A_1\cup A_2\cup A_3})\\&=1-P(\overline{A}_1\overline{A}_2\overline{A}_3)=1-P(\overline{A}_1)P(\overline{A}_2)P(\overline{A}_3)\\&=1-(1-0.7)(1-0.7)(1-0.7)=1-0.3^3=0.973\end{aligned}$$

8.3.3 全概率公式

引例3[产品检验] 设1 000件产品中有200件是不合格产品，依次不放回地抽取两件产品，求第二次取到的是不合格品的概率.

解 用A表示“第一次取到的是不合格品”，用B表示“第二次取到的是不合格品”. 令$A_1=A,A_2=\overline{A}$，则$\Omega=A\cup\overline{A}=A_1\cup A_2$，显然$A_1A_2=\varnothing$，
于是，得

$$B=B\Omega=B(A_1\cup A_2)=(BA_1)\cup(BA_2)$$

所以
$$\begin{aligned}P(B)&=P[(BA_1)\cup(BA_2)]=P(BA_1)+P(BA_2)\\&=P(B|A_1)P(A_1)+P(B|A_2)P(A_2)\end{aligned}$$

这里
$$P(A_1)=\frac{200}{1\,000}=\frac{1}{5},\quad P(A_2)=\frac{800}{1\,000}=\frac{4}{5}$$

$$P(B|A_1)=\frac{199}{999},\quad P(B|A_2)=\frac{200}{999}$$

故
$$P(B)=P(B|A_1)P(A_1)+P(B|A_2)P(A_2)=\frac{199}{999}\cdot\frac{1}{5}+\frac{200}{999}\cdot\frac{4}{5}=\frac{1}{5}$$

全概率公式 设Ω为基本事件空间，$A_1\subset\Omega,A_2\subset\Omega$，满足$\Omega=A_1\cup A_2,A_1A_2=\varnothing$，且$P(A_1)>0,P(A_2)>0$，则对一事件$B$，有

$$P(B)=P(B|A_1)P(A_1)+P(B|A_2)P(A_2)$$

一般地，设Ω为基本事件空间，$A_i\subset\Omega$，且$P(A_i)>0(i=1,2,\cdots,n)$，满足$\Omega=A_1\cup A_2\cup\cdots\cup A_n,A_i\cap A_j=\varnothing(i\neq j)$，则对任一事件$B$，有

$$P(B)=P(B|A_1)P(A_1)+P(B|A_2)P(A_2)+\cdots+P(B|A_n)P(A_n)$$

此公式称为全概率公式.

注意：全概率公式给出了一个实际计算某些事件概率的公式，只要知道了在各事件发生条件下该事件发生的概率，则该事件发生的概率可从全概率公式求得.

案例11[排球比赛] 设在某次世界女排赛中，中国、日本、美国、古巴四队取得半决赛权，形势如下：

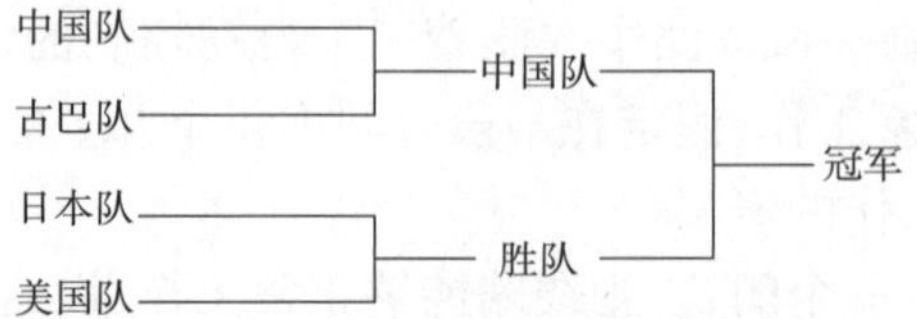

根据以往的战绩，假定中国队战胜日本队、美国队的概率分别为0.9与0.4，而日本队战胜美国队的概率为0.5，试问中国队取得冠军的可能性有多大？

解 设“中国队得冠军”为事件B，“日本队战胜美国队”为事件A，“美国队战胜日本队”为事件$\overline{A}$，根据全概率公式得

$$\begin{aligned} P(B) &= P(B|A)P(A) + P(B|\overline{A})P(\overline{A}) \\ &= P(B|A)P(A) + P(B|\overline{A})[1-P(A)] \\ &= 0.9\times 0.5 + 0.4\times 0.5 = 0.65 \end{aligned}$$

8.3.4 贝叶斯公式

引例 4[射击问题]　设 8 支枪中有 3 支未经过校正，5 支已经试射校正. 一射击手用校正过的枪射击时，中靶概率为 0.8；而用未校正过的枪射击时，中靶概率为 0.3. 今假定从 8 支枪中任取一支进行射击，结果中靶，求所用的枪是已校正过的概率.

解　设 $A_1=\{$所取的枪是校正过的$\}$，$A_2=\{$所取的枪是没有校正过的$\}$，$B=\{$射击中靶$\}$，由题设

$$P(A_1)=\frac{5}{8},\quad P(A_2)=\frac{3}{8},\quad P(B|A_1)=0.8,\quad P(B|A_2)=0.3$$

由全概率公式，得

$$P(B)=\frac{5}{8}\times 0.8+\frac{3}{8}\times 0.3=\frac{49}{80}$$

所以射击中靶，且这支枪是已校正过的概率为

$$P(A_1|B)=\frac{P(A_1B)}{P(B)}=\frac{P(A_1)P(B|A_1)}{P(B)}=\frac{\frac{5}{8}\times 0.8}{\frac{49}{80}}=\frac{40}{49}$$

贝叶斯公式　设 Ω 为基本事件空间，$A_i\subset\Omega$，且 $P(A_i)>0(i=1,2,\cdots,n)$，满足 $\Omega=A_1\cup A_2\cup\cdots\cup A_n$，$A_i\cap A_j=\varnothing(i\neq j)$，对任意事件 B，且 $P(B)>0$，有

$$P(A_i|B)=\frac{P(A_i)P(B|A_i)}{P(A_1)P(B|A_1)+P(A_2)P(B|A_2)+\cdots+P(A_n)P(B|A_n)}$$

事实上，由条件概率公式 $P(A_i|B)=\dfrac{P(A_iB)}{P(B)}=\dfrac{P(B|A_i)P(A_i)}{P(B)}$ 和由全概率公式

$$P(B)=P(A_1)P(B|A_1)+P(A_2)P(B|A_2)+\cdots+P(A_n)P(B|A_n)$$

得

$$\begin{aligned} P(A_i|B) &= \frac{P(B|A_i)P(A_i)}{P(B)} \\ &= \frac{P(A_i)P(B|A_i)}{P(A_1)P(B|A_1)+P(A_2)P(B|A_2)+\cdots+P(A_n)P(B|A_n)} \end{aligned}$$

案例 12[数字通信]　在数字通信中，信号是由数字 0 和 1 的长序列组成的，由于有随机干扰，发送的信号 0 和 1 各有可能错误接收为 1 或 0. 现假定发送信号为 0 与 1 的概率均为 0.5，又已知发送 0 时，接收为 0 和 1 的概率分别为 0.8 和 0.2；发送信号为 1 时，接收为 1 和 0 的概率分别为 0.9 和 0.1. 求：已知收到信号是 0 时，发出的信号是 0(即没有错误接收)的概率.

解　令 $A_i=\{$发出信号是 $i\}$，$(i=0,1)$；$B=\{$收到信号是 0$\}$.

由题设知

$$P(A_0)=P(A_1)=\frac{1}{2},\quad P(B|A_0)=0.8,\quad P(B|A_1)=0.1$$

由全概率公式得

$$P(B)=P(A_0)P(B|A_0)+P(A_1)P(B|A_1)=\frac{1}{2}\times 0.8+\frac{1}{2}\times 0.1=0.45$$

由贝叶斯公式得

$$P(A_0|B)=\frac{P(A_0)P(B|A_0)}{P(A_0)P(B|A_0)+P(A_1)P(B|A_1)}=\frac{0.5\times 0.8}{0.45}\approx 0.889$$

8.3.5 独立试验概型

1. 事件的相互独立性

引例 5[摸球问题] 甲坛子里有 3 个白球,2 个黑球,乙坛子里有 2 个白球,2 个黑球.从这两个坛子里分别摸出 1 个球,它们都是白球的概率是多少?

解 设 $A=\{$从甲坛子里摸出 1 个球,得到白球$\}$,$B=\{$从乙坛子里摸出 1 个球,得到白球$\}$.则 $\overline{A}=\{$从甲坛子里摸出 1 个球,得到黑球$\}$,$\overline{B}=\{$从乙坛子里摸出 1 个球,得到黑球$\}$.

$AB=\{$从两个坛子里分别摸出 1 个球,都是白球$\}$,从两个坛子中分别摸出一个球的基本事件总数 $N=5\times 4=20$,见表 8-6.

表 8-6

颜色	白	白	白	黑	黑
白	(白,白)	(白,白)	(白,白)	(黑,白)	(黑,白)
白	(白,白)	(白,白)	(白,白)	(黑,白)	(黑,白)
黑	(白,黑)	(白,黑)	(白,黑)	(黑,黑)	(黑,黑)
黑	(白,黑)	(白,黑)	(白,黑)	(黑,黑)	(黑,黑)

事件 AB 包含的基本数 $m=6$,所以

$$P(AB)=\frac{6}{20}=\frac{3}{10}$$

另一面,从甲坛子里摸出 1 个球,得到白球的概率

$$P(A)=\frac{3}{5}$$

从乙坛子里摸出 1 个球,得到白球的概率

$$P(B)=\frac{2}{4}=\frac{1}{2}$$

所以

$$P(AB)=\frac{3}{10}=\frac{3}{5}\times\frac{1}{2}=P(A)P(B)$$

显然,从一个坛子里摸出的是白球还是黑球,对从另一个坛子里摸出白球的概率没有影响,即事件 A(或 B)是否发生对事件 B(或 A)发生的概率没有影响;同理,从一个坛子里摸出的是白球还是黑球,对从另一个坛子里摸出黑球的概率也没有影响,即事件 A(或 B)是否发生对事件 $\overline{B}$(或 $\overline{A}$)发生的概率没有影响,事件 $\overline{A}$(或 $\overline{B}$)是否发生对事件 $\overline{B}$(或 $\overline{A}$)发生的概率没有影响.

定义 8.3.2 如果事件 A 发生与否不影响事件 B 是否发生,事件 B 发生与否也不影响事件 A 是否发生,那么称**事件 A 与 B 相互独立**.

若事件 A 与 B 相互独立,则 A 与 $\overline{B}$,$\overline{A}$ 与 B,$\overline{A}$ 与 $\overline{B}$ 也相互独立.

2. 相互独立事件同时发生的概率

两个相互独立事件同时发生的概率等于每个事件发生的概率的积.即若事件 A 与 B 相

互独立，则

$$P(AB)=P(A)P(B)$$

一般地，如果事件 $A_1,A_2,\cdots,A_n$ 相互独立，那么这 n 个事件同时发生的概率，等于每个事件发生的概率的积，即

$$P(A_1A_2\cdots A_n)=P(A_1)P(A_2)\cdots P(A_n)$$

案例 13[有放回抽样]　有 5 个乒乓球，3 个新的，2 个旧的，从其中每次取 1 个，有放回地取 2 次，记 $A=\{$第一次取到新球$\}$，$B=\{$第二次取到新球$\}$，求第一次与第二次都取到新球的概率.

解　因为 5 个乒乓球中有 3 个新球，有放回地抽取，所以

$$P(A)=P(B)=\frac{3}{5}$$

事件 $AB=\{$第一次抽到新球，且第二抽到新球$\}$，包含的基本事件总数为 $m=3\times3=9$，基本事件总数为 $N=25$，所以

$$P(AB)=\frac{9}{25}=\frac{3}{5}\times\frac{3}{5}=P(A)P(B)$$

案例 13 中，由于是有放回地取 2 次，第一次取到新球还是旧球，对第二次取到新球的概率没有影响. 即事件 A(或 $\overline{A}$)是否发生对事件 B(或 $\overline{B}$)发生的概率没有影响.

3. 独立重复试验概型

定义 8.3.3　若试验 E 单次试验的结果只有两个(A 与 $\overline{A}$)，且 $P(A)=p$ 保持不变，将试验 E 在相同条件下重复进行 n 次，把 n 次独立试验称为 n **重伯努利试验**，这个试验概型称为 n **重伯努利概型**，简称**伯努利概型**.

定理 8.3.1(伯努利定理)

若在单次试验中某事件 A 发生的概率是 $p(0\leqslant p\leqslant1)$，则在 n 重伯努利试验中这个事件 A 恰好发生 k 次的概率 $P_n(k)$ 为

$$P_n(k)=\mathrm{C}_n^k p^k(1-p)^{n-k}\quad(k=0,1,2,\cdots,n)$$

习　题　8-3

1. [射击]　某射手在一次射击中射中 10 环、9 环、8 环的概率分别为 0.24、0.28、0.19，计算这个射手在一次射击中：(1)射中 10 环或 9 环的概率；(2)不够 8 环的概率.

2. [乒乓球的重量]　从一批乒乓球产品中任取一个，如果其质量小于 2.45 g 的概率为 0.22，质量不小于 2.50 g 的概率是 0.20，那么质量在[2.45,2.50)范围内的概率是多少？

3. [奖券]　在 10 000 张奖券中，设有 1 个一等奖，5 个二等奖，10 个三等奖，从中买 1 张奖券，求：(1)分别获得一等奖、二等奖、三等奖的概率；(2)中奖的概率.

4. 设事件 A、B 互斥，且 $P(A)=p$，$P(B)=q$，求(1)$P(A\cup B)$；(2)$P(AB)$；(3)$P(A\cup\overline{B})$.

5. [订报]　某城市有 50% 的住户订当地日报，65% 的住户订当地晚报，85% 的住户至少订这两种报纸中的一种，求同时订两种报纸住户的概率.

6. [产品检验]　一批零件共有 100 个，其中有 10 个次品，每次从中取 1 个，取出的零件不再放回，求第三次才取得合格品的概率.

7. [掷骰子]　某人设计了一种游戏，“连续掷骰子 4 次，至少出现一次 6 点为赢”. 请问

该同学赢的可能性有多大？

8. [订单问题] 某邮政公司将其订货单按地区来源分为四组，它们分别来自东部、中部、西北、西南地区. 同时，该公司又将全部订货分为 A 类（耐用消费品）和 B 类（非耐用消费品）. 已知各地区的订单占全部订单百分比以及各地区订单中 A 类订单占比情况见表 8-7.

表 8-7

地区	订单占比/%	其中 A 类订单占比/%
东部	30	25
中部	40	10
西北	20	5
西南	10	3

现从所有订单中任取一张，发现它是 A 类订单，试求该订单来自东部地区的概率？

9. [掷骰子] 掷一枚骰子两次，设 $A=\{$第一次掷出 2 点$\}$，$B=\{$第二次掷出的点数为 3 的倍数$\}$，求事件 AB 的概率.

10. [抛硬币] 抛一枚硬币两次，$A=\{$第一次正面$\}$，$B=\{$第二次反面$\}$，求 $P(AB)$.

11. [射击] 设甲、乙两射手独立地射击同一目标，他们击中目标的概率分别为 0.9 和 0.8. 求在一次射击中，目标被击中的概率.

12. [天气预报] 某气象站预报的准确率为 90%，计算（结果保留两位有效数字）：

(1) 5 次预报中恰有 4 次准确的概率；

(2) 5 次预报中至少有 4 次准确的概率.

13. [动物治疗] 一头病牛用某药品后被治愈的概率是 95%，计算服用这种药的 4 头病牛中至少有 3 头被治愈的概率.

视 频

随机变量及其分布

§8.4 随机变量及其分布

8.4.1 随机变量

引例 1[掷硬币] 掷一枚硬币有两种试验结果：A 表示"出现正面"，$\overline{A}$ 表示"出现反面". 若用 X 表示"出现正面"的次数，则 X 有两种可能值，即 $(X=1)$ 表示"事件 A 出现"；$(X=0)$ 表示"事件 $\overline{A}$ 出现"，所以变量 X 描述了随机试验的结果，其概率为

$$P(X=1)=\frac{1}{2};\quad P(X=0)=\frac{1}{2}$$

引例 2[灯泡寿命] 从一批灯泡中任取一个做寿命试验，假设灯泡寿命最长不超过 10 000 h，即灯泡的寿命可以是 $[0,10\ 000]$ 区间中的任何实数值，把这个实数值作为试验的定量结果.

从这些引例可以看到，有许多随机试验，其结果本身就是用数量来表示的. 为了对随机现象及其概率进行定量分析和处理，我们将随机试验的结果与实数对应起来，即将随机试验的结果数量化，引入随机变量的概念，使概率论从事件及其概率的研究扩大到对随机变量及其概率的研究.

定义 8.4.1 随机试验的每一个结果 A 都有一个实数 ξ 与之对应，则称 ξ 为随机变量.

随机变量常用大写字母 $X,Y,Z\cdots$ 或希腊字母 $\xi,\eta,\zeta,\cdots$ 表示. 只取有限个数值的一类随机变量称为离散型随机变量,可以取值于某一区间中的任一数值的随机变量称为连续型随机变量.

8.4.2　离散型随机变量的分布

1. 离散型随机变量的概率分布

引例 3[掷骰子]　设 ξ 表示掷一枚骰子出现的点数,写出 ξ 的可能取值和每个取值的概率.

解　因为 ξ 表示掷一枚骰子出现的点数,所以 ξ 可能取值为 1,2,3,4,5,6. 由于骰子是均匀的,每个点数的出现是等可能的,故

$$P(\xi=i)=\frac{1}{6}\quad (i=1,2,3,4,5,6)$$

从而将 ξ 的可能取值和相应的概率列表如下

ξ	1	2	3	4	5	6
p	$\frac{1}{6}$	$\frac{1}{6}$	$\frac{1}{6}$	$\frac{1}{6}$	$\frac{1}{6}$	$\frac{1}{6}$

引例 4[取球]　设盒中装有编号为 0,2,4 数字的六个球,分别为 1 个,3 个,2 个,现从盒中任取一球,用 ξ 表示"取到球的号码",求 ξ 的可能取值和每个取值的概率.

解　因为用 ξ 表示"取到球的号码",因此,ξ 可能取值为 0,2,4.

"$\xi=0$"表示"取到 0 号球",$P(\xi=0)=\frac{1}{6}$;

"$\xi=2$"表示"取到 2 号球",$P(\xi=2)=\frac{3}{6}=\frac{1}{2}$;

"$\xi=4$"表示"取到 4 号球",$P(\xi=4)=\frac{2}{6}=\frac{1}{3}$.

将随机变量取值和相应概率列表如下:

ξ	0	2	4
p	$\frac{1}{6}$	$\frac{1}{2}$	$\frac{1}{3}$

定义 8.4.2(离散型随机变量的概率分布)　设离散型随机变量 ξ 的一切可能值为 x_1, $x_2,\cdots,x_n,\cdots$,可能值的概率分别为

$$P(\xi=x_i)=p_i\quad (i=1,2,\cdots,n,\cdots)\tag{8.4.1}$$

其中 $\xi=x_1,\xi=x_2,\cdots,\xi=x_n,\cdots$ 构成一个完备事件组,则称(8.4.1)为**离散型随机变量的概率分布**,简称**分布列**,亦称为 ξ 的**概率函数**.

对于离散随机变量,将 ξ 的可能取值及其相应概率列成概率分布表更为直观,列表如下:

ξ	x_1	x_2	$\cdots$	x_n	$\cdots$
$P(\xi=x_i)$	p_1	p_2	$\cdots$	p_n	$\cdots$

若 ξ 只有有限个可能值:$x_1,x_2,\cdots,x_n$,则 ξ 的分布列为 $p_1,p_2,\cdots,p_n$.

离散型随机变量的分布列具有如下性质:

(1)$p_i \geqslant 0 \quad (i=1,2,\cdots)$; (2) $\sum\limits_{n=1}^{\infty} p_n = 1$.

案例1[信号灯] 汽车需要通过4盏红绿信号灯的道路才能到达目的地,设汽车在每盏红绿灯前通过的概率为0.6,停止前进(即遇到红灯)的概率为0.4,求汽车首次停止前进(遇到红灯或到达目的地)时,已通过的信号灯数的概率分布.

解 汽车首次停止前进时,已通过的信号灯数是一个随机变量,用 ξ 表示,则 ξ 的可能值为0,1,2,3,4,因为

"$\xi=0$"表示已通过的信号灯数是0,有 $P(\xi=0)=0.4$;

"$\xi=1$"表示已通过的信号灯数是1,有 $P(\xi=1)=0.6\times0.4=0.24$;

"$\xi=2$"表示已通过的信号灯数是2,有 $P(\xi=2)=0.6^2\times0.4=0.144$;

"$\xi=3$"表示已通过的信号灯数是3,有 $P(\xi=3)=0.6^3\times0.4=0.0864$;

"$\xi=4$"表示已通过的信号灯数是4,有 $P(\xi=4)=0.6^4=0.1296$.

所以 ξ 的概率分布可用下表表示:

ξ	0	1	2	3	4
$P(\xi=n)$	0.4	0.24	0.144	0.0864	0.1296

案例2[射击] 某一射手射击所得环数 ξ 的分布列如下:

ξ	4	5	6	7	8	9	10
$P(\xi=n)$	0.02	0.04	0.06	0.09	0.28	0.29	0.22

求此射手"射击一次命中环数≥7"的概率.

解 根据射手射击所得环数 ξ 的分布列,有

$$P(\xi=7)=0.09,\quad P(\xi=8)=0.28,\quad P(\xi=9)=0.29,\quad P(\xi=10)=0.22$$

所求的概率为

$$\begin{aligned}P(\xi\geqslant7)&=P(\xi=7)+P(\xi=8)+P(\xi=9)+P(\xi=10)\\&=0.09+0.28+0.29+0.22=0.88\end{aligned}$$

8.4.3 几种常见的离散型随机变量的概率分布

1. 两点分布

设随机变量 ξ 的分布列如下:

ξ	0	1
$P(\xi=x)$	$1-p$	p

其中,p 满足 $0<p<1$,则称随机变量 ξ 服从**两点分布**(或称0-1分布).

2. 二项分布

如果随机变量 ξ 取值为 $0,1,2,\cdots,n$,其概率分布为

$$P(\xi=k)=C_n^k p^k(1-p)^{n-k}\quad(k=1,2,\cdots,n)$$

其中 $0<p<1$，则称随机变量 ξ 服从参数为 n,p 的**二项分布**，记作 $\xi\sim B(n,p)$.

注意：令 $q=1-p$，则 $p+q=1$，根据二项式定理，可得

$$\sum_{k=0}^{n}P(\xi=k)=\sum_{k=0}^{n}\mathrm{C}_n^k p^k(1-p)^{n-k}=\sum_{k=0}^{n}\mathrm{C}_n^k p^k q^{n-k}=(p+q)^n=1$$

案例 3［使用寿命］　按规定某种型号电子元件的使用寿命超过 1 500 h 的为一级品. 已知某批产品的一级品率为 0.2，现从中随机地抽查 10 只，记 10 只元件中一级品的只数为 ξ，求 ξ 的概率分布.

解　这是一个不放回抽样，由于该元件的总数很大，且抽查的数量相对于元件的总数很小，因此可当作放回抽样来处理. 这样处理虽然会有一些误差，但误差不会太大. 因此，把抽查一只元件是否为一级品看作一次试验，检查 10 只元件相当于做 10 次重复试验，ξ 为一级品的只数，其可能的取值为 $0,1,2,\cdots,10$，且服从参数为 $n=10,p=0.2$ 的二项分布，则 ξ 的概率分布为 $P(\xi=k)=\mathrm{C}_{10}^k(0.2)^k(0.8)^{10-k}(k=0,1,2,\cdots,10)$，也可由下表表示.

ξ	0	1	2	3	4	5	6	7	8	9	10
$P(\xi=k)$	0.107 4	0.268 4	0.302	0.201 3	0.088 1	0.026 4	0.005 5	0.000 8	0.000 1	0	0

3. 泊松分布

如果随机变量 ξ 的概率分布为

$$P(\xi=k)=\frac{\lambda^k}{k!}\mathrm{e}^{-\lambda}\quad(\lambda>0,k=0,1,2,\cdots)$$

则称 ξ 服从参数为 λ 的**泊松分布**，记作 $\xi\sim P(\lambda)$.

注意　(1)泊松分布可以作为描绘大量试验中稀有事件出现的频数 $k=0,1,2,\cdots$ 的概率分布情况的一个数学模型. 诸如：飞机被击中的子弹数；纱锭的纱线被扯断的次数；大量螺钉不合格品出现的次数；一页中印刷错误出现的数目；数字通信中传输数字时发生误码的个数等随机变量，都相当近似地服从泊松分布.

(2)当 n 较大，p 较小时，二项分布 $B(n,p)$ 近似于泊松分布，其中 $\lambda=np$，即

$$P(\xi=k)=\mathrm{C}_n^k p^k(1-p)^{n-k}\approx P(\xi=k)=\frac{\lambda^k}{k!}\mathrm{e}^{-\lambda}\quad(\lambda>0,k=0,1,2,\cdots).$$

案例 4［游客人数］　已知到达某游乐园入口处的每辆汽车所载游客人数服从 $\lambda=10$ 的泊松分布，现观察一辆到达游乐园门口的汽车，试求出现以下几种情况的概率：

(1)车中只有游客 2 人；(2)车中有游客 5 人；(3)车中游客超过 5 人.

解　参数 $\lambda=10$，即可根据公式计算所求概率.

(1)$P(\xi=2)=\dfrac{\lambda^2}{k!}\mathrm{e}^{-\lambda}=\dfrac{10^2}{2!}\mathrm{e}^{-10}=0.002\,270$；

(2)$P(\xi=5)=\dfrac{10^5}{5!}\mathrm{e}^{-5}=0.037\,833$；

(3)$P(\xi>5)=1-P(\xi\leqslant5)$

$=1-[P(\xi=0)+P(\xi=1)+P(\xi=2)+P(\xi=3)+P(\xi=4)+P(\xi=5)]$

$=1-0.670\,86=0.932\,914.$

8.4.4 连续型随机变量的密度函数

引例5[电子元件] 电子零件的使用寿命 ξ 是一个变量,它可以取$(0,+\infty)$内一切数值.

引例6[候车] 某公共汽车站10 min发一趟某线路的汽车,某人到公共汽车站候车的时间是一个随机变量,它可以取$[0,10]$上一切数值.

定义8.4.3 对于随机变量 ξ,如果存在一个非负函数 $f(x)$,使 ξ 在任意区间$[a,b]$上取值的概率为

$$P(a \leqslant \xi \leqslant b)=\int_a^b f(x)\,\mathrm{d}x$$

则称 ξ 为**连续随机变量**, $f(x)$ 称为 ξ 的**概率分布密度函数**(简称**分布密度函数**或**密度**).

由密度函数的定义得下列两个性质:

(1)$f(x)\geqslant 0$; (2)$\int_{-\infty}^{+\infty} f(x)\,\mathrm{d}x=1$.

8.4.5 几种常见连续型随机变量的概率分布密度

1. 均匀分布

均匀分布 随机变量 ξ 的密度函数为

$$f(x)=\begin{cases}\dfrac{1}{b-a} & a\leqslant x\leqslant b\\ 0 & \text{其他}\end{cases}$$

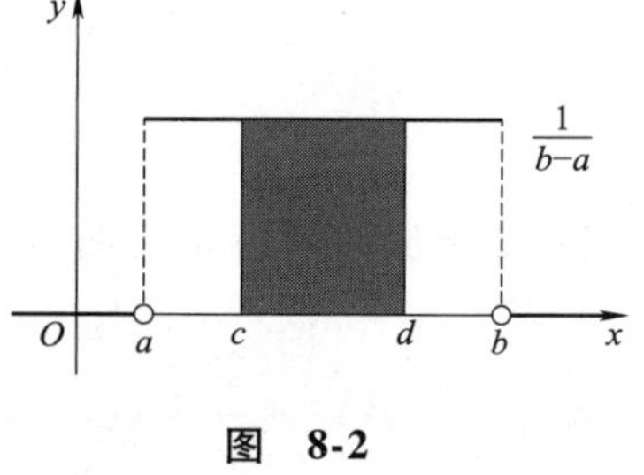

图 8-2

则称 ξ 在$[a,b]$服从**均匀分布**,记作 $\xi\sim U[a,b]$. 如图8-2所示.

案例5[候车问题] 某公共汽车站每隔10 min有一辆公共汽车通过,现有一乘客随机到站候车. 设 ξ 表示乘客的候车时间,问该乘客候车时间小于5 min的概率.

解 由于乘客到站相当于在$[0,10]$内随机投点,因此 $\xi\sim U[1,10]$,即

$$f(x)=\begin{cases}\dfrac{1}{10} & 0\leqslant x\leqslant 10\\ 0 & \text{其他}\end{cases}$$

故乘客候车小于5 min的概率为

$$P(0\leqslant \xi\leqslant 5)=\int_0^5 \frac{1}{10}\mathrm{d}x=0.5$$

2. 正态分布

如果随机变量 ξ 的密度函数为

$$f(x)=\frac{1}{\sqrt{2\pi}\sigma}\mathrm{e}^{-\frac{(x-\mu)^2}{2\sigma^2}},\quad -\infty<x<+\infty$$

其中 μ、$\sigma(\sigma>0)$ 为参数,则称随机变量 ξ 服从参数为 μ、σ 的**正态分布**,记作 $\xi\sim N(\mu,\sigma^2)$. 正态分布密度函数 $f(x)$ 和分布函数 $F(x)$ 曲线图如图8-3所示.

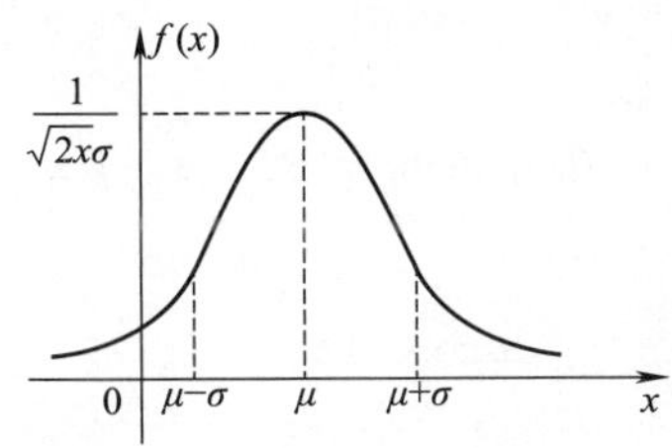

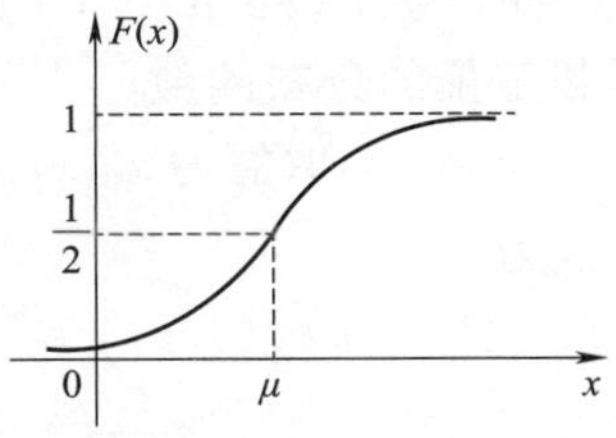

图8-3　正态分布的密度函数和分布函数

正态分布曲线决定于密度函数中的两个参数 μ 和 σ，参数 μ 决定了曲线的中心位置，σ 决定曲线的陡缓程度.

特别地，当 $\mu=0,\sigma=1$ 时的正态分布称为**标准正态分布**，即 $\xi\sim N(0,1)$，其密度为

$$f(x)=\frac{1}{\sqrt{2\pi}}\mathrm{e}^{-\frac{x^2}{2}}\quad -\infty<x<+\infty$$

标准正态分布 $N(0,1)$ 的密度函数的图形如图8-4所示.

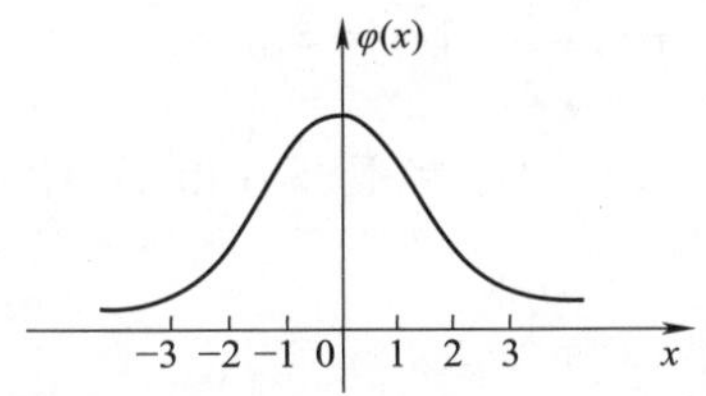

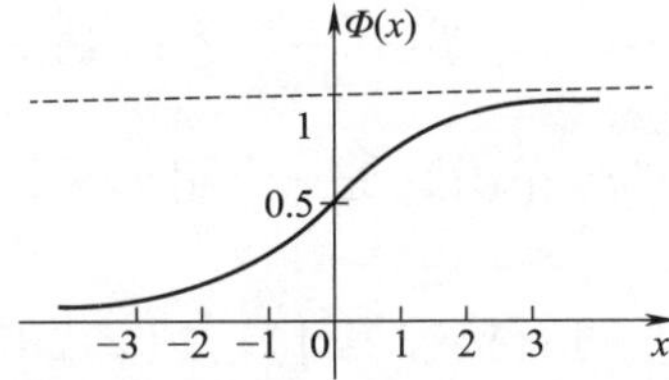

图8-4　标准正态分布的密度函数和分布函数

服从正态分布的随机变量在实践中有广泛的应用，例如，测量误差、人的身长、海洋的波浪、电子管中的噪声电流或电压、飞机材料的疲劳应力、某班学生各科成绩状况，等等.

8.4.6　随机变量的分布函数

引例7[树木高度]　某林场树木最高达30 m，则此林场树木的高度 ξ 是一个随机变量，它可以取(0,30]内的一切值.

引例8[电子元件寿命]　某厂生产的电子元件的使用寿命 η 是一个随机变量，它可以取区间 $(0,+\infty)$ 内的一切值.

定义8.4.4(随机变量的分布函数)　设 ξ 为一随机变量，对任意实数 x，函数

$$F(x)=P(\xi\leqslant x)\quad -\infty<x<+\infty$$

称为随机变量 ξ 的**分布函数**.

1. 分布函数 $F(x)$ 的基本性质

(1) $F(x_2)\geqslant F(x_1)\quad (x_1<x_2)$，即 $F(x)$ 是一单调不减的函数.

(2) $0\leqslant F(x)\leqslant 1$，且 $F(-\infty)=\lim\limits_{x\to-\infty}F(x)=0$，$F(+\infty)=\lim\limits_{x\to+\infty}F(x)=1$.

(3) $F(x+0)=F(x)$，即分布函数 $F(x)$ 是右连续的.

运用分布函数 $F(x)$ 求相应的概率：

$P(a<x\leqslant b)=F(b)-F(a)$；$P(a\leqslant x\leqslant b)=F(b)-F(a-0)$；

$P(a\leqslant x<b)=F(b-0)-F(a-0)$；$P(a<x<b)=F(b-0)-F(a)$；

$P(\xi=a)=F(a)-F(a-0)$；$P(\xi<a)=F(a-0)$；

$P(\xi > a) = 1 - F(a)$；$P(\xi \geqslant a) = 1 - F(a-0)$.

2. 离散型随机变量的分布函数

设离散型随机变量 ξ 的取值为 $x_1, x_2, \cdots, x_n, \cdots$，其分布列为 $P(\xi = x_i) = p_i \quad (i = 1,2,\cdots, n,\cdots)$，则分布函数为

$$F(x) = P(\xi \leqslant x) = \sum_{x_i \leqslant x} p_i \quad -\infty < x < +\infty$$

3. 连续型随机变量的分布函数

设连续型随机变量 ξ 的概率密度函数为 $f(x)$，则其分布函数为

$$F(x) = \int_{-\infty}^{x} f(x)\,\mathrm{d}x \quad -\infty < x < +\infty$$

4. 正态分布的分布函数及正态分布的概率计算

(1) 设 $\xi \sim N(0,1)$，密度函数为

$$f(x) = \frac{1}{\sqrt{2\pi}} \mathrm{e}^{-\frac{x^2}{2}} \quad -\infty < x < +\infty$$

其分布函数为

$$\Phi(x) = P(\xi \leqslant x) = \int_{-\infty}^{x} f(x)\,\mathrm{d}x = \frac{1}{\sqrt{2\pi}} \int_{-\infty}^{x} \mathrm{e}^{-\frac{t^2}{2}}\,\mathrm{d}t$$

正态分布的分布函数是一个超越函数的积分，可利用标准正态分布表，计算正态分布随机变量的概率.

当 $x \geqslant 0$ 时，可直接查表计算 $\Phi(x)$ 的值，如

$$\Phi(0) = P(\xi \leqslant 0) = 0.500\,0, \quad \Phi(1.86) = P(\xi \leqslant 1.86) = 0.968\,6$$

当 $x < 0$ 时，令 $a = -x$，则 $a > 0$，于是

$$\Phi(x) = \Phi(-a) = \frac{1}{\sqrt{2\pi}} \int_{-\infty}^{-a} \mathrm{e}^{-\frac{t^2}{2}}\,\mathrm{d}t = \frac{1}{\sqrt{2\pi}} \left(\int_{-\infty}^{+\infty} \mathrm{e}^{-\frac{t^2}{2}}\,\mathrm{d}t - \int_{-\infty}^{a} \mathrm{e}^{-\frac{t^2}{2}}\,\mathrm{d}t \right)$$

$$= 1 - \Phi(a) = 1 - \Phi(-x)$$

如 $\quad P(\xi \leqslant -1) = \Phi(-1) = 1 - \Phi(1) = 1 - 0.841\,3 = 0.158\,7$

当 $a < \xi \leqslant b$ 时，有 $\quad P(a < \xi \leqslant b) = \Phi(b) - \Phi(a)$

当 $\xi < a$ 时，有 $\quad P(\xi > a) = 1 - \Phi(a)$

(2) 当 $\xi \sim N(\mu, \sigma^2)$ 时，有

$$P(\xi \leqslant x) = \int_{-\infty}^{x} \frac{1}{\sqrt{2\pi}\sigma} \mathrm{e}^{-\frac{(t-\mu)^2}{2\sigma^2}}\,\mathrm{d}t$$

令 $u = \dfrac{t-\mu}{\sigma}$，则 $\mathrm{d}u = \dfrac{\mathrm{d}t}{\sigma}$，所以

$$P(\xi \leqslant x) = \int_{-\infty}^{\frac{x-\mu}{\sigma}} \frac{1}{\sqrt{2\pi}} \mathrm{e}^{-\frac{u^2}{2}}\,\mathrm{d}u = \Phi\left(\frac{x-\mu}{\sigma}\right)$$

同理，当 $a < \xi \leqslant b$ 时，有 $\quad P(a < \xi \leqslant b) = \Phi\left(\dfrac{b-\mu}{\sigma}\right) - \Phi\left(\dfrac{a-\mu}{\sigma}\right)$；

当 $\xi < a$ 时，有 $\quad P(\xi > a) = 1 - \Phi\left(\dfrac{a-\mu}{\sigma}\right)$.

案例 6［两点分布的分布函数］ 设随机变量 ξ 服从两点分布 $(0 < p < 1)$，见表 8-8.

表 8-8

ξ	0	1
$P(\xi=x)$	$1-p$	p

求随机变量 ξ 的分布函数.

解　当 $x<0$ 时，$F(x)=P(\xi\leqslant x)=0$；

当 $0\leqslant x<1$ 时，$F(x)=P(\xi\leqslant x)=1-p$；

当 $1<x$ 时，$F(x)=P(\xi\leqslant x)=(1-p)+p=1$.

所以两点分布的分布函数为

$$F(x)=P(\xi\leqslant x)=\begin{cases}0 & x<0\\ 1-p & 0\leqslant x<1\\ 1 & x\geqslant 1\end{cases}$$

案例 7[均匀分布的分布函数]　设随机变量 ξ 服从均匀分布

$$f(x)=\begin{cases}\dfrac{1}{b-a} & a\leqslant x\leqslant b\\ 0 & \text{其他}\end{cases}$$

其分布函数为

解　$$F(x)=P(\xi\leqslant x)=\begin{cases}0 & x<a\\ \dfrac{x-a}{b-a} & a\leqslant x<b\\ 1 & x\geqslant b\end{cases}$$

案例 8[体重]　设人们的体重符合参数 $\mu=55$，$\sigma=10$ 的正态分布，即 $\xi\sim N(55,10^2)$. 试求任选一人，他的体重(1)在区间[45,65]中的概率；(2)大于 85 kg 的概率.

解　因为 $\xi\sim N(55,10^2)$，所以

(1) $P(45\leqslant\xi\leqslant 65)=\Phi\left(\dfrac{65-55}{10}\right)-\Phi\left(\dfrac{45-55}{10}\right)=\Phi(1)-\Phi(-1)$

$=2\Phi(1)-1=2\times 0.841\,3-1=0.682\,6.$

(2) $P(\xi>85)=1-P(\xi\leqslant 85)=1-\Phi\left(\dfrac{85-55}{10}\right)=1-\Phi(3)$

$=1-0.998\,7=0.001\,3.$

结果说明，至少三分之二的人体重都在 45 ~ 65 kg，而体重超过 85 kg 的人仅占总人口的千分之一略强.

习　题　8-4

1. 写出下列各随机变量可能取的值，并说明随机变量所取的值所表示的随机试验的结果.

(1) 从 10 张已编号的卡片(从 1 到 10 号)中任取一张，被取的卡片的号数为 ξ；

(2) 一个袋子中有 5 个白球和 5 个黑球，从中任取 3 个，其中所含白球的个数为 η；

(3) 掷两个骰子，所得点数之和为 ξ；

(4) 接连不断地射击，首次击中目标需要的射击次数为 ξ；

(5) 某工厂加工的某种钢管的外径与规定的外径尺寸之差为 ξ.

2. [取球] 袋中有 50 个大小相同的球，其中记上 0 号的有 5 个，记上 n 号的有 n 个，$(n=1,2,\cdots,9)$. 现从袋中任取一球，求所取球的号数的分布列以及取出的球的号数为偶数的概率.

3. [射击] 某射手有 5 发子弹，他的命中率为 0.9. 现在，他向某一目标射击，命中就停止射击，未命中继续射击，直至命中为止，求消耗了子弹的概率分布.

4. [交通] 某公共汽车站每隔 5 min 有一辆公共汽车通过，若乘客在任一时刻到达车站候车都是等可能的，求乘客候车时间不超过 3 min 的概率.

5. [教材] 某教材印刷了 2 000 册，因装订等原因造成错误的册数的概率为 0.001，试求这 2 000 册书中恰有 5 册错误的概率.

6. 设 $\xi \sim N(0,1)$，计算(1) $P(\xi<2.89)$；(2) $P(\xi<-1.44)$.

7. 设 $\xi \sim N(1.6,4)$，计算(1) $P(\xi<6.8)$；(2) $P(\xi<-3)$；(3) $P(|\xi|<4)$.

8. [血压] 某地区 18 岁女青年的血压 ξ(收缩压，以 mmHg 计)服从 $N(110,12^2)$. 在该地区任选一个 18 岁的女青年，测量她的血压. 求 $P(\xi \leqslant 115)$，$P(100<\xi<120)$.

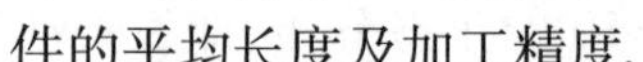

§8.5 随机变量的数字特征

随机变量的概率分布描述了它的统计规律. 但实际问题中，随机变量的概率分布是较难确定的，而反映随机变量的某种特性的数值(即数字特征)却比较容易估计出来. 事实上，在不少实际问题中只需要知道随机变量的某种数字特征就足够了，例如，在加工零件时，由于各种因素的影响，每次加工零件的尺寸是一个随机变量，一般情况下，我们关心的是这些零件的平均长度及加工精度.

视 频

离散型随机变量的数学期望

上述问题的平均数和精度，称为随机变量的**数字特征**，前者反映随机变量的平均值，后者反映随机变量取值的分散程度，即下面介绍的**数学期望和方差**.

8.5.1 离散型随机变量的数学期望

引例 1[射击] 设射击手甲与乙在同样条件下进行射击，其命中的环数是一随机变量，其分布列如下

环数	10	9	8	7	6	5	0
$P(\xi=k)$	0.5	0.2	0.1	0.1	0.05	0.05	0
$P(\eta=k)$	0.1	0.1	0.1	0.1	0.2	0.2	0.2

其中，0 环表示脱靶，试问：应如何来评定甲、乙的技术优劣?

解 由射手甲的分布列可知，他命中 10 的概率是 0.5，即发出 100 粒子弹，约有 50 粒子弹命中 10 环. 同理，约有 20 粒命中 9 环，约有 10 粒命中 8 环和 7 环，约有 5 粒命中 6 环和 5 环，没有脱靶. 这样"平均"起来甲命中环数约为

$$\frac{1}{100}(10\times50+9\times20+8\times10+7\times10+6\times5+5\times5+0\times0)\text{环}=8.55\text{环}$$

对上式稍作变化，并把它记为 $E(\xi)$，得

$$E(\xi)=10\times\frac{50}{100}+9\times\frac{20}{100}+8\times\frac{10}{100}+7\times\frac{10}{100}+6\times\frac{5}{100}+5\times\frac{5}{100}+0\times\frac{0}{100}\text{环}$$

$$=10\times 0.5+9\times 0.2+8\times 0.1+7\times 0.1+6\times 0.05+5\times 0.05+0\times 0 \text{ 环}$$
$$=8.55 \text{ 环}$$

同样,对于射手乙,平均命中环数约为

$$E(\eta)=10\times 0.1+9\times 0.1+8\times 0.1+7\times 0.1+6\times 0.2+5\times 0.2+0\times 0.2 \text{ 环}=5.6 \text{ 环}$$

从平均命中环数看,射手甲的射击水平高于射手乙的射击水平. 同时也可看到,这种反映随机变量取值"平均"意义的数值,恰好是这个随机变量取的一切可能值与相应概率乘积的总和.

定义 8.5.1(离散型随机变量的数学期望) 设离散型随机变量 ξ 的分布列如下

ξ	x_1	x_2	…	x_n	…
$P(\xi=x_i)$	p_1	p_2	…	p_n	…

若级数 $\sum_i x_i p_i$ 绝对收敛,则称级数 $\sum_i x_i p_i$ 为随机变量 ξ 的**数学期望或平均数、均值**,数学期望简称为**期望**,记作 $E(\xi)$ 或 $E\xi$,即:

$$E(\xi)=\sum_i x_i p_i$$

如果上式中的级数不绝对收敛,这时称 ξ 的数学期望不存在.

案例 1[掷骰子] 随机抛掷一个骰子,求所得骰子的点数 ξ 的数学期望.

解 随机抛掷一个骰子所得点数 ξ 的概率分布如下

ξ	1	2	3	4	5	6
$P(\xi=i)$	1/6	1/6	1/6	1/6	1/6	1/6

所以

$$E(\xi)=1\times\frac{1}{6}+2\times\frac{1}{6}+3\times\frac{1}{6}+4\times\frac{1}{6}+5\times\frac{1}{6}+6\times\frac{1}{6}=3.5$$

案例 2[产品的平均产值] 一批产品中有一、二、三等品、等外品及废品五种,相应的概率分别为 0.7,0.1,0.1,0.06,0.04,其产值(单位:元)分别为 6,5.4,5,4,0,求产品的平均产值.

解 产品产值 ξ 是一个随机变量,其分布列如下

ξ	6	5.4	5	4	0
$P(\xi=x_i)$	0.7	0.1	0.1	0.06	0.04

所以

$$E(\xi)=6\times 0.7+5.4\times 0.1+5\times 0.1+4\times 0.06+0\times 0.04 \text{ 元}=5.48 \text{ 元}$$

几个常用的离散分布的数学期望介绍如下.

1. 两点分布

设随机变量 ξ 服从两点分布

ξ	0	1
P	$1-p$	p

则有 $$E(\xi)=0\times(1-p)+p=p$$

2. 二项分布

设 $\xi \sim B(n,p)$,分布列为 $P(\xi=k)=C_n^k p^k(1-p)^{n-k}\quad(k=0,1,2,\cdots,n)$

$$E(\xi)=\sum_{k=0}^{n} kC_n^k p^k(1-p)^{n-k}=np\sum_{k=1}^{n-1} C_{n-1}^{k-1}p^{k-1}(1-p)^{n-k}$$
$$=np\sum_{k=0}^{n-1} C_{n-1}^{k}p^{k}(1-p)^{n-1-k}=np[p(1-p)]^{n-1}=np$$

3. 泊松分布

设随机变量 $\xi \sim P(\lambda)$,其分布列为 $P(\xi=k)=e^{-\lambda}\dfrac{\lambda^k}{k!}\quad(k=0,1,2,\cdots)$,

ξ	0	1	2	…	k	…
$P(\xi=k)$	$e^{-\lambda}$	$e^{-\lambda}\dfrac{\lambda}{1!}$	$e^{-\lambda}\dfrac{\lambda^2}{2!}$	…	$e^{-\lambda}\dfrac{\lambda^k}{k!}$	…

称 ξ 服从泊松分布. 其数学期望为

$$E(\xi)=\sum_{k=0}^{\infty} k\cdot e^{-\lambda}\frac{\lambda^k}{k!}=\lambda e^{-\lambda}\sum_{k=1}^{\infty}\frac{\lambda^{k-1}}{(k-1)!}=\lambda$$

这说明服从泊松分布的随机变量的分布列由它的数学期望唯一确定.

8.5.2 连续型随机变量的数学期望

连续型随机变量的数学期望与离散型相似.

定义 8.5.2 设连续型变量 ξ 的密度函数为 $f(x)$,若积分 $\int_{-\infty}^{+\infty} xf(x)\,dx$ 绝对收敛,则称其为随机变量 ξ 的**数学期望**或**均值**,记为 $E(\xi)$ 或 $E\xi$,即

$$E(\xi)=\int_{-\infty}^{+\infty} xf(x)\,dx$$

若积分 $\int_{-\infty}^{+\infty} xf(x)\,dx$ 不绝对收敛, 称 ξ 的数学期望不存在.

几个常用连续型分布的数学期望介绍如下.

1. 均匀分布

设随机变量 $\xi \sim U[a,b]$,密度函数

$$f(x)=\begin{cases}\dfrac{1}{b-a} & a\leqslant x\leqslant b\\ 0 & \text{其他}\end{cases}$$

其数学期望为

$$E(\xi)=\int_{-\infty}^{+\infty} xf(x)\,dx=\int_a^b x\cdot\frac{1}{b-a}dx=\frac{1}{b-a}\cdot\frac{b^2-a^2}{2}=\frac{a+b}{2}$$

2. 正态分布

设 $\xi \sim N[\mu,\sigma^2]$,密度函数

$$f(x)=\frac{1}{\sqrt{2\pi}\sigma}e^{-\frac{(x-\mu)^2}{2\sigma^2}}\quad(-\infty<x<+\infty)$$

其数学期望为

$$E(\xi)=\int_{-\infty}^{+\infty} xf(x)\,dx=\frac{1}{\sqrt{2\pi}\sigma}\int_{-\infty}^{+\infty} xe^{-\frac{(x-\mu)^2}{2\sigma^2}}dx$$

作标准化变换 $y=\frac{x-\mu}{\sigma}$,则上式右端等于

$$\frac{1}{\sqrt{2\pi}}\int_{-\infty}^{+\infty}(\sigma y+\mu)\mathrm{e}^{-\frac{y^2}{2}}\mathrm{d}y=\frac{\mu}{\sqrt{2\pi}}\int_{-\infty}^{+\infty}\mathrm{e}^{-\frac{y^2}{2}}\mathrm{d}y=\mu$$

可见正态分布的参数 μ 正是它的数学期望.

数学期望的性质:

(1) $E(C)=C$,其中 C 为常数;　(2) $E(C\xi)=CE(\xi)$,其中 C 为常数;

(3) $E(\xi+\eta)=E(\xi)+E(\eta)$;　(4)如果 ξ,η 相互独立,则 $E(\xi\eta)=E(\xi)\cdot E(\eta)$.

案例 3　设 ξ 的分布列为

ξ	-2	-1	0	1
P	$\frac{1}{4}$	$\frac{1}{8}$	$\frac{1}{2}$	$\frac{1}{8}$

求 $\eta=\xi^2$ 的数学期望.

解　由离散型随机变量函数的数学期望公式,得

$$E\eta=E\xi^2=(-2)^2\times\frac{1}{4}+(-1)^2\times\frac{1}{8}+0^2\times\frac{1}{2}+1^2\times\frac{1}{8}=\frac{5}{4}$$

案例 4[飞机受力]　设风速 v 在 $(0,a)$ 上服从均匀分布,即密度函数为

$$f(x)=\begin{cases}\frac{1}{a} & 0<x<a\\ 0 & \text{其他}\end{cases}$$

又设飞机机翼所受的正压力 W 是 v 的函数,$W=kv^2\ (k>0)$,求 W 的数学期望.

解　由连续型随机变量的函数的数学期望公式,得

$$E(W)=\int_{-\infty}^{+\infty}kx^2f(x)\,\mathrm{d}x=\int_0^a kx^2\cdot\frac{1}{a}\mathrm{d}x=\frac{1}{3}ka^2$$

8.5.3　随机变量的方差

数学期望反映了随机变量取值的平均值,它是随机变量的重要数字特征. 然而,仅仅这一个数字特征往往不能很好地反映随机变量的全部特点,特别是随机变量取值的集中程度. 为此引进随机变量的方差的概念.

定义 8.5.3　若 $E(\xi-E\xi)^2$ 存在,则称它为随机变量 ξ 的**方差**,记作 $D\xi$,并称 $\sqrt{D\xi}$ 为 ξ 的标准差.

若 ξ 是离散型随机变量,概率分布为 $P(\xi=k)=p_k\quad(k=1,2,\cdots)$,则

$$D\xi=\sum_{k=1}^{\infty}(x_k-E\xi)^2p_k$$

若 ξ 是连续随机变量,其密度函数为 $f(x)$,则

$$D\xi=\int_{-\infty}^{+\infty}(x-E\xi)^2f(x)\,\mathrm{d}x$$

方差的性质:

(1) $D\xi=E(\xi-E\xi)^2=E\xi^2-(E\xi)^2$;　(2) $D(C)=0$,其中 C 为常数;

(3) $D(C\xi)=C^2D\xi$,其中 C 为常数;　(4)如果 ξ 与 η 相互独立,则 $D(\xi+\eta)=D\xi+D\eta$.

案例 5[二项分布]　设 $\xi\sim B(n,p)$,分布列为 $P(\xi=k)=\mathrm{C}_n^kp^k(1-p)^{n-k}\quad(k=0,1,$

2,…,n),求二项分布的方差.

解 因为二项分布的数学期望为 $E\xi=np$,由离散型随机变量的函数的数学期望计算,得

$$E\xi^2=\sum_{k=0}^{n}k^2C_n^kp^kq^{n-k}=\sum_{k=1}^{n-1}npkC_{n-1}^{k-1}p^{k-1}q^{n-p}$$

令 $k'=k-1$,

$$\begin{aligned}上式&=np\sum_{k'=0}^{n-1}(k'+1)C_{n-1}^{k'}p^{k'}q^{(n-1)-k'}\\&=np\sum_{k'=0}^{n-1}k'C_{n-1}^{k'}p^{k'}q^{(n-1)-k'}+np\sum_{k'=0}^{n-1}C_{n-1}^{k'}p^{k'}q^{(n-1)-k'}\\&=[np(n-1)p]+np=np[(n-1)p+1]\end{aligned}$$

由方差定义可得

$$D\xi=np[(n-1)p+1]-(np)^2=np(1-p)=npq\quad(其中\ q=1-p)$$

几种常见的随机变量的方差:

1. 两点分布

设随机变量 ξ 服从两点分布:$P(\xi=0)=1-p,P(\xi=1)=p$

$$D\xi=p(1-p)$$

2. 二项分布

设 $\xi\sim B(n,p)$,分布列为 $P(\xi=k)=C_n^kp^k(1-p)^{n-k}\quad(k=0,1,2,\cdots,n)$,

$$D\xi=np(1-p)$$

3. 泊松分布

设随机变量 $\xi\sim P(\lambda)$,其分布列为 $P(\xi=k)=e^{-\lambda}\dfrac{\lambda^k}{k!}\quad(k=0,1,2,\cdots)$,

$$D\xi=\lambda$$

4. 均匀分布

设随机变量 $\xi\sim U[a,b]$,密度函数 $f(x)=\begin{cases}\dfrac{1}{b-a} & a\leqslant x\leqslant b\\0 & 其他\end{cases}$

$$D\xi=\frac{(b-a)^2}{12}$$

5. 正态分布

设 $\xi\sim N[\mu,\sigma^2]$,密度函数 $f(x)=\dfrac{1}{\sqrt{2\pi}\sigma}e^{-\frac{(x-\mu)^2}{2\sigma^2}}\quad(-\infty<x<+\infty)$,

$$D\xi=\sigma^2$$

特别地,当 $\xi\sim N[0,1]$,密度函数 $f(x)=\dfrac{1}{\sqrt{2\pi}}e^{-\frac{x^2}{2}}\quad(-\infty<x<+\infty)$,$D\xi=1$.

习 题 8-5

1. [产品质量] 设 A、B 两台自动机床,生产同一种标准件,生产 1 000 只产品所出的次品数分别用 ξ、η 表示,经过一段时间的考察,ξ、η 的分布列分别是

ξ	0	1	2	3
P	0.7	0.1	0.1	0.1

η	0	1	2	3
P	0.5	0.3	0.2	0

问哪一台机床加工的产品质量好些?

2. [取球]　一个袋子装有大小相同的 5 个白球和 5 个黑球,从中任取 4 个,求其中所含白球个数的期望.

3. [产品检验]　某种产品共有 10 件,其中有次品 3 件. 现从中任取 3 件,求取出的 3 件产品中次品数 ξ 的数学期望和方差.

4. 设随机变量 ξ 的概率密度函数为

$$f(x)=\begin{cases}ax & 0\leqslant x\leqslant 1\\ 0 & \text{其他}\end{cases}$$

求常数 a 和 $E\xi$.

§8.6　数学建模与数学实验 MATLAB 在概率初步中的应用

8.6.1　实验目的

(1)应用 MATLAB 求概率值;

(2)应用 MATLAB 求随机变量的期望和方差.

8.6.2　主要命令

1. 常用离散型随机变量的概率分布

(1)二项分布:P = binopdf(X,n,p),计算发生概率为 p 的某事件的 n 次伯努利试验中,该事件发生的次数为 X 的概率密度.

(2)泊松分布:P = poisspdf(x,λ),计算 X 服从参数为 λ 的泊松分布,随机变量为 x 的概率密度.

2. 常用连续型随机变量的概率分布

(1)均匀分布:P = unifpdf(x,a,b),计算 X 服从在区间[a,b]上的均匀分布,随机变量为 x 的概率密度;P = unifcdf(x,a,b),计算 X 服从在区间[a,b]上的均匀分布,随机变量分布函数在 x 处的值.

(2)指数分布:P = exppdf(x,λ),计算 X 服从参数为$\dfrac{1}{\lambda}$的指数分布,随机变量为 x 的概率密度;P = expcdf(x,λ),计算 X 服从参数为$\dfrac{1}{\lambda}$的指数分布,随机变量的分布函数在 x 处的值.

(3)正态分布:P = normpdf(x,μ,σ),计算 X 服从参数为 μ,σ 的正态分布,随机变量为 x 的概率密度.

3. 随机变量概率密度的函数值

Y = pdf(name,K,A),Y = pdf(name,K,A,B),计算随机变量在 $X = K$ 处,参数为 A,B 的

概率密度函数值.

4. 随机变量的数学期望

(1)EX:随机变量 X 的数学期望;

(2)DX:随机变量 X 的方差.

8.6.3 实验任务

任务 1　求二项分布的概率值

例 1　产品中次品率为 0.005,任意抽取 1 000 件,X 表示抽取的次品数,近似服从二项分布 $B(1\,000,0.005)$。

(1)求至少两件次品的概率,即 $P(X\geqslant 2)=1-P(X<2)=1-P(X\leqslant 1)$;

(2)求不超过 10 件次品的概率,即 $P(X\leqslant 10)$.

MATLAB 求解

求解程序如下:

```
% 问题一
p1 =1 - binocdf(1,1000,0.005)  % binocdf 表示二项分布,1000 和 0.005 分别表示二项分布的两个参数,1 表示 x< =1 的累计概率和
% 问题二
p2 =binocdf(10,1000,0.005)
```

输出结果如下:

```
p1 =
    0.9599
p2 =
    0.9865
```

任务二　求正态分布的概率值

例 2　设随机变量 X 服从正态分布,$X\sim N(5,4)$,求 $P(X<3)$,$P(1<X\leqslant 3)$.

输入命令:

```
p1 =normcdf(3,5,4)  % normcdf 表示正态分布,5 和 4 分别表示正态分布的均值和方差,3 表示 x< =3 的累计概率和
p2 =normcdf(3,5,4) - normcdf(1,5,4)  % 表示两个概率差
x =-1:0.5:11;
y =normpdf(x,5,2);
plot(x,y)                          % 画该正态分布的概率密度图
```

输出结果:

```
p1 =
    0.3085
p2 =
    0.1499
```

概率密度图如图 8-5 所示.

任务三　求随机变量的期望和方差

例 3　随机抛掷一个骰子,求所得骰子的点数 ξ 的数学期望.

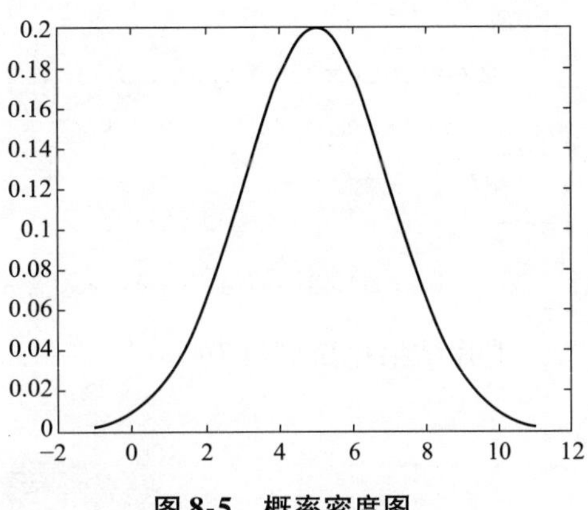

图 8-5　概率密度图

输入命令:

```
x = [1 2 3 4 5 6];
p = [1/6 1/6 1/6 1/6 1/6 1/6];
EX = sum(x.*p)
```

输出结果:

```
EX =
    3.5000
```

例 4　随机变量 $\xi \sim U[a,b]$,密度函数 $f(x)$

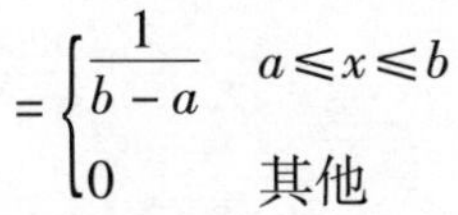

$$= \begin{cases} \dfrac{1}{b-a} & a \leqslant x \leqslant b \\ 0 & 其他 \end{cases}$$

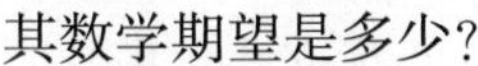

其数学期望是多少?

输入命令:

```
syms x a b
fx =1/(b - a);
EX = int(x* fx,x,a,b);
EX
```

输出结果:

```
EX =
    a/2 +b/2
```

例 5[两点分布]　设随机变量 ξ 服从两点分布:$P(\xi=0)=1-p, P(\xi=1)=p$,求其方差.

输入命令:

```
syms p
x = [0 1];
P = [1 - p p];
EX = sum(x.*P);
FP = (x - (EX)).^2;
DX = sum(FP.*P)
```

输出结果:

```
DX =
    p*(p -1)^2 - p^2*(p -1)
```

上式整理得 $D\xi = p(1-p)$.

例 6[均匀分布]　设随机变量 $\xi \sim U[a,b]$,密度函数 $f(x) = \begin{cases} \dfrac{1}{b-a} & a \leqslant x \leqslant b \\ 0 & 其他 \end{cases}$,求其方差.

输入命令:

```
syms x a b
fx =1/(b - a);
EX = int(x* fx,x,a,b);
```

```
EX
E2X = int(x^2 * fx,x,a,b);
DX = E2X - EX^2
```

输出结果:

```
DX =
    (a*b)/3 - (a/2 + b/2)^2 + a^2/3 + b^2/3
```

上式结果化简可得 $D\xi = \dfrac{(b-a)^2}{12}$.

习　题　8-6

1. 已知某气象站预报的准确率为90%,试用MATLAB计算(结果保留两位有效数字)

(1)5次预报中恰有4次准确的概率;

(2)5次预报中至少有4次准确的概率.

2. 设 $\xi \sim N(0,1)$,试用MATLAB计算(1)$P(\xi<2.89)$;(2)$P(\xi<-1.44)$.

3. 某种产品共有10件,其中有次品3件. 现从中任取3件,试用MATLAB求取出的3件产品中次品数 ξ 的数学期望和方差.

小　结

1. 基本概念

随机事件、事件关系与运算、古典概型、密度函数、分布函数、随机变量、数学期望与方差.

2. 基本知识

1)概率的计算公式与运算法则

(1)古典概率计算公式

$$P(A)=\frac{m}{n}$$

其中 m 为事件 A 包含的基本事件个数,n 为基本空间包含的基本事件个数.

(2)事件的概率计算公式

互斥事件概率的加法公式　$P(A\cup B)=P(A)+P(B)$.

任意事件概率的加法公式　$P(A\cup B)=P(A)+P(B)-P(AB)$.

条件概率的计算公式　$P(A|B)=\dfrac{P(AB)}{P(B)}$.

乘法公式　$P(AB)=P(B)\cdot P(A|B)\quad (P(B)>0)$;

$$P(AB)=P(A)\cdot P(B|A)\quad (P(A)>0);$$

$$P(A_1A_2\cdots A_n)=P(A_1)P(A_2|A_1)P(A_3|A_1A_2)\cdots P(A_n|A_1A_2\cdots A_{n-1})$$

全概率公式　设 Ω 为基本事件空间,$A_1\subset\Omega, A_2\subset\Omega$,满足 $\Omega=A_1\cup A_2, A_1A_2=\varnothing$,且 $P(A_1)>0, P(A_2)>0$,则对一事件 B,有

$$P(B)=P(B|A_1)P(A_1)+P(B|A_2)P(A_2)$$

一般地，设 Ω 为基本事件空间，$A_i \subset \Omega$，且 $P(A_i)>0(i=1,2,\cdots,n)$，满足 $\Omega=A_1\cup A_2\cup\cdots\cup A_n$，$A_i\cap A_j=\varnothing(i\neq j)$，则对任一事件 B，有

$$P(B)=P(B|A_1)P(A_1)+P(B|A_2)P(A_2)+\cdots+P(B|A_n)P(A_n)$$

贝叶斯公式　设 Ω 为基本事件空间，$A_i\subset\Omega$，且 $P(A_i)>0(i=1,2,\cdots,n)$，满足 $\Omega=A_1\cup A_2\cup\cdots\cup A_n$，$A_i\cap A_j=\varnothing(i\neq j)$，对任意事件 B，且 $P(B)>0$，有

$$P(A_i|B)=\frac{P(A_i)P(B|A_i)}{P(A_1)P(B|A_1)+P(A_2)P(B|A_2)+\cdots+P(A_n)P(B|A_n)}$$

2）常见随机变量及概率分布

（1）离散型随机变量及概率分布

两点（0-1）分布：$P(\xi=0)=1-p,P(\xi=1)=p$.

二项分布：$\xi\sim B[n,p]$，$P(\xi=k)=\sum\limits_{k=0}^{n}kC_n^kp^k(1-p)^{n-k}\quad(k=0,1,\cdots,n)$.

泊松分布：$\xi\sim P(\lambda)$，$P(\xi=k)=\frac{\lambda^k}{k!}\cdot e^{-\lambda}\quad(k=0,1,\cdots)$.

（2）连续型随机变量及概率分布

均匀分布：$\xi\sim U[a,b]$，密度函数 $f(x)=\begin{cases}\frac{1}{b-a} & a\leqslant x\leqslant b\\ 0 & \text{其他}\end{cases}$.

正态分布：$\xi\sim[\mu,\sigma^2]$，密度函数 $f(x)=\frac{1}{\sqrt{2\pi}\sigma}e^{-\frac{(x-\mu)^2}{2\sigma^2}}$.

标准正态分布：$\xi\sim[0,1]$，密度函数 $f(x)=\frac{1}{\sqrt{2\pi}}e^{-\frac{x^2}{2}}$.

3）数学期望和方差

（1）设离散型随机变量 ξ 的分布列为

ξ	x_1	x_2	$\cdots$	x_n	$\cdots$
$P(\xi=x_i)$	p_1	p_2	$\cdots$	p_n	$\cdots$

则
$$E\xi=\sum_i x_ip_i\quad D\xi=\sum_i(x_i-E\xi)^2p_i$$

（2）设连续型变量 ξ 的密度函数为 $f(x)$，若积分 $\int_{-\infty}^{+\infty}xf(x)\mathrm{d}x$ 绝对收敛，

则
$$E\xi=\int_{-\infty}^{+\infty}xf(x)\mathrm{d}x,\quad D\xi=\int_{-\infty}^{+\infty}(x-E\xi)^2f(x)\mathrm{d}x$$

（3）几个特殊的随机变量的数学期望和方差

两点分布（0-1 分布）：$E\xi=p,\quad D\xi=p(1-p)$.

二项分布：$E\xi=np,\quad D\xi=np(1-p)$.

泊松分布：$E\xi=\lambda,\quad D\xi=\lambda$.

均匀分布：$E\xi=\frac{a+b}{2},\quad D\xi=\frac{(b-a)^2}{12}$.

正态分布：$E\xi=\mu,\quad D\xi=\sigma$.

标准正态分布：$E\xi=0,\quad D\xi=1$.

综合训练题 8

一、选择题

1. 从装有 2 个红球和 2 个白球的口袋内任取 2 个球，那么互斥而不对立的两个事件是(　　).

A. 至少有 1 个白球，都是白球

B. 至少有 1 个白球，至少有 1 个红球

C. 恰有 1 个白球，恰有 2 个白球

D. 至少有 1 个白球，都是红球

2. 甲、乙两人独立地解同一问题，甲解决这个问题的概率是 P_1，乙解决这个问题的概率是 P_2，那么其中至少有 1 人解决这个问题的概率是(　　).

A. P_1+P_2　　B. $P_1\cdot P_2$

C. $1-P_1\cdot P_2$　　D. $1-(1-P_1)(1-P_2)$

3. 一个学生通过某种英语听力测试的概率是 $\frac{1}{2}$，他连续测试 2 次，那么其中恰有 1 次获得通过的概率是(　　).

A. $\frac{1}{2}$　　B. $\frac{1}{3}$　　C. $\frac{1}{4}$　　D. $\frac{3}{4}$

4. 甲、乙、丙三人独立地破译密码，他们每人译出该密码的概率都是 0.25，则密码被译出的概率为(　　).

A. $\frac{1}{4}$　　B. $\frac{1}{64}$　　C. $\frac{37}{64}$　　D. $\frac{63}{64}$

5. 袋中有两个白球和一个红球，甲从袋中任取一球，放回后，乙再从袋中任取一球，则两个取得的球颜色相同的概率为(　　).

A. $\frac{1}{9}$　　B. $\frac{2}{9}$　　C. $\frac{4}{9}$　　D. $\frac{5}{9}$

6. 对于任意两个事件 A 与 B，(　　).

A. 若 $AB\neq\Phi$，则 A 与 B 一定独立　　B. 若 $AB\neq\Phi$，则 A 与 B 可能独立

C. 若 $AB=\Phi$，则 A 与 B 一定独立　　D. 若 $AB=\Phi$，则 A 与 B 一定不独立

7. 设离散型随机变量 X 的概率分布为

X	-1	0	1	2
P_i	0.1	0.2	0.3	0.4

其分布函数为 $F(x)$，则 $F\left(\frac{3}{2}\right)=$(　　).

A. 0.1　　B. 0.3　　C. 0.6　　D. 1.0

8. 若随机变量 X 服从参数为 λ 的泊松分布，则 $\frac{D(X)}{E(X)}=$(　　).

A. 1　　B. λ　　C. 2　　D. 4

9. 设随机变量 X 的密度函数为 $f(x)=\begin{cases}A\sin x & x\in(0,\pi)\\ 0 & \text{其他}\end{cases}$，则 $A=$(　　).

A. 1　　　B. $\frac{1}{2}$　　　C. $\frac{1}{4}$　　　D. 2

10. 若随机变量 X 服从正态分布 $N(1,3^2)$，则下列式中不正确的是(　　).

A. $E(X)=1$　　　B. $D(X)=3$

C. $P\{X=1\}=0$　　　D. $P\{X>1\}=\frac{1}{2}$

二、计算题

1. 在十个数字 0,1,2,…,9 中任取四个(不重复)，能排成一个四位偶数的概率是多少？

2. 有五根细木棍，它们的长度分别为 1,3,5,7,9(cm)，从中任取 3 根，它们能构成三角形的概率是多少？

3. 面对试卷上的 10 道 4 选 1 的选择题，某考生心存侥幸，试图用抽签的方法答题. 试求下列事件的概率：(1)恰好有 2 道题回答正确；(2)至少有 2 道题回答正确；(3)没有 1 道题回答正确；(4)全部回答正确.

4. 一批产品中有 20% 的次品，现进行重复抽样，共抽取 5 件样品，分别计算这 5 件样品中恰好有 3 件次品及至多有 3 件次品的概率.

5. 设随机变量 ξ 的概率分布为 $P(\xi=k)=\frac{1}{5}, k=1,2,3,4,5$. 求 $E\xi, E\xi^2, E(\xi+2)^2$.

6. 某种电池的寿命 ξ 服从正态分布 $N(\mu,\sigma^2)$，$\mu=300$ h，$\sigma=35$ h. (1)求电池寿命有 250 h 以上的概率；(2)求 x，使寿命在 $\mu-x$ 与 $\mu+x$ 之间的概率不小于 0.9.

7. 公共汽车门的高度一般是按男子的碰头机会在 1% 以下来设计的，男子的身高服从正态分布，平均身高是 170 cm，标准差(即均方差)是 6 cm，问门的高度至少应设计为多少 $[\Phi(2.33)=0.99]$？

应用与提高

生 日 问 题

一、问题提出

在 100 个人的团体中，如果不考虑年龄的差异，研究是否有两个以上的人生日相同. 假设每人的生日在一年 365 天中的任意一天是等可能的，那么随机找 n 个人(不超过 365 人)，求这 n 个人生日各不相同的概率是多少？从而求这 n 个人中至少有两个人生日相同这一随机事件发生的概率是多少？

求出 n 个人中至少有两人生日相同的概率 $P(n)$ 的计算公式. 根据 $P(n)$ 的计算公式，用计算机分别计算出当团体人数取 $n=1,2,\cdots,100$ 时的概率值 $P(1),P(2),P(3)\cdots,P(100)$，在 MATLAB 环境下用指令 Plot(P)绘制图形，描述概率值随团体人数变化的规律.

特殊概率值的计算. 在 30 个学生的班上，至少有两个同学生日相同的概率是多少？50 个人的团体中，至少有两人生日在同一天的概率又是多少？在 70 个人的团体中，情况又如何？

考虑团体总人数对概率的影响. 在某团体中，要保证“至少有两人生日相同”的概率大于 99%，这个团体的总人数应该至少为多少？

计算机仿真(数值模拟). 随机产生 30 个正整数，介于 1 到 365(用这 30 个正整数代表一个学生班的 30 个同学的生日),然后统计数据,观察是否有两人以上的人生日相同,当 30 个人中有两人生日相同时,计算机输出为“1”,否则输出为“0”,如此重复观察 100 次,计算出这一事件发生的频率f_{100}为多少?参考下面的 MATLAB 源程序做计算机模拟,要求模拟三次以上,并记录下每次模拟计算的频率,与(1)所计算的概率做比较.

```
n=0;
for m=1:100                                   % 做 100 次随机试验
y=0;x=1+fix(365* rand(1,30))                  % 产生 30 个随机数
    for i=1:29
       for j=i+1:30
          if x(i)==x(j),y=1;break,end % 用二重循环确定其中是否有相同数
          end
    end
n=n+y;                                        % 累计有两人生日相同的试验次数
end
f=n/m                                         % 计算频率
```

二、问题分析与建立模型

假设每人的生日在一年 365 天中的任意一天是等可能的,那么随机找 n 个人(不超过 365 人),这 n 个人生日各不相同的概率(可能性)用以下公式计算:

$$P_1=\frac{365\times364\times\cdots\times(365-n+1)}{365^n} \tag{1}$$

因此,n 个人中至少有两个人生日相同这一随机事件发生的概率为

$$P(n)=1-\frac{365\times364\times\cdots\times(365-n+1)}{365^n} \tag{2}$$

这是一个古典概率问题,n 个人中每一人的生日都可能在 365 天中任何一天,样本空间中样本点总数为365^n,考虑 n 个人的生日两两不同,第一个人的生日可能在 365 天中的任一天,第二个人的生日不能与第一个人生日相同,第二个人生日可能在 364 天中任何一天,类推可得,n 个人生日两两不同的这一事件的有利场合为 $365\times364\times\cdots\times(365-n+1)$,故第一个公式(1)成立. 而 n 个人中至少有两个人生日相同这一事件是前一事件的对立事件,故第二个公式(2)成立.

但是,在利用公式进行计算时,所用的乘法次数和除法次数较多,可以考虑用多项式做近似计算,这需要解决多项式的拟合问题.

对于对概率问题不太熟悉的人,一般会对 30 人中至少有两人生日相同的概率持怀疑态度,最后可以用计算机做模拟,在多次实验中,观察 30 人中至少有两人生日相同的概率为多少.

三、模型求解

1. 利用公式(2),用计算机分别计算出当团体人数取 $n=1,2,\cdots,100$ 时的概率:$P(1)$,$P(2)$,$P(3)\cdots$,$P(100)$,并绘制图形(见图 8-6).

程序如下:

```
For k=1:100
P(k)=1-prod(365-k+1:365)/365^k;
```

```
End
Plot(P)
```

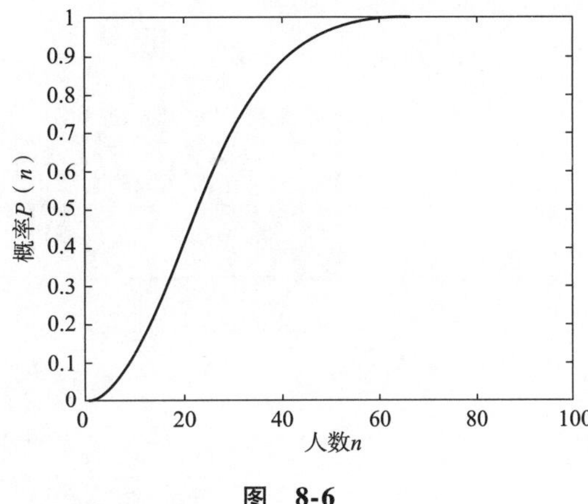

图　8-6

2. 特殊概率的计算. 由于前面已经计算了概率 $P(k)(k=1,2,\cdots,100)$，所以只需要输入 $P(30)$，$P(50)$，$P(70)$ 即可. 一个 30 个同学的学生班上，至少有两个同学生日相同的概率是 $P(30)=0.706\,3$；50 个人的团体中，至少有两个人生日相同的概率是 $P(50)=0.970\,6$；在 70 个人的团体中，至少有两个人生日相同的概率是 $P(70)=0.999\,2$.

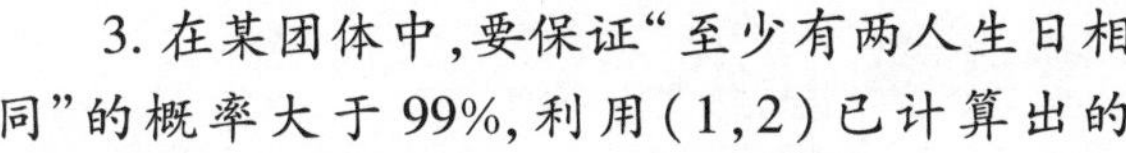

3. 在某团体中，要保证"至少有两人生日相同"的概率大于 99%，利用(1,2)已计算出的 100 个概率，输入 find(P>0.99)(回车)，可得团体总人数超过 57 人，则这个团体中至少有两人生日相同的概率将大于 99%.

4. 计算机仿真(数值模拟). 随机产生 30 个正整数，介于 1 到 365(用这 30 个正整数代表一个学生班的 30 个同学的生日)，然后统计数据，观察是否有两人以上的人生日相同，当 30 个人中有两人生日相同时，计算输出为"1"，否则输出为"0"，如此重复观察 100 次，可得频率 f_{100}. 下面是做计算机模拟的 MATLAB 源程序.

```
n=0;
for m=1:100                                  % 做 100 次随机试验
y=0;x=1+fix(365*rand(1,30))                  % 产生 30 个随机数
    for i=1:29
       for j=i+1:30
          if x(i)==x(j),y=1;break,end        % 用二重循环确认其中是否有相同数
          end
    end
n=n+y;                                       % 累计有两人生日相同的试验次数
end
f=n/m                                        % 计算频率
```

计算结果：$f_{100}=0.735\,0$

四、结果分析

概率计算在现行版本的 MATLAB 环境下是可以直截了当计算出来的，但是在计算过程中涉及 360 的 100 方幂，这个数据已经很接近机器数的最大数，用拟合多项式做近似计算误差很小，是一种很好的方法. 最后，用计算机模拟 100 次，可以计算出 30 人中至少有两人生日相同的频率值. 注意到频率的波动性，再次运行程序所得频率的结果可能会有所差异. 当模拟结果的频率接近前面的概率时，给所求的概率作了直观的说明.

拓展阅读　许宝騄

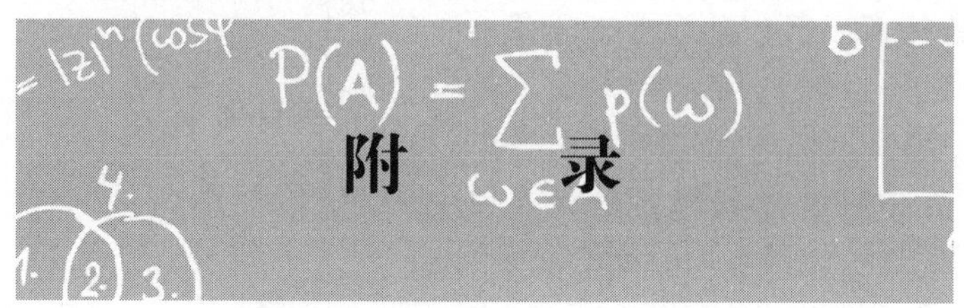

附　录

附录 A　数学建模简介

一、数学模型及其分类

所谓数学模型是指通过抽象和简化,使用数学语言对实际现象的一个近似刻画的数学结构,以便于人们更深刻地认识研究的对象. 数学模型也是对现实对象的信息通过提炼、分析、归纳、翻译的结果. 它使用数学语言精确地表达了对象的内在特征.

数学模型的分类. 一般地,对数学模型按两种方法进行分类,一是按应用领域划分,如人口模型、交通模型、经济预测模型、数量经济模型、金融模型、生态模型、环境模型、企业规划模型等;二是按数学方法进行划分,如初等模型、微分方程模型、图论模型、网络模型、概率模型、统计模型、优化模型、最优控制模型等. 或者更笼统地划分,分成连续性模型和离散性模型、确定性模型和随机性模型等几大类. 不管数学模型以什么方式进行分类,建立数学模型的主要目的是有效地解决实际问题和预测未来.

二、数学建模的一般步骤及特点

数学建模就是构造数学模型的过程,需要解决的问题往往涉及众多因素,需要分清问题的主要因素和次要因素,恰当地抛弃次要因素,提出合理的假设,建立相应的数学模型,并用相应的数学方法(或数学软件)求解模型,然后将所得的解与实际问题做比较,找出存在差距的原因,对问题做进一步的分析,提出新的假设,逐步修改完善模型,使问题得到更好的解决.

数学建模的一般步骤:

1. 问题分析. 对于面临的实际问题,首先明确研究的对象和研究的目的,弄清问题所依据的事实和数据资料的来源是什么,它们是否真实以及与问题有关的背景知识,也需要明确所研究问题的类型.

2. 模型假设. 辨识并列出与问题有关的因素,通过假设把所研究的问题进行简化,明确模型中需要考虑的因素以及它们在问题中的作用. 以变量和参数的形式表示这些因素. 通常在建模之初总是把问题尽量简化,在最简单的情形下组建模型以降低建模过程的难度. 再通过不断调整假设使模型尽可能地接近实际.

3. 模型建立. 运用数学知识和数学技能技巧来描述问题中变量之间的关系. 通常它可

以用数学表达式来描述，如比例关系、线性或非线性关系、经验关系、输入输出原理、平衡原理、牛顿运动定律、微分或差分方程、矩阵、概率、统计分布等，从而得到所研究问题的数学模型.

4. 模型求解. 使用观测数据或实际问题的有关的背景知识对模型中的参数给出估计值.

5. 模型解释与应用. 运行所得到的模型、解释模型的结果或把模型的运行结果与实际观测进行比较. 如果模型结果的解释与实际相合或结果与实际观测基本一致，这表明模型经检验是符合实际问题的，可以将它用于对实际问题进行进一步的分析讨论. 如果模型的结果很难与实际相合或与实际观测不一致，表明这个模型与所研究的实际问题是不符合的，不能直接将它应用于所研究的实际问题. 这时如果数学模型的组建过程没有问题，就需要返回到建模前关于问题的假设. 检查关于问题所做的修改意见是否恰当，检查是否忽略了不应该忽略的因素或者还保留着不应该保留的因素. 对假设给出必要的修正，重复前面的建模过程，直到组建出经检验是符合实际问题的模型.

上述数学建模过程可用流程图表述如下：

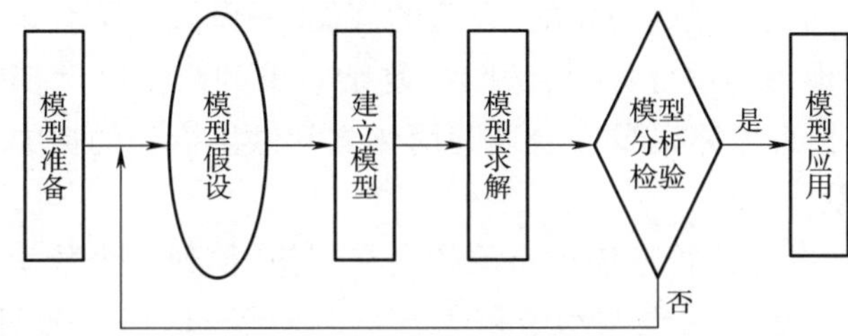

数学建模的特点：

1. 涉及广泛的应用领域，如物理学，工程学、生物学、医学、经济学、军事学、体育运动学等. 对于不少完全不同的实际问题，在一定的简化层次下，它们的模型可能是相同或相似的.

2. 需要灵活运用各种数学知识. 在数学建模过程中，数学始终是我们主要的工具. 要根据实际问题的需要，运用各种数学知识，如微积分、微分方程、概率统计、图论、运筹学、层次分析、变分法等，去描述和解决实际问题.

3. 需要各种技术手段的配合，如查阅各种文献资料、使用计算机和各种数学软件包等.

4. 建立一个数学模型与求解一道数学题有极大的差别. 求解数学题往往有唯一正确的答案，而数学建模没有唯一正确的答案. 对同一个实际问题可能能建立不同的模型，模型无所谓“对”与“错”，评价模型优劣的唯一标准是实践.

5. 建立的数学模型与建模的目的有关. 对同一个对象，建模目的不同导致建模的侧重点和出发点也不同.

三、数学建模论文的撰写方法

下面，简单介绍数学建模论文的主要组成部分及各部分内容的撰写方法.

1. 题目

论文题目是一篇论文给出的涉及论文范围及水平的第一个重要信息. 要求简短精练、高度概括、准确完整、恰如其分. 既要准确表达论文内容，恰当反映所研究的范围和深度，又要尽可能概括精炼.

2. 摘要

摘要是论文内容不加注释和评论的简短陈述,其作用是使读者不阅读论文全文即能获得必要的信息. 在数学建模论文中,摘要是非常重要的一部分. 数学建模论文的摘要应包含以下内容:所研究的实际问题、建立的模型、求解模型的方法、获得的基本结果以及对模型的检验或推广. 论文摘要需要用概括、简练的语言反映这些内容,尤其要突出论文的优点,如巧妙的建模方法、快速有效的算法、合理的推广等,一般科技论文的摘要要求不列举例证,不出现图表和数学公式,不自我评价,且字数应在 200 字以内.

3. 问题重述

数学建模比赛要求解决给定的问题,所以论文中应叙述给定问题. 撰写这部分内容时不要照抄原题,应把握住问题的实质,再用较精练的语言叙述问题.

4. 模型假设

建模时要根据问题的特征和建模目的,抓住问题的本质,忽略次要因素,对问题进行必要的简化,做出一些合理的假设. 模型假设部分要求用精练、准确的语言列出问题中所给出的假设,以及为了解决问题所做的必要的、合理的假设. 假设做得不合理或太简单,会导致错误的或无用的模型;假设做得过分详尽,试图把复杂对象的众多因素都考虑进去,会使工作很难或无法继续下去,因此常常需要在合理与简化之间做出恰当的折中.

5. 分析与建立模型

根据假设,用数学的语言、符号描述对象的内在规律,得到一个数学结构. 建模时应尽量采用简单的数学工具,使建立的模型易于被人理解. 在撰写这一部分时,对所用的变量、符号、计量单位应做解释,特定的变量和参数应在整篇文章中保持一致. 为使模型易懂,可借助于适当的图形、表格来描述问题或数据.

6. 模型求解

使用各种数学方法或软件包求解数学模型. 此部分应包括求解过程的公式推导、算法步骤及计算结果. 为求解而编写的计算机程序应放在附录部分. 有时需要对求解结果进行数学上的分析,如结果的误差分析、模型对数据的稳定性或灵敏度分析等.

7. 模型检验

把求解和分析结果翻译到实际问题,与实际的现象、数据比较,检验模型的合理性和适用性. 如果与实际不符. 问题常出在模型假设上,应该修改补充假设,重新建模. 这一步对于模型是否真的有用十分关键.

8. 模型推广

将该问题的模型推广到解决更多的类似问题,或讨论给出该模型的更一般情况下的解法,或指出可能的深化、推广及进一步研究的建议.

9. 参考文献

在正文中提及或直接引用的材料或原始数据,应注明出处,并将相应的出版物列举在参考文献中,需标明出版物名称、页码、著者姓名、出版日期、出版单位等.

10. 附录

附录是正文的补充,与正文有关而又不便于编入正文的内容都收集在这里,包括计算机程序、比较重要但数据量较大的中间结果等. 为便于阅读,应在源程序中加入足够的注释和说明语句.

附录B　基本初等函数

函　数	定义域	图　像	性　质
常数函数 $y=C$	$(-\infty,+\infty)$	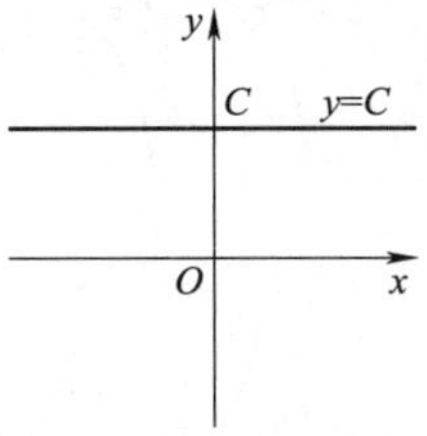	平行于 x 轴,偶函数
幂函数 $y=x^{\mu}$ ($\mu\neq0$ 的常数)	随 μ 的不同而不同,但在 $(0,+\infty)$ 内都有定义	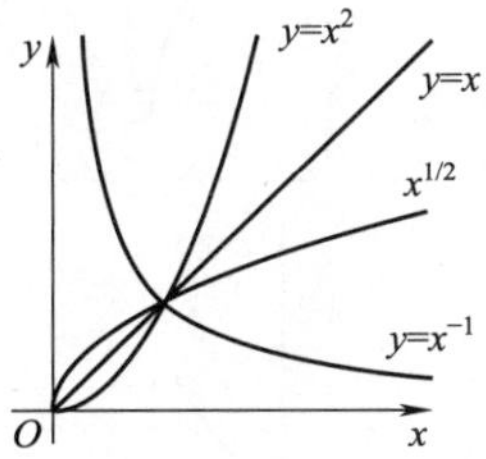	图像经过点 $(1,1)$,在第一象限内当 $\mu>0$ 时,x^{μ} 为增函数;当 $\mu<0$ 时,x^{μ} 为减函数
指数函数 $y=a^x$ $(a>0,a\neq1)$	$(-\infty,+\infty)$	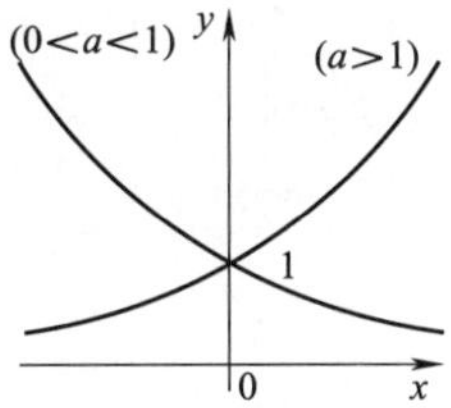	在 x 轴上方,且都通过点 $(0,1)$;当 $0<a<1$ 时,$y=a^x$ 单调减少,当 $a>1$ 时,$y=a^x$ 单调增加
对数函数 $y=\log_a x$ $(a>0,a\neq1)$	$(0,+\infty)$	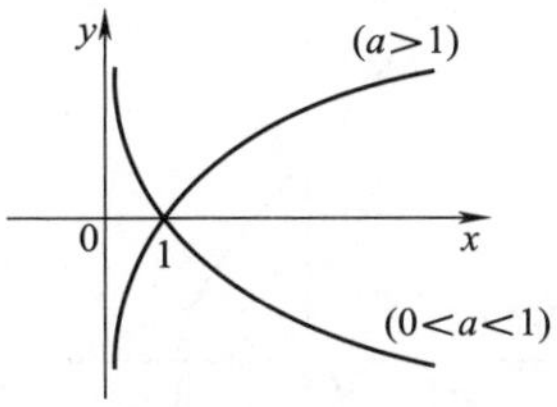	在 y 轴右侧,且都通过点 $(1,0)$;当 $0<a<1$ 时,$y=\log_a x$ 单调减少,当 $a>1$ 时,$y=\log_a x$ 单调增加
正弦函数 $y=\sin x$	$(-\infty,+\infty)$	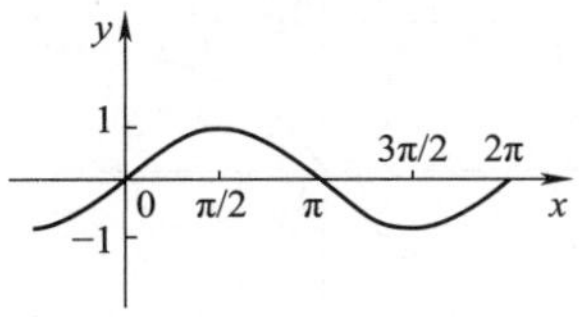	是以 2π 为周期的奇函数,有界,即 $\lvert\sin x\rvert\leqslant1$,在 $\left[2k\pi-\dfrac{\pi}{2},2k\pi+\dfrac{\pi}{2}\right]$ $(k\in z)$ 单调增加,在 $\left[2k\pi+\dfrac{\pi}{2},2k\pi+\dfrac{3\pi}{2}\right]$ $(k\in z)$ 单调减少
余弦函数 $y=\cos x$	$(-\infty,+\infty)$	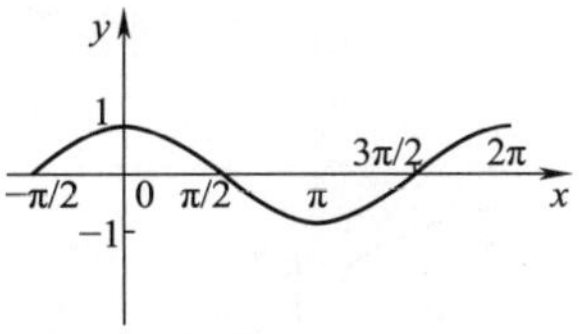	是以 2π 为周期的偶函数,有界,即 $\lvert\cos x\rvert\leqslant1$,在 $[2k\pi,2k\pi+\pi]$ $(k\in z)$ 单调减少,在 $[2k\pi-\pi,2k\pi]$ $(k\in z)$ 单调增加

续表

函数	定义域	图像	性质
正切函数 $y=\tan x$	$x\neq\left(k\pi+\dfrac{\pi}{2}\right)$ $(k=0,\pm1,\pm2,\cdots)$	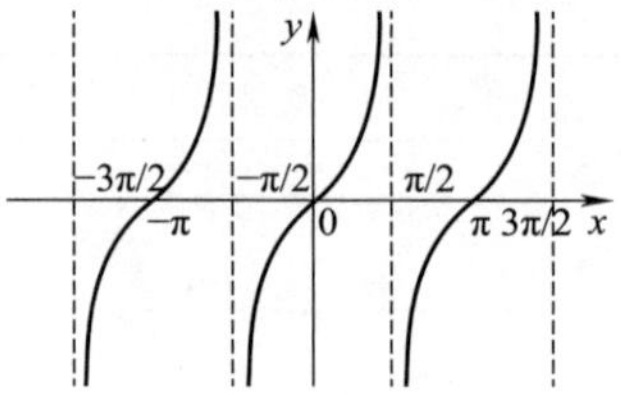	是以 π 为周期的奇函数，在 $\left(k\pi-\dfrac{\pi}{2},k\pi+\dfrac{\pi}{2}\right)$ $(k\in z)$内单调增加
$y=\cot x$	$x\neq k\pi$ $(k=0,\pm1,\pm2,\cdots)$	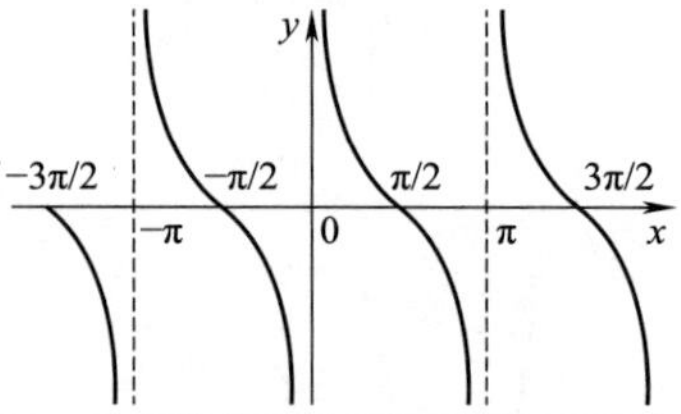	是以 π 为周期的偶函数，在$(k\pi,k\pi+\pi)$ $(k\in z)$内单调减少
反正弦函数 $y=\arcsin x$	$[-1,1]$	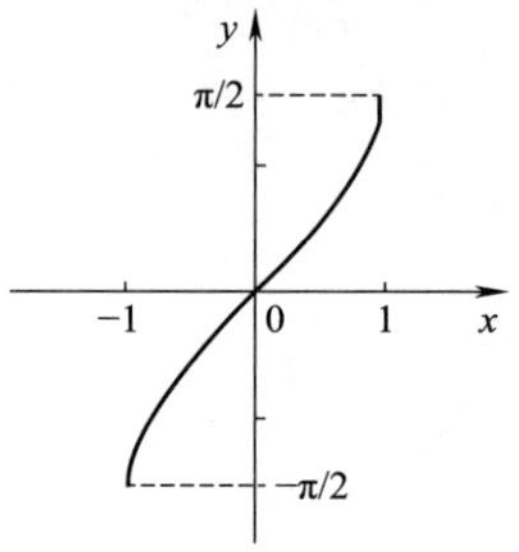	奇函数，有界，定义域内单调增加，值域$\left[-\dfrac{\pi}{2},\dfrac{\pi}{2}\right]$
反余弦函数 $y=\arccos x$	$[-1,1]$	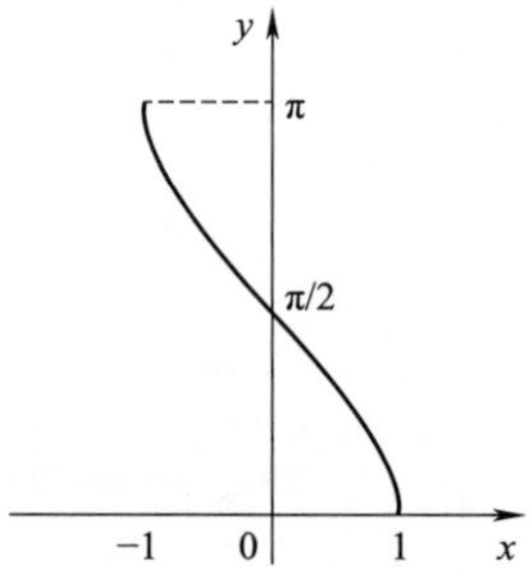	有界，在定义域内单调减少，值域$[0,\pi]$
反正切函数 $y=\arctan x$	$(-\infty,+\infty)$	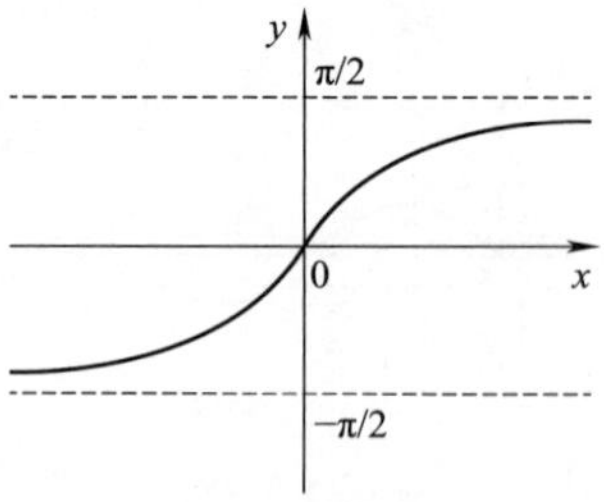	奇函数，有界，在定义域内单调增加，值域$\left(-\dfrac{\pi}{2},\dfrac{\pi}{2}\right)$
反余切函数 $y=\mathrm{arccot}\, x$	$(-\infty,+\infty)$	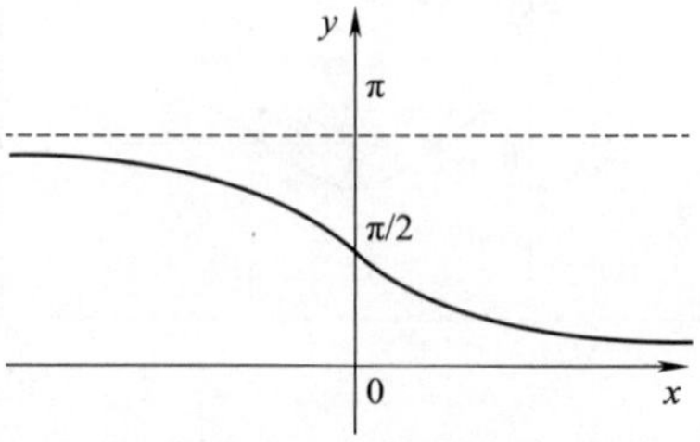	有界，在定义域内单调减少，值域$(0,\pi)$

附录C　常用三角函数公式

1. 基本关系

$\sin^2\alpha+\cos^2\alpha=1$；　　$\sin\alpha\cdot\csc\alpha=1$；

$\cos\alpha\cdot\sec\alpha=1$；　　$\tan\alpha\cdot\cot\alpha=1$；

$1+\tan^2\alpha=\sec^2\alpha$；　　$1+\cot^2\alpha=\csc^2\alpha$；

$\tan\alpha=\dfrac{\sin\alpha}{\cos\alpha}$；　　$\cot\alpha=\dfrac{\cos\alpha}{\sin\alpha}$.

2. 和差公式

$\sin(\alpha\pm\beta)=\sin\alpha\cos\beta\pm\cos\alpha\sin\beta$；

$\cos(\alpha\pm\beta)=\cos\alpha\cos\beta\mp\sin\alpha\sin\beta$；

$\tan(\alpha\pm\beta)=\dfrac{\tan\alpha\pm\tan\beta}{1\mp\tan\alpha\tan\beta}$.

3. 倍角公式

$\sin2\alpha=2\sin\alpha\cos\alpha$；　　$\cos2\alpha=\cos^2\alpha-\sin^2\alpha=1-2\sin^2\alpha=2\cos^2\alpha-1$；

$\tan2\alpha=\dfrac{2\tan\alpha}{1-\tan^2\alpha}$

4. 半角公式

$\sin\dfrac{\alpha}{2}=\pm\sqrt{\dfrac{1-\cos\alpha}{2}}$；　　$\cos\dfrac{\alpha}{2}=\pm\sqrt{\dfrac{1+\cos\alpha}{2}}$；　　$\tan\dfrac{\alpha}{2}=\dfrac{1-\cos\alpha}{\sin\alpha}=\dfrac{\sin\alpha}{1+\cos\alpha}$.

5. 和差化积公式

$\sin\alpha+\sin\beta=2\sin\dfrac{\alpha+\beta}{2}\cos\dfrac{\alpha-\beta}{2}$；　　$\sin\alpha-\sin\beta=2\cos\dfrac{\alpha+\beta}{2}\sin\dfrac{\alpha-\beta}{2}$；

$\cos\alpha+\cos\beta=2\cos\dfrac{\alpha+\beta}{2}\cos\dfrac{\alpha-\beta}{2}$；　　$\cos\alpha-\cos\beta=-2\sin\dfrac{\alpha+\beta}{2}\sin\dfrac{\alpha-\beta}{2}$.

6. 积化和差公式

$\sin\alpha\cos\beta=\dfrac{1}{2}[\sin(\alpha+\beta)+\sin(\alpha-\beta)]$；　　$\cos\alpha\sin\beta=\dfrac{1}{2}[\sin(\alpha+\beta)-\sin(\alpha-\beta)]$；

$\sin\alpha\sin\beta=-\dfrac{1}{2}[\cos(\alpha+\beta)-\cos(\alpha-\beta)]$；　　$\cos\alpha\cos\beta=\dfrac{1}{2}[\cos(\alpha+\beta)+\cos(\alpha-\beta)]$.

附录D　常用积分公式

1. 含有 $ax+b$（$a\neq0$）的积分

(1) $\int\dfrac{1}{ax+b}dx=\dfrac{1}{a}\ln|ax+b|+C$；

(2) $\int\dfrac{x}{ax+b}dx=\dfrac{1}{a^2}(ax+b-b\ln|ax+b|)+C$；

(3) $\int\dfrac{x^2}{ax+b}dx=\dfrac{1}{a^3}\left[\dfrac{1}{2}(ax+b)^2-2b(ax+b)+b^2\ln|ax+b|\right]+C$；

(4) $\int\dfrac{1}{x(ax+b)}dx=-\dfrac{1}{b}\ln\left|\dfrac{ax+b}{x}\right|+C\quad(b\neq0)$；

(5) $\int \frac{1}{x^2(ax+b)}dx = -\frac{1}{bx} + \frac{a}{b^2}\ln\left|\frac{ax+b}{x}\right| + C \quad (b \neq 0)$;

(6) $\int \frac{x}{(ax+b)^2}dx = \frac{1}{a^2}\left(\ln|ax+b| + \frac{b}{ax+b}\right) + C$;

(7) $\int \frac{x^2}{(ax+b)^2}dx = \frac{1}{a^3}\left(ax+b-2b\ln|ax+b| - \frac{b^2}{ax+b}\right) + C$;

(8) $\int \frac{1}{x(ax+b)^2}dx = \frac{1}{b(ax+b)} - \frac{1}{b^2}\ln\left|\frac{ax+b}{x}\right| + C \quad (b \neq 0)$.

2. 含有 $x^2 \pm a^2$($a \neq 0$)的积分

(1) $\int \frac{1}{x^2+a^2}dx = \frac{1}{a}\arctan\frac{x}{a} + C$;

(2) $\int \frac{1}{x^2-a^2}dx = \frac{1}{2a}\ln\left|\frac{x-a}{x+a}\right| + C$.

3. 含有的 $\sqrt{x^2+a^2}$($a>0$)积分

(1) $\int \frac{1}{\sqrt{x^2+a^2}}dx = \ln(x+\sqrt{x^2+a^2}) + C$;

(2) $\int \frac{x}{\sqrt{x^2+a^2}}dx = \sqrt{x^2+a^2} + C$;

(3) $\int \frac{x^2}{\sqrt{x^2+a^2}}dx = \frac{x}{2}\sqrt{x^2+a^2} - \frac{a^2}{2}\ln(x+\sqrt{x^2+a^2}) + C$;

(4) $\int \frac{1}{x\sqrt{x^2+a^2}}dx = \frac{1}{a}\ln\frac{\sqrt{x^2+a^2}-a}{|x|} + C$;

(5) $\int \frac{1}{x^2\sqrt{x^2+a^2}}dx = -\frac{\sqrt{x^2+a^2}}{a^2x} + C$;

(6) $\int \sqrt{x^2+a^2}\,dx = \frac{x}{2}\sqrt{x^2+a^2} + \frac{a^2}{2}\ln(x+\sqrt{x^2+a^2}) + C$;

(7) $\int x\sqrt{x^2+a^2}\,dx = \frac{1}{3}\sqrt{(x^2+a^2)^3} + C$;

(8) $\int x^2\sqrt{x^2+a^2}\,dx = \frac{x}{8}(2x^2+a^2)\sqrt{x^2+a^2} - \frac{a^4}{8}\ln(x+\sqrt{x^2+a^2}) + C$;

(9) $\int \frac{\sqrt{x^2+a^2}}{x}dx = \sqrt{x^2+a^2} + a\ln\frac{\sqrt{x^2+a^2}-a}{|x|} + C$;

(10) $\int \frac{\sqrt{x^2+a^2}}{x^2}dx = -\frac{\sqrt{x^2+a^2}}{x} + \ln\left|x+\sqrt{x^2+a^2}\right| + C$.

4. 含有 $\sqrt{x^2-a^2}$($a>0$)的积分

(1) $\int \frac{1}{\sqrt{x^2-a^2}}dx = \ln\left|x+\sqrt{x^2-a^2}\right| + C$;

(2) $\int \frac{x}{\sqrt{x^2-a^2}}dx = \sqrt{x^2+a^2} + C$;

(3) $\int \frac{x^2}{\sqrt{x^2-a^2}}dx = \frac{x}{2}\sqrt{x^2-a^2} + \frac{a^2}{2}\ln\left|x+\sqrt{x^2-a^2}\right| + C$;

(4) $\int \frac{1}{x\sqrt{x^2-a^2}}dx = \frac{1}{a}\arccos\frac{a}{|x|}+C$;

(5) $\int \frac{1}{x^2\sqrt{x^2-a^2}}dx = \frac{\sqrt{x^2-a^2}}{a^2x}+C$;

(6) $\int \sqrt{x^2-a^2}\,dx = \frac{x}{2}\sqrt{x^2-a^2}-\frac{a^2}{2}\ln\left|x+\sqrt{x^2+a^2}\right|+C$;

(7) $\int x\sqrt{x^2-a^2}\,dx = \frac{1}{3}\sqrt{(x^2-a^2)^3}+C$;

(8) $\int x^2\sqrt{x^2-a^2}\,dx = \frac{x}{8}(2x^2-a^2)\sqrt{x^2-a^2}-\frac{a^4}{8}\ln(x+\sqrt{x^2-a^2})+C$;

(9) $\int \frac{\sqrt{x^2-a^2}}{x}dx = \sqrt{x^2-a^2}-\arccos\frac{a}{|x|}+C$;

(10) $\int \frac{\sqrt{x^2-a^2}}{x^2}dx = -\frac{\sqrt{x^2-a^2}}{x}+\ln\left|x+\sqrt{x^2-a^2}\right|+C$.

5. 含有 $\sqrt{a^2-x^2}$ ($a>0$) 的积分

(1) $\int \frac{1}{\sqrt{a^2-x^2}}dx = \arcsin\frac{x}{a}+C$;

(2) $\int \frac{x}{\sqrt{a^2-x^2}}dx = -\sqrt{a^2-x^2}+C$;

(3) $\int \frac{x^2}{\sqrt{a^2-x^2}}dx = -\frac{x}{2}\sqrt{a^2-x^2}+\frac{a^2}{2}\arcsin\frac{x}{a}+C$;

(4) $\int \frac{1}{x\sqrt{a^2-x^2}}dx = \frac{1}{a}\ln\frac{a-\sqrt{a^2-x^2}}{|x|}+C$.

6. 定积分公式

(1) $\int_{-\pi}^{\pi}\sin nx\,dx = \int_{-\pi}^{\pi}\cos nx\,dx = 0$;

(2) $\int_{-\pi}^{\pi}\sin mx\cos nx\,dx = 0$;

(3) $\int_{-\pi}^{\pi}\sin mx\sin nx\,dx = \int_{-\pi}^{\pi}\cos mx\cos nx\,dx = \begin{cases}0 & m\neq n\\ \pi & m=n\end{cases}$;

(4) $\int_{0}^{\pi}\sin mx\sin nx\,dx = \int_{0}^{\pi}\cos mx\cos nx\,dx = \begin{cases}0 & m\neq n\\ \frac{\pi}{2} & m=n\end{cases}$;

(5) $I_n = \int_0^{\frac{\pi}{2}}\sin^n x\,dx = \int_0^{\frac{\pi}{2}}\cos^n x\,dx$.

$I_n = \frac{n-1}{n}I_{n-2}$;

$I_n = \frac{n-1}{n}\times\frac{n-3}{n-2}\times\cdots\times\frac{4}{5}\times\frac{2}{3}$ (n 为大于 1 的正奇数, $I_1=1$);

$I_n = \frac{n-1}{n}\times\frac{n-3}{n-2}\times\cdots\times\frac{3}{4}\times\frac{1}{2}\times\frac{\pi}{2}$ $\left(n\text{ 为正偶数}, I_0=\frac{\pi}{2}\right)$.

参 考 文 献

[1] 彦文勇,柯善军. 高等应用数学[M]. 北京:高等教育出版社,2004.

[2] 李以渝,邓云辉,李传伟,等. 高等数学:微积分新编版[M]. 北京:北京理工大学出版社,2011.

[3] 刘学才,周文,陈少元,等. 应用数学[M]. 武汉:华中科技大学出版社,2007.

[4] 彦文勇,成和平. 高等应用数学[M]. 2 版. 北京:高等教育出版社,2014.

[5] 刘学才,周文,叶菊芳,等. 应用数学基础[M]. 北京:化学工业出版社,2015.

[6] 陈艳平,黄开健,陈黎钦,等. 计算机应用数学[M]. 重庆:重庆大学出版社,2013.

[7] 黄江,肖满红,吴训青,等. 新编高等数学[M]. 西安:西安交通大学出版社,2019.

[8] 赵战兴,高霞,贺建,等. 计算机应用数学[M]. 4 版. 大连:大连理工大学出版社,2022.

[9] 赵静,但琦,严尚安,等. 数学建模与数学实验[M]. 5 版. 北京:高等教育出版社,2020.

习题参考答案